概率论与数理统计
学习指导

主　编　何文峰　王志刚　李胜军

副主编　张　聪　梁载涛　方次军

图书在版编目(CIP)数据

概率论与数理统计学习指导 / 何文峰，王志刚，李胜军主编. — 北京：北京大学出版社，2022. 1
ISBN 978-7-301-32720-3

Ⅰ. ①概… Ⅱ. ①何… ②王… ③李… Ⅲ. ①概率论—高等学校—教学参考资料 ②数理统计—高等学校—教学参考资料 Ⅳ. ①O21

中国版本图书馆 CIP 数据核字(2021)第 237295 号

书　　名	概率论与数理统计学习指导 GAILÜLUN YU SHULI TONGJI XUEXI ZHIDAO
著作责任者	何文峰　王志刚　李胜军　主编
责任编辑	刘　啸
标准书号	ISBN 978-7-301-32720-3
出版发行	北京大学出版社
地　　址	北京市海淀区成府路 205 号　100871
网　　址	http://www.pup.cn
电子信箱	zpup@pup.cn
新浪微博	@北京大学出版社
电　　话	邮购部 010-62752015　发行部 010-62750672　编辑部 010-62754271
印 刷 者	长沙超峰印刷有限公司
经 销 者	新华书店 787 毫米×1092 毫米　16 开本　16.75 印张　473 千字 2022 年 1 月第 1 版　2022 年 1 月第 1 次印刷
定　　价	48.00 元

前　　言

“概率论与数理统计”是高等院校理工类、经济学、管理学等专业必修的基础课，也是这些专业硕士研究生入学考试的一门必考科目. 概率论从数量上研究随机现象的规律，是本课程的理论基础；数理统计从应用角度研究如何处理随机性数据，建立有效的统计方法，进行统计推理. 编者力求通过本书，使读者理解并掌握概率论与数理统计的基本概念、基本理论和基本方法，培养读者运用概率统计方法分析和解决实际问题的能力.

本书是与教材《概率论与数理统计》(韩旭里、谢永钦主编，北京大学出版社出版）配套的辅导书，章节与所配套教材的章节一致. 本书每章内容（除第九章和第十章外）分为五大板块：

（一）**知识点考点精要**　根据知识点要求，列出基本概念、重要定理和主要内容，突出必须掌握或考试中高频率出现的知识点.

（二）**经典例题解析**　列举相关知识的经典例题，题型多样，难度由浅入深，与所配套教材知识点同步，并对典型例题从不同的角度、用多种解法进行讲解，对个别典型例题进行评注.

（三）**历年考研真题评析**　精选历年硕士研究生入学考试试题中具有代表性的真题，并进行了详细的分析和解析. 这些真题涉及面广、内容多、技巧性强，旨在提高读者的分析能力，帮助读者掌握基本概念和理论，开拓解题思路，提高应试水平.

（四）**教材习题详解**　对所配套教材中的习题给出详细的解答，这样能方便读者对照和分析. 需要提醒读者的是，解题能力的提高需要动手多练、多思考.

（五）**同步自测题及参考答案**　进一步强化解题训练，反映考试的重点、难点，培养综合问题能力和应变能力，巩固和提高复习效果.

本书的编写分工如下：第一章由黄荣芳编写，第二章由张勇军编写，第三章和第四章由何文峰编写，第五章由毛旭强编写，第六章由黄冬明编写，第七章由刘锯编写，第八章由李胜军和张聪编写，第九章由王浩华和梁载涛编写，第十章由王志刚和方次军编写，全书由何文峰、王志刚、李胜军统稿和定稿. 本书的编写得到了海南大学数学系全体老师的大力支持和帮助，很多兄弟院校数学系的老师也提出了宝贵意见，袁晓辉、曾政杰、谷任盟、张文、蔡晓龙提供了版式和装帧设计方案，在此表示衷心的感谢！

由于编者水平有限，书中错漏之处在所难免，恳请同行和广大读者批评指正.

编　　者

目　录

第一章　概率论的基本概念

本章学习要点

（一）了解样本空间的概念，理解事件的概念，重点掌握事件之间的关系与运算.

（二）理解概率与条件概率的概念，掌握概率的基本性质，能够利用古典概型和几何概型计算一些事件的概率.

（三）掌握概率的加法公式、条件概率公式、乘法公式、全概率公式和贝叶斯公式等计算事件概率的方法.

（四）理解事件的独立性的概念，掌握利用事件的独立性计算事件概率的方法.

（五）理解独立重复试验的概念，掌握利用伯努利概型计算事件概率的方法.

§1.1　知识点考点精要

一、事件

1. 随机试验、样本空间与事件

1）随机试验的定义

如果一个试验具有下列三个特点：

（1）**可重复性**　试验可以在相同的条件下重复进行，

（2）**可观测性**　每次试验的所有可能结果都是明确的、可观测的，并且试验的可能结果有两个或更多个，

（3）**随机性**　每次试验将要出现的结果是不确定的，即进行一次试验之前无法预知哪一个结果会出现，

则称该试验为**随机试验**，一般用大写字母 E 表示.

2）样本空间的定义

随机试验 E 的所有基本结果组成的集合称为 E 的**样本空间**，一般用希腊字母 Ω 表示；样本空间 Ω 的元素，即随机试验 E 的每个基本结果，称为**样本点**，一般用希腊字母 ω 表示.

3）事件的定义

随机试验 E 的样本空间 Ω 的子集称为 E 的**随机事件**，简称**事件**，一般用大写字母 $A,B,C,\cdots$ 表示. 特别地，由一个样本点组成的单点集称为**基本事件**. 样本空间 Ω 作为它自身的子集，包含了所有的样本点，即每次试验 Ω 总是发生，故称 Ω 为**必然事件**. 空集 $\varnothing$ 作为样本空间 Ω 的子集，不包含任何样本点，即每次试验 $\varnothing$ 都不发生，故称 $\varnothing$ 为**不可能事件**.

2. 事件之间的关系与运算

1）事件之间的四种关系

事件之间的四种关系如表 1.1 所示.

表 1.1

关系	符号	概率论意义	集合论意义
包含关系	$A \subset B$	事件 A 发生必有事件 B 发生	A 是 B 的子集
等价关系	$A = B$	事件 A 与事件 B 相等	A 与 B 相等
对立关系	$\overline{A}$	事件 A 的对立事件	A 的补集
互斥关系	$AB = \varnothing$	事件 A 与事件 B 不能同时发生	A 与 B 无公共元素

2）事件之间的三种运算

事件之间的三种运算如表 1.2 所示.

表 1.2

运算	符号	概率论意义	集合论意义
事件的并(和)	$A \cup B$	事件 A 与事件 B 至少有一个发生	A 与 B 的并集
	$\bigcup\limits_{i=1}^{n} A_i$	事件 $A_1, A_2, \cdots, A_n$ 至少有一个发生	$A_1, A_2, \cdots, A_n$ 的并集
事件的交(积)	$A \cap B$(或 AB)	事件 A 与事件 B 同时发生	A 与 B 的交集
	$\bigcap\limits_{i=1}^{n} A_i$	事件 $A_1, A_2, \cdots, A_n$ 同时发生	$A_1, A_2, \cdots, A_n$ 的交集
事件的差	$A - B$	事件 A 发生而事件 B 不发生	A 与 B 的差集

二、概率、古典概型

1. 概率的公理化定义

设随机试验 E 的样本空间为 Ω. 如果对于 E 的每一个事件 A，都有唯一的实数 $P(A)$ 与之对应，并且 $P(A)$ 满足下列三个条件：

(1) **非负性**　对于任一事件 A，均有 $P(A) \geqslant 0$，

(2) **规范性**　对于必然事件 Ω，有 $P(\Omega) = 1$，

(3) **可数可加性**　对于两两互不相容的事件 $A_1, A_2, \cdots, A_n, \cdots$，有

$$P\left(\bigcup_{i=1}^{\infty} A_i\right) = \sum_{i=1}^{\infty} P(A_i),$$

则称实数 $P(A)$ 为事件 A 的**概率**.

2. 概率的性质

(1) 对于不可能事件 $\varnothing$，有 $P(\varnothing) = 0$.

(2) 对于两两互不相容的事件 $A_1, A_2, \cdots, A_n$，即 $A_iA_j = \varnothing (i, j = 1, 2, \cdots, n; i \neq j)$，有

$$P\left(\bigcup_{i=1}^{n} A_i\right) = \sum_{i=1}^{n} P(A_i).$$

(3) 对于任意两个事件 A 与 B，均有 $P(B-A)=P(B)-P(AB)$.

(4) 如果事件 $A\subset B$，则有 $P(A)\leqslant P(B)$，且 $P(B-A)=P(B)-P(A)$.

(5) 对于任一事件 A，均有 $P(A)\leqslant 1$.

(6) 对于任一事件 A，均有 $P(\overline{A})=1-P(A)$.

3. 古典概型

如果随机试验 E 满足下列两个条件：

(1) **有限性**　随机试验 E 的样本空间 Ω 中样本点总数是有限的，

(2) **等可能性**　每个基本事件发生的可能性是相同的，

则称随机试验 E 为**古典概型**或**等可能概型**.

古典概型中事件 A 的概率计算公式为

$$P(A)=\frac{A\text{ 所包含的样本点数}}{\Omega\text{ 中样本点总数}}.$$

4. 几何概型

如果随机试验 E 可看作向几何区域 Ω 内任意投掷一点，则 E 的样本空间就是这个几何区域 Ω，并且 E 的任一事件 A 都可看作"这个随机点落在 Ω 内某一子区域(不妨也记作 A)内". 更进一步，如果这个随机点落在 Ω 内任一点处的可能性都是相同的，并且几何区域 Ω 的大小是可以度量的(如长度、面积、体积等，记作 $m(\Omega)$)，则事件 A 的概率 $P(A)$ 就与子区域 A 的度量 $m(A)$ 成正比，而与子区域 A 的位置和形状无关. 这样的随机试验称为**几何概型**. 几何概型中事件 A 的概率计算公式为

$$P(A)=\frac{m(A)}{m(\Omega)}.$$

三、条件概率、全概率公式

1. 条件概率的定义

设 A 和 B 是随机试验 E 的两个事件，且 $P(A)>0$，则称

$$P(B\mid A)=\frac{P(AB)}{P(A)}$$

为在事件 A 已发生的条件下事件 B 发生的**条件概率**.

容易验证，条件概率满足概率的公理化定义中的三个条件.

2. 概率的加法公式

对于任意两个事件 A 与 B，均有

$$P(A\cup B)=P(A)+P(B)-P(AB).$$

上式称为概率的**加法公式**. 特别地，若事件 A 与 B 互不相容，则有 $P(A\cup B)=P(A)+P(B)$. 加法公式还可以推广到任意有限个事件的情形. 例如，对于任意三个事件 A,B,C，均有

$$P(A\cup B\cup C)=P(A)+P(B)+P(C)-P(AB)-P(BC)-P(AC)+P(ABC).$$

3. 概率的乘法公式

对于任意两个事件 A 与 B，如果 $P(A)>0$，则有

$$P(AB) = P(A)P(B \mid A).$$

类似地,如果 $P(B) > 0$,则有

$$P(AB) = P(B)P(A \mid B).$$

上述两式都称为概率的**乘法公式**. 乘法公式也可以进行推广. 对于任意有限个事件 $A_1, A_2, \cdots, A_n$,如果 $P(A_1A_2\cdots A_{n-1}) > 0$,则有

$$P(A_1A_2\cdots A_n) = P(A_1)P(A_2 \mid A_1)P(A_3 \mid A_1A_2)\cdots P(A_n \mid A_1A_2\cdots A_{n-1}).$$

4. 全概率公式

设随机试验 E 的样本空间为 Ω,$A_1, A_2, \cdots, A_n$ 为 Ω 的一组两两互不相容的事件,且 $\bigcup\limits_{i=1}^{n} A_i = \Omega$,则称 $A_1, A_2, \cdots, A_n$ 为样本空间 Ω 的一个**划分**. 如果 $P(A_i) > 0 (i = 1, 2, \cdots, n)$,则对于 E 的任一事件 B,均有

$$P(B) = P(A_1)P(B \mid A_1) + P(A_2)P(B \mid A_2) + \cdots + P(A_n)P(B \mid A_n) = \sum_{i=1}^{n} P(A_i)P(B \mid A_i).$$

这个公式称为**全概率公式**,它是概率论的基本公式.

5. 贝叶斯公式

设随机试验 E 的样本空间为 Ω,$A_1, A_2, \cdots, A_n$ 为 Ω 的一个划分,且 $P(A_i) > 0 (i = 1, 2, \cdots, n)$. 对于 E 的任一事件 B,如果 $P(B) > 0$,则有

$$P(A_i \mid B) = \frac{P(A_i)P(B \mid A_i)}{\sum\limits_{j=1}^{n} P(A_j)P(B \mid A_j)} \quad (i = 1, 2, \cdots, n).$$

这个公式称为**贝叶斯公式**,也称为**逆概率公式**.

四、事件的独立性

1. 两个事件的独立性

设 A 与 B 是同一随机试验 E 中的两个事件. 如果 A, B 满足

$$P(AB) = P(A)P(B),$$

则称事件 A 与 B 是**相互独立**的.

关于事件的独立性,有下面的结论:

(1) 若 $0 < P(A) < 1$,则事件 A 与 B 相互独立的充要条件为

$$P(B \mid A) = P(B \mid \overline{A}) = P(B).$$

(2) 若事件 A 与 B 相互独立,则 $\overline{A}$ 与 B,A 与 $\overline{B}$,$\overline{A}$ 与 $\overline{B}$ 也相互独立.

(3) 若 $P(A) > 0$,$P(B) > 0$,则"A 与 B 相互独立"和"A 与 B 互不相容"不能同时成立.

2. 多个事件的独立性

设 A, B, C 是同一随机试验 E 中的三个事件. 如果 A, B, C 满足

$$P(AB) = P(A)P(B), \quad P(BC) = P(B)P(C), \quad P(AC) = P(A)P(C),$$

则称事件 A, B, C 是**两两独立**的. 此时,如果 A, B, C 还满足

$$P(ABC) = P(A)P(B)P(C),$$

则称事件 A,B,C 是**相互独立**的.

更一般地,设 $A_1,A_2,\cdots,A_n$ 是同一随机试验 E 中的 n 个事件.如果对于其中任意 $k(k=2,3,\cdots,n)$ 个事件 $A_{i_1},A_{i_2},\cdots,A_{i_k}$,都有等式

$$P(A_{i_1}A_{i_2}\cdots A_{i_k})=P(A_{i_1})P(A_{i_2})\cdots P(A_{i_k})$$

成立,则称 n 个事件 $A_1,A_2,\cdots,A_n$ 是**相互独立**的.

五、伯努利概型

将同一随机试验重复进行 n 次,如果每次随机试验中各可能结果发生的概率不受其他次随机试验结果的影响,则称这 n 次试验为**独立试验**,或者称这 n 次试验是**相互独立**的.如果一个随机试验 E 只有两个可能结果:A 和 $\overline{A}$,则称该随机试验为**伯努利试验**.将一个伯努利试验独立地重复进行 n 次,则称这一串重复的独立试验为 n **重伯努利试验**,简称**伯努利概型**.

在 n 重伯努利试验中,事件 A 恰好发生 k 次的概率计算公式为

$$P_n(k)=C_n^k p^k(1-p)^{n-k}\quad(k=0,1,2,\cdots,n),$$

其中 p 为一次试验中 A 发生的概率.这个公式通常称为**二项概率公式**.

伯努利概型是应用十分广泛的模型之一,该模型具有如下三个特点:

(1) 一次试验中只有 A 发生和 $\overline{A}$ 发生这两种可能结果;

(2) 各次试验中事件 A 发生的概率 $P(A)=p(0<p<1)$ 都相同;

(3) 各次试验是相互独立的.

§1.2　经典例题解析

基本题型 Ⅰ:事件之间的关系与运算

例 1.1 设袋中装有 10 个大小相同的球,其中红球 3 个,黑球 2 个,白球 5 个.现从中无放回地任取两次,每次只取一个球,以 $A_k,B_k,C_k(k=1,2)$ 分别表示第 k 次取得红球、黑球、白球,试用 A_k,B_k,C_k 及其对立事件表示下列事件:

(1) 取得黑球;

(2) 仅取得一个黑球;

(3) 取得的第二个球为黑球;

(4) 没有取得黑球;

(5) 最多取得一个黑球;

(6) 取得黑球,而没有取得红球;

(7) 取得的两个球的颜色相同.

解 (1) 注意到"取得黑球"与"至少取得一个黑球"是相同的两个事件,因此"取得黑球"可表示为 $B_1\cup B_2$ 或 $B_1B_2\cup B_1A_2\cup B_1C_2\cup A_1B_2\cup C_1B_2$.

(2) "仅取得一个黑球"可表示为 $B_1\overline{B}_2\cup\overline{B}_1B_2$ 或 $B_1A_2\cup B_1C_2\cup A_1B_2\cup C_1B_2$.

(3) "取得的第二个球为黑球"就是事件 B_2,它可表示为 $A_1B_2\cup B_1B_2\cup C_1B_2$.

(4) "没有取得黑球"的对立事件是"取得黑球",故它可表示为$\overline{B_1\cup B_2}=\overline{B}_1\overline{B}_2$.

(5)“最多取得一个黑球”的对立事件是“取得的两个球都是黑球”,故它可表示为

$$\overline{B_1 B_2} = \overline{B}_1 \cup \overline{B}_2.$$

(6)“取得黑球,而没有取得红球”可表示为 $B_1\overline{A}_2 \cup \overline{A}_1 B_2$ 或 $B_1 C_2 \cup B_1 B_2 \cup C_1 B_2$.

(7)“取得的两个球的颜色相同”可表示为 $A_1 A_2 \cup B_1 B_2 \cup C_1 C_2$.

基本题型 Ⅱ:古典概型与几何概型

例 1.2 从 0,1,2,…,9 这 10 个数字中任取 3 个数字,求下列事件的概率:

(1) A_1 =“抽取的 3 个数字中不含 0 和 5”;

(2) A_2 =“抽取的 3 个数字中含 0 但不含 5”;

(3) A_3 =“抽取的 3 个数字中不含 0 或 5”.

解 题设随机试验是从 10 个数字中任取 3 个数字,样本空间的样本点总数为 C_{10}^3.

(1) 如果抽取的 3 个数字不含 0 和 5,则这 3 个数字必须在其余 8 个数字中取得.因此,事件 A_1 所包含的样本点数为 C_8^3,从而 $P(A_1)=\dfrac{C_8^3}{C_{10}^3}=\dfrac{7}{15}$.

(2) 如果抽取的 3 个数字中含 0 但不含 5,则另外 2 个数字在除 0,5 以外的 8 个数字中取得.因此,事件 A_2 所包含的样本点数为 C_8^2,从而 $P(A_2)=\dfrac{C_8^2}{C_{10}^3}=\dfrac{7}{30}$.

(3) 如果记 B 为事件“抽取的 3 个数字中不含 0”,C 为事件“抽取的 3 个数字中不含 5”,则 $A_3=B\cup C$,从而 $P(A_3)=P(B)+P(C)-P(BC)=\dfrac{C_9^3}{C_{10}^3}+\dfrac{C_9^3}{C_{10}^3}-\dfrac{C_8^3}{C_{10}^3}=\dfrac{14}{15}$.

例 1.3 将 C,C,E,E,I,N,S 这 7 个字母随机地排成一行,恰好排成英文单词“SCIENCE”的概率为________.

解 设所求概率为 $P(A)$.将 7 个字母任意排成一行,其所有排法个数为 7!,而事件 A 的所有排法个数为 2!2!,因此 $P(A)=\dfrac{2!2!}{7!}=\dfrac{1}{1\,260}$.

例 1.4 设一批产品共 200 件,其中有 6 件废品.现从这批产品中任取 3 件,求其中恰好有 k 件废品的概率.

解 显然,题设随机试验的样本空间的样本点总数为 C_{200}^3.记 A 为事件“任取 3 件产品中恰好有 k 件废品”,则 A 所包含的样本点数为 $C_6^k C_{194}^{3-k}$($k=0,1,2,3$).因此,所求的概率为

$$P(A)=\frac{C_6^k C_{194}^{3-k}}{C_{200}^3}\quad (k=0,1,2,3).$$

例 1.5 设 k 个袋子中均装有 n 个标有编号 1,2,…,n 的球,从每个袋子中各取一个球,求所取到的 k 个球中最大编号为 $m(1\leqslant m\leqslant n)$ 的概率.

解 显然,题设随机试验的样本空间的样本点总数为 n^k.记 A 为事件“取到的 k 个球中最大编号为 m”.如果所取到的 k 个球中最大编号不超过 m,则每个袋子都是从 1 至 m 号球中取球,共有 m^k 种等可能取法;如果所取到的 k 个球中最大编号不超过 $m-1$,则每个袋子都是从 1 至 $m-1$ 号球中取球,共有 $(m-1)^k$ 种等可能取法.因此,所求的概率为

$$P(A)=\frac{m^k-(m-1)^k}{n^k}.$$

例 1.6 在区间(0,1)内随机抽取两个数,则取得的两个数之差的绝对值小于0.5的概率为________.

解　设所取两个数分别为 x,y. 如图 1.1 所示,构造平面直角坐标系,用横坐标表示 x 的值,纵坐标表示 y 的值,则题设随机试验可看作向边长为1的正方形区域 $\Omega=\{(x,y)\mid 0<x<1,0<y<1\}$ 内随机投点 (x,y),显然样本空间就是正方形区域 Ω. 记 A 表示事件"取得的两个数之差的绝对值小于0.5",则事件 A 可看作随机点落在区域 $A=\{(x,y)\mid 0<x<1,0<y<1,|x-y|<0.5\}$ 内. 因此,所求的概率为

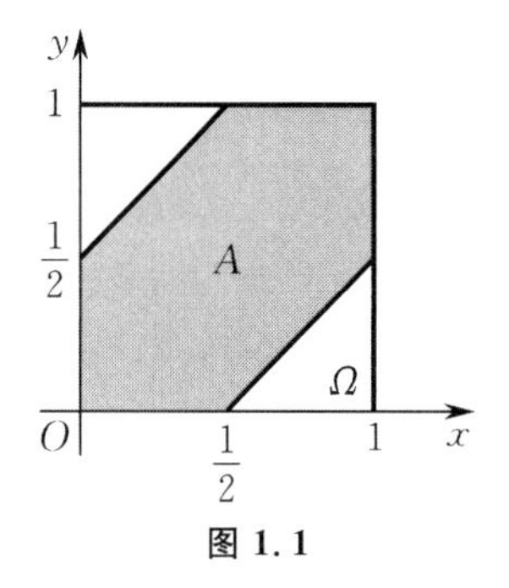

图 1.1

$$P(A)=\frac{m(A)}{m(\Omega)}=\frac{3}{4}.$$

基本题型 Ⅲ:概率、条件概率的性质,加法公式,乘法公式

例 1.7 设事件 A 与 B 互不相容,则(　　).

(A) $P(\overline{A}\,\overline{B})=0$　　(B) $P(AB)=P(A)P(B)$

(C) $P(\overline{A})=1-P(B)$　　(D) $P(\overline{A}\cup\overline{B})=1$

解　因为事件 A 与 B 互不相容,即 $AB=\varnothing$,则 $\overline{AB}=\Omega$,于是 $P(\overline{A}\cup\overline{B})=P(\overline{AB})=P(\Omega)=1$. 故选(D).

例 1.8 已知 $P(A)=P(B)=P(C)=\frac{1}{4}$,$P(AB)=0$,$P(AC)=P(BC)=\frac{1}{16}$,则事件 A,B,C 全不发生的概率为________.

解　事件 A,B,C 全不发生即为 $\overline{A}\,\overline{B}\,\overline{C}$. 由概率的性质及加法公式,得所求的概率为

$$\begin{aligned}P(\overline{A}\,\overline{B}\,\overline{C})&=P(\overline{A\cup B\cup C})=1-P(A\cup B\cup C)\\&=1-[P(A)+P(B)+P(C)-P(AB)-P(BC)-P(AC)+P(ABC)]\\&=1-\left(\frac{1}{4}\times 3-\frac{1}{16}\times 2\right)=\frac{3}{8}.\end{aligned}$$

例 1.9 设事件 A,B 满足 $P(AB)=P(\overline{A}\,\overline{B})$,且 $P(A)=p$,则 $P(B)=$ ________.

解　因为

$$P(AB)=P(\overline{A}\,\overline{B})=P(\overline{A\cup B})=1-P(A\cup B)=1-[P(A)+P(B)-P(AB)],$$

即 $P(A)+P(B)=1$,所以 $P(B)=1-P(A)=1-p$.

例 1.10 设 A,B 为任意两个事件,则一定有(　　).

(A) $P(\overline{A}\cup\overline{B})=1$　　(B) $P(\overline{A}\cup\overline{B})=0$

(C) $0<P(\overline{A}\cup\overline{B})<1$　　(D) $P(\overline{A}\cup\overline{B})=1-P(AB)$

解　当 $P(A)+P(B)>1$ 时,$P(\overline{A}\cup\overline{B})=2-[P(A)+P(B)]-P(\overline{A}\,\overline{B})<1$,故选项(A)不成立. 当 $P(AB)<1$ 时,$P(\overline{A}\cup\overline{B})=P(\overline{AB})=1-P(AB)>0$,故选项(B)不成立. 当 A,B 互为对立事件时,$P(\overline{A}\cup\overline{B})=P(B\cup A)=P(\Omega)=1$,故选项(C)不成立. 综上,选(D). 事实上,$P(\overline{A}\cup\overline{B})=P(\overline{AB})=1-P(AB)$.

例 1.11 设 A,B 为任意两个事件. 如果 $B\subset A$ 且 $P(B)>0$,则下列选项中正确的是

(　　).

(A) $P(B \mid A) \geqslant P(A)$　　(B) $P(B \mid A) \leqslant P(A)$

(C) $P(B \mid A) \geqslant P(B)$　　(D) $P(B \mid A) \leqslant P(B)$

解　由 $B \subset A$,有 $AB = B$. 又 $0 < P(B) \leqslant P(A) \leqslant 1$,所以有

$$P(B \mid A) = \frac{P(AB)}{P(A)} = \frac{P(B)}{P(A)} \geqslant P(B).$$

故选(C).

例 1.12　已知 $0 < P(B) < 1, P(A_1 \cup A_2 \mid B) = P(A_1 \mid B) + P(A_2 \mid B)$,则下列选项中正确的是(　　).

(A) $P(A_1 \cup A_2 \mid \overline{B}) = P(A_1 \mid \overline{B}) + P(A_2 \mid \overline{B})$

(B) $P(A_1 B \cup A_2 B) = P(A_1 B) + P(A_2 B)$

(C) $P(A_1 \cup A_2) = P(A_1 \mid B) + P(A_2 \mid B)$

(D) $P(B) = P(A_1)P(B \mid A_1) + P(A_2)P(B \mid A_2)$

解　因为

$$P(A_1 \cup A_2 \mid B) = \frac{P((A_1 \cup A_2)B)}{P(B)} = \frac{P(A_1 B \cup A_2 B)}{P(B)},$$

$$P(A_1 \mid B) + P(A_2 \mid B) = \frac{P(A_1 B)}{P(B)} + \frac{P(A_2 B)}{P(B)} = \frac{P(A_1 B) + P(A_2 B)}{P(B)},$$

而 $P(B) > 0$,所以由题设条件得 $P(A_1 B \cup A_2 B) = P(A_1 B) + P(A_2 B)$. 故选(B).

评注　本题容易错误地选择(D),认为是全概率公式,但是忽视了全概率公式中需要满足的条件:事件 A_1, A_2 应满足 $P(A_1) > 0, P(A_2) > 0$,且 A_1, A_2 是对立事件.

基本题型 Ⅳ:利用全概率公式和贝叶斯公式计算概率

例 1.13　一批产品共有10件正品和2件次品,现从中任意抽取两次,每次抽取一件,且抽出后不放回,则第二次抽出的产品是次品的概率为________.

解　记 A 表示事件"第一次抽出的是次品",B 表示事件"第二次抽出的是次品",则 $B = AB \cup \overline{A}B$,于是由全概率公式得所求的概率为

$$P(B) = P(AB) + P(\overline{A}B) = P(A)P(B \mid A) + P(\overline{A})P(B \mid \overline{A}) = \frac{2}{12} \times \frac{1}{11} + \frac{10}{12} \times \frac{2}{11} = \frac{1}{6}.$$

例 1.14　某种仪器由三个部件组装而成,假设各部件的质量互不影响,且它们的优质品率分别为0.8,0.7与0.9.已知如果三个部件都是优质品,则组装后仪器一定合格;如果有一个部件不是优质品,则组装后仪器的不合格率为0.2;如果有两个部件不是优质品,则组装后仪器的不合格率为0.6;如果三个部件都不是优质品,则组装后仪器的不合格率为0.9.

(1) 求仪器的不合格率;

(2) 如果已经发现一台仪器不合格,问该仪器有几个部件不是优质品的概率最大?

解　记 B 表示事件"仪器不合格",$A_i (i = 0,1,2,3)$ 表示事件"仪器上有 i 个部件不是优质品".显然,A_0, A_1, A_2, A_3 构成样本空间的一个划分,且

$$P(B \mid A_0) = 0,\quad P(B \mid A_1) = 0.2,\quad P(B \mid A_2) = 0.6,\quad P(B \mid A_3) = 0.9,$$

$$P(A_0) = 0.8 \times 0.7 \times 0.9 = 0.504,$$

$P(A_1) = 0.2 \times 0.7 \times 0.9 + 0.8 \times 0.3 \times 0.9 + 0.8 \times 0.7 \times 0.1 = 0.398,$

$P(A_3) = 0.2 \times 0.3 \times 0.1 = 0.006,$

$P(A_2) = 1 - P(A_0) - P(A_1) - P(A_3) = 1 - 0.504 - 0.398 - 0.006 = 0.092.$

(1) 应用全概率公式,所求的概率为

$$P(B) = \sum_{i=0}^{3} P(A_i)P(B \mid A_i) = 0.1402.$$

(2) 应用贝叶斯公式,有

$$P(A_0 \mid B) = 0,$$

$$P(A_1 \mid B) = \frac{P(A_1B)}{P(B)} = \frac{P(A_1)P(B \mid A_1)}{P(B)} = \frac{398}{701},$$

$$P(A_2 \mid B) = \frac{P(A_2B)}{P(B)} = \frac{P(A_2)P(B \mid A_2)}{P(B)} = \frac{276}{701},$$

$$P(A_3 \mid B) = \frac{P(A_3B)}{P(B)} = \frac{P(A_3)P(B \mid A_3)}{P(B)} = \frac{27}{701}.$$

从上述计算结果可得,一台不合格的仪器中有一个部件不是优质品的概率最大.

基本题型 Ⅴ:事件的独立性与独立重复试验

例 1.15 将一枚硬币独立地掷两次,记事件 $A_1 =$"第一次掷硬币出现正面",$A_2 =$"第二次掷硬币出现正面",$A_3 =$"正、反面各出现一次",$A_4 =$"正面出现两次",则(　　).

(A) 事件 A_1, A_2, A_3 相互独立　　(B) 事件 A_2, A_3, A_4 相互独立

(C) 事件 A_1, A_2, A_3 两两独立　　(D) 事件 A_2, A_3, A_4 两两独立

解　由于 $P(A_1) = P(A_2) = P(A_3) = \frac{1}{2}, P(A_4) = \frac{1}{4}, P(A_1A_2) = P(A_1A_3) = P(A_2A_3) = \frac{1}{4}, P(A_1A_2A_3) = P(\varnothing) = 0$,有

$$P(A_1A_2) = P(A_1)P(A_2),$$

$$P(A_1A_3) = P(A_1)P(A_3),$$

$$P(A_2A_3) = P(A_2)P(A_3),$$

$$P(A_1A_2A_3) \neq P(A_1)P(A_2)P(A_3),$$

因此事件 A_1, A_2, A_3 是两两独立的,但不是相互独立的.故选(C).

例 1.16 设平面区域 Ω 是由坐标分别为(0,0),(0,1),(1,0),(1,1)的四个点所围成的正方形区域.现向区域 Ω 内随机地投入10个点,求这10个点中至少有2个点落在由曲线 $y = x^2$ 与直线 $y = x$ 所围成的平面区域 D 内的概率.

解　显然,这是一个几何概型,它的样本空间就是平面区域 $\Omega = \{(x,y) \mid 0 \leqslant x \leqslant 1, 0 \leqslant y \leqslant 1\}$.记 A 表示事件"随机投的一点落在区域 D 内",则事件 A 的样本点集合就是平面区域 $D = \{(x,y) \mid 0 \leqslant x \leqslant 1, x^2 \leqslant y \leqslant x\}$.由于区域 Ω 和 D 的面积分别为 $m(\Omega) = 1$, $m(D) = \int_0^1 (x - x^2)\mathrm{d}x = \frac{1}{6}$,故 $P(A) = \frac{m(D)}{m(\Omega)} = \frac{1}{6}$.

又记 $B_k (k = 0,1,2,\cdots,10)$ 表示事件"随机投的10个点中落在区域 D 内的点的个数为 k",

这是一个 10 重伯努利试验，于是计算得

$$P(B_k)=C_{10}^k\,[P(A)]^k\,[1-P(A)]^{10-k}\quad(k=0,1,2,\cdots,10).$$

故所求的概率为

$$\begin{aligned}1-P(B_0)-P(B_1)&=1-[1-P(A)]^{10}-C_{10}^1P(A)[1-P(A)]^9\\&=1-\left(\frac{5}{6}\right)^{10}-10\times\frac{1}{6}\times\left(\frac{5}{6}\right)^9\approx 0.52.\end{aligned}$$

例 1.17 已知一条生产线连续生产 n 件产品不出故障的概率为 $\frac{\lambda^n}{n!}e^{-\lambda}(n=0,1,2,\cdots)$. 假设该产品的优质率为 $p(0<p<1)$，且各件产品是否为优质品是相互独立的.

(1) 计算该条生产线在两次故障之间共生产了 $k(k=0,1,2,\cdots)$ 件优质品的概率；

(2) 若已知该条生产线在两次故障之间共生产了 k 件优质品，求它在这两次故障之间共生产了 m 件产品的概率.

解 记 $A_n(n=0,1,2,\cdots)$ 表示事件“该条生产线在两次故障之间共生产了 n 件产品”，则

$$P(A_n)=\frac{\lambda^n}{n!}e^{-\lambda}\quad(n=0,1,2,\cdots),$$

且 $A_0,A_1,A_2,\cdots$ 构成了样本空间的一个划分. 记 $B_k(k=0,1,2,\cdots,n)$ 表示事件“该条生产线在两次故障之间共生产了 k 件优质品”，显然 B_k 与该条生产线在两次故障之间生产的产品总数 n 有关. 当 $n<k$ 时，有 $P(B_k\mid A_n)=0$；当 $n\geqslant k$ 时，注意到这是一个 n 重伯努利试验，于是有

$$P(B_k\mid A_n)=C_n^kp^k(1-p)^{n-k}\quad(k=0,1,2,\cdots,n).$$

(1) 应用全概率公式，有

$$\begin{aligned}P(B_k)&=\sum_{n=0}^{\infty}P(A_n)P(B_k\mid A_n)=\sum_{n=k}^{\infty}P(A_n)P(B_k\mid A_n)\\&=\sum_{n=k}^{\infty}\frac{\lambda^n}{n!}e^{-\lambda}\,\frac{n!}{k!(n-k)!}p^k(1-p)^{n-k}\\&=\frac{(\lambda p)^k}{k!}e^{-\lambda p}\sum_{n=k}^{\infty}\frac{[\lambda(1-p)]^{n-k}}{(n-k)!}e^{-\lambda(1-p)}\\&=\frac{(\lambda p)^k}{k!}e^{-\lambda p}\quad(k=0,1,2,\cdots,n).\end{aligned}$$

(2) 当 $m<k$ 时，所求的概率为 $P(A_m\mid B_k)=0$. 当 $m\geqslant k$ 时，所求的概率为

$$\begin{aligned}P(A_m\mid B_k)&=\frac{P(A_mB_k)}{P(B_k)}=\frac{P(A_m)P(B_k\mid A_m)}{P(B_k)}\\&=\frac{k!}{(\lambda p)^ke^{-\lambda p}}\cdot\frac{\lambda^m}{m!}e^{-\lambda}\cdot\frac{m!}{k!(m-k)!}p^k(1-p)^{m-k}\\&=\frac{[\lambda(1-p)]^{m-k}}{(m-k)!}e^{-\lambda(1-p)}\quad(m=k,k+1,\cdots).\end{aligned}$$

§1.3 历年考研真题评析

1. 在电炉上安装了四个温控器，其显示温度的误差是随机的，在使用过程中，只要有两个温控器的显示温度不低于临界温度 t_0，电炉就断电. 记 A 表示事件“电炉断电”，设 $T_{(1)}\leqslant T_{(2)}\leqslant$

$T_{(3)} \leqslant T_{(4)}$ 为四个温控器显示的按递增顺序排列的温度值,则事件 A 等于(　　).

(A) $\{T_{(1)} \geqslant t_0\}$　　(B) $\{T_{(2)} \geqslant t_0\}$

(C) $\{T_{(3)} \geqslant t_0\}$　　(D) $\{T_{(4)} \geqslant t_0\}$

解　事件 $\{T_{(4)} \geqslant t_0\}$ 表示至少有一个温控器的显示温度不低于临界温度 t_0,事件 $\{T_{(3)} \geqslant t_0\}$ 表示至少有两个温控器的显示温度不低于临界温度 t_0,故选(C).

2. 对于任意两个事件 A 与 B,与 $A \cup B = B$ 不等价的是(　　).

(A) $A \subset B$　　(B) $\overline{B} \subset \overline{A}$　　(C) $A\overline{B} = \varnothing$　　(D) $\overline{A}B = \varnothing$

解　易知 $A \cup B = B \Leftrightarrow A \subset B \Leftrightarrow \overline{A} \supset \overline{B} \Leftrightarrow A\overline{B} = \varnothing$,则选项(A),(B),(C)均不正确,故选(D).事实上,由于 $\overline{A}B = B - A$,而 $A \subset B$,因此 $\overline{A}B = \varnothing$ 不一定成立.

3. 设 A 与 B 是任意两个概率不为 0 的互不相容事件,则下列结论中一定正确的是(　　).

(A) $\overline{A}$ 与 $\overline{B}$ 互不相容　　(B) $\overline{A}$ 与 $\overline{B}$ 没有互不相容

(C) $P(AB) = P(A)P(B)$　　(D) $P(A-B) = P(A)$

解　已知 $\overline{A}\,\overline{B} = \overline{A \cup B}$,如果 $A \cup B = \Omega$,则 $\overline{A}\,\overline{B} = \varnothing$,即 $\overline{A}$ 与 $\overline{B}$ 互不相容;如果 $A \cup B \neq \Omega$,则 $\overline{A}\,\overline{B} \neq \varnothing$,即 $\overline{A}$ 与 $\overline{B}$ 并非互不相容.由于 A 与 B 是任意两个事件,因此选项(A)与(B)均不正确.由于 A 与 B 互不相容,即 $P(AB) = 0$,因此 $P(AB) \neq P(A)P(B)$,从而选项(C)也不正确.故选(D).事实上,$P(A-B) = P(A) - P(AB) = P(A)$.

4. 考虑关于 x 的一元二次方程 $x^2 + Bx + C = 0$,其中 B,C 分别为将一颗骰子接连掷两次先后出现的点数,求该方程有实根的概率 p 和有重根的概率 q.

解　将一颗骰子接连掷两次,其样本空间的样本点总数为36.设事件 $A_1 =$"所给方程有实根",$A_2 =$"所给方程有重根",则

$$A_1 = \{(B,C) \mid B = 1,2,\cdots,6; C = 1,2,\cdots,6; B^2 - 4C \geqslant 0\},$$
$$A_2 = \{(B,C) \mid B = 1,2,\cdots,6; C = 1,2,\cdots,6; B^2 - 4C = 0\}.$$

用列举法求出事件 $A_i (i = 1,2)$ 所包含的样本点数分别为 19 和 2,故所求的概率分别为

$$p = P(A_1) = \frac{19}{36},\quad q = P(A_2) = \frac{1}{18}.$$

5. 从数1,2,3,4中任取一个数,记为 X,再从 $1,2,\cdots,X$ 中任取一个数,记为 Y,则 $P\{Y=2\} =$ ________.

解　事件 $\{X=1\},\{X=2\},\{X=3\},\{X=4\}$ 构成样本空间的一个划分,且 $P\{X=i\} = \frac{1}{4}(i = 1,2,3,4)$.又 $P\{Y = 2 \mid X = 1\} = 0$,$P\{Y = 2 \mid X = i\} = \frac{1}{i}(i = 2,3,4)$,故由全概率公式得所求的概率为

$$P\{Y = 2\} = \sum_{i=1}^{4} P\{X = i\}P\{Y = 2 \mid X = i\} = \frac{1}{4} \times \left(0 + \frac{1}{2} + \frac{1}{3} + \frac{1}{4}\right) = \frac{13}{48}.$$

6. 设工厂A和工厂B的产品的次品率分别为1%和2%.现从工厂A和工厂B的产品分别占60%和40%的一批产品中随机抽取一件,发现是次品,则该次品属于工厂A生产的概率是 ________.

解　记 C 表示事件"抽取的产品是次品",D 表示事件"抽取的产品属于工厂A生产的",则依题意得

$$P(D) = 0.6,\quad P(\overline{D}) = 0.4,\quad P(C \mid D) = 0.01,\quad P(C \mid \overline{D}) = 0.02.$$

故由贝叶斯公式得所求的概率为

$$P(D \mid C)=\frac{P(D)P(C \mid D)}{P(D)P(C \mid D)+P(\overline{D})P(C \mid \overline{D})}=\frac{0.6\times 0.01}{0.6\times 0.01+0.4\times 0.02}=\frac{3}{7}.$$

7. 袋中有50个乒乓球,其中20个是黄球,30个是白球.现有两人依次随机地从袋中各取一球,取后不放回,则第二个人取得黄球的概率是________.

解 记 $A_i(i=1,2)$ 表示事件"第 i 个人取得黄球",则依题意得

$$P(A_1)=\frac{20}{50},\quad P(\overline{A}_1)=\frac{30}{50},\quad P(A_2 \mid A_1)=\frac{19}{49},\quad P(A_2 \mid \overline{A}_1)=\frac{20}{49}.$$

故由全概率公式得所求的概率为

$$P(A_2)=P(A_1)P(A_2 \mid A_1)+P(\overline{A}_1)P(A_2 \mid \overline{A}_1)=\frac{20}{50}\times\frac{19}{49}+\frac{30}{50}\times\frac{20}{49}=\frac{2}{5}.$$

8. 设 A,B,C 三个事件两两独立,则 A,B,C 相互独立的充要条件是( ).

(A) A 与 BC 相互独立　　(B) AB 与 $A\cup C$ 相互独立

(C) AB 与 AC 相互独立　　(D) $A\cup B$ 与 $A\cup C$ 相互独立

解 因为事件 A,B,C 相互独立的充要条件是 A,B,C 不仅两两独立,而且满足 $P(ABC)=P(A)P(B)P(C)$.依题意,下面只需验证 $P(ABC)=P(A)P(B)P(C)$.

在选项(A)中,因为 A 与 BC 相互独立,而 B 与 C 相互独立,因此有

$$P(ABC)=P(A)P(BC)=P(A)P(B)P(C).$$

故选(A).

9. 设 A,B,C 是三个相互独立的事件,且 $0<P(AC)<P(C)<1$,则下列四组事件中不相互独立的是( ).

(A) $\overline{A\cup B}$ 与 C　　(B) $\overline{AC}$ 与 $\overline{C}$　　(C) $\overline{A-B}$ 与 $\overline{C}$　　(D) $\overline{AB}$ 与 $\overline{C}$

解 对于相互独立的 n 个事件 $A_1,A_2,\cdots,A_n$,由它们中任一部分事件经并、交、差、对立等运算所得到的事件与其他部分事件(或由它们经运算所得到的事件)都是相互独立的,因此选项(A),(C),(D)均不正确.故选(B).事实上,由于 $\overline{AC}\,\overline{C}=(\overline{A}\cup\overline{C})\overline{C}=\overline{C}$,所以有 $P(\overline{AC}\,\overline{C})=P(\overline{C})\neq P(\overline{AC})P(\overline{C})$,故 $\overline{AC}$ 与 $\overline{C}$ 不相互独立.

10. 设在3次独立重复试验中,事件 A 出现的概率相等.若已知 A 至少出现一次的概率等于 $\frac{19}{27}$,则事件 A 在一次试验中出现的概率为________.

解 设事件 A 在一次试验中出现的概率为 p,则在3次独立重复试验中事件 A 至少出现一次的概率为 $1-(1-p)^3$,即 $1-(1-p)^3=\frac{19}{27}$,解得所求的概率为 $p=\frac{1}{3}$.

11. 一实习生用同一台机器接连独立地制造3个同种零件,第 $i(i=1,2,3)$ 个零件是不合格品的概率为 $p_i=\frac{1}{i+1}$.以 X 表示3个零件中合格品的个数,则 $P\{X=2\}=$________.

解 记 $A_i(i=1,2,3)$ 表示事件"该实习生制造的第 i 个零件是合格品",则有

$$P(A_1)=\frac{1}{2},\quad P(A_2)=\frac{2}{3},\quad P(A_3)=\frac{3}{4}.$$

依题意知,A_1,A_2,A_3 相互独立,又 $A_1A_2\overline{A}_3,A_1\overline{A}_2A_3,\overline{A}_1A_2A_3$ 两两互不相容,故有

$$\begin{aligned}P\{X=2\}&=P(A_1A_2\overline{A}_3\cup A_1\overline{A}_2A_3\cup\overline{A}_1A_2A_3)\\&=P(A_1A_2\overline{A}_3)+P(A_1\overline{A}_2A_3)+P(\overline{A}_1A_2A_3)\\&=P(A_1)P(A_2)P(\overline{A}_3)+P(A_1)P(\overline{A}_2)P(A_3)+P(\overline{A}_1)P(A_2)P(A_3)\\&=\frac{1}{2}\times\frac{2}{3}\times\frac{1}{4}+\frac{1}{2}\times\frac{1}{3}\times\frac{3}{4}+\frac{1}{2}\times\frac{2}{3}\times\frac{3}{4}=\frac{11}{24}.\end{aligned}$$

12. 设 A,B 为任意两个事件，则 $P(A)=P(B)$ 的充要条件是(　　).

(A) $P(A\cup B)=P(A)+P(B)$　　(B) $P(AB)=P(A)P(B)$

(C) $P(A\overline{B})=P(B\overline{A})$　　(D) $P(AB)=P(\overline{A}\,\overline{B})$

解　$P(A)=P(B)\Leftrightarrow P(A\overline{B})=P(A)-P(AB)=P(B)-P(AB)=P(B\overline{A})$，故选(C).

13. 设事件 A 与 B 相互独立，事件 A 与 C 相互独立，$BC=\varnothing$，$P(A)=P(B)=\frac{1}{2}$，$P(AC\mid AB\cup C)=\frac{1}{4}$，则 $P(C)=$ ________.

解　依题意得

$$P(AC\mid AB\cup C)=\frac{P(AC(AB\cup C))}{P(AB\cup C)}=\frac{P(AC)}{P(AB)+P(C)-P(ABC)}=\frac{P(A)P(C)}{P(A)P(B)+P(C)}.$$

将已知数据代入上式，即得 $\dfrac{\frac{1}{2}P(C)}{\frac{1}{2}\times\frac{1}{2}+P(C)}=\dfrac{1}{4}$，解得 $P(C)=\dfrac{1}{4}$.

14. 若 A 与 B 为任意两个事件，则(　　).

(A) $P(AB)\leqslant P(A)P(B)$　　(B) $P(AB)\geqslant P(A)P(B)$

(C) $P(AB)\leqslant\dfrac{P(A)+P(B)}{2}$　　(D) $P(AB)\geqslant\dfrac{P(A)+P(B)}{2}$

解　由于 $AB\subset A,AB\subset B$，所以有 $P(AB)\leqslant P(A),P(AB)\leqslant P(B)$，从而 $P(AB)\leqslant\sqrt{P(A)P(B)}\leqslant\dfrac{P(A)+P(B)}{2}$. 故选(C).

15. 已知 $P(A)=P(B)=P(C)=\frac{1}{4}$，$P(AB)=0$，$P(AC)=P(BC)=\frac{1}{12}$，则事件 A,B,C 中恰好有一个发生的概率为(　　).

(A) $\frac{3}{4}$　　(B) $\frac{2}{3}$　　(C) $\frac{1}{2}$　　(D) $\frac{5}{12}$

解　依题意，所求的概率为

$$\begin{aligned}P(A\overline{B}\,\overline{C})+P(\overline{A}B\overline{C})+P(\overline{A}\,\overline{B}C)&=P(A-(B\cup C))+P(B-(A\cup C))+P(C-(A\cup B))\\&=P(A)-P(AB)-P(AC)+P(ABC)+P(B)-P(AB)-P(BC)\\&\quad+P(ABC)+P(C)-P(AC)-P(BC)+P(ABC).\end{aligned}$$

而 $ABC\subset AB$，则 $P(ABC)\leqslant P(AB)=0$，所以 $P(ABC)=0$. 将已知数据代入上式，即得

$$P(A\overline{B}\,\overline{C})+P(\overline{A}B\overline{C})+P(\overline{A}\,\overline{B}C)=\frac{1}{4}-\frac{1}{12}+\frac{1}{4}-\frac{1}{12}+\frac{1}{4}-\frac{1}{12}-\frac{1}{12}=\frac{5}{12}.$$

故选(D).

§1.4 教材习题详解

1. 写出下列随机试验的样本空间及下列事件包含的样本点：

(1) 掷一颗骰子，$A=$“出现奇数点”；

(2) 掷两颗骰子，$A=$“出现点数之和为奇数，且恰好其中有一个1点”，$B=$“出现点数之和为偶数，但没有一颗骰子出现1点”；

(3) 将一枚硬币抛两次，$A=$“第一次出现正面”，$B=$“至少有一次出现正面”，$C=$“两次出现同一面”.

解 (1) $\Omega=\{1,2,3,4,5,6\}$，$A=\{1,3,5\}$.

(2) $\Omega=\{(i,j)\mid i,j=1,2,3,4,5,6\}$，$A=\{(1,2),(1,4),(1,6),(2,1),(4,1),(6,1)\}$，$B=\{(2,2),(2,4),(2,6),(3,3),(3,5),(4,2),(4,4),(4,6),(5,3),(5,5),(6,2),(6,4),(6,6)\}$.

(3) $\Omega=\{$(正，反)，(正，正)，(反，正)，(反，反)$\}$，$A=\{$(正，反)，(正，正)$\}$，$B=\{$(正，反)，(正，正)，(反，正)$\}$，$C=\{$(正，正)，(反，反)$\}$.

2. 设 A,B,C 为三个事件，试用 A,B,C 的运算关系式表示下列事件：

(1) A 发生，B,C 都不发生； (2) A,B,C 都发生；

(3) A,B,C 至少有一个发生； (4) A,B,C 都不发生；

(5) A,B,C 不都发生； (6) A,B,C 至多有一个不发生.

解 (1) $A\overline{B}\,\overline{C}$； (2) ABC； (3) $A\cup B\cup C$； (4) $\overline{A}\,\overline{B}\,\overline{C}=\overline{A\cup B\cup C}$；

(5) $\overline{ABC}$； (6) $AB\cup BC\cup AC=AB\overline{C}\cup A\overline{B}C\cup\overline{A}BC\cup ABC$.

3. 指出下列等式命题是否一定成立，并说明理由：

(1) $A\cup B=(AB)\cup B$； (2) $\overline{A}B=A\cup B$；

(3) $\overline{A\cup B}\cap C=\overline{A}BC$； (4) $(AB)(\overline{AB})=\varnothing$；

(5) 若 $A\subset B$，则 $A=AB$； (6) 若 $AB=\varnothing$，且 $C\subset A$，则 $BC=\varnothing$；

(7) 若 $A\subset B$，则 $\overline{B}\supset\overline{A}$； (8) 若 $B\subset A$，则 $A\cup B=A$.

解 (1) 不一定，因为$(AB)\cup B=B$，若 $A-B\neq\varnothing$，则 $A\cup B\neq B$，即 $A\cup B\neq(AB)\cup B$.

(2) 不一定，因为 $\overline{A}B=B-A$.

(3) 不一定，因为$\overline{A\cup B}\cap C=\overline{A}\,\overline{B}C$.

(4) 一定，因为对于任一事件 A，均有 $A\overline{A}=\varnothing$.

(5) 一定，因为 $AB=A-A\overline{B}$，又 $A\subset B$，有 $A\overline{B}=\varnothing$，所以 $AB=A$.

(6) 一定，画出文氏图，结论显然成立.

(7) 不一定，若 $A\subset B$，则 $\overline{B}\subset\overline{A}$.

(8) 一定，画出文氏图，结论显然成立.

4. 设 A,B 为两个事件，且 $P(A)=0.7$，$P(A-B)=0.3$，求 $P(\overline{AB})$.

解 $P(\overline{AB})=1-P(AB)=1-[P(A)-P(A-B)]=1-(0.7-0.3)=0.6$.

5. 设 A,B 为两个事件，且 $P(A)=0.6$，$P(B)=0.7$，问：

(1) 在什么条件下，$P(AB)$ 取到最大值？

(2) 在什么条件下，$P(AB)$ 取到最小值？

解 (1) 当 $AB=A$ 时，$P(AB)$ 取到最大值，此时 $P(AB)=P(A)=0.6$.

(2) 当 $A\cup B=\Omega$ 时，$P(AB)$ 取到最小值，此时

$$P(AB)=P(A)+P(B)-P(A\cup B)=0.6+0.7-1=0.3.$$

6. 设 A,B,C 为三个事件，已知 $P(A)=P(B)=\frac{1}{4}$，$P(C)=\frac{1}{3}$ 且 $P(AB)=P(BC)=0$，$P(AC)=\frac{1}{12}$，

求 A,B,C 至少有一个发生的概率.

解　依题意知,所求的概率为

$$P(A\cup B\cup C)=P(A)+P(B)+P(C)-P(AB)-P(BC)-P(AC)+P(ABC).$$

而 $ABC\subset AB$,则 $P(ABC)\leqslant P(AB)=0$,所以 $P(ABC)=0$.将已知数据代入上式,即得

$$P(A\cup B\cup C)=\frac{1}{4}+\frac{1}{4}+\frac{1}{3}-\frac{1}{12}=\frac{3}{4}.$$

7. 从 52 张扑克牌中任意取出 13 张,问有 5 张黑桃、3 张红心、3 张方块、2 张梅花的概率是多少?

解　依题意知,4 种花色的扑克牌各有 13 张,故所求的概率为 $\dfrac{C_{13}^5C_{13}^3C_{13}^3C_{13}^2}{C_{52}^{13}}$.

8. 对一个 5 人学习小组考虑生日问题,求:

(1) 5 个人的生日都在星期日的概率;

(2) 5 个人的生日都不在星期日的概率;

(3) 5 个人的生日不都在星期日的概率.

解　依题意知,样本空间的样本点总数为 7^5.

(1) 设 $A_1=$"5 个人的生日都在星期日",则事件 A_1 所包含的样本点数为 1,故所求的概率为 $P(A_1)=\dfrac{1}{7^5}$.(提示:亦可用独立性求解,下同)

(2) 设 $A_2=$"5 个人的生日都不在星期日",则事件 A_2 所包含的样本点数为 6^5,故所求的概率为 $P(A_2)=\dfrac{6^5}{7^5}$.

(3) 设 $A_3=$"5 个人的生日不都在星期日",则事件 A_3 是 A_1 的对立事件,故所求的概率为

$$P(A_3)=1-P(A_1)=1-\frac{1}{7^5}.$$

9. 从一批由 45 件正品、5 件次品组成的产品中任取 3 件,求其中恰有一件次品的概率.

解　依题意知,样本空间的样本点总数为 C_{50}^3.设 $A=$"抽取的 3 件产品中有两件正品、一件次品",则事件 A 所包含的样本点数为 $C_{45}^2C_5^1$,故所求的概率为 $P(A)=\dfrac{C_{45}^2C_5^1}{C_{50}^3}$.

10. 一批产品共 N 件,其中 M 件正品.从中随机地取出 $n(n<N)$ 件,试求其中恰有 $m(m\leqslant M)$ 件正品(记为 A) 的概率,如果:

(1) n 件是同时取出的;

(2) n 件是无放回逐件取出的;

(3) n 件是有放回逐件取出的.

解　(1) 依题意知,样本空间的样本点总数为 C_N^n,事件 A 所包含的样本点数为 $C_M^mC_{N-M}^{n-m}$,故所求的概率为

$$P(A)=\frac{C_M^mC_{N-M}^{n-m}}{C_N^n}.$$

(2) 由于是无放回逐件取出,可用排列法计算.样本空间的样本点总数为 P_N^n,而 n 次抽取中有 m 次为正品的组合数为 C_n^m,且对于每一种正品与次品的抽取次序,无放回地逐件从 M 件正品中取 m 件的排列数为 P_M^m,无放回地逐件从 $N-M$ 件次品中取 $n-m$ 件的排列数为 P_{N-M}^{n-m}.故所求的概率为

$$P(A)=\frac{C_n^mP_M^mP_{N-M}^{n-m}}{P_N^n}.$$

由于无放回逐件取出也可以看成一次取出,故上述概率也可写成 $P(A)=\dfrac{C_M^mC_{N-M}^{n-m}}{C_N^n}$.

可以证明,上面两式是相等的.相比之下,用第二种方法显然简便得多.

(3) 由于是有放回逐件取出,每次都有 N 种取法,故样本空间的样本点总数为 N^n.而 n 次抽取中有 m 次为正品的组合数为 C_n^m,且对于每一种正品与次品的抽取次序,有放回地逐件从 M 件正品中取 m 件,共有 M^m 种取

法，有放回地逐件从 $N-M$ 件次品中取 $n-m$ 件，共有 $(N-M)^{n-m}$ 种取法. 故所求的概率为

$$P(A)=\frac{C_n^m M^m (N-M)^{n-m}}{N^n}.$$

此小题也可看作 n 重伯努利试验，每次取得正品的概率为 $\frac{M}{N}$，则取得 m 件正品的概率为

$$P(A)=C_n^m \left(\frac{M}{N}\right)^m \left(1-\frac{M}{N}\right)^{n-m}.$$

11. 在电话号码簿中任取一电话号码，求后面 4 个数全不相同的概率（设后面 4 个数中的每一个数都是等可能地取自 $0,1,2,\cdots,9$）.

解　依题意知，样本空间的样本点总数为 10^4，"后面 4 个数全不相同" 这一事件所包含的样本点数为 P_{10}^4，故所求的概率为 $\frac{P_{10}^4}{10^4}$.

12. 50 只铆钉随机地取来用在 10 个部件上，每个部件用 3 只铆钉. 已知这 50 只铆钉中有 3 只铆钉强度太弱，若将这 3 只强度太弱的铆钉都装在一个部件上，则这个部件强度就太弱. 求出现一个部件强度太弱的概率.

解　依题意知，样本空间的样本点总数为 C_{50}^3. 设 $A=$ "一个部件强度太弱"，则事件 A 所包含的样本点数为 $C_{10}^1 C_3^3$，故所求的概率为 $P(A)=\frac{C_{10}^1 C_3^3}{C_{50}^3}=\frac{1}{1\,960}$.

13. 一个袋内装有大小相同的 7 个球，其中 4 个是白球，3 个是黑球，从中一次性抽取 3 个，求至少有 2 个是白球的概率.

解　记 $A_i\ (i=2,3)$ 表示事件"抽出的 3 个球中恰有 i 个白球"，显然 A_2 与 A_3 互不相容，且依题意得

$$P(A_2)=\frac{C_4^2 C_3^1}{C_7^3}=\frac{18}{35},\quad P(A_3)=\frac{C_4^3}{C_7^3}=\frac{4}{35}.$$

故所求的概率为

$$P(A_2\cup A_3)=P(A_2)+P(A_3)=\frac{22}{35}.$$

14. 有甲、乙两批种子，发芽率分别为 0.8 和 0.7，在两批种子中各随机取一粒，求：

(1) 两粒都发芽的概率；

(2) 至少有一粒发芽的概率；

(3) 恰有一粒发芽的概率.

解　记 $A_i\ (i=1,2)$ 表示事件"从第 i 批种子中抽出的种子发芽"，显然 A_1 与 A_2 相互独立，且依题意得 $P(A_1)=0.8, P(A_2)=0.7$.

(1) 所求的概率为 $P(A_1A_2)=P(A_1)P(A_2)=0.8\times 0.7=0.56$.

(2) 所求的概率为 $P(A_1\cup A_2)=P(A_1)+P(A_2)-P(A_1A_2)=0.8+0.7-0.56=0.94$.

(3) 所求的概率为 $P(A_1\overline{A}_2\cup \overline{A}_1A_2)=P(A_1\overline{A}_2)+P(\overline{A}_1A_2)=0.8\times 0.3+0.2\times 0.7=0.38$.

15. 抛一枚均匀硬币直到出现 3 次正面才停止，求：

(1) 正好在第 6 次停止的概率；

(2) 正好在第 6 次停止的情况下，第 5 次也出现正面的概率.

解　(1) 设 $A=$ "正好在第 6 次停止"，则事件 A 等价于事件"前 5 次抛硬币中恰好出现 2 次正面，且第 6 次抛硬币出现正面"，故所求的概率为

$$P(A)=C_5^2\times\left(\frac{1}{2}\right)^2\times\left(\frac{1}{2}\right)^3\times\frac{1}{2}=\frac{5}{32}.$$

(2) 设 $B=$ "第 5 次抛硬币出现正面"，则 $AB=$ "前 4 次抛硬币中恰好出现 1 次正面，且第 5，6 次抛硬币均出现正面"，于是

$$P(AB)=C_4^1\times\left(\frac{1}{2}\right)^1\times\left(\frac{1}{2}\right)^3\times\frac{1}{2}\times\frac{1}{2}=\frac{1}{16}.$$

故所求的概率为

$$P(B \mid A) = \frac{P(BA)}{P(A)} = \frac{1}{16}\Big/\frac{5}{32} = \frac{2}{5}.$$

16. 甲、乙两个篮球运动员，投篮命中率分别为 0.7 和 0.6，每人各投了 3 次，求两人进球数相等的概率.

解　记 $A_i(i=0,1,2,3)$ 表示事件"甲运动员投进 i 个球"，$B_i(i=0,1,2,3)$ 表示事件"乙运动员投进 i 个球"，显然 A_0,A_1,A_2,A_3 互不相容，B_0,B_1,B_2,B_3 也互不相容，A_i 与 B_i 相互独立，且

$$P(A_0) = (0.3)^3 = 0.027,\quad P(A_1) = C_3^1 \times 0.7 \times (0.3)^2 = 0.189,$$
$$P(A_2) = C_3^2 \times (0.7)^2 \times 0.3 = 0.441,\quad P(A_3) = (0.7)^3 = 0.343,$$
$$P(B_0) = (0.4)^3 = 0.064,\quad P(B_1) = C_3^1 \times 0.6 \times (0.4)^2 = 0.288,$$
$$P(B_2) = C_3^2 \times (0.6)^2 \times 0.4 = 0.432,\quad P(B_3) = (0.6)^3 = 0.216.$$

故所求的概率为

$$P\left(\bigcup_{i=0}^{3} A_iB_i\right) = \sum_{i=0}^{3} P(A_iB_i) = \sum_{i=0}^{3} P(A_i)P(B_i)$$
$$= 0.027 \times 0.064 + 0.189 \times 0.288 + 0.441 \times 0.432 + 0.343 \times 0.216 = 0.320\,76.$$

17. 从 5 双不同的鞋子中任取 4 只，求这 4 只鞋子中至少有 2 只鞋子配成一双的概率.

解　依题意知，样本空间的样本点总数为 C_{10}^4. 设 $A=$"取出的 4 只鞋子中至少有 2 只鞋子配成一双"，则 $\overline{A}=$"取出的 4 只鞋子中一双都没有配成"，即 $\overline{A}$ 所包含的样本点数为 $C_5^4C_2^1C_2^1C_2^1C_2^1$. 故所求的概率为

$$P(A) = 1 - P(\overline{A}) = 1 - \frac{C_5^4C_2^1C_2^1C_2^1C_2^1}{C_{10}^4} = \frac{13}{21}.$$

18. 某地某一天下雪的概率为 0.3，下雨的概率为 0.5，既下雪又下雨的概率为 0.1，求：

(1) 在这一天下雨的情况下下雪的概率；

(2) 这一天下雨或下雪的概率.

解　设 $A=$"此地这一天下雪了"，$B=$"此地这一天下雨了".

(1) 所求的概率为 $P(A \mid B) = \dfrac{P(AB)}{P(B)} = \dfrac{0.1}{0.5} = 0.2$.

(2) 所求的概率为 $P(A \cup B) = P(A) + P(B) - P(AB) = 0.3 + 0.5 - 0.1 = 0.7$.

19. 已知一个家庭有 3 个小孩，且其中一个为女孩，求至少有一个男孩的概率(小孩为男、为女是等可能的).

解　依题意知，样本空间的样本点总数为 $2^3=8$. 设 $A=$"3 个小孩中至少有一个为女孩"，$B=$"3 个小孩中至少有一个为男孩"，则

$$P(A) = 1 - P(\overline{A}) = 1 - \left(\frac{1}{2}\right)^3 = \frac{7}{8},$$

$$P(BA) = 1 - P(\overline{BA}) = 1 - P(\overline{B} \cup \overline{A}) = 1 - P(\overline{B}) - P(\overline{A}) = 1 - \left(\frac{1}{2}\right)^3 - \left(\frac{1}{2}\right)^3 = \frac{3}{4}.$$

故所求的概率为

$$P(B \mid A) = \frac{P(BA)}{P(A)} = \frac{3}{4}\Big/\frac{7}{8} = \frac{6}{7}.$$

20. 已知 5% 的男人和 0.25% 的女人是色盲. 现随机地挑选一人，此人恰为色盲，求此人是男人的概率(假设男人和女人各占人数的一半).

解　设 $A=$"挑选的人为男人"，$B=$"挑选的人为色盲"，则由贝叶斯公式得所求的概率为

$$P(A \mid B) = \frac{P(AB)}{P(B)} = \frac{P(A)P(B \mid A)}{P(A)P(B \mid A) + P(\overline{A})P(B \mid \overline{A})} = \frac{0.5 \times 0.05}{0.5 \times 0.05 + 0.5 \times 0.002\,5} = \frac{20}{21}.$$

21. 两人约定上午 9:00 — 10:00 在公园会面，求一人要等另一人 0.5 h 以上的概率.

解　设两人在 9:00 以后到达的时刻(单位：min) 分别为 x,y，则 $0 \leqslant x,y \leqslant 60$. 显然，这是一个几何概型，它的样本空间为

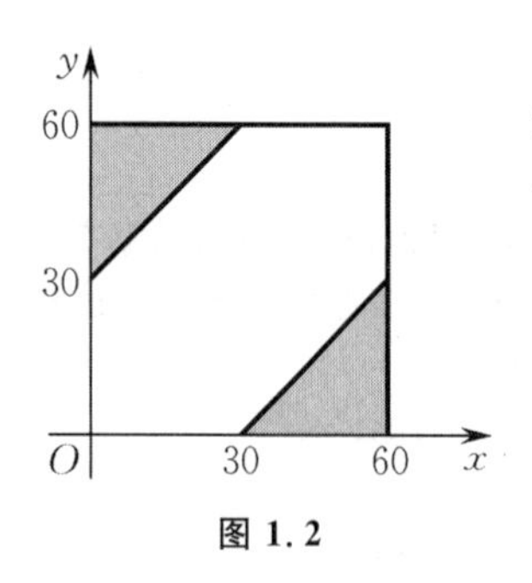

图 1.2

$$\Omega=\{(x,y)\mid 0\leqslant x,y\leqslant 60\}.$$

设 $A=$“一人要等另一人 0.5 h 以上”，则事件 A 所包含的样本点集合为 $D=\{(x,y)\mid |x-y|>30\}$，如图 1.2 所示. 故所求的概率为

$$P(A)=\frac{m(D)}{m(\Omega)}=\frac{30^2}{60^2}=\frac{1}{4}.$$

22. 从(0,1)中随机地取两个数，求：

(1) 两个数之和小于 $\frac{6}{5}$ 的概率；

(2) 两个数之积小于 $\frac{1}{4}$ 的概率.

解　设取的两个数分别为 x,y，则有 $0<x,y<1$. 显然，这是一个几何概型，它的样本空间为 $\Omega=\{(x,y)\mid 0<x,y<1\}$，且 Ω 的面积为 $m(\Omega)=1$.

(1) 设 $A_1=$“取的两个数之和小于 $\frac{6}{5}$”，则事件 A_1 所包含的样本点集合为

$$D_1=\left\{(x,y)\,\middle|\,0<x,y<1,x+y<\frac{6}{5}\right\},$$

如图 1.3(a) 所示. 故所求的概率为

$$P(A_1)=\frac{m(D_1)}{m(\Omega)}=m(D_1)=1-\frac{1}{2}\times\left(\frac{4}{5}\right)^2=\frac{17}{25}=0.68.$$

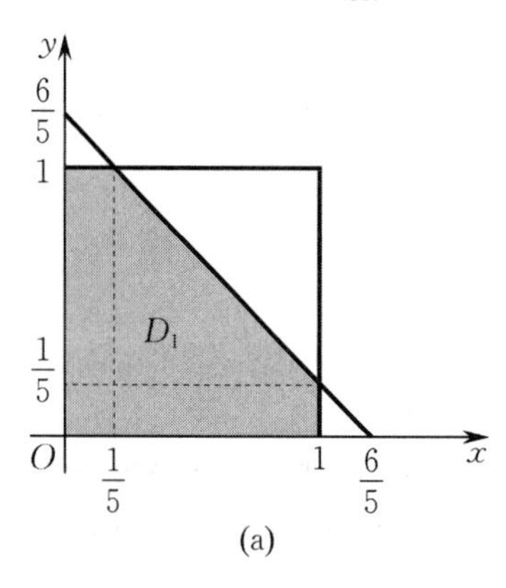

(a)

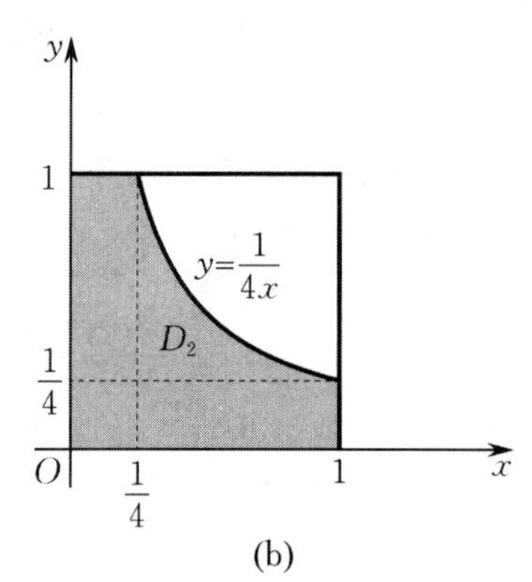

(b)

图 1.3

(2) 设 $A_2=$“取的两个数之积小于 $\frac{1}{4}$”，则事件 A_2 所包含的样本点集合为

$$D_2=\left\{(x,y)\,\middle|\,0<x,y<1,xy<\frac{1}{4}\right\},$$

如图 1.3(b) 所示. 故所求的概率为

$$P(A_2)=\frac{m(D_2)}{m(\Omega)}=m(D_2)=1-\int_{\frac{1}{4}}^{1}\left(1-\frac{1}{4x}\right)\mathrm{d}x=\frac{1}{4}+\frac{1}{2}\ln 2.$$

23. 设 $P(\overline{A})=0.3,P(B)=0.4,P(A\overline{B})=0.5$，求 $P(B\mid A\cup\overline{B})$.

解　$$P(B\mid A\cup\overline{B})=\frac{P(B(A\cup\overline{B}))}{P(A\cup\overline{B})}=\frac{P(AB)}{P(A\cup\overline{B})}=\frac{P(A)-P(A\overline{B})}{P(A)+P(\overline{B})-P(A\overline{B})}$$

$$=\frac{0.7-0.5}{0.7+0.6-0.5}=\frac{1}{4}.$$

24. 在一个盒中装有 15 个乒乓球，其中有 9 个新球. 第一次比赛时从中任意取出 3 个球，比赛使用完后放回原盒中(使用过的球就不再为新球了). 第二次比赛时同样从中任意取出 3 个球，求第二次取出的 3 个球均为新球的概率.

解　记 $A_i(i=0,1,2,3)$ 表示事件"第一次取出的3个球中有 i 个新球"，B 表示事件"第二次取出的3个球均为新球"，显然 A_0,A_1,A_2,A_3 构成样本空间的一个划分，且

$$P(A_0)=\frac{C_6^3}{C_{15}^3},\quad P(A_1)=\frac{C_9^1C_6^2}{C_{15}^3},\quad P(A_2)=\frac{C_9^2C_6^1}{C_{15}^3},\quad P(A_3)=\frac{C_9^3}{C_{15}^3},$$

$$P(B\mid A_0)=\frac{C_9^3}{C_{15}^3},\quad P(B\mid A_1)=\frac{C_8^3}{C_{15}^3},\quad P(B\mid A_2)=\frac{C_7^3}{C_{15}^3},\quad P(B\mid A_3)=\frac{C_6^3}{C_{15}^3}.$$

于是，由全概率公式得所求的概率为

$$P(B)=\sum_{i=0}^{3}P(B\mid A_i)P(A_i)=\frac{C_9^3}{C_{15}^3}\cdot\frac{C_6^3}{C_{15}^3}+\frac{C_8^3}{C_{15}^3}\cdot\frac{C_9^1C_6^2}{C_{15}^3}+\frac{C_7^3}{C_{15}^3}\cdot\frac{C_9^2C_6^1}{C_{15}^3}+\frac{C_6^3}{C_{15}^3}\cdot\frac{C_9^3}{C_{15}^3}\approx 0.089.$$

25. 按以往概率论考试结果分析，努力学习的学生有 90% 的可能考试及格，不努力学习的学生有 90% 的可能考试不及格. 据调查，学生中有 80% 的人是努力学习的. 试问：

(1) 考试及格的学生有多大可能是不努力学习的人？

(2) 考试不及格的学生有多大可能是努力学习的人？

解　设 $A=$"被调查学生是努力学习的"，$B=$"被调查学生考试及格"，则依题意知

$$P(A)=0.8,\quad P(\overline{A})=0.2,$$

$$P(B\mid A)=0.9,\quad P(\overline{B}\mid A)=0.1,\quad P(\overline{B}\mid\overline{A})=0.9,\quad P(B\mid\overline{A})=0.1.$$

(1) 由贝叶斯公式得所求的概率为

$$P(\overline{A}\mid B)=\frac{P(\overline{A}B)}{P(B)}=\frac{P(\overline{A})P(B\mid\overline{A})}{P(A)P(B\mid A)+P(\overline{A})P(B\mid\overline{A})}$$

$$=\frac{0.2\times0.1}{0.8\times0.9+0.2\times0.1}=\frac{1}{37}\approx 0.027,$$

即考试及格的学生中不努力学习的学生约占 2.7%.

(2) 由贝叶斯公式得所求的概率为

$$P(A\mid\overline{B})=\frac{P(A\overline{B})}{P(\overline{B})}=\frac{P(A)P(\overline{B}\mid A)}{P(A)P(\overline{B}\mid A)+P(\overline{A})P(\overline{B}\mid\overline{A})}$$

$$=\frac{0.8\times0.1}{0.8\times0.1+0.2\times0.9}=\frac{4}{13}\approx 0.308,$$

即考试不及格的学生中努力学习的学生约占 30.8%.

26. 将两信息分别编码为 A 和 B 后传递出来，接收站收到时，A 被误收作 B 的概率为 0.02，而 B 被误收作 A 的概率为 0.01. 信息 A 与 B 传递的频繁程度比例为 2∶1. 若接收站收到的信息是 A，试问原发信息是 A 的概率是多少？

解　设 $C=$"原发信息是 A"，则 $\overline{C}=$"原发信息是 B"，依题意知 $P(C)=\frac{2}{3}$，$P(\overline{C})=\frac{1}{3}$. 另设 $D=$"收到的信息是 A"，则 $\overline{D}=$"收到的信息是 B"，依题意知

$$P(\overline{D}\mid C)=0.02,\quad P(D\mid C)=0.98,\quad P(D\mid\overline{C})=0.01,\quad P(\overline{D}\mid\overline{C})=0.99.$$

于是，由贝叶斯公式得所求的概率为

$$P(C\mid D)=\frac{P(CD)}{P(D)}=\frac{P(C)P(D\mid C)}{P(C)P(D\mid C)+P(\overline{C})P(D\mid\overline{C})}$$

$$=\frac{\frac{2}{3}\times0.98}{\frac{2}{3}\times0.98+\frac{1}{3}\times0.01}\approx 0.99492.$$

27. 在已有两个球的箱子中再放入一白球，然后从中任意取出一球，若发现该球为白球，试求箱子中原有一白球的概率(箱子中原有几个白球是等可能的).

解　记 $A_i(i=0,1,2)$ 表示事件"箱子中原有 i 个白球"，B 表示事件"取出一球为白球"，则依题意知

$$P(A_i)=\frac{1}{3}\quad(i=0,1,2),\quad P(B\mid A_0)=\frac{1}{3},\quad P(B\mid A_1)=\frac{2}{3},\quad P(B\mid A_2)=1.$$

故由贝叶斯公式得所求的概率为

$$P(A_1\mid B)=\frac{P(A_1B)}{P(B)}=\frac{P(B\mid A_1)P(A_1)}{\sum\limits_{i=0}^{2}P(B\mid A_i)P(A_i)}=\frac{\frac{2}{3}\times\frac{1}{3}}{\frac{1}{3}\times\left(\frac{1}{3}+\frac{2}{3}+1\right)}=\frac{1}{3}.$$

28. 已知某工厂生产的产品中 96% 是合格品.检查产品时,一个合格品被误认为是次品的概率为 0.02,一个次品被误认为是合格品的概率为 0.05,求在被检查后认为是合格品的产品确实是合格品的概率.

解 设 $A=$"产品确实是合格品",$B=$"产品被检查后认为是合格品",则依题意知

$$P(A)=0.96,\quad P(\overline{A})=0.04,$$
$$P(\overline{B}\mid A)=0.02,\quad P(B\mid A)=0.98,$$
$$P(B\mid\overline{A})=0.05,\quad P(\overline{B}\mid\overline{A})=0.95.$$

故由贝叶斯公式得所求的概率为

$$P(A\mid B)=\frac{P(AB)}{P(B)}=\frac{P(A)P(B\mid A)}{P(A)P(B\mid A)+P(\overline{A})P(B\mid\overline{A})}=\frac{0.96\times0.98}{0.96\times0.98+0.04\times0.05}\approx0.998.$$

29. 某保险公司把被保险人分为三种:"谨慎的""一般的""冒失的".统计资料表明,上述三种人在一年内发生事故的概率依次为 0.05,0.15 和 0.30;"谨慎的"被保险人占 20%,"一般的"被保险人占 50%,"冒失的"被保险人占 30%.现知某被保险人在一年内发生了事故,问此人是"谨慎的"被保险人的概率是多少?

解 设 $A=$"被保险人是'谨慎的'",$B=$"被保险人是'一般的'",$C=$"被保险人是'冒失的'",$D=$"被保险人在一年内发生了事故",则依题意知

$$P(A)=0.2,\quad P(B)=0.5,\quad P(C)=0.3,$$
$$P(D\mid A)=0.05,\quad P(D\mid B)=0.15,\quad P(D\mid C)=0.3.$$

故由贝叶斯公式得所求的概率为

$$P(A\mid D)=\frac{P(AD)}{P(D)}=\frac{P(A)P(D\mid A)}{P(A)P(D\mid A)+P(B)P(D\mid B)+P(C)P(D\mid C)}$$
$$=\frac{0.2\times0.05}{0.2\times0.05+0.5\times0.15+0.3\times0.3}\approx0.057.$$

30. 加工某一零件需要经过四道工序,设第一、第二、第三、第四道工序的次品率分别为 0.02,0.03,0.05,0.03.假定各道工序是相互独立的,求加工出来的零件的次品率.

解 记 $A_i(i=1,2,3,4)$ 表示事件"第 i 道工序产生次品",则所求的概率为

$$P\left(\bigcup_{i=1}^{4}A_i\right)=1-P(\overline{A}_1\overline{A}_2\overline{A}_3\overline{A}_4)=1-P(\overline{A}_1)P(\overline{A}_2)P(\overline{A}_3)P(\overline{A}_4)$$
$$=1-0.98\times0.97\times0.95\times0.97=0.124\,022\,1.$$

31. 设某人每次射击的命中率为 0.2,问:至少必须进行多少次独立射击才能使至少击中一次的概率不小于 0.9?

解 设此人至少必须进行 n 次独立射击才能使至少击中一次的概率不小于 0.9,则有

$$1-(0.8)^n\geqslant0.9,$$

由此解得 $n\geqslant\log_{0.8}0.1\approx10.32$.故至少必须进行 11 次独立射击.

32. 设 A,B 为两个事件,且 $P(B)\neq0,1$,证明:若 $P(A\mid B)=P(A\mid\overline{B})$,则 A 与 B 相互独立.

证 由 $P(A\mid B)=P(A\mid\overline{B})$,得 $\frac{P(AB)}{P(B)}=\frac{P(A\overline{B})}{P(\overline{B})}=\frac{P(A)-P(AB)}{1-P(B)}$.又 $P(B)\neq0,1$,故有

$$P(AB)[1-P(B)]=P(B)[P(A)-P(AB)],$$

整理得 $P(AB)=P(A)P(B)$,即事件 A 与 B 相互独立.

33. 3人独立地破译一个密码,他们能破译的概率分别为$\frac{1}{5},\frac{1}{3},\frac{1}{4}$,求将此密码破译的概率.

解　记$A_i(i=1,2,3)$表示事件"第i个人能破译密码",则所求的概率为

$$P\left(\bigcup_{i=1}^{3}A_i\right)=1-P(\overline{A}_1\overline{A}_2\overline{A}_3)=1-P(\overline{A}_1)P(\overline{A}_2)P(\overline{A}_3)=1-\frac{4}{5}\times\frac{2}{3}\times\frac{3}{4}=0.6.$$

34. 甲、乙、丙3人独立地向同一架飞机射击,设他们击中的概率分别是0.4,0.5,0.7.若只有1人击中,则飞机被击落的概率为0.2;若有2人击中,则飞机被击落的概率为0.6;若3人都击中,则飞机一定被击落.求飞机被击落的概率.

解　记A表示事件"飞机被击落",$B_i(i=0,1,2,3)$表示事件"恰有i人击中飞机",则依题意知

$$P(A\mid B_0)=0,\quad P(A\mid B_1)=0.2,\quad P(A\mid B_2)=0.6,\quad P(A\mid B_3)=1,$$

$$P(B_0)=0.6\times0.5\times0.3=0.09,$$

$$P(B_1)=0.4\times0.5\times0.3+0.6\times0.5\times0.3+0.6\times0.5\times0.7=0.36,$$

$$P(B_2)=0.4\times0.5\times0.3+0.4\times0.5\times0.7+0.6\times0.5\times0.7=0.41,$$

$$P(B_3)=0.4\times0.5\times0.7=0.14.$$

于是,由全概率公式得所求的概率为

$$P(A)=\sum_{i=0}^{3}P(A\mid B_i)P(B_i)=0\times0.09+0.2\times0.36+0.6\times0.41+1\times0.14=0.458.$$

35. 一架升降机开始时有6位乘客,并等可能地随机停于10层楼中的某一层.试求下列事件的概率:

(1) $A=$"某指定的一层有两位乘客离开";

(2) $B=$"没有两位及两位以上的乘客在同一层离开";

(3) $C=$"恰有两位乘客在同一层离开";

(4) $D=$"至少有两位乘客在同一层离开".

解　由于每位乘客均可在10层楼中的任一层离开,故样本空间的样本点总数为10^6.

(1) 依题意知$P(A)=\frac{\mathrm{C}_6^2 9^4}{10^6}$.它也可由6重伯努利试验求出:$P(A)=\mathrm{C}_6^2\left(\frac{1}{10}\right)^2\left(\frac{9}{10}\right)^4$.

(2) 事件B等价于事件"6位乘客分别在不同的楼层离开",故$P(B)=\frac{\mathrm{P}_{10}^6}{10^6}$.

(3) 由于没有规定两位乘客在哪一层离开,故这两位乘客可在10层楼中的任一层离开,即有C_{10}^1种可能结果.再从6位乘客中选出2位,即有C_6^2种选择方式.其余4位乘客中不能再有2位同时离开的情况,因此有以下3种离开方式:① 4位乘客中有3位在同一层离开,另一位在其余8层中的任一层离开,这种离开方式共有$\mathrm{C}_9^1\mathrm{C}_4^3\mathrm{C}_8^1$种可能结果;② 4位乘客在同一层离开,这种离开方式共有C_9^1种可能结果;③ 4位乘客分别在不同的楼层离开,这种离开方式共有P_9^4种可能结果.综上可得

$$P(C)=\frac{\mathrm{C}_{10}^1\mathrm{C}_6^2(\mathrm{C}_9^1\mathrm{C}_4^3\mathrm{C}_8^1+\mathrm{C}_9^1+\mathrm{P}_9^4)}{10^6}.$$

(4) 因为$D=\overline{B}$,所以$P(D)=1-P(B)=1-\frac{\mathrm{P}_{10}^6}{10^6}$.

36. n个朋友随机地围绕圆桌而坐.

(1) 求甲、乙两人坐在一起,且乙坐在甲的左边的概率;

(2) 求甲、乙、丙三人坐在一起的概率;

(3) 如果n个人并排坐在长桌的一边,分别求(1),(2)中事件的概率.

解　依题意知,样本空间的样本点总数为$(n-1)!$.

(1) 此事件中相当于把甲、乙两人看作一个研究对象,即此事件所包含的样本点数为$(n-2)!$,故此事件的概率为$\frac{(n-2)!}{(n-1)!}=\frac{1}{n-1}$.

(2) 此事件中相当于把甲、乙、丙三人看作一个研究对象,但他们之间的排列顺序没有固定,即此事件所包含的样本点数为 $P_3^3(n-3)!$,故此事件的概率为 $\frac{P_3^3(n-3)!}{(n-1)!}=\frac{6}{(n-1)(n-2)}$.

(3) 此时,样本空间的样本点总数为 $P_n^n=n!$,那么(1)中事件的概率为 $\frac{(n-1)!}{n!}=\frac{1}{n}$,(2)中事件的概率为 $\frac{6}{n(n-1)}$.

37. 将线段 $[0,a]$ 任意折成三折,试求这三折线段能构成三角形的概率.

解　设这三折线段的长分别为 $x,y,a-x-y$,则样本空间就是由

$$\begin{cases}0<x<a,\\0<y<a,\\0<a-x-y<a\end{cases}$$

所构成的平面区域 Ω,即 $\Omega=\{(x,y)\mid 0<x<a,0<y<a-x\}$. 而事件"这三折线段能构成三角形"的样本点集合是由

$$\begin{cases}x+y>a-x-y,\\x+(a-x-y)>y,\\y+(a-x-y)>x\end{cases}$$

所构成的平面区域 D,即 $D=\left\{(x,y)\,\middle|\,0<x<\frac{a}{2},\frac{a}{2}-x<y<\frac{a}{2}\right\}$,如图1.4所示.

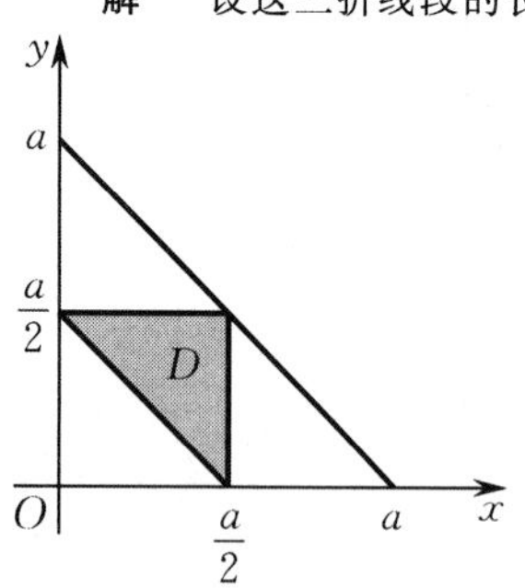

图 1.4

故所求的概率为 $\frac{m(D)}{m(\Omega)}=\frac{1}{2}\left(\frac{a}{2}\right)^2\Big/\left(\frac{1}{2}a^2\right)=\frac{1}{4}$.

38. 某人有 n 把钥匙,其中只有一把能打开他的门. 如果此人逐个将这些钥匙去试开(抽样是无放回的),求此人试开 $k(k=1,2,\cdots,n)$ 次才把门打开的概率.

解　依题意知,样本空间的样本点总数为 P_n^k. 设 $A=$"此人试开 k 次才把门打开",则 A 等价于"此人前 $k-1$ 次都没选对钥匙,第 k 次才选对钥匙",即事件 A 所包含的样本点数为 P_{n-1}^{k-1}. 故所求的概率为

$$P(A)=\frac{P_{n-1}^{k-1}}{P_n^k}=\frac{1}{n}\quad(k=1,2,\cdots,n).$$

39. 把一个表面涂有颜色的立方体等分为1 000个小立方体,然后从这些小立方体中随机地取出一个,试求它有 $i(i=0,1,2,3)$ 面涂有颜色的概率.

解　在1 000个小立方体中,只有位于原立方体的8个角上的小立方体是3面涂色的,即3面涂有颜色的小立方体共有8个;只有位于原立方体的12条棱上的小立方体(除去角上的小立方体)是2面涂色的,即2面涂有颜色的小立方体共有 $12\times8=96$ 个;只有位于原立方体的6个面上的小立方体(除去棱上的小立方体)是1面涂色的,即1面涂有颜色的小立方体共有 $6\times8\times8=384$ 个;剩余的小立方体都是没有涂色的,即0面涂有颜色的小立方体共有 $1\,000-(8+96+384)=512$ 个. 记 $A_i(i=0,1,2,3)$ 表示事件"取出的小立方体有 i 面涂有颜色",则所求的概率分别为

$$P(A_0)=\frac{512}{1\,000}=0.512,\quad P(A_1)=\frac{384}{1\,000}=0.384,$$

$$P(A_2)=\frac{96}{1\,000}=0.096,\quad P(A_3)=\frac{8}{1\,000}=0.008.$$

40. 对于任意三个事件 A,B,C,证明:$P(AB)+P(AC)-P(BC)\leqslant P(A)$.

证　因为 $P(A)\geqslant P(A(B\cup C))=P(AB\cup AC)=P(AB)+P(AC)-P(ABC)$,而 $P(ABC)\leqslant P(BC)$,所以 $P(A)\geqslant P(AB)+P(AC)-P(BC)$.

41. 将3个球随机地放入4个杯子中去,求杯中球的最多个数分别为1,2,3的概率.

解　依题意知,样本空间的样本点总数为 4^3. 设 $A_i(i=1,2,3)$ 表示事件"杯中球的最多个数为 i",则事件

A_1 等价于事件"3个球分别放入不同的杯中",即 A_1 所包含的样本点数为 P_4^3;事件 A_3 等价于事件"3个球全放入同一个杯中",即 A_3 所包含的样本点数为 C_4^1.故所求的概率分别为

$$P(A_1)=\frac{\mathrm{P}_4^3}{4^3}=\frac{3}{8},\quad P(A_3)=\frac{\mathrm{C}_4^1}{4^3}=\frac{1}{16},$$

$$P(A_2)=1-P(A_1)-P(A_3)=1-\frac{3}{8}-\frac{1}{16}=\frac{9}{16}.$$

42. 将一枚均匀硬币抛 $2n$ 次,求出现正面次数多于反面次数的概率.

解　抛 $2n$ 次硬币,可能出现:$A=$"正面次数多于反面次数",$B=$"正面次数少于反面次数",$C=$"正面次数等于反面次数".显然,A,B,C 是样本空间的一个划分.

下面用对称性来求此事件的概率.由于硬币是均匀的,故 $P(A)=P(B)$,从而有

$$P(A)=P(B)=\frac{1-P(C)}{2}.$$

而事件 C 可看作在 $2n$ 重伯努利试验中正面出现了 n 次,故有

$$P(C)=\mathrm{C}_{2n}^n\left(\frac{1}{2}\right)^n\left(\frac{1}{2}\right)^n.$$

因此,所求的概率为

$$P(A)=\frac{1-P(C)}{2}=\frac{1}{2}\left(1-\mathrm{C}_{2n}^n\frac{1}{2^{2n}}\right).$$

43. 证明"确定的原则"(Sure Thing):若 $P(A\mid C)\geqslant P(B\mid C)$,$P(A\mid\overline{C})\geqslant P(B\mid\overline{C})$,则 $P(A)\geqslant P(B)$.

证　由 $P(A\mid C)\geqslant P(B\mid C)$,得

$$\frac{P(AC)}{P(C)}\geqslant\frac{P(BC)}{P(C)},\quad\text{即}\quad P(AC)\geqslant P(BC).$$

同理,由 $P(A\mid\overline{C})\geqslant P(B\mid\overline{C})$,得

$$\frac{P(A\overline{C})}{P(\overline{C})}\geqslant\frac{P(B\overline{C})}{P(\overline{C})},\quad\text{即}\quad P(A\overline{C})\geqslant P(B\overline{C}).$$

故由全概率公式得

$$P(A)=P(AC)+P(A\overline{C})\geqslant P(BC)+P(B\overline{C})=P(B).$$

44. 一列火车共有 n 节车厢,现有 $k(k\geqslant n)$ 个旅客乘坐这列火车并随意地选择车厢,求每节车厢内至少有一个旅客的概率.

解　记 $A_i(i=1,2,\cdots,n)$ 表示事件"第 i 节车厢是空的",则

$$P(A_i)=\frac{(n-1)^k}{n^k}=\left(1-\frac{1}{n}\right)^k\quad(i=1,2,\cdots,n),$$

$$P(A_iA_j)=\frac{(n-2)^k}{n^k}=\left(1-\frac{2}{n}\right)^k\quad(i,j=1,2,\cdots,n;i\neq j),$$

……

$$P(A_{i_1}A_{i_2}\cdots A_{i_{n-1}})=\frac{1}{n^k}=\left(1-\frac{n-1}{n}\right)^k,$$

其中 $i_1,i_2,\cdots,i_{n-1}$ 是 $1,2,\cdots,n$ 中两两不同的任意 $n-1$ 个数.此外,n 节车厢全空的概率显然为0.于是,有

$$\begin{aligned}P\left(\bigcup_{i=1}^n A_i\right)&=\sum_{i=1}^n P(A_i)-\sum_{1\leqslant i<j\leqslant n}P(A_iA_j)+\cdots+(-1)^n\sum_{1\leqslant i_1<i_2<\cdots<i_{n-1}\leqslant n}P(A_{i_1}A_{i_2}\cdots A_{i_{n-1}})\\&=\mathrm{C}_n^1\left(1-\frac{1}{n}\right)^k-\mathrm{C}_n^2\left(1-\frac{2}{n}\right)^k+\cdots+(-1)^n\mathrm{C}_n^{n-1}\left(1-\frac{n-1}{n}\right)^k.\end{aligned}$$

故所求的概率为

$$1-P\left(\bigcup_{i=1}^n A_i\right)=1-\mathrm{C}_n^1\left(1-\frac{1}{n}\right)^k+\mathrm{C}_n^2\left(1-\frac{2}{n}\right)^k-\cdots+(-1)^{n+1}\mathrm{C}_n^{n-1}\left(1-\frac{n-1}{n}\right)^k.$$

45. 设某随机试验中，事件 A 出现的概率为 $\varepsilon > 0$. 证明：无论 ε 如何小，只要不断地独立重复做此试验，则 A 迟早会出现的概率为 1.

证　在前 n 次试验中，A 至少出现一次的概率为 $1-(1-\varepsilon)^n$. 于是当 $n\to\infty$ 时，这个概率无限接近于 1，故得证.

46. 袋中装有 m 枚正品硬币，n 枚次品硬币(次品硬币的两面均印有菊花). 在袋中任取一枚，将它抛掷 r 次，已知每次都是菊花的一面朝上. 试问这枚硬币是正品的概率是多少?

解　设 $A=$"抛掷所取硬币 r 次都是菊花的一面朝上"，$B=$"所取硬币为正品"，则依题意知

$$P(B)=\frac{m}{m+n},\quad P(\overline{B})=\frac{n}{m+n},\quad P(A\mid B)=\frac{1}{2^r},\quad P(A\mid \overline{B})=1.$$

故由贝叶斯公式得所求的概率为

$$P(B\mid A)=\frac{P(AB)}{P(A)}=\frac{P(B)P(A\mid B)}{P(B)P(A\mid B)+P(\overline{B})P(A\mid \overline{B})}$$

$$=\frac{\dfrac{m}{m+n}\cdot\dfrac{1}{2^r}}{\dfrac{m}{m+n}\cdot\dfrac{1}{2^r}+\dfrac{n}{m+n}\cdot 1}=\frac{m}{m+n\cdot 2^r}.$$

47. 求 n 重伯努利试验中事件 A 出现奇数次的概率.

解　设在一次试验中 A 出现的概率为 $p(0<p<1)$，记 $q=1-p$，则有

$$(q+p)^n=C_n^0p^0q^n+C_n^1pq^{n-1}+C_n^2p^2q^{n-2}+\cdots+C_n^np^nq^0=1,$$

$$(q-p)^n=C_n^0p^0q^n-C_n^1pq^{n-1}+C_n^2p^2q^{n-2}-\cdots+(-1)^nC_n^np^nq^0.$$

故由以上两式相减可得到所求的概率为

$$\frac{1}{2}[1-(q-p)^n]=\frac{1}{2}[1-(1-2p)^n].$$

(若将以上两式相加，则可得到在 n 重伯努利试验中事件 A 出现偶数次的概率为 $\frac{1}{2}[1+(1-2p)^n]$)

48. 某人向同一目标独立重复射击，每次射击命中目标的概率为 $p(0<p<1)$，求此人第 4 次射击恰好第 2 次命中目标的概率.

解　记 A 表示事件"此人第 4 次射击恰好第 2 次命中目标"，则 A 等价于事件"此人共射击 4 次，其中前 3 次射击中只有 1 次命中目标，且第 4 次射击命中目标". 因此，所求的概率为

$$P(A)=C_3^1p(1-p)^2p=3p^2(1-p)^2.$$

49. 设 A,B,C 是三个事件，A 与 C 互不相容，$P(AB)=\frac{1}{2}$，$P(C)=\frac{1}{3}$，求 $P(AB\mid\overline{C})$.

解　易知

$$P(AB\mid\overline{C})=\frac{P(AB\overline{C})}{P(\overline{C})}=\frac{P(AB)-P(ABC)}{1-P(C)}.$$

而 A 与 C 互不相容，即 $P(AC)=0$，且 $ABC\subset AC$，故 $P(ABC)=0$，从而有

$$P(AB\mid\overline{C})=\frac{P(AB)}{1-P(C)}=\frac{1}{2}\Big/\frac{2}{3}=\frac{3}{4}.$$

50. 设 A,B 是任意两个事件，求 $P((\overline{A}\cup B)(A\cup B)(\overline{A}\cup\overline{B})(A\cup\overline{B}))$ 的值.

解　由事件的关系及运算，有 $(\overline{A}\cup B)(A\cup B)(\overline{A}\cup\overline{B})(A\cup\overline{B})=\varnothing$，故

$$P((\overline{A}\cup B)(A\cup B)(\overline{A}\cup\overline{B})(A\cup\overline{B}))=0.$$

51. 设两两相互独立的三个事件 A,B,C 满足：

$$ABC=\varnothing,\quad P(A)=P(B)=P(C)<\frac{1}{2},\quad P(A\cup B\cup C)=\frac{9}{16},$$

求 $P(A)$.

解　由于 A,B,C 两两独立,且 $P(A)=P(B)=P(C)<\frac{1}{2}$,因此

$$P(AB)=P(A)P(B)=[P(A)]^2=P(BC)=P(AC).$$

于是有

$$\begin{aligned}P(A\cup B\cup C)&=P(A)+P(B)+P(C)-P(AB)-P(AC)-P(BC)+P(ABC)\\&=3P(A)-3[P(A)]^2+0=\frac{9}{16},\end{aligned}$$

解得 $P(A)=\frac{1}{4}$ 或 $P(A)=\frac{3}{4}$(舍去).

52. 设两个相互独立的事件 A 和 B 都不发生的概率为 $\frac{1}{9}$,A 发生、B 不发生的概率与 B 发生、A 不发生的概率相等,求 $P(A)$.

解　依题意知 $P(\overline{A}\,\overline{B})=\frac{1}{9}$,于是有

$$P(\overline{A\cup B})=1-P(A\cup B)=1-P(A)-P(B)+P(A)P(B)=\frac{1}{9}.$$

又依题意知 $P(A\overline{B})=P(\overline{A}B)$,于是有 $P(A)-P(AB)=P(B)-P(AB)$,即 $P(A)=P(B)$.因此有

$$\frac{1}{9}=1-P(A)-P(B)+P(A)P(B)=1-2P(A)+[P(A)]^2=[1-P(A)]^2,$$

解得 $P(A)=\frac{2}{3}$ 或 $P(A)=\frac{4}{3}$(舍去).

53. 随机地向半圆 $0<y<\sqrt{2ax-x^2}$(a 为正常数)内掷一点,若该点落在半圆内任何区域的概率与区域的面积成正比,问坐标原点和该点的连线与 x 轴的夹角小于 $\frac{\pi}{4}$ 的概率为多少?

解　显然,这是一个几何概型,它的样本空间就是半圆区域 $\Omega=\{(x,y)\mid 0<y<\sqrt{2ax-x^2}\}$.记 A 表示事件"所掷点和坐标原点的连线与 x 轴的夹角小于 $\frac{\pi}{4}$",则事件 A 的样本点集合为 $D=\{(x,y)\mid 0<y<a,y<x<a+\sqrt{a^2-y^2}\}$,如图 1.5 所示.计算可得区域 Ω 和 D 的面积分别为 $m(\Omega)=\frac{1}{2}\pi a^2$,$m(D)=\frac{1}{2}a^2+\frac{1}{4}\pi a^2$,因此所求的概率为 $P(A)=\frac{m(D)}{m(\Omega)}=\frac{1}{2}+\frac{1}{\pi}$.

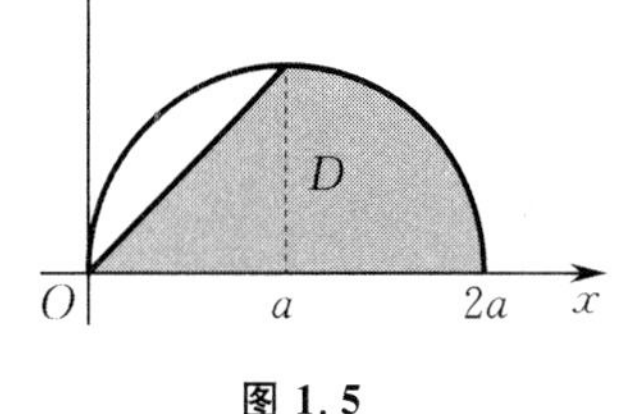

图 1.5

54. 设 10 件产品中有 4 件不合格品,从中任取两件,已知所取两件产品中有一件是不合格品,求另一件也是不合格品的概率.

解　设 $A=$"所取两件产品中至少有一件是不合格品",$B=$"所取两件产品都是不合格品",则依题意知所求的概率为

$$P(B\mid A)=\frac{P(AB)}{P(A)}=\frac{\dfrac{C_4^2}{C_{10}^2}}{1-\dfrac{C_6^2}{C_{10}^2}}=\frac{1}{5}.$$

55. 设有来自 3 个地区的各 10 名、15 名和 25 名考生的报名表,其中女生的报名表分别为 3 份、7 份和 5 份.随机地抽取一个地区的报名表,从中先后抽出两份.

(1) 求先抽到的一份是女生的报名表的概率 p;

(2) 已知后抽到的一份是男生的报名表,求先抽到的一份是女生的报名表的概率 q.

解　记 $B_j(j=1,2)$ 表示事件"第 j 次抽到的报名表是女生的",$A_i(i=1,2,3)$ 表示事件"抽到的报名表是第 i 个地区的",则事件 A_1,A_2,A_3 构成样本空间的一个划分,且 $P(A_i)=\frac{1}{3}(i=1,2,3)$.又依题意得

$$P(B_1 \mid A_1)=\frac{3}{10},\quad P(B_1 \mid A_2)=\frac{7}{15},\quad P(B_1 \mid A_3)=\frac{5}{25}.$$

(1) 由全概率公式得所求的概率为

$$p=P(B_1)=\sum_{i=1}^{3}P(A_i)P(B_1 \mid A_i)=\frac{1}{3}\times\left(\frac{3}{10}+\frac{7}{15}+\frac{5}{25}\right)=\frac{29}{90}.$$

(2) 先计算 $P(B_1\overline{B}_2)$ 和 $P(\overline{B}_2)$. 对互不相容的事件 $B_1\overline{B}_2$ 与 $\overline{B}_1\overline{B}_2$ 使用全概率公式,得

$$P(B_1\overline{B}_2)=\sum_{i=1}^{3}P(A_i)P(B_1\overline{B}_2 \mid A_i)=\frac{1}{3}\times\left(\frac{3}{10}\times\frac{7}{9}+\frac{7}{15}\times\frac{8}{14}+\frac{5}{25}\times\frac{20}{24}\right)=\frac{2}{9},$$

$$P(\overline{B}_1\overline{B}_2)=\sum_{i=1}^{3}P(A_i)P(\overline{B}_1\overline{B}_2 \mid A_i)=\frac{1}{3}\times\left(\frac{7}{10}\times\frac{6}{9}+\frac{8}{15}\times\frac{7}{14}+\frac{20}{25}\times\frac{19}{24}\right)=\frac{41}{90},$$

从而有

$$P(\overline{B}_2)=P(B_1\overline{B}_2)+P(\overline{B}_1\overline{B}_2)=\frac{61}{90}.$$

因此,所求的概率为

$$q=P(B_1 \mid \overline{B}_2)=\frac{P(B_1\overline{B}_2)}{P(\overline{B}_2)}=\frac{2}{9}\times\frac{90}{61}=\frac{20}{61}.$$

56. 设 A,B 为两个事件,且 $P(B)>0,P(A \mid B)=1$,试比较 $P(A\cup B)$ 与 $P(A)$ 的大小.

解 由于 $P(AB)=P(B)P(A \mid B)=P(B)$,因此

$$P(A\cup B)=P(A)+P(B)-P(AB)=P(A).$$

57. 设事件 A 与 B 相互独立,且 $P(B)=0.5,P(A-B)=0.3$,求 $P(B-A)$.

解 因为

$$P(A-B)=P(A)-P(AB)=P(A)-P(A)P(B)=P(A)-0.5P(A)=0.5P(A),$$

所以 $0.5P(A)=0.3$,即 $P(A)=0.6$. 因此,有

$$P(B-A)=P(B)-P(AB)=P(B)-P(A)P(B)=0.5-0.6\times0.5=0.2.$$

§1.5 同步自测题及参考答案

同步自测题

一、选择题

1. 设 A,B,C 是任意三个事件,D 表示事件"A,B,C 中至少有两个事件发生",则下列事件中与 D 不相等的是(　　).

(A) $AB\overline{C}\cup A\overline{B}C\cup\overline{A}BC$　　(B) $\Omega-(\overline{A}\,\overline{B}\cup\overline{A}\,\overline{C}\cup\overline{B}\,\overline{C})$

(C) $AB\cup BC\cup AC$　　(D) $AB\overline{C}\cup A\overline{B}C\cup\overline{A}BC\cup ABC$

2. 设 A 与 B 是两个对立事件,$0<P(A)<1$,则一定有(　　).

(A) $0<P(A\cup B)<1$　　(B) $0<P(B)<1$

(C) $0<P(AB)<1$　　(D) $0<P(\overline{A}\,\overline{B})<1$

3. 设 A 与 B 是任意两个事件,且 $A\subset B,0<P(A)<P(B)<1$,则一定有(　　).

(A) $P(A\cup B)=P(A)+P(B)$　　(B) $P(A-B)=P(A)-P(B)$

(C) $P(AB)=P(A)P(B)$　　(D) $P(A \mid B)\neq P(A)$

4. 事件 A 与 B 相互独立的充要条件是(　　).

(A) $P(A\cup B)=P(A)+P(B)$　(B) $P(A-B)=P(A)-P(B)$

(C) $P(B-A)=P(B)-P(A)$　(D) $P(AB)=P(A)P(B)$

5. 设A与B是任意两个事件,$0<P(A)<1,P(B)>0,P(B\mid A)=P(B\mid\overline{A})$,则(　　).

(A) $P(A\mid B)=P(\overline{A}\mid B)$　(B) $P(A\mid B)\neq P(\overline{A}\mid B)$

(C) $P(AB)=P(A)P(B)$　(D) $P(AB)\neq P(A)P(B)$

6. 若A与B相互独立,且$P(A\cup B)=0.7,P(A)=0.4$,则$P(B)=$(　　).

(A) 0.5　(B) 0.3　(C) 0.75　(D) 0.42

7. 若向单位圆$x^2+y^2=1$内随机投入3个点,则恰好有2个点落在第一象限的概率为(　　).

(A) $\frac{1}{16}$　(B) $\frac{3}{64}$　(C) $\frac{9}{64}$　(D) $\frac{1}{4}$

8. 已知袋中有5个球,其中3个红球,2个白球.现无放回地从袋中抽取两次,每次取一个,则第二次取到的是红球的概率为(　　).

(A) $\frac{3}{5}$　(B) $\frac{3}{4}$　(C) $\frac{2}{4}$　(D) $\frac{3}{10}$

二、填空题

1. 若将 a,b,b,i,i,l,o,p,r,t,y 这 11 个字母随机地排成一排,则恰好排成英文单词"probability"的概率为________.

2. 掷3颗骰子,已知所得到的3个点数都不一样,则这3个点数中有一个是1的概率为________.

3. 在区间(0,1)上随机取两个数u,v,则关于x的一元二次方程$x^2-2vx+u=0$有实根的概率为________.

4. 设A与B是两个事件,已知$P(A\mid B)=0.3,P(B\mid A)=0.4,P(\overline{A}\mid\overline{B})=0.7$,则$P(A\cup B)=$________.

5. 设A与B是两个事件,且$P(AB)=\frac{3}{7},P(A)=P(B)=\frac{4}{7}$,则$P(A\cup B)=$________.

6. 一道选择题有4个答案,其中仅有一个是正确的.假设某学生知道正确答案和不知道正确答案是等可能的,如果该学生答对了,则他确实知道正确答案的概率为________.

7. 设在一次随机试验中,事件A发生的概率为p.现进行n次独立试验,则A至少发生一次的概率为________,而事件A至多发生一次的概率为________.

8. 若电灯泡使用寿命在1 000 h以上的概率为0.2,则3个电灯泡在使用1 000 h后至多有1个坏了的概率为________.

三、解答题

1. 在区间(0,1)内任取3个数x_1,x_2,x_3,求以x_1,x_2,x_3为长度的3条线段能围成一个三角形的概率.

2. 设$P(A)=0.1,P(B\mid A)=0.9,P(B\mid\overline{A})=0.2$,求$P(A\mid B)$.

3. 某阵地有甲、乙、丙3门炮,它们的命中率分别为0.4,0.3,0.5.现3门炮同时向一个目标发射一发炮弹,结果共有两发炮弹命中,求此时甲炮发射命中的概率.

4. 已知一批产品中90%是合格品.检查产品时,一个合格品被误认为是次品的概率为

0.02,而一个次品被误认为是合格品的概率为 0.05,求:(1) 检查一个产品为合格品的概率;(2) 被检查为合格品的产品确实是合格品的概率.

5. 某地有甲、乙、丙三种报纸.据统计,在当地居民中,25% 的人读甲报纸,20% 的人读乙报纸,16% 的人读丙报纸,10% 的人兼读甲、乙两种报纸,5% 的人兼读甲、丙两种报纸,4% 的人兼读乙、丙两种报纸,2% 的人兼读甲、乙、丙三种报纸.求:(1) 只读甲报纸的居民所占比例;(2) 至少读一种报纸的居民所占比例.

6. 盒中有 12 个大小相同的球,分别为 5 个红球,4 个白球和 3 个黑球.第一次任意取出 2 个球不放回,第二次再从剩余的球中取出 3 个球,求第一次没有取到红球且第二次取到 2 个白球的概率.

7. 假设目标出现在射程之内的概率为 0.7,这时射击命中目标的概率为 0.6,求两次独立射击中至少命中一次目标的概率.

8. 设某玻璃杯成箱出售,每箱 20 只,假设各箱含 0,1,2 只残次品的概率分别为 0.8,0.1,0.1.现有位顾客随机取一箱,并随机查看 4 只,若无残次品,则买下这箱玻璃杯,否则退回这箱玻璃杯.求:(1) 顾客买下这箱玻璃杯的概率;(2) 顾客买下的这箱玻璃杯中确实无残次品的概率.

9. 假设一名射手在距目标 250 m,200 m 和 150 m 处进行射击的概率与它们的射击距离成反比,并且在这 3 个位置射击命中目标的概率分别为 0.05,0.1 和 0.2.如果该射手在某一位置连续射击 3 次(假定每次射击相互独立)后,发现目标仅中一弹,试分别计算该射手在 3 个位置射击的概率.

同步自测题参考答案

一、选择题

1. A.　2. B.　3. D.　4. D.　5. C.　6. A.　7. C.　8. A.

二、填空题

1. $\frac{4}{11!} \approx 1.002 \times 10^{-7}$.　　2. $\frac{1}{2}$.

3. $\frac{1}{3}$.　　4. 0.58.

5. $\frac{5}{7}$.　　6. $\frac{4}{5}$.

7. $1-(1-p)^n$,$(1-p)^n + np(1-p)^{n-1}$.　　8. 0.104.

三、解答题

1. $\frac{1}{2}$.　　2. $\frac{1}{3}$.

3. $\frac{20}{29}$.　　4. (1) 0.887;　(2) $\frac{882}{887} \approx 0.994$.

5. (1) 0.12;　(2) 0.44.　　6. $\frac{17}{330} \approx 0.05$.

7. 0.588.　　8. (1) 约 0.94;　(2) 约 0.851.

9. 250 m:0.13,200 m:0.28,150 m:0.59.

第二章　随 机 变 量

本章学习要点

（一）理解随机变量的概念，理解分布函数的概念及性质，会计算与随机变量相联系的事件概率.
（二）理解离散型随机变量及其分布律的概念，掌握两点分布、二项分布、泊松分布、几何分布、超几何分布及其应用.
（三）了解泊松定理的结论和应用条件，学会利用泊松定理近似表示二项分布.
（四）理解连续型随机变量及其概率密度的概念，掌握均匀分布、指数分布、正态分布及其应用.
（五）学会计算随机变量函数的概率分布.

§2.1　知识点考点精要

一、随机变量及其分布函数

1. 随机变量的定义

设随机试验的样本空间为 Ω，如果对于每一个样本点 $\omega \in \Omega$，都有唯一的实数 $X(\omega)$ 与之对应，则得到一个定义在 Ω 上的实值单值函数 $X = X(\omega)$，称为**随机变量**.

研究随机变量，不仅要知道它能够取得哪些值，更重要的是要知道它的取值规律，即取到各个值的相应概率. 随机变量的取值及其取值规律之间的对应关系，称为随机变量的**概率分布**. 一般用大写字母 $X,Y,Z,W,\cdots$ 表示随机变量，用小写字母 $x,y,z,w,\cdots$ 表示实数.

2. 随机变量的分布函数

设 X 是一个随机变量，x 为任意实数，函数

$$F(x) = P\{X \leqslant x\} \quad (-\infty < x < +\infty)$$

称为随机变量 X 的**分布函数**.

3. 随机变量分布函数的性质

(1) **单调性**　若 $x_1 < x_2$，则 $F(x_1) \leqslant F(x_2)$；

(2) **有界性**　对于任意实数 x，有 $0 \leqslant F(x) \leqslant 1$，且

$$F(-\infty) = \lim_{x \to -\infty} F(x) = 0, \quad F(+\infty) = \lim_{x \to +\infty} F(x) = 1;$$

(3) **右连续性**　对于任意实数 x，有 $F(x+0) = F(x)$；

(4) 对于任意实数 $x_1, x_2 (x_1 < x_2)$，有 $P\{x_1 < X \leqslant x_2\} = F(x_2) - F(x_1)$.

二、离散型随机变量及其分布

1. 离散型随机变量的定义

如果随机变量 X 的所有可能取值为有限个或可数无穷多个，则称 X 为**离散型随机变量**.

2. 离散型随机变量的分布律

如果离散型随机变量 X 的所有可能取值为 $x_k(k=1,2,\cdots)$，并且 X 取到各个可能值的概率为

$$P\{X=x_k\}=p_k \quad (k=1,2,\cdots),$$

则称上式为离散型随机变量 X 的**分布律**. 常用表格来表示分布律.

3. 离散型随机变量分布律的性质

(1) **非负性**　$p_k \geqslant 0 \quad (k=1,2,\cdots)$；

(2) **归一性**　$\sum\limits_{k=1}^{\infty} p_k = 1$.

离散型随机变量的分布函数与分布律之间的关系为

$$F(x)=P\{X \leqslant x\}=\sum_{x_k \leqslant x} P\{X=x_k\}=\sum_{x_k \leqslant x} p_k \quad (-\infty<x<+\infty).$$

4. 几种重要的离散型随机变量及其分布律

1) 两点分布

如果随机变量 X 只可能取 x_1 和 x_2 两个值，其分布律为

$$P\{X=x_1\}=1-p, \quad P\{X=x_2\}=p \quad (0<p<1),$$

则称随机变量 X 服从参数为 p 的**两点分布**.

特别地，当 $x_1=0, x_2=1$ 时，两点分布也叫作 $(0-1)$ **分布**，记作 $X \sim (0-1)$ 分布.

2) 二项分布

在 n 重伯努利试验中，设 $P(A)=p(0<p<1)$，用 X 表示 n 重伯努利试验中事件 A 发生的次数，则 X 的所有可能取值为 $0,1,2,\cdots,n$，且 X 的分布律为

$$P\{X=k\}=\mathrm{C}_n^k p^k (1-p)^{n-k} \quad (k=0,1,2,\cdots,n).$$

此时，称随机变量 X 服从参数为 n,p 的**二项分布**（或**伯努利分布**），记作 $X \sim b(n,p)$.

关于二项分布，有以下几个结论：

(1) $(0-1)$ 分布实际上就是二项分布 $b(n,p)$ 在 $n=1$ 时的特殊情形；

(2) 二项分布描述的是 n 重伯努利试验，若每次试验的成功率为 $p(0<p<1)$，则独立重复地进行 n 次试验，试验成功总次数 X 服从二项分布 $b(n,p)$；

(3) 如果随机变量 X 服从二项分布 $b(n,p)$，则随机变量 $Y=n-X$ 服从二项分布 $b(n,1-p)$.

3) 泊松分布

如果随机变量 X 的所有可能取值为 $0,1,2,\cdots$，其分布律为

$$P\{X=k\}=\frac{\lambda^k}{k!}\mathrm{e}^{-\lambda} \quad (k=0,1,2,\cdots),$$

其中 $\lambda>0$ 为常数，则称随机变量 X 服从参数为 λ 的**泊松分布**，记作 $X \sim P(\lambda)$.

4) 几何分布

设随机试验 E 只有两个对立的结果 A 与 $\overline{A}$，且 $P(A)=p, P(\overline{A})=1-p(0<p<1)$. 现

将随机试验 E 独立重复地进行下去，直到 A 发生为止，用 X 表示所需要进行的试验次数，则 X 的所有可能取值为 1,2,…，且 X 的分布律为

$$P\{X=k\}=(1-p)^{k-1}p \quad (k=1,2,\cdots).$$

此时，称随机变量 X 服从参数为 p 的**几何分布**，记作 $X \sim G(p)$.

5) 超几何分布

设袋中有 N 个产品，其中 M 个为次品. 现从中不放回地抽取 $n(n \leqslant N)$ 个产品（或一次性取出 n 个产品），用 X 表示取到的次品数，则 X 的分布律为

$$P\{X=k\}=\frac{C_M^k C_{N-M}^{n-k}}{C_N^n} \quad (k=0,1,2,\cdots,l),$$

其中 $l=\min\{n,M\}$. 此时，称随机变量 X 服从参数为 n,M,N 的**超几何分布**，记作 $X \sim H(n,M,N)$.

5. 泊松定理

设 $X_n(n=1,2,\cdots)$ 为随机变量序列，并且 $X_n \sim b(n,p_n)(n=1,2,\cdots)$. 若 $\lim\limits_{n\to\infty} np_n=\lambda$ ($\lambda>0$ 为常数)，则对于任一固定的非负整数 k，有

$$\lim_{n\to\infty} P\{X_n=k\}=\lim_{n\to\infty} C_n^k p_n^k (1-p_n)^{n-k}=\frac{\lambda^k}{k!}e^{-\lambda}.$$

于是，当 n 很大（由于 $\lim\limits_{n\to\infty} np_n=\lambda$，所以 p_n 必定较小）时，有近似公式

$$P\{X_n=k\}=C_n^k p_n^k (1-p_n)^{n-k} \approx \frac{\lambda^k}{k!}e^{-\lambda} \quad (k=0,1,2,\cdots,n),$$

即二项分布可以用泊松分布近似表达.

在实际计算中，当 n 较大，p 较小，而 np 相对适中（$n \geqslant 100, np \leqslant 10$）时，二项分布 $b(n,p)$ 就可以用泊松分布 $P(\lambda)(\lambda=np)$ 来近似代替.

三、连续型随机变量及其分布

1. 连续型随机变量的定义及概率密度

设随机变量 X 的分布函数为 $F(x)$. 如果存在一个非负可积函数 $f(x)$，使得对于任意实数 x，有 $F(x)=\int_{-\infty}^{x} f(t)\mathrm{d}t$，则称 X 为**连续型随机变量**，其中 $f(x)$ 称为 X 的**概率密度函数**，简称**概率密度（或密度函数）**.

2. 连续型随机变量概率密度的性质

(1) **非负性**　$f(x) \geqslant 0$；

(2) **归一性**　$\int_{-\infty}^{+\infty} f(x)\mathrm{d}x=1$；

(3) 对于任意实数 $a,b(a<b)$，有 $P\{a<X \leqslant b\}=\int_a^b f(x)\mathrm{d}x$；

(4) 如果 $f(x)$ 在点 x 处连续，则有 $F'(x)=f(x)$.

从连续型随机变量的定义可知，改变概率密度 $f(x)$ 在个别点处的函数值，并不改变分布函数 $F(x)$ 的值. 因此，对于任意两个实数 $a,b(a<b)$，连续型随机变量 X 在 a 与 b 之间的概率与

是否包含区间端点无关,即

$$P\{a<X<b\}=P\{a\leqslant X\leqslant b\}=P\{a\leqslant X<b\}=P\{a<X\leqslant b\}$$
$$=F(b)-F(a)=\int_a^b f(x)\mathrm{d}x.$$

关于连续型随机变量和离散型随机变量,有以下区别:

(1) 连续型随机变量的分布函数 $F(x)$ 是 $(-\infty,+\infty)$ 上的连续函数,于是对于任意实数 x,有 $P\{X=x\}=F(x)-F(x-0)=0$,而离散型随机变量的分布函数具有有限个或可数无穷多个间断点,其图形呈阶梯形.

(2) 连续型随机变量的概率密度 $f(x)$ 一定非负,但可以大于 1,而离散型随机变量的分布律 p_k 不仅非负,还一定不能大于 1.

3. 几种重要的连续型随机变量及其概率密度

1) 均匀分布

如果连续型随机变量 X 的概率密度为

$$f(x)=\begin{cases}\dfrac{1}{b-a}, & a<x<b,\\ 0, & \text{其他},\end{cases}$$

则称 X 在区间 (a,b) 上服从**均匀分布**,记作 $X\sim U(a,b)$. 此时,X 的分布函数为

$$F(x)=\begin{cases}0, & x<a,\\ \dfrac{x-a}{b-a}, & a\leqslant x<b,\\ 1, & x\geqslant b.\end{cases}$$

如果 $X\sim U(a,b)$,那么对于满足 $a\leqslant c<d\leqslant b$ 的任意两个实数 c,d,都有

$$P\{c\leqslant X\leqslant d\}=\frac{d-c}{b-a}.$$

2) 指数分布

如果连续型随机变量 X 的概率密度为

$$f(x)=\begin{cases}\lambda \mathrm{e}^{-\lambda x}, & x>0,\\ 0, & x\leqslant 0,\end{cases}$$

其中 $\lambda>0$ 为常数,则称 X 服从参数为 λ 的**指数分布**,记作 $X\sim E(\lambda)$. 此时,X 的分布函数为

$$F(x)=\begin{cases}1-\mathrm{e}^{-\lambda x}, & x>0,\\ 0, & x\leqslant 0.\end{cases}$$

设随机变量 $X\sim E(\lambda)$,则对于任意实数 $x>0$,有 $P\{X>x\}=\mathrm{e}^{-\lambda x}$. 指数分布常用作描述一些电子元件的使用寿命,这是因为指数分布具有"无记忆性",即当 s,t 均大于 0 时,有 $P\{X>s+t\mid X>s\}=P\{X>t\}$.

3) 正态分布

如果连续型随机变量 X 的概率密度为

$$f(x)=\frac{1}{\sqrt{2\pi}\sigma}\mathrm{e}^{-\frac{(x-\mu)^2}{2\sigma^2}}\quad(-\infty<x<+\infty),$$

其中 $\mu,\sigma(\sigma>0)$ 均为常数,则称 X 服从参数为 μ,σ 的**正态分布**,记作 $X\sim N(\mu,\sigma^2)$. 此时,X 的

分布函数为

$$F(x)=\frac{1}{\sqrt{2\pi}\sigma}\int_{-\infty}^{x}\mathrm{e}^{-\frac{(t-\mu)^2}{2\sigma^2}}\,\mathrm{d}t\quad(-\infty<x<+\infty).$$

特别地，如果 $\mu=0,\sigma=1$，则称 X 服从**标准正态分布**，记作 $X\sim N(0,1)$，它的概率密度与分布函数分别为

$$\varphi(x)=\frac{1}{\sqrt{2\pi}}\mathrm{e}^{-\frac{x^2}{2}}\quad(-\infty<x<+\infty),$$

$$\Phi(x)=\frac{1}{\sqrt{2\pi}}\int_{-\infty}^{x}\mathrm{e}^{-\frac{t^2}{2}}\,\mathrm{d}t\quad(-\infty<x<+\infty).$$

关于正态分布，有以下几个结论：

(1) 若随机变量 $X\sim N(\mu,\sigma^2)$，则随机变量 $Z=\dfrac{X-\mu}{\sigma}\sim N(0,1)$，从而 X 的分布函数 $F(x)$ 可以用标准正态分布的分布函数 $\Phi(x)$ 表示为

$$F(x)=P\{X\leqslant x\}=P\left\{\frac{X-\mu}{\sigma}\leqslant\frac{x-\mu}{\sigma}\right\}=P\left\{Z\leqslant\frac{x-\mu}{\sigma}\right\}=\Phi\left(\frac{x-\mu}{\sigma}\right).$$

于是，对于任意两个实数 $a,b(a<b)$，X 落在区间 $(a,b]$ 上的概率为

$$P\{a<X\leqslant b\}=F(b)-F(a)=\Phi\left(\frac{b-\mu}{\sigma}\right)-\Phi\left(\frac{a-\mu}{\sigma}\right).$$

(2) 若随机变量 $X_1,X_2,\cdots,X_n$ 相互独立，且 $X_i\sim N(\mu_i,\sigma_i^2)(i=1,2,\cdots,n)$，则对于不全为 0 的常数 $a_1,a_2,\cdots,a_n$，有 $\sum\limits_{i=1}^{n}a_iX_i\sim N\left(\sum\limits_{i=1}^{n}a_i\mu_i,\sum\limits_{i=1}^{n}a_i^2\sigma_i^2\right)$.

(3) 若随机变量 $X_1,X_2,\cdots,X_n$ 相互独立且都服从标准正态分布 $N(0,1)$，则有 $\sum\limits_{i=1}^{n}X_i^2\sim\chi^2(n)$. 这个概率分布（自由度为 n 的 χ^2 分布）将于第六章给出介绍.

四、随机变量函数的分布

1. 离散型随机变量函数的分布律

设 X 为离散型随机变量，$y=g(x)$ 为一已知的函数，则称 $Y=g(X)$ 为离散型随机变量 X 的函数. 显然 $Y=g(X)$ 也是离散型随机变量. 已知 X 的分布律为 $P\{X=x_k\}=p_k(k=1,2,\cdots)$，记 $y_k=g(x_k)(k=1,2,\cdots)$，下面分情形给出 $Y=g(X)$ 的分布律.

(1) 如果函数值 $y_k(k=1,2,\cdots)$ 互不相等，则 $Y=g(X)$ 的分布律为

$$P\{Y=y_k\}=p_k\quad(k=1,2,\cdots);$$

(2) 如果函数值 $y_k(k=1,2,\cdots)$ 中有相等的数值，则把 Y 取这些相等数值的概率相加，并作为 Y 取该值的概率，便可得到 $Y=g(X)$ 的分布律.

2. 连续型随机变量函数的概率密度

设 X 为连续型随机变量，$y=g(x)$ 为一已知的函数，则称 $Y=g(X)$ 为连续型随机变量 X 的函数. 而 $Y=g(X)$ 可能是离散型随机变量，也可能是连续型随机变量. 当 $Y=g(X)$ 是连续型随机变量时，通常用以下两种方法计算 Y 的概率密度.

1）分布函数法

首先由 X 的概率密度 $f_X(x)$ 求得 $Y=g(X)$ 的分布函数为

$$F_Y(y)=P\{Y\leqslant y\}=P\{g(X)\leqslant y\}=\int\limits_{g(x)\leqslant y} f_X(x)\mathrm{d}x \quad (-\infty<y<+\infty);$$

然后在 $F_Y(y)$ 的可导区间上，对 $F_Y(y)$ 求导数即可得到 $Y=g(X)$ 的概率密度为

$$f_Y(y)=\frac{\mathrm{d}}{\mathrm{d}y}F_Y(y)=\frac{\mathrm{d}}{\mathrm{d}y}\int\limits_{g(x)\leqslant y} f_X(x)\mathrm{d}x.$$

2）公式法

设随机变量 X 的取值范围为 (a,b)（也可以是无限区间）. 如果函数 $y=g(x)$ 是处处可导的严格单调函数，且它的反函数为 $x=h(y)$，则随机变量 $Y=g(X)$ 的概率密度为

$$f_Y(y)=\begin{cases} f_X(h(y))\,|h'(y)|, & \alpha<y<\beta, \\ 0, & \text{其他}, \end{cases}$$

其中 $\alpha=\min\{g(a),g(b)\}$，$\beta=\max\{g(a),g(b)\}$.

§2.2 经典例题解析

基本题型Ⅰ：随机变量分布函数的定义及性质

例 2.1 设连续型随机变量 X 的分布函数为 $F(x)=\begin{cases} 0, & x<0, \\ A\sin x, & 0\leqslant x<\frac{\pi}{2}, \\ 1, & x\geqslant\frac{\pi}{2}, \end{cases}$ 则 $A=$ ________，$P\left\{|X|<\frac{\pi}{6}\right\}=$ ________.

解 由连续型随机变量的分布函数是连续函数可知

$$\lim_{x\to\frac{\pi}{2}^-} F(x)=F\left(\frac{\pi}{2}\right), \quad 即 \quad \lim_{x\to\frac{\pi}{2}^-} A\sin x=1,$$

从而解得 $A=1$. 又由连续型随机变量概率密度的性质得

$$P\left\{|X|<\frac{\pi}{6}\right\}=P\left\{-\frac{\pi}{6}<X<\frac{\pi}{6}\right\}=F\left(\frac{\pi}{6}\right)-F\left(-\frac{\pi}{6}\right)=\frac{1}{2}.$$

例 2.2 设随机变量 X 的分布函数为 $F(x)=\begin{cases} 0, & x<-1, \\ \frac{1}{8}, & x=-1, \\ ax+b, & -1<x<1, \\ 1, & x\geqslant 1, \end{cases}$ 且 $P\{-1<X<1\}=\frac{5}{8}$，试确定常数 a,b 的值.

解 由分布函数的右连续性，有 $F(-1+0)=F(-1)$，即

$$\lim_{x \to -1^+} (ax+b) = -a+b = \frac{1}{8}.$$

又依题意知

$$P\{X=1\} = P\{-1<X\leqslant 1\} - P\{-1<X<1\} = F(1) - F(-1) - \frac{5}{8}$$

$$= 1 - \frac{1}{8} - \frac{5}{8} = \frac{1}{4},$$

于是 $F(1-0) = F(1) - P\{X=1\} = 1 - \frac{1}{4} = \frac{3}{4}$,即

$$\lim_{x \to 1^-} (ax+b) = a+b = \frac{3}{4}.$$

因此,解得 $a = \frac{5}{16}, b = \frac{7}{16}$.

例 2.3 设 $F_1(x)$ 与 $F_2(x)$ 分别是随机变量 X_1 与 X_2 的分布函数,为了使得 $F(x) = aF_1(x) - bF_2(x)$ 为某一随机变量的分布函数,在下列给定的各组数值中应取( ).

(A) $a = \frac{3}{5}, b = -\frac{2}{5}$ (B) $a = \frac{2}{3}, b = \frac{2}{3}$

(C) $a = -\frac{1}{2}, b = \frac{3}{2}$ (D) $a = \frac{1}{2}, b = -\frac{3}{2}$

解 由分布函数的性质 $F(+\infty) = 1$,有

$$1 = F(+\infty) = aF_1(+\infty) - bF_2(+\infty) = a - b.$$

在给定的四个选项中,只有选项(A)满足 $a - b = 1$,故选(A).

基本题型 Ⅱ:离散型随机变量的分布律及几种常见的离散型随机变量

例 2.4 若 $p_k = \frac{b}{k(k+1)} (k = 1,2,\cdots)$ 为某一离散型随机变量的分布律,则常数 b 的值为( ).

(A) 2 (B) 1 (C) $\frac{1}{2}$ (D) 3

解 离散型随机变量的分布律必须满足 $\sum_{k=1}^{\infty} p_k = 1$,即

$$\sum_{k=1}^{\infty} \frac{b}{k(k+1)} = b \lim_{n\to\infty} \sum_{k=1}^{n} \left(\frac{1}{k} - \frac{1}{k+1}\right) = b \lim_{n\to\infty}\left(1 - \frac{1}{n+1}\right) = b = 1,$$

故选(B).

例 2.5 设随机变量 X 的分布律为 $P\{X=k\} = \alpha\beta^k (k = 1,2,\cdots)$,且 $\alpha > 0$,则 β 为( ).

(A) $\frac{1}{\alpha - 1}$ (B) 大于 1 的实数

(C) $\frac{1}{\alpha + 1}$ (D) $\alpha + 1$

解 由 $1 = \sum_{k=1}^{\infty} \alpha\beta^k$ 可知,极限 $\lim_{n\to\infty} \sum_{k=1}^{n} \alpha\beta^k = \lim_{n\to\infty} \frac{\alpha\beta(1-\beta^n)}{1-\beta}$ 必定存在,故 $0<\beta<1$.于是有

$1 = \frac{\alpha\beta}{1-\beta}$，解得 $\beta = \frac{1}{\alpha+1}$，故选(C).

例 2.6 设随机变量 X 服从泊松分布，且 $P\{X=1\} = P\{X=2\}$，则 $P\{X=4\} =$ ________.

解 设题设泊松分布的参数为 λ，则依题意得 $\lambda e^{-\lambda} = \frac{\lambda^2}{2!}e^{-\lambda}$，由此解得 $\lambda = 2, \lambda = 0$(舍去)，于是 $P\{X=4\} = \frac{2^4}{4!}e^{-2} = \frac{2}{3}e^{-2}$.

例 2.7 现有同类型设备 300 台，各台设备工作相互独立. 已知每台设备发生故障的概率都是 0.01，一台设备的故障可由一个工人维修，问：

(1) 至少需要配备多少个维修工人，才能使设备发生故障时不能得到及时维修的概率小于 0.01?

(2) 若 1 个维修工人承包 20 台设备，那么设备发生故障时不能得到及时维修的概率有多大?

(3) 若 3 个维修工人承包 80 台设备，那么设备发生故障时不能得到及时维修的概率有多大?并与(2) 中情形比较，讨论哪一种安排更合适.

解 (1) 设随机变量 X 表示 300 台设备中同时发生故障的设备台数，则 X 服从参数为 300，0.01 的二项分布，即 $X \sim b(300, 0.01)$. 注意到 $n = 300$ 较大，$p = 0.01$ 较小，而 $np = 3$ 相对适中，故由泊松定理知，X 近似服从参数为 3 的泊松分布，即 $X \sim P(3)$. 若配备 m 个维修工人，则"故障设备不能得到及时维修"意味着 $X > m$，于是有

$$0.01 > P\{X > m\} = \sum_{k=m+1}^{\infty} P\{X=k\} \approx \sum_{k=m+1}^{\infty} \frac{3^k}{k!}e^{-3}.$$

通过查泊松分布表，得 $m = 8$，即配备 8 个维修工人可满足要求.

(2) 设随机变量 Y 表示 20 台设备中同时发生故障的设备台数，则 $Y \sim b(20, 0.01)$. 而"故障设备不能得到及时维修"意味着 $Y \geqslant 2$，故所求的概率为

$$P\{Y \geqslant 2\} = 1 - P\{Y=0\} - P\{Y=1\} = 1 - 0.99^{20} - 20 \times 0.01 \times 0.99^{19} \approx 0.0169.$$

(3) 设随机变量 Z 表示 80 台设备中同时发生故障的设备台数，则 $Z \sim b(80, 0.01)$. 因为有 3 个维修工人承包，所以"故障设备不能得到及时维修"意味着 $Z \geqslant 4$，于是由参数为 $\lambda = 80 \times 0.01 = 0.8$ 的泊松分布可近似得到所求的概率为(通过查泊松分布表)

$$P\{Z \geqslant 4\} \approx \sum_{k=4}^{\infty} \frac{0.8^k}{k!}e^{-0.8} = 0.009080.$$

由此可见，$P\{Z \geqslant 4\} < P\{Y \geqslant 2\}$，故(3) 的安排更合适.

基本题型 Ⅲ：连续型随机变量的概率密度及几种常见的连续型随机变量

例 2.8 设连续型随机变量 X 的概率密度为 $f(x) = \begin{cases} \frac{Ax}{(1+x)^4}, & x > 0, \\ 0, & x \leqslant 0, \end{cases}$ 则 $A =$ ( ).

(A) 3 (B) 6 (C) $\frac{5}{2}$ (D) 4

解 由概率密度的性质，有

$$1=\int_{-\infty}^{+\infty}f(x)\mathrm{d}x=\int_{0}^{+\infty}\frac{Ax}{(1+x)^4}\mathrm{d}x=\frac{A}{6},\quad 即\quad A=6.$$

故选(B).

例 2.9 设 X_1 和 X_2 是任意两个相互独立的连续型随机变量,它们的概率密度分别为 $f_1(x)$ 和 $f_2(x)$,分布函数分别为 $F_1(x)$ 和 $F_2(x)$,则(　　).

(A) $f_1(x)+f_2(x)$ 必为某一随机变量的概率密度

(B) $f_1(x)f_2(x)$ 必为某一随机变量的概率密度

(C) $F_1(x)+F_2(x)$ 必为某一随机变量的分布函数

(D) $F_1(x)F_2(x)$ 必为某一随机变量的分布函数

解　由于$\int_{-\infty}^{+\infty}[f_1(x)+f_2(x)]\mathrm{d}x=2\neq 1$,故选项(A)不对.

由于 $F_1(+\infty)+F_2(+\infty)=1+1=2\neq 1$,故选项(C)不对.

若令

$$f_1(x)=\begin{cases}1, & -2<x<-1,\\ 0, & 其他,\end{cases}\qquad f_2(x)=\begin{cases}1, & 0<x<1,\\ 0, & 其他,\end{cases}$$

则对于任一 $x\in(-\infty,+\infty)$,均有 $f_1(x)f_2(x)=0$,从而$\int_{-\infty}^{+\infty}f_1(x)f_2(x)\mathrm{d}x=0\neq 1$,故选项(B)不对.

综上,用排除法知选(D).事实上,对于随机变量 $X=\max\{X_1,X_2\}$,它的分布函数就是

$$\begin{aligned}F(x)&=P\{\max\{X_1,X_2\}\leqslant x\}=P\{X_1\leqslant x,X_2\leqslant x\}\\&=P\{X_1\leqslant x\}P\{X_2\leqslant x\}=F_1(x)F_2(x).\end{aligned}$$

例 2.10 设 X 服从参数为 λ 的指数分布,证明:指数分布 $E(\lambda)$ 具有无记忆性,即当 s, t 均大于 0 时,有 $P\{X>s+t\mid X>s\}=P\{X>t\}$.

证　对于任意的 $x>0$,有 $P\{X>x\}=\int_{x}^{+\infty}\lambda\mathrm{e}^{-\lambda t}\mathrm{d}t=\mathrm{e}^{-\lambda x}$.而$\{X>s+t\}\subset\{X>s\}$,所以$\{X>s+t\}\cap\{X>s\}=\{X>s+t\}$,于是有

$$\begin{aligned}P\{X>s+t\mid X>s\}&=\frac{P\{X>s+t,X>s\}}{P\{X>s\}}=\frac{P\{X>s+t\}}{P\{X>s\}}\\&=\frac{\mathrm{e}^{-\lambda(s+t)}}{\mathrm{e}^{-\lambda s}}=\mathrm{e}^{-\lambda t}=P\{X>t\}.\end{aligned}$$

例 2.11 设 $f_1(x)$ 为标准正态分布的概率密度,$f_2(x)$ 为区间$[-1,3]$上均匀分布的概率密度.若 $f(x)=\begin{cases}af_1(x), & x\leqslant 0,\\ bf_2(x), & x>0\end{cases}$ $(a>0,b>0)$ 为某一随机变量的概率密度,则常数 a, b 应满足(　　).

(A) $2a+3b=4$　　(B) $3a+2b=4$

(C) $a+b=1$　　(D) $a+b=2$

解　因为

$$f_1(x)=\varphi(x)=\frac{1}{\sqrt{2\pi}}\mathrm{e}^{-\frac{x^2}{2}},\quad f_2(x)=\begin{cases}\frac{1}{4}, & -1\leqslant x\leqslant 3,\\ 0, & 其他,\end{cases}$$

所以由概率密度的性质得

$$\int_{-\infty}^{+\infty} f(x)\mathrm{d}x = \int_{-\infty}^{0} af_1(x)\mathrm{d}x + \int_{0}^{+\infty} bf_2(x)\mathrm{d}x$$
$$= \int_{-\infty}^{0} \frac{a}{\sqrt{2\pi}}\mathrm{e}^{-\frac{x^2}{2}}\mathrm{d}x + \int_{0}^{3} \frac{b}{4}\mathrm{d}x = \frac{a}{2} + \frac{3b}{4} = 1,$$

即 $2a + 3b = 4$. 故选(A).

例 2.12 设随机变量 X 服从正态分布 $N(\mu,\sigma^2)$,求 X 落在区间$(\mu - k\sigma,\mu + k\sigma)(k = 1,2,3)$ 内的概率.

解 因为对于 $k = 1,2,3$,均有

$$P\{\mu - k\sigma < X < \mu + k\sigma\} = \Phi\left(\frac{(\mu + k\sigma) - \mu}{\sigma}\right) - \Phi\left(\frac{(\mu - k\sigma) - \mu}{\sigma}\right)$$
$$= \Phi(k) - \Phi(-k) = 2\Phi(k) - 1,$$

所以

$$P\{\mu - \sigma < X < \mu + \sigma\} = 2\Phi(1) - 1 = 0.682\,6,$$
$$P\{\mu - 2\sigma < X < \mu + 2\sigma\} = 2\Phi(2) - 1 = 0.954\,4,$$
$$P\{\mu - 3\sigma < X < \mu + 3\sigma\} = 2\Phi(3) - 1 = 0.997\,4.$$

评注 由例 2.12 的结果可见,尽管服从正态分布 $N(\mu,\sigma^2)$ 的随机变量的取值范围是$(-\infty, +\infty)$,但它的值落在区间$(\mu - 3\sigma,\mu + 3\sigma)$ 内的概率为 0.997 4,即不在这个范围的可能性不到 0.3%. 这说明,正态分布随机变量的取值几乎全部集中在区间$(\mu - 3\sigma,\mu + 3\sigma)$ 内. 这个性质被称为正态分布的"3σ 原则".

例 2.13 设连续型随机变量 X 的分布函数为

$$F(x) = \begin{cases} 0, & x \leqslant -a, \\ A + B\arcsin\dfrac{x}{a}, & -a < x \leqslant a, \\ 1, & x > a, \end{cases}$$

其中 $a > 0$,求:(1) 常数 A,B 的值;(2) X 的概率密度;(3) 关于 x 的方程 $x^2 + Xx + \dfrac{a^2}{16} = 0$ 有实根的概率.

解 (1) 因为分布函数 $F(x)$ 在 $x = \pm a$ 处连续,所以有

$$\begin{cases} A + B\arcsin(-1) = 0, \\ A + B\arcsin 1 = 1, \end{cases}$$

解得 $A = \dfrac{1}{2}, B = \dfrac{1}{\pi}$.

(2) 对 X 的分布函数 $F(x)$ 求导数,即得它的概率密度为

$$f(x) = \begin{cases} \dfrac{1}{\pi\sqrt{a^2 - x^2}}, & |x| < a, \\ 0, & |x| \geqslant a. \end{cases}$$

(虽然分布函数 $F(x)$ 在 $x = \pm a$ 处不可导,但是改变概率密度 $f(x)$ 在个别点处的函数值并不影响 X 的概率分布)

(3)"方程 $x^2+Xx+\frac{a^2}{16}=0$ 有实根"意味着 $X^2-\frac{a^2}{4}\geqslant 0$,即 $X^2\geqslant\frac{a^2}{4}$.因此,所求的概率为

$$P\left\{X^2\geqslant\frac{a^2}{4}\right\}=P\left\{X\geqslant\frac{a}{2}\right\}+P\left\{X\leqslant-\frac{a}{2}\right\}=\int_{\frac{a}{2}}^{+\infty}f(x)\,\mathrm{d}x+\int_{-\infty}^{-\frac{a}{2}}f(x)\,\mathrm{d}x$$

$$=\int_{\frac{a}{2}}^{a}\frac{\mathrm{d}x}{\pi\sqrt{a^2-x^2}}+\int_{-a}^{-\frac{a}{2}}\frac{\mathrm{d}x}{\pi\sqrt{a^2-x^2}}=\frac{2}{3}.$$

例 2.14 某仪器装有 3 个独立工作的同型号电子元件,其使用寿命(单位:h)都服从同一指数分布,且概率密度为

$$f(x)=\begin{cases}\frac{1}{600}\mathrm{e}^{-\frac{x}{600}}, & x>0,\\ 0, & x\leqslant 0.\end{cases}$$

求该仪器在最初使用的 200 h 内,至少有一个电子元件损坏的概率.

解 设这种型号电子元件的使用寿命(单位:h)为 X,则"该仪器在最初使用的 200 h 内有电子元件损坏"意味着 $X\leqslant 200$.而 X 服从题设的指数分布,于是有

$$P\{X\leqslant 200\}=\int_0^{200}\frac{1}{600}\mathrm{e}^{-\frac{x}{600}}\,\mathrm{d}x=1-\mathrm{e}^{-\frac{200}{600}}=1-\mathrm{e}^{-\frac{1}{3}}.$$

设 Y 表示该仪器在最初使用的 200 h 内损坏的电子元件数目,则 $Y\sim b\left(3,1-\mathrm{e}^{-\frac{1}{3}}\right)$,故所求的概率为

$$P\{Y\geqslant 1\}=1-P\{Y=0\}=1-\left[1-\left(1-\mathrm{e}^{-\frac{1}{3}}\right)\right]^3=1-\mathrm{e}^{-1}.$$

例 2.15 设某单位员工的工资(单位:百元 / 天)服从同一正态分布 $N(3.25,0.5^2)$,求:

(1) 工资介于 271 元 / 天与 369 元 / 天之间的员工所占比例;

(2) 该单位拥有最高工资的 5% 员工中的最低工资.

解 设 X 表示该单位员工的工资(单位:百元 / 天),则依题意知 $X\sim N(3.25,0.5^2)$.

(1) 所求比例为

$$\begin{aligned}P\{2.71\leqslant X\leqslant 3.69\}&=\Phi\left(\frac{3.69-3.25}{0.5}\right)-\Phi\left(\frac{2.71-3.25}{0.5}\right)\\&=\Phi(0.88)-\Phi(-1.08)=\Phi(0.88)-[1-\Phi(1.08)]\\&=0.8106-(1-0.8599)=0.6705.\end{aligned}$$

(2) 设该单位拥有最高工资的 5% 员工中的最低工资(单位:百元 / 天)为 u_0,则依题意知 $P\{X\geqslant u_0\}=0.05$,即

$$P\{X\geqslant u_0\}=1-P\{X<u_0\}=1-\Phi\left(\frac{u_0-3.25}{0.5}\right)=0.05.$$

由此解得 $\Phi\left(\frac{u_0-3.25}{0.5}\right)=0.95$,而查标准正态分布表得 $\Phi(1.645)=0.95$,故 $\frac{u_0-3.25}{0.5}=1.645$,即 $u_0=4.0725$.

例 2.16 设测量的随机误差 $X\sim N(0,10^2)$,试求在 100 次独立重复测量中,至少有 3

次测量误差的绝对值大于 19.6 的概率 α，并利用泊松定理求出 α 的近似值.

解 依题意知，在一次测量中误差的绝对值大于 19.6 的概率为

$$P\{|X|>19.6\}=P\left\{\frac{|X|}{10}>1.96\right\}=2\times[1-\Phi(1.96)]=0.05.$$

设 Y 表示 100 次独立重复测量中误差的绝对值大于 19.6 的次数，则 $Y\sim b(100,0.05)$，故所求的概率为

$$\begin{aligned}\alpha&=P\{Y\geqslant 3\}=1-P\{Y<3\}=1-P\{Y=0\}-P\{Y=1\}-P\{Y=2\}\\&=1-0.95^{100}-C_{100}^{1}\times 0.95^{99}\times 0.05-C_{100}^{2}\times 0.95^{98}\times 0.05^{2}\approx 0.881\,737.\end{aligned}$$

而由泊松定理可知，Y 近似服从参数为 $\lambda=100\times 0.05=5$ 的泊松分布，故有

$$P\{Y=k\}\approx\frac{5^k}{k!}e^{-5}\quad(k=0,1,2,\cdots,100).$$

因此，由泊松分布表查得 α 的近似值为

$$\alpha=P\{Y\geqslant 3\}=\sum_{k=3}^{\infty}P\{Y=k\}\approx\sum_{k=3}^{\infty}\frac{5^k}{k!}e^{-5}=0.875\,348.$$

基本题型 Ⅳ：随机变量函数的概率分布

例 2.17 设离散型随机变量 X 的分布律如表 2.1 所示，求 $Y=X^2$ 的分布律.

表 2.1

X	-2	-1	0	1	2
p_k	$\frac{1}{5}$	0	$\frac{2}{5}$	$\frac{1}{5}$	$\frac{1}{5}$

解 由表 2.1 可见，$Y=X^2$ 的所有可能取值为 0，1，4，且 Y 取各值的概率分别为

$$P\{Y=0\}=P\{X=0\}=\frac{2}{5},$$

$$P\{Y=1\}=P\{X=-1\}+P\{X=1\}=0+\frac{1}{5}=\frac{1}{5},$$

$$P\{Y=4\}=P\{X=-2\}+P\{X=2\}=\frac{1}{5}+\frac{1}{5}=\frac{2}{5}.$$

因此，Y 的分布律如表 2.2 所示.

表 2.2

Y	0	1	4
p_k	$\frac{2}{5}$	$\frac{1}{5}$	$\frac{2}{5}$

例 2.18 设随机变量 X 的分布律为 $P\{X=k\}=\frac{1}{2^k}(k=1,2,\cdots)$，求 $Y=\sin\left(\frac{\pi}{2}X\right)$ 的分布律.

解 由于

$$\sin\frac{k\pi}{2}=\begin{cases}-1, & k=3,7,\cdots,4n-1,\cdots,\\0, & k=2,4,\cdots,2n,\cdots,\\1, & k=1,5,\cdots,4n-3,\cdots,\end{cases}$$

所以 $Y=\sin\left(\frac{\pi}{2}X\right)$ 只有 3 个可能取值，即 -1，0 和 1. 而 Y 取各值的概率分别为

$$
\begin{aligned}
P\{Y=-1\}&=P\{X=3\}+P\{X=7\}+P\{X=11\}+\cdots\\
&=\frac{1}{2^3}+\frac{1}{2^7}+\frac{1}{2^{11}}+\cdots=\frac{1}{8}\times\frac{1}{1-2^{-4}}=\frac{2}{15},\\
P\{Y=0\}&=P\{X=2\}+P\{X=4\}+P\{X=6\}+\cdots\\
&=\frac{1}{2^2}+\frac{1}{2^4}+\frac{1}{2^6}+\cdots=\frac{1}{4}\times\frac{1}{1-2^{-2}}=\frac{1}{3},\\
P\{Y=1\}&=P\{X=1\}+P\{X=5\}+P\{X=9\}+\cdots\\
&=\frac{1}{2}+\frac{1}{2^5}+\frac{1}{2^9}+\cdots=\frac{1}{2}\times\frac{1}{1-2^{-4}}=\frac{8}{15}.
\end{aligned}
$$

因此，Y 的分布律如表 2.3 所示.

表 2.3

Y	-1	0	1
p_k	$\frac{2}{15}$	$\frac{1}{3}$	$\frac{8}{15}$

例 2.19 假设一设备开机后的无故障工作时间 X（单位：h）服从参数为 $\lambda=\frac{1}{5}$ 的指数分布. 现对该设备做以下调整：设备定时开机，出现故障时会自动关机，在无故障的情况下工作 2 h 后也会自动关机. 求调整过的设备开机后无故障工作时间 Y（单位：h）的分布函数.

解 依题意知 $Y=\min\{2,X\}$. 而 X 的概率密度为

$$
f_X(x)=\begin{cases}\frac{1}{5}\mathrm{e}^{-\frac{x}{5}}, & x>0,\\ 0, & x\leqslant 0,\end{cases}
$$

即 X 的取值范围为 $(0,+\infty)$，故 $Y=\min\{2,X\}$ 的取值范围为 $(0,2)$. 于是，当 $y\leqslant 0$ 时，$F_Y(y)=0$；当 $y\geqslant 2$ 时，$F_Y(y)=1$. 此外，当 $0<y<2$ 时，有

$$
F_Y(y)=P\{Y\leqslant y\}=P\{\min\{2,X\}\leqslant y\}=P\{X\leqslant y\}=\int_0^y\frac{1}{5}\mathrm{e}^{-\frac{x}{5}}\mathrm{d}x=1-\mathrm{e}^{-\frac{y}{5}}.
$$

综上，Y 的分布函数为

$$
F_Y(y)=\begin{cases}0, & y\leqslant 0,\\ 1-\mathrm{e}^{-\frac{y}{5}}, & 0<y<2,\\ 1, & y\geqslant 2.\end{cases}
$$

例 2.20 设随机变量 X 的概率密度是 $f_X(x)$，求 $Y=X^2$ 的概率密度.

解 先求 $Y=X^2$ 的分布函数 $F_Y(y)$. 当 $y<0$ 时，$F_Y(y)=0$；当 $y\geqslant 0$ 时，

$$
F_Y(y)=P\{Y\leqslant y\}=P\{X^2\leqslant y\}=P\{-\sqrt{y}\leqslant X\leqslant\sqrt{y}\}=\int_{-\sqrt{y}}^{\sqrt{y}}f_X(x)\mathrm{d}x.
$$

再对 $F_Y(y)$ 求导数，即得 $Y=X^2$ 的概率密度为

$$
f_Y(y)=\frac{\mathrm{d}}{\mathrm{d}y}F_Y(y)=\begin{cases}\frac{1}{2\sqrt{y}}\left[f_X(\sqrt{y})+f_X(-\sqrt{y})\right], & y>0,\\ 0, & y\leqslant 0.\end{cases}
$$

评注 在例 2.20 中，若 $X \sim N(0,1)$，则 $Y = X^2$ 的概率密度为

$$f_Y(y) = \begin{cases} \dfrac{1}{\sqrt{2\pi}} y^{-\frac{1}{2}} \mathrm{e}^{-\frac{y}{2}}, & y > 0, \\ 0, & y \leqslant 0. \end{cases}$$

例 2.21 过点(0,1)任意作一条与 x 轴有交点的射线(方向是指向点(0,1))，设该射线与 x 轴的夹角为 θ，且 $\theta \sim U(0,\pi)$，求该射线在 x 轴上的截距 X 的概率密度.

解 依题意知 $X = -\cot\theta$，θ 的取值范围为 $(0,\pi)$，故 X 的取值范围为 $(-\infty,+\infty)$. 而 θ 的概率密度为

$$f(\theta) = \begin{cases} \dfrac{1}{\pi}, & 0 < \theta < \pi, \\ 0, & \text{其他}, \end{cases}$$

故 X 的分布函数为

$$\begin{aligned} F_X(x) &= P\{X \leqslant x\} = P\{-\cot\theta \leqslant x\} = P\{0 < \theta \leqslant \operatorname{arccot}(-x)\} \\ &= \int_0^{\operatorname{arccot}(-x)} \frac{1}{\pi} \mathrm{d}\theta = \frac{1}{\pi} \operatorname{arccot}(-x) \quad (-\infty < x < +\infty). \end{aligned}$$

于是，X 的概率密度为

$$f_X(x) = \frac{\mathrm{d}}{\mathrm{d}x} F_X(x) = \frac{1}{\pi(1+x^2)} \quad (-\infty < x < +\infty).$$

§2.3 历年考研真题评析

1. 从学校乘汽车到火车站的途中有3个交通路口，假设在各个交通路口遇到红灯的事件是相互独立的，并且概率都是 $\dfrac{2}{5}$. 设 X 是途中遇到红灯的次数，求随机变量 X 的分布律和分布函数.

解 依题意知，X 服从二项分布 $b\left(3,\dfrac{2}{5}\right)$，故 X 的分布律为

$$P\{X=0\} = \left(\frac{3}{5}\right)^3 = \frac{27}{125}, \quad P\{X=1\} = \mathrm{C}_3^1 \times \frac{2}{5} \times \left(\frac{3}{5}\right)^2 = \frac{54}{125},$$

$$P\{X=2\} = \mathrm{C}_3^2 \times \left(\frac{2}{5}\right)^2 \times \frac{3}{5} = \frac{36}{125}, \quad P\{X=3\} = \left(\frac{2}{5}\right)^3 = \frac{8}{125}.$$

于是，X 的分布函数为

$$F(x) = \begin{cases} 0, & x < 0, \\ \dfrac{27}{125}, & 0 \leqslant x < 1, \\ \dfrac{81}{125}, & 1 \leqslant x < 2, \\ \dfrac{117}{125}, & 2 \leqslant x < 3, \\ 1, & x \geqslant 3. \end{cases}$$

2. 一汽车沿某一街道行驶，需要通过3个均设有红绿信号灯的路口，每个信号灯之间显示

什么颜色都是相互独立的，且信号灯显示红、绿两种颜色的时间相等. 以 X 表示该汽车遇到红灯前已通过的路口个数，求 X 的分布律.

解　依题意知，每个路口的信号灯显示红灯的概率均为$\frac{1}{2}$，X 的所有可能取值为 0,1,2,3，且

$$P\{X=0\}=\frac{1}{2},\quad P\{X=1\}=\frac{1}{2}\times\frac{1}{2}=\frac{1}{4},$$

$$P\{X=2\}=\left(\frac{1}{2}\right)^2\times\frac{1}{2}=\frac{1}{8},\quad P\{X=3\}=\left(\frac{1}{2}\right)^3=\frac{1}{8}.$$

因此，X 的分布律如表 2.4 所示.

表 2.4

X	0	1	2	3
p_k	$\frac{1}{2}$	$\frac{1}{4}$	$\frac{1}{8}$	$\frac{1}{8}$

3. 设随机变量 $X\sim b(2,p)$，$Y\sim b(3,p)$. 若 $P\{X\geqslant 1\}=\frac{5}{9}$，则 $P\{Y\geqslant 1\}=$ ________.

解　依题意知

$$P\{X\geqslant 1\}=1-P\{X=0\}=1-(1-p)^2=\frac{5}{9},$$

解得 $p=\frac{1}{3}$. 因此

$$P\{Y\geqslant 1\}=1-P\{Y=0\}=1-(1-p)^3=1-\left(\frac{2}{3}\right)^3=\frac{19}{27}.$$

4. 设随机变量 X 服从参数为 λ 的指数分布，则 $P\left\{X>\frac{1}{\lambda}\right\}=$ ________.

解　依题意知 $P\{X>x\}=\mathrm{e}^{-\lambda x}\,(x>0)$，因此 $P\left\{X>\frac{1}{\lambda}\right\}=\mathrm{e}^{-\lambda\cdot\frac{1}{\lambda}}=\frac{1}{\mathrm{e}}$.

5. 设 X_1,X_2,X_3 是随机变量，且 $X_1\sim N(0,1)$，$X_2\sim N(0,2^2)$，$X_3\sim N(5,3^2)$. 若 $p_j=P\{-2\leqslant X_j\leqslant 2\}(j=1,2,3)$，则(　　).

(A) $p_1>p_2>p_3$　　　　(B) $p_2>p_1>p_3$

(C) $p_3>p_1>p_2$　　　　(D) $p_1>p_3>p_2$

解　由 $X_1\sim N(0,1)$，$X_2\sim N(0,2^2)$，$X_3\sim N(5,3^2)$ 可知

$$p_1=P\{-2\leqslant X_1\leqslant 2\}=2\Phi(2)-1,$$

$$p_2=P\{-2\leqslant X_2\leqslant 2\}=P\left\{-1\leqslant \frac{X_2}{2}\leqslant 1\right\}=2\Phi(1)-1,$$

$$p_3=P\{-2\leqslant X_3\leqslant 2\}=P\left\{-\frac{7}{3}\leqslant \frac{X_3-5}{3}\leqslant -1\right\}=\Phi\left(\frac{7}{3}\right)-\Phi(1).$$

由此可见 $p_1>p_2>p_3$，故选(A).

6. 设随机变量 X 服从标准正态分布 $N(0,1)$，对于任意给定的 $\alpha\in(0,1)$，数 z_α 满足 $P\{X>z_\alpha\}=\alpha$. 若 $P\{|X|<x\}=\alpha$，则 x 等于(　　).

(A) $z_{\frac{\alpha}{2}}$　　(B) $z_{1-\frac{\alpha}{2}}$　　(C) $z_{\frac{1-\alpha}{2}}$　　(D) $z_{1-\alpha}$

解　因为 $X\sim N(0,1)$，所以对于任意的正数 λ，有

$$P\{X>\lambda\}=P\{X<-\lambda\}=\frac{1}{2}P\{|X|>\lambda\}.$$

若 $P\{|X|<x\}=\alpha$,则 $x>0$,且

$$P\{X>x\}=\frac{1}{2}P\{|X|>x\}=\frac{1}{2}P\{|X|\geqslant x\}=\frac{1}{2}(1-P\{|X|<x\})=\frac{1-\alpha}{2},$$

由此可得 $x=z_{\frac{1-\alpha}{2}}$. 故选(C).

7. 设随机变量 X 服从正态分布 $N(\mu,\sigma^2)$,则随着 σ 的增大,概率 $P\{|X-\mu|<\sigma\}$(　　).

(A) 单调递增　　(B) 单调递减

(C) 保持不变　　(D) 增减不定

解　由于 $X\sim N(\mu,\sigma^2)$,故有 $\frac{X-\mu}{\sigma}\sim N(0,1)$,因此

$$P\{|X-\mu|<\sigma\}=P\left\{\frac{|X-\mu|}{\sigma}<1\right\}=2\Phi(1)-1.$$

由此可以看出,概率 $P\{|X-\mu|<\sigma\}$ 与 σ 的大小无关,故选(C).

8. 设 $X\sim N(10,0.02^2)$,则 $P\{9.95<X<10.05\}=$ ________. (已知 $\Phi(2.5)=0.9938$)

解　依题意知

$$P\{9.95<X<10.05\}=P\left\{-2.5<\frac{X-10}{0.02}<2.5\right\}=\Phi(2.5)-\Phi(-2.5)$$
$$=2\Phi(2.5)-1=0.9876.$$

9. 设随机变量 X 服从正态分布 $N(\mu,\sigma^2)(\sigma>0)$,且方程 $y^2+4y+X=0$ 无实根的概率为 $\frac{1}{2}$,则 $\mu=$ ________.

解　设事件 A 表示"方程 $y^2+4y+X=0$ 无实根",则

$$A=\{16-4X<0\}=\{X>4\}.$$

依题意,有

$$P(A)=P\{X>4\}=1-P\{X\leqslant 4\}=1-\Phi\left(\frac{4-\mu}{\sigma}\right)=\frac{1}{2},$$

因此 $\Phi\left(\frac{4-\mu}{\sigma}\right)=\frac{1}{2}$,即 $\frac{4-\mu}{\sigma}=0$,解得 $\mu=4$.

10. 设随机变量 X 的概率密度为 $f(x)=\begin{cases}2x, & 0<x<1,\\ 0, & 其他,\end{cases}$ 以 Y 表示在对 X 进行 3 次独立重复的观测中事件 $\left\{X\leqslant\frac{1}{2}\right\}$ 出现的次数,则 $P\{Y=2\}=$ ________.

解　依题意知,事件 $\left\{X\leqslant\frac{1}{2}\right\}$ 出现的概率为 $P\left\{X\leqslant\frac{1}{2}\right\}=\int_0^{\frac{1}{2}}2x\mathrm{d}x=\frac{1}{4}$. 于是,随机变量 Y 服从二项分布 $b\left(3,\frac{1}{4}\right)$,从而有

$$P\{Y=2\}=\mathrm{C}_3^2\times\left(\frac{1}{4}\right)^2\times\frac{3}{4}=\frac{9}{64}.$$

11. 设随机变量 X 服从指数分布,则随机变量 $Y=\min\{2,X\}$ 的分布函数(　　).

(A) 是连续函数　　(B) 至少有两个间断点

(C) 是阶梯函数　　(D) 恰好有一个间断点

解　设 X 所服从的指数分布的参数为 $\lambda>0$，则可用类似于例 2.19 的方法求出 $Y=\min\{2,X\}$ 的分布函数为

$$F(y)=\begin{cases}0, & y\leqslant 0,\\ 1-\mathrm{e}^{-\lambda y}, & 0<y<2,\\ 1, & y\geqslant 2.\end{cases}$$

由此可见，Y 的分布函数 $F(y)$ 恰好在 $y=2$ 处有一个间断点，故选(D).

12. 设随机变量 X 的概率密度为

$$f(x)=\begin{cases}\dfrac{1}{3\sqrt[3]{x^2}}, & 1\leqslant x\leqslant 8,\\ 0, & \text{其他},\end{cases}$$

$F(x)$ 是 X 的分布函数，求随机变量 $Y=F(X)$ 的分布函数.

解　依题意，当 $x<1$ 时，$F(x)=0$；当 $x>8$ 时，$F(x)=1$；当 $1\leqslant x\leqslant 8$ 时，

$$F(x)=\int_1^x \frac{1}{3\sqrt[3]{t^2}}\mathrm{d}t=\sqrt[3]{x}-1.$$

设 $G(y)$ 是随机变量 $Y=F(X)$ 的分布函数，显然当 $y<0$ 时，$G(y)=0$；当 $y\geqslant 1$ 时，$G(y)=1$；当 $0\leqslant y<1$ 时，

$$\begin{aligned}G(y)&=P\{Y\leqslant y\}=P\{F(X)\leqslant y\}=P\{\sqrt[3]{X}-1\leqslant y\}\\&=P\{X\leqslant (y+1)^3\}=F((y+1)^3)=y.\end{aligned}$$

于是，$Y=F(X)$ 的分布函数为

$$G(y)=\begin{cases}0, & y<0,\\ y, & 0\leqslant y<1,\\ 1, & y\geqslant 1.\end{cases}$$

13. 设随机变量 X 的概率密度 $f(x)$ 满足 $f(1-x)=f(1+x)$，且 $\int_0^2 f(x)\mathrm{d}x=0.6$，则 $P\{X<0\}=$ (　　).

(A) 0.2　　(B) 0.3　　(C) 0.4　　(D) 0.5

解　由 $f(1-x)=f(1+x)$ 可知概率密度 $f(x)$ 关于直线 $x=1$ 对称，结合概率密度的性质 $\int_{-\infty}^{+\infty} f(x)\mathrm{d}x=1$ 及已知条件 $\int_0^2 f(x)\mathrm{d}x=0.6$，容易得出

$$P\{X<0\}=\int_{-\infty}^0 f(x)\mathrm{d}x=\frac{1}{2}\left[\int_{-\infty}^{+\infty} f(x)\mathrm{d}x-\int_0^2 f(x)\mathrm{d}x\right]=0.2.$$

故选(A).

§ 2.4　教材习题详解

1. 一袋中有 5 个乒乓球，编号分别为 1,2,3,4,5，在其中同时取 3 个，以 X 表示取出的 3 个球中的最大号码，写出随机变量 X 的分布律.

解　依题意知 $X=3,4,5$，且

$$P\{X=3\}=\frac{1}{C_5^3}=0.1,\quad P\{X=4\}=\frac{C_3^2}{C_5^3}=0.3,\quad P\{X=5\}=\frac{C_4^2}{C_5^3}=0.6,$$

故 X 的分布律如表 2.5 所示.

表 2.5

X	3	4	5
p_k	0.1	0.3	0.6

2. 设在 15 个同类型零件中有 2 个为次品，在其中取 3 次，每次任取 1 个，进行不放回抽样. 以 X 表示取出的次品个数，求：

(1) X 的分布律；

(2) X 的分布函数，并作图；

(3) $P\left\{X\leqslant\frac{1}{2}\right\}$，$P\left\{1<X\leqslant\frac{3}{2}\right\}$，$P\left\{1\leqslant X\leqslant\frac{3}{2}\right\}$，$P\{1<X<2\}$.

解　(1) 依题意知 $X=0,1,2$，且

$$P\{X=0\}=\frac{C_{13}^3}{C_{15}^3}=\frac{22}{35},\quad P\{X=1\}=\frac{C_2^1C_{13}^2}{C_{15}^3}=\frac{12}{35},\quad P\{X=2\}=\frac{C_{13}^1}{C_{15}^3}=\frac{1}{35},$$

故 X 的分布律如表 2.6 所示.

表 2.6

X	0	1	2
p_k	$\frac{22}{35}$	$\frac{12}{35}$	$\frac{1}{35}$

(2) 当 $x<0$ 时，$F(x)=P\{X\leqslant x\}=0$；当 $0\leqslant x<1$ 时，$F(x)=P\{X\leqslant x\}=P\{X=0\}=\frac{22}{35}$；当 $1\leqslant x<2$ 时，$F(x)=P\{X\leqslant x\}=P\{X=0\}+P\{X=1\}=\frac{34}{35}$；当 $x\geqslant 2$ 时，$F(x)=P\{X\leqslant x\}=1$.

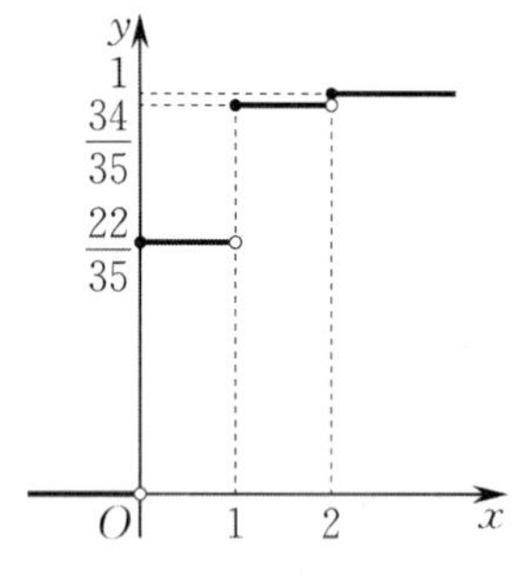

图 2.1

综上，X 的分布函数为

$$F(x)=\begin{cases}0, & x<0,\\ \frac{22}{35}, & 0\leqslant x<1,\\ \frac{34}{35}, & 1\leqslant x<2,\\ 1, & x\geqslant 2,\end{cases}$$

其图形如图 2.1 所示.

(3) $P\left\{X\leqslant\frac{1}{2}\right\}=F\left(\frac{1}{2}\right)=\frac{22}{35}$，　$P\left\{1<X\leqslant\frac{3}{2}\right\}=F\left(\frac{3}{2}\right)-F(1)=\frac{34}{35}-\frac{34}{35}=0$，

$$P\left\{1\leqslant X\leqslant\frac{3}{2}\right\}=P\{X=1\}+P\left\{1<X\leqslant\frac{3}{2}\right\}=\frac{12}{35},$$

$$P\{1<X<2\}=F(2)-F(1)-P\{X=2\}=1-\frac{34}{35}-\frac{1}{35}=0.$$

3. 某一射手向目标独立地进行了 3 次射击，每次击中率为 0.8，求 3 次射击中击中目标的次数的分布律及分布函数，并求 3 次射击中至少击中 2 次的概率.

解　设 X 表示击中目标的次数，则 $X=0,1,2,3$，且有

$$P\{X=0\}=0.2^3=0.008,$$
$$P\{X=1\}=C_3^1\times0.8\times0.2^2=0.096,$$
$$P\{X=2\}=C_3^2\times0.8^2\times0.2=0.384,$$
$$P\{X=3\}=0.8^3=0.512,$$

故 X 的分布律如表 2.7 所示.

表 2.7

X	0	1	2	3
p_k	0.008	0.096	0.384	0.512

X 的分布函数为

$$F(x)=\begin{cases}0, & x<0,\\ 0.008, & 0\leqslant x<1,\\ 0.104, & 1\leqslant x<2,\\ 0.488, & 2\leqslant x<3,\\ 1, & x\geqslant 3.\end{cases}$$

所求的概率为

$$P\{X\geqslant2\}=P\{X=2\}+P\{X=3\}=0.896.$$

4. (1) 设随机变量 X 的分布律为 $P\{X=k\}=\dfrac{a\lambda^k}{k!}$, $k=0,1,2,\cdots$, 其中 $\lambda>0$ 为常数,试确定常数 a.

(2) 设随机变量 X 的分布律为 $P\{X=k\}=\dfrac{a}{N}$, $k=1,2,\cdots,N$, 试确定常数 a.

解　(1) 由分布律的性质知

$$1=\sum_{k=0}^{\infty}P\{X=k\}=a\sum_{k=0}^{\infty}\frac{\lambda^k}{k!}=ae^{\lambda},$$

故 $a=e^{-\lambda}$.

(2) 由分布律的性质知

$$1=\sum_{k=1}^{N}P\{X=k\}=\sum_{k=1}^{N}\frac{a}{N}=a,$$

即 $a=1$.

5. 甲、乙两人投篮,投中的概率分别为 0.6,0.7. 今各投 3 次,求:

(1) 两人投中次数相等的概率;

(2) 甲比乙投中次数多的概率.

解　分别令 X,Y 表示甲、乙投中次数,则 $X\sim b(3,0.6)$, $Y\sim b(3,0.7)$.

(1)
$$\begin{aligned}P\{X=Y\}&=P\{X=0,Y=0\}+P\{X=1,Y=1\}+P\{X=2,Y=2\}+P\{X=3,Y=3\}\\&=0.4^3\times0.3^3+C_3^1\times0.6\times0.4^2\times C_3^1\times0.7\times0.3^2\\&\quad+C_3^2\times0.6^2\times0.4\times C_3^2\times0.7^2\times0.3+0.6^3\times0.7^3\\&=0.320\,76.\end{aligned}$$

(2)
$$\begin{aligned}P\{X>Y\}&=P\{X=1,Y=0\}+P\{X=2,Y=0\}+P\{X=3,Y=0\}\\&\quad+P\{X=2,Y=1\}+P\{X=3,Y=1\}+P\{X=3,Y=2\}\\&=C_3^1\times0.6\times0.4^2\times0.3^3+C_3^2\times0.6^2\times0.4\times0.3^3\\&\quad+0.6^3\times0.3^3+C_3^2\times0.6^2\times0.4\times C_3^1\times0.7\times0.3^2\\&\quad+0.6^3\times C_3^1\times0.7\times0.3^2+0.6^3\times C_3^2\times0.7^2\times0.3\\&=0.243.\end{aligned}$$

6. 设某机场每天有200架飞机在此降落,任一飞机在某一时刻降落的概率为0.02,并假定各飞机降落是相互独立的.试问该机场需配备多少条跑道,才能保证某一时刻飞机需立即降落而没有空闲跑道的概率小于0.01(每条跑道只允许一架飞机降落)?

解 设 X 为某一时刻需立即降落的飞机数,易知 $X \sim b(200,0.02)$.另设该机场需配备 N 条跑道,则有

$$P\{X > N\} < 0.01,$$

即

$$\sum_{k=N+1}^{200} C_{200}^{k} \times 0.02^{k} \times 0.98^{200-k} < 0.01.$$

利用泊松分布近似表达上述二项分布,有

$$\lambda = np = 200 \times 0.02 = 4,$$

$$P\{X > N\} = \sum_{k=N+1}^{\infty} P\{X = k\} \approx \sum_{k=N+1}^{\infty} \frac{e^{-4}4^{k}}{k!} < 0.01.$$

查泊松分布表得 $N \geqslant 9$,故该机场至少应配备9条跑道.

7. 某汽车站每天有大量汽车通过,设每辆汽车在一天的某时段出事故的概率为0.000 1.已知在某一天的该时段内有1 000辆汽车通过,问出事故的次数不小于2的概率是多少(利用泊松定理)?

解 设 X 表示出事故的次数,则 $X \sim b(1\,000,0.000\,1)$.利用泊松定理可知 $\lambda = np = 1\,000 \times 0.000\,1 = 0.1$,则

$$P\{X \geqslant 2\} = 1 - P\{X = 0\} - P\{X = 1\}$$
$$= 1 - e^{-0.1} - 0.1 \times e^{-0.1} = 1 - 1.1e^{-0.1}.$$

8. 已知5重伯努利试验中成功的次数 X 满足 $P\{X = 1\} = P\{X = 2\}$,求 $P\{X = 4\}$.

解 设在每次试验中成功的概率为 $p(0 < p < 1)$,则有

$$C_5^1 p(1-p)^4 = C_5^2 p^2(1-p)^3,$$

解得 $p = \frac{1}{3}$.所以

$$P\{X = 4\} = C_5^4 \times \left(\frac{1}{3}\right)^4 \times \frac{2}{3} = \frac{10}{243}.$$

9. 设事件 A 在每次试验中发生的概率为0.3,当 A 发生不少于3次时,指示灯发出信号.

(1) 进行了5次独立试验,试求指示灯发出信号的概率;

(2) 进行了7次独立试验,试求指示灯发出信号的概率.

解 (1) 设 X 表示5次独立试验中 A 发生的次数,易知 $X \sim b(5,0.3)$,则

$$P\{X \geqslant 3\} = \sum_{k=3}^{5} C_5^k \times 0.3^k \times 0.7^{5-k} = 0.163\,08.$$

(2) 设 Y 表示7次独立试验中 A 发生的次数,易知 $Y \sim b(7,0.3)$,则

$$P\{Y \geqslant 3\} = \sum_{k=3}^{7} C_7^k \times 0.3^k \times 0.7^{7-k} \approx 0.352\,93.$$

10. 某公安局在长度为 t(单位:h)的时间间隔内收到的紧急呼救的次数 X 服从参数为 $\frac{t}{2}$ 的泊松分布,而与时间间隔起点无关.求:

(1) 某一天12:00—15:00没收到呼救的概率;

(2) 某一天12:00—17:00至少收到1次呼救的概率.

解 (1) $P\{X = 0\} = e^{-\frac{3}{2}}$.

(2) $P\{X \geqslant 1\} = 1 - P\{X = 0\} = 1 - e^{-\frac{5}{2}}$.

11. 设

$$P\{X = k\} = C_2^k p^k (1-p)^{2-k} \quad (k = 0,1,2),$$
$$P\{Y = m\} = C_4^m p^m (1-p)^{4-m} \quad (m = 0,1,2,3,4)$$

分别为随机变量 X,Y 的分布律,已知 $P\{X\geqslant 1\}=\frac{5}{9}$,求 $P\{Y\geqslant 1\}$.

解　因为 $P\{X\geqslant 1\}=\frac{5}{9}$,所以 $P\{X<1\}=\frac{4}{9}$.而

$$P\{X<1\}=P\{X=0\}=(1-p)^2,$$

即$(1-p)^2=\frac{4}{9}$,解得 $p=\frac{1}{3}$.于是

$$P\{Y\geqslant 1\}=1-P\{Y=0\}=1-(1-p)^4=\frac{65}{81}.$$

12. 某教科书印刷了2 000册,因装订等原因造成错误的概率为0.001,试求在这2 000册书中恰有5册错误的概率.

解　设 X 为这2 000册书中错误的册数,则 $X\sim b(2\,000,0.001)$.利用泊松定理,

$$\lambda=np=2\,000\times 0.001=2,$$

故

$$P\{X=5\}\approx\frac{e^{-2}2^5}{5!}\approx 0.036\,1.$$

13. 已知进行某种试验成功的概率为$\frac{3}{4}$,失败的概率为$\frac{1}{4}$.以 X 表示试验首次成功所需试验的次数,试写出 X 的分布律,并计算 X 取偶数的概率.

解　设经过 k 次试验才首次成功,即前 $k-1$ 次试验都失败,第 k 次才成功,则

$$P\{X=k\}=\frac{3}{4}\times\left(\frac{1}{4}\right)^{k-1}\quad(k=1,2,\cdots).$$

X 取偶数的概率为

$$\begin{aligned}&P\{X=2\}+P\{X=4\}+\cdots+P\{X=2k\}+\cdots\\&=\frac{1}{4}\times\frac{3}{4}+\left(\frac{1}{4}\right)^3\times\frac{3}{4}+\cdots+\left(\frac{1}{4}\right)^{2k-1}\times\frac{3}{4}+\cdots\\&=\frac{3}{4}\times\frac{\frac{1}{4}}{1-\left(\frac{1}{4}\right)^2}=\frac{1}{5}.\end{aligned}$$

14. 有2 500名同一年龄和同一社会阶层的人参加了保险公司的人寿保险.在一年中每个人死亡的概率为0.002,每个参加保险的人在1月1日需交12元保险费,而在死亡时家属可从保险公司领取2 000元赔偿金.求:

(1) 保险公司亏本的概率;

(2) 保险公司获利分别不少于10 000元、20 000元的概率.

解　以"年"为单位来考虑.

(1) 在1月1日,保险公司总收入为$2\,500\times 12=30\,000$(元).设1年中死亡人数为 X,则 $X\sim b(2\,500,0.002)$,则所求概率为

$$P\{2\,000X>30\,000\}=P\{X>15\}.$$

由于 n 很大,p 很小,$\lambda=np=5$,故利用泊松定理可知

$$P\{X>15\}\approx\sum_{k=16}^{\infty}\frac{e^{-5}5^k}{k!}=0.000\,069.$$

(2) 记 A 为事件"保险公司获利不少于10 000元",则

$$P(A)=P\{30\,000-2\,000X\geqslant 10\,000\}=P\{X\leqslant 10\}\approx 1-\sum_{k=11}^{\infty}\frac{e^{-5}5^k}{k!}=0.986\,305,$$

即保险公司获利不少于10 000元的概率约为99%.

另记 B 为事件"保险公司获利不少于20 000元",则

$$P(B)=P\{30\,000-2\,000X\geqslant 20\,000\}=P\{X\leqslant 5\}\approx 1-\sum_{k=6}^{\infty}\frac{e^{-5}5^k}{k!}=0.615\,961,$$

即保险公司获利不少于 20 000 元的概率约为 62%.

15. 已知随机变量 X 的概率密度为

$$f(x)=Ae^{-|x|},\quad -\infty<x<+\infty,$$

求:(1) 常数 A 的值;(2) $P\{0<X<1\}$;(3) 分布函数 $F(x)$.

解　(1) 由$\int_{-\infty}^{+\infty}f(x)\mathrm{d}x=1$,得

$$1=\int_{-\infty}^{+\infty}Ae^{-|x|}\mathrm{d}x=2\int_0^{+\infty}Ae^{-x}\mathrm{d}x=2A,\quad 即\quad A=\frac{1}{2}.$$

(2) $P\{0<X<1\}=\dfrac{1}{2}\displaystyle\int_0^1 e^{-x}\mathrm{d}x=\dfrac{1}{2}(1-e^{-1})$.

(3) 当 $x<0$ 时,$F(x)=\displaystyle\int_{-\infty}^{x}\frac{1}{2}e^t\mathrm{d}t=\frac{1}{2}e^x$;当 $x\geqslant 0$ 时,

$$F(x)=\int_{-\infty}^{x}\frac{1}{2}e^{-|t|}\mathrm{d}t=\int_{-\infty}^{0}\frac{1}{2}e^x\mathrm{d}x+\int_0^x\frac{1}{2}e^{-t}\mathrm{d}t=1-\frac{1}{2}e^{-x}.$$

因此

$$F(x)=\begin{cases}\dfrac{1}{2}e^x, & x<0,\\ 1-\dfrac{1}{2}e^{-x}, & x\geqslant 0.\end{cases}$$

16. 设某种仪器内装有 3 个同样的电子管,电子管的使用寿命 X(单位:h) 的概率密度为

$$f(x)=\begin{cases}\dfrac{100}{x^2}, & x\geqslant 100,\\ 0, & x<100,\end{cases}$$

求:

(1) 在开始的 150 h 内没有电子管损坏的概率;

(2) 在开始的 150 h 内有一个电子管损坏的概率;

(3) 分布函数 $F(x)$.

解　(1) 由于 $P\{X\leqslant 150\}=\displaystyle\int_{100}^{150}\frac{100}{x^2}\mathrm{d}x=\frac{1}{3}$,故在开始的 150 h 内没有电子管损坏的概率为

$$p_1=(P\{X>150\})^3=\left(\frac{2}{3}\right)^3=\frac{8}{27}.$$

(2) 在开始的 150 h 内有一个电子管损坏的概率为 $p_2=C_3^1\times\dfrac{1}{3}\times\left(\dfrac{2}{3}\right)^2=\dfrac{4}{9}$.

(3) 当 $x<100$ 时,$F(x)=0$;当 $x\geqslant 100$ 时,

$$F(x)=\int_{-\infty}^{x}f(t)\mathrm{d}t=\int_{-\infty}^{100}f(t)\mathrm{d}t+\int_{100}^{x}f(t)\mathrm{d}t=\int_{100}^{x}\frac{100}{t^2}\mathrm{d}t=1-\frac{100}{x}.$$

因此

$$F(x)=\begin{cases}1-\dfrac{100}{x}, & x\geqslant 100,\\ 0, & x<100.\end{cases}$$

17. 在区间$[0,a]$上任意投掷一个质点,以 X 表示该质点的坐标. 设该质点落在$[0,a]$中任意小区间内的概率与小区间的长度成正比,试求 X 的分布函数.

解　由题意知,X 的概率密度为

$$f(x)=\begin{cases}\dfrac{1}{a}, & 0\leqslant x\leqslant a,\\ 0, & 其他.\end{cases}$$

当 $x<0$ 时,$F(x)=0$;当 $0\leqslant x\leqslant a$ 时,$F(x)=\int_{-\infty}^{x}f(t)\mathrm{d}t=\int_{0}^{x}f(t)\mathrm{d}t=\int_{0}^{x}\dfrac{1}{a}\mathrm{d}t=\dfrac{x}{a}$;当 $x>a$ 时,$F(x)=1$.
故分布函数为

$$F(x)=\begin{cases}0, & x<0,\\ \dfrac{x}{a}, & 0\leqslant x\leqslant a,\\ 1, & x>a.\end{cases}$$

18. 设随机变量 X 在$[2,5]$上服从均匀分布. 现对 X 进行 3 次独立观测,求至少有两次观测值大于 3 的概率.

解　由题意知,X 的概率密度为

$$f(x)=\begin{cases}\dfrac{1}{3}, & 2\leqslant x\leqslant 5,\\ 0, & 其他.\end{cases}$$

观测值大于 3 的概率为

$$P\{X>3\}=\int_{3}^{5}\frac{1}{3}\mathrm{d}x=\frac{2}{3}.$$

故所求的概率为

$$p=\mathrm{C}_3^2\times\frac{1}{3}\times\left(\frac{2}{3}\right)^2+\left(\frac{2}{3}\right)^3=\frac{20}{27}.$$

19. 设顾客在某银行的窗口等待服务的时间 X(单位:min) 服从指数分布 $E\left(\dfrac{1}{5}\right)$. 某顾客在窗口等待服务,若超过 10 min 他就离开. 已知该顾客一个月要到银行 5 次,以 Y 表示一个月内他未等到服务而离开窗口的次数,试写出 Y 的分布律,并求 $P\{Y\geqslant 1\}$.

解　依题意知 $X\sim E\left(\dfrac{1}{5}\right)$,其概率密度为

$$f(x)=\begin{cases}\dfrac{1}{5}\mathrm{e}^{-\frac{x}{5}}, & x>0,\\ 0, & x\leqslant 0.\end{cases}$$

该顾客未等到服务而离开的概率为

$$P\{X>10\}=\int_{10}^{+\infty}\frac{1}{5}\mathrm{e}^{-\frac{x}{5}}\mathrm{d}x=\mathrm{e}^{-2}.$$

显然 $Y\sim b(5,\mathrm{e}^{-2})$,故其分布律为

$$P\{Y=k\}=\mathrm{C}_5^k\mathrm{e}^{-2k}(1-\mathrm{e}^{-2})^{5-k}\quad(k=0,1,2,3,4,5).$$

所求的概率为

$$P\{Y\geqslant 1\}=1-P\{Y=0\}=1-(1-\mathrm{e}^{-2})^5\approx 0.5167.$$

20. 某人乘汽车去火车站乘火车,有两条路可走. 第一条路程较短但交通拥挤,所需时间 X(单位:min) 服从正态分布 $N(40,10^2)$;第二条路程较长,但阻塞少,所需时间 Y(单位:min) 服从正态分布 $N(50,4^2)$.

(1) 若动身时离火车发车只有 1 h,问走哪条路乘上火车的把握大些?

(2) 若动身时离火车发车只有 45 min,问走哪条路乘上火车的把握大些?

解　(1) 若走第一条路,$X\sim N(40,10^2)$,则

$$P\{X<60\}=P\left\{\frac{X-40}{10}<\frac{60-40}{10}\right\}=\Phi(2)=0.9772.$$

若走第二条路，$Y \sim N(50,4^2)$，则

$$P\{Y<60\}=P\left\{\frac{Y-50}{4}<\frac{60-50}{4}\right\}=\Phi(2.5)=0.9938.$$

故走第二条路乘上火车的把握大些.

(2) 若走第一条路，$X \sim N(40,10^2)$，则

$$P\{X<45\}=P\left\{\frac{X-40}{10}<\frac{45-40}{10}\right\}=\Phi(0.5)=0.6915.$$

若走第二条路，$Y \sim N(50,4^2)$，则

$$P\{Y<45\}=P\left\{\frac{Y-50}{4}<\frac{45-50}{4}\right\}=\Phi(-1.25)=1-\Phi(1.25)=0.1056.$$

故走第一条路乘上火车的把握大些.

21. 设 $X \sim N(3,2^2)$.

(1) 求 $P\{2<X\leqslant 5\}$，$P\{-4<X\leqslant 10\}$，$P\{|X|>2\}$，$P\{X>3\}$；

(2) 确定常数 c，使得 $P\{X>c\}=P\{X\leqslant c\}$.

解 (1)
$$\begin{aligned}P\{2<X\leqslant 5\}&=P\left\{\frac{2-3}{2}<\frac{X-3}{2}\leqslant\frac{5-3}{2}\right\}\\&=\Phi(1)-\Phi\left(-\frac{1}{2}\right)=\Phi(1)-1+\Phi\left(\frac{1}{2}\right)\\&=0.8413-1+0.6915=0.5328,\end{aligned}$$

$$\begin{aligned}P\{-4<X\leqslant 10\}&=P\left\{\frac{-4-3}{2}<\frac{X-3}{2}\leqslant\frac{10-3}{2}\right\}\\&=\Phi\left(\frac{7}{2}\right)-\Phi\left(-\frac{7}{2}\right)=2\Phi\left(\frac{7}{2}\right)-1=0.9996,\end{aligned}$$

$$\begin{aligned}P\{|X|>2\}&=P\{X>2\}+P\{X<-2\}\\&=P\left\{\frac{X-3}{2}>\frac{2-3}{2}\right\}+P\left\{\frac{X-3}{2}<\frac{-2-3}{2}\right\}\\&=1-\Phi\left(-\frac{1}{2}\right)+\Phi\left(-\frac{5}{2}\right)=1-\left[1-\Phi\left(\frac{1}{2}\right)\right]+1-\Phi\left(\frac{5}{2}\right)\\&=\Phi\left(\frac{1}{2}\right)+1-\Phi\left(\frac{5}{2}\right)=0.6915+1-0.9938=0.6977,\end{aligned}$$

$$P\{X>3\}=P\left\{\frac{X-3}{2}>\frac{3-3}{2}\right\}=1-\Phi(0)=0.5.$$

(2) 由(1)中的 $P\{X>3\}=P\{X\leqslant 3\}=0.5$，得 $c=3$.

22. 由某机器生产的螺栓长度 X(单位:cm) 服从正态分布 $N(10.05,0.06^2)$，规定长度在 (10.05 ± 0.12)cm 内为合格品，求一螺栓为不合格品的概率.

解
$$\begin{aligned}P\{|X-10.05|>0.12\}&=P\left\{\left|\frac{X-10.05}{0.06}\right|>\frac{0.12}{0.06}\right\}=1-\Phi(2)+\Phi(-2)\\&=2[1-\Phi(2)]=0.0456.\end{aligned}$$

23. 一工厂生产的电子管寿命 X(单位:h) 服从正态分布 $N(160,\sigma^2)$，其中 $\sigma>0$. 若要求 $P\{120<X\leqslant 200\}\geqslant 0.8$，试问允许 σ 最大不超过多少？

解
$$\begin{aligned}P\{120<X\leqslant 200\}&=P\left\{\frac{120-160}{\sigma}<\frac{X-160}{\sigma}\leqslant\frac{200-160}{\sigma}\right\}\\&=\Phi\left(\frac{40}{\sigma}\right)-\Phi\left(\frac{-40}{\sigma}\right)=2\Phi\left(\frac{40}{\sigma}\right)-1\geqslant 0.8,\end{aligned}$$

即 $\Phi\left(\frac{40}{\sigma}\right)\geqslant 0.9$，查表得 $\sigma\leqslant\frac{40}{1.29}\approx 31.01$.

24. 设随机变量 X 的分布函数为

$$F(x)=\begin{cases}A+Be^{-\lambda x}, & x\geqslant 0,\\ 0, & x<0\end{cases}\quad(\lambda>0),$$

求：

(1) 常数 A,B；

(2) $P\{X\leqslant 2\},P\{X>3\}$；

(3) 概率密度 $f(x)$.

解 (1) 由 $\begin{cases}\lim\limits_{x\to+\infty}F(x)=1,\\ \lim\limits_{x\to 0^+}F(x)=\lim\limits_{x\to 0^-}F(x),\end{cases}$ 得 $\begin{cases}A=1,\\ B=-1.\end{cases}$

(2) $P\{X\leqslant 2\}=F(2)=1-e^{-2\lambda}$,

$P\{X>3\}=1-P\{X\leqslant 3\}=1-F(3)=1-(1-e^{-3\lambda})=e^{-3\lambda}$.

(3) $f(x)=F'(x)=\begin{cases}\lambda e^{-\lambda x}, & x\geqslant 0,\\ 0, & x<0.\end{cases}$

25. 设随机变量 X 的概率密度为

$$f(x)=\begin{cases}x, & 0\leqslant x<1,\\ 2-x, & 1\leqslant x<2,\\ 0, & \text{其他},\end{cases}$$

求 X 的分布函数 $F(x)$，并画出 $f(x)$ 及 $F(x)$ 的图形.

解 当 $x<0$ 时，$F(x)=0$；当 $0\leqslant x<1$ 时，

$$F(x)=\int_{-\infty}^{x}f(t)\mathrm{d}t=\int_{-\infty}^{0}f(t)\mathrm{d}t+\int_{0}^{x}f(t)\mathrm{d}t=\int_{0}^{x}t\mathrm{d}t=\frac{x^2}{2};$$

当 $1\leqslant x<2$ 时，

$$\begin{aligned}F(x)&=\int_{-\infty}^{x}f(t)\mathrm{d}t=\int_{-\infty}^{0}f(t)\mathrm{d}t+\int_{0}^{1}f(t)\mathrm{d}t+\int_{1}^{x}f(t)\mathrm{d}t\\&=\int_{0}^{1}t\mathrm{d}t+\int_{1}^{x}(2-t)\mathrm{d}t=\frac{1}{2}+2x-\frac{x^2}{2}-\frac{3}{2}=-\frac{x^2}{2}+2x-1;\end{aligned}$$

当 $x\geqslant 2$ 时，$F(x)=\int_{-\infty}^{x}f(t)\mathrm{d}t=1$. 故

$$F(x)=\begin{cases}0, & x<0,\\ \dfrac{x^2}{2}, & 0\leqslant x<1,\\ -\dfrac{x^2}{2}+2x-1, & 1\leqslant x<2,\\ 1, & x\geqslant 2.\end{cases}$$

$f(x)$ 的图形如图 2.2 所示，$F(x)$ 的图形如图 2.3 所示.

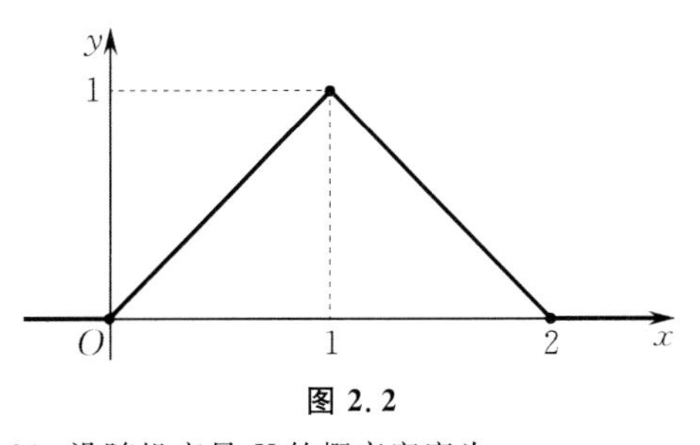

图 2.2

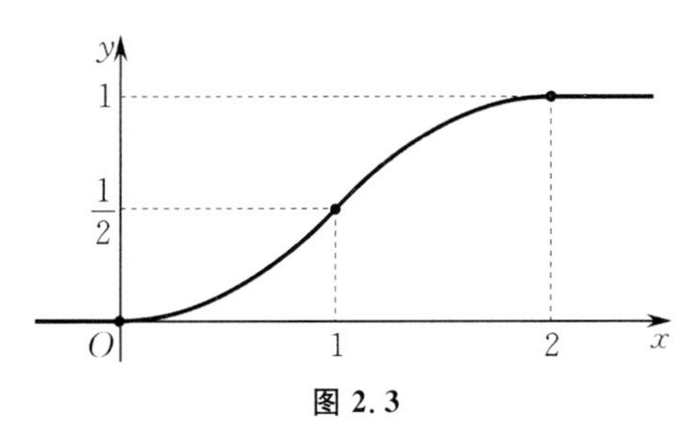

图 2.3

26. 设随机变量 X 的概率密度为

(1) $f(x)=a\mathrm{e}^{-\lambda|x|},\lambda>0$；

(2) $f(x)=\begin{cases}bx, & 0<x<1,\\ \dfrac{1}{x^2}, & 1\leqslant x<2,\\ 0, & \text{其他},\end{cases}$

试确定常数 a,b,并求其分布函数 $F(x)$.

解 (1) 由$\int_{-\infty}^{+\infty}f(x)\mathrm{d}x=1$,知 $1=\int_{-\infty}^{+\infty}a\mathrm{e}^{-\lambda|x|}\mathrm{d}x=2a\int_0^{+\infty}\mathrm{e}^{-\lambda x}\mathrm{d}x=\dfrac{2a}{\lambda}$,故 $a=\dfrac{\lambda}{2}$,即 X 的概率密度为

$$f(x)=\begin{cases}\dfrac{\lambda}{2}\mathrm{e}^{\lambda x}, & x\leqslant 0,\\ \dfrac{\lambda}{2}\mathrm{e}^{-\lambda x}, & x>0.\end{cases}$$

当 $x\leqslant 0$ 时,

$$F(x)=\int_{-\infty}^{x}f(t)\mathrm{d}t=\int_{-\infty}^{x}\frac{\lambda}{2}\mathrm{e}^{\lambda t}\mathrm{d}t=\frac{1}{2}\mathrm{e}^{\lambda x};$$

当 $x>0$ 时,

$$F(x)=\int_{-\infty}^{x}f(t)\mathrm{d}t=\int_{-\infty}^{0}\frac{\lambda}{2}\mathrm{e}^{\lambda t}\mathrm{d}t+\int_0^x\frac{\lambda}{2}\mathrm{e}^{-\lambda t}\mathrm{d}t=1-\frac{1}{2}\mathrm{e}^{-\lambda x}.$$

故其分布函数为

$$F(x)=\begin{cases}\dfrac{1}{2}\mathrm{e}^{\lambda x}, & x\leqslant 0,\\ 1-\dfrac{1}{2}\mathrm{e}^{-\lambda x}, & x>0.\end{cases}$$

(2) 由 $1=\int_{-\infty}^{+\infty}f(x)\mathrm{d}x=\int_0^1 bx\mathrm{d}x+\int_1^2\dfrac{1}{x^2}\mathrm{d}x=\dfrac{b}{2}+\dfrac{1}{2}$,得 $b=1$,即 X 的概率密度为

$$f(x)=\begin{cases}x, & 0<x<1,\\ \dfrac{1}{x^2}, & 1\leqslant x<2,\\ 0, & \text{其他}.\end{cases}$$

当 $x\leqslant 0$ 时,$F(x)=0$;当 $0<x<1$ 时,

$$F(x)=\int_{-\infty}^{x}f(t)\mathrm{d}t=\int_{-\infty}^{0}0\mathrm{d}t+\int_0^x t\mathrm{d}t=\frac{x^2}{2};$$

当 $1\leqslant x<2$ 时,

$$F(x)=\int_{-\infty}^{x}f(t)\mathrm{d}t=\int_{-\infty}^{0}0\mathrm{d}t+\int_0^1 t\mathrm{d}t+\int_1^x\frac{1}{t^2}\mathrm{d}t=\frac{3}{2}-\frac{1}{x};$$

当 $x\geqslant 2$ 时,$F(x)=1$. 故其分布函数为

$$F(x)=\begin{cases}0, & x\leqslant 0,\\ \dfrac{x^2}{2}, & 0<x<1,\\ \dfrac{3}{2}-\dfrac{1}{x}, & 1\leqslant x<2,\\ 1, & x\geqslant 2.\end{cases}$$

27. 设 z_α 为标准正态分布的上 α 分位点.

(1) $\alpha=0.01$,求 z_α;

(2) $\alpha=0.003$,求 $z_\alpha,z_{\alpha/2}$.

解 (1) 由 $P\{X>z_\alpha\}=0.01$,得 $1-\Phi(z_\alpha)=0.01$,即

$$\Phi(z_\alpha)=0.99,$$

查表得 $z_\alpha \approx 2.33$.

(2) 由 $P\{X > z_\alpha\} = 0.003$，得 $1 - \Phi(z_\alpha) = 0.003$，即

$$\Phi(z_\alpha) = 0.997,$$

查表得 $z_\alpha = 2.75$. 由 $P\{X > z_{\alpha/2}\} = 0.0015$，得 $1 - \Phi(z_{\alpha/2}) = 0.0015$，即

$$\Phi(z_{\alpha/2}) = 0.9985,$$

查表得 $z_{\alpha/2} = 2.96$.

28. 设随机变量 X 的分布律如表 2.8 所示，求 $Y = X^2$ 的分布律.

表 2.8

X	-2	-1	0	1	3
p_k	$\frac{1}{5}$	$\frac{1}{6}$	$\frac{1}{5}$	$\frac{1}{15}$	$\frac{11}{30}$

解　Y 可取的值为 0,1,4,9，且

$$P\{Y=0\} = P\{X=0\} = \frac{1}{5},$$

$$P\{Y=1\} = P\{X=-1\} + P\{X=1\} = \frac{1}{6} + \frac{1}{15} = \frac{7}{30},$$

$$P\{Y=4\} = P\{X=-2\} = \frac{1}{5}, \quad P\{Y=9\} = P\{X=3\} = \frac{11}{30}.$$

故 Y 的分布律如表 2.9 所示.

表 2.9

Y	0	1	4	9
p_k	$\frac{1}{5}$	$\frac{7}{30}$	$\frac{1}{5}$	$\frac{11}{30}$

29. 设 $P\{X=k\} = \left(\frac{1}{2}\right)^k, k = 1,2,\cdots$. 令

$$Y = \begin{cases} 1, & \text{当 } X \text{ 取偶数时}, \\ -1, & \text{当 } X \text{ 取奇数时}, \end{cases}$$

求随机变量 X 的函数 Y 的分布律.

解　$P\{Y=1\} = P\{X=2\} + P\{X=4\} + \cdots + P\{X=2k\} + \cdots$

$$= \left(\frac{1}{2}\right)^2 + \left(\frac{1}{2}\right)^4 + \cdots + \left(\frac{1}{2}\right)^{2k} + \cdots = \frac{\frac{1}{4}}{1-\frac{1}{4}} = \frac{1}{3},$$

$$P\{Y=-1\} = 1 - P\{Y=1\} = \frac{2}{3}.$$

30. 设 $X \sim N(0,1)$，求：

(1) $Y = \mathrm{e}^X$ 的概率密度；

(2) $Y = 2X^2 + 1$ 的概率密度；

(3) $Y = |X|$ 的概率密度.

解　(1) 当 $y \leqslant 0$ 时，$F_Y(y) = P\{Y \leqslant y\} = 0$；当 $y > 0$ 时，

$$F_Y(y) = P\{Y \leqslant y\} = P\{\mathrm{e}^X \leqslant y\} = P\{X \leqslant \ln y\} = \int_{-\infty}^{\ln y} f_X(x)\mathrm{d}x.$$

故

$$f_Y(y) = \frac{\mathrm{d}}{\mathrm{d}y}F_Y(y) = \frac{1}{y}f_X(\ln y) = \frac{1}{y}\frac{1}{\sqrt{2\pi}}\mathrm{e}^{-\frac{\ln^2 y}{2}}, \quad y > 0.$$

于是，$Y=e^X$ 的概率密度为

$$f_Y(y)=\begin{cases}\dfrac{1}{y}\dfrac{1}{\sqrt{2\pi}}e^{-\frac{\ln^2 y}{2}}, & y>0,\\ 0, & \text{其他}.\end{cases}$$

(2) $Y=2X^2+1\geqslant 1$，则当 $y\leqslant 1$ 时，$F_Y(y)=P\{Y\leqslant y\}=0$；当 $y>1$ 时，

$$\begin{aligned}F_Y(y)&=P\{Y\leqslant y\}=P\{2X^2+1\leqslant y\}=P\left\{X^2\leqslant\frac{y-1}{2}\right\}\\&=P\left\{-\sqrt{\frac{y-1}{2}}\leqslant X\leqslant\sqrt{\frac{y-1}{2}}\right\}=\int_{-\sqrt{(y-1)/2}}^{\sqrt{(y-1)/2}}f_X(x)\mathrm{d}x.\end{aligned}$$

故

$$\begin{aligned}f_Y(y)&=\frac{\mathrm{d}}{\mathrm{d}y}F_Y(y)=\frac{1}{4}\sqrt{\frac{2}{y-1}}\left[f_X\left(\sqrt{\frac{y-1}{2}}\right)+f_X\left(-\sqrt{\frac{y-1}{2}}\right)\right]\\&=\frac{1}{2\sqrt{\pi(y-1)}}e^{-\frac{y-1}{4}},\quad y>1.\end{aligned}$$

于是，$Y=2X^2+1$ 的概率密度为

$$f_Y(y)=\begin{cases}\dfrac{1}{2\sqrt{\pi(y-1)}}e^{-\frac{y-1}{4}}, & y>1,\\ 0 & \text{其他}.\end{cases}$$

(3) $Y=|X|\geqslant 0$，则当 $y\leqslant 0$ 时，$F_Y(y)=P\{Y\leqslant y\}=0$；当 $y>0$ 时，

$$F_Y(y)=P\{|X|\leqslant y\}=P\{-y\leqslant X\leqslant y\}=\int_{-y}^{y}f_X(x)\mathrm{d}x.$$

故

$$f_Y(y)=\frac{\mathrm{d}}{\mathrm{d}y}F_Y(y)=f_X(y)+f_X(-y)=\frac{2}{\sqrt{2\pi}}e^{-\frac{y^2}{2}},\quad y>0.$$

于是，$Y=|X|$ 的概率密度为

$$f_Y(y)=\begin{cases}\dfrac{2}{\sqrt{2\pi}}e^{-\frac{y^2}{2}}, & y>0,\\ 0, & \text{其他}.\end{cases}$$

31. 设随机变量 $X\sim U(0,1)$，求：

(1) $Y=e^X$ 的分布函数及概率密度；

(2) $Z=-2\ln X$ 的分布函数及概率密度.

解　(1) 由于 $P\{0<X<1\}=1$，故

$$P\{1<Y=e^X<e\}=1.$$

当 $y\leqslant 1$ 时，$F_Y(y)=P\{Y\leqslant y\}=0$；当 $1<y<e$ 时，$F_Y(y)=P\{e^X\leqslant y\}=P\{X\leqslant\ln y\}=\int_0^{\ln y}\mathrm{d}x=\ln y$；当 $y\geqslant e$ 时，$F_Y(y)=P\{e^X\leqslant y\}=1$. 故分布函数为

$$F_Y(y)=\begin{cases}0, & y\leqslant 1,\\ \ln y, & 1<y<e,\\ 1, & y\geqslant e.\end{cases}$$

于是，Y 的概率密度为

$$f_Y(y)=\begin{cases}\dfrac{1}{y}, & 1<y<e,\\ 0, & \text{其他}.\end{cases}$$

(2) 由 $P\{0<X<1\}=1$ 可知 $P\{Z=-2\ln X>0\}=1$. 当 $Z\leqslant 0$ 时，$F_Z(z)=P\{Z\leqslant z\}=0$；当 $Z>0$ 时，

$$F_Z(z)=P\{Z\leqslant z\}=P\{-2\ln X\leqslant z\}=P\left\{\ln X\geqslant -\frac{z}{2}\right\}$$

$$=P\{X\geqslant e^{-\frac{z}{2}}\}=1-P\{X<e^{-\frac{z}{2}}\}=1-\int_0^{e^{-\frac{z}{2}}}dx=1-e^{-\frac{z}{2}}.$$

故分布函数为

$$F_Z(z)=\begin{cases}0, & z\leqslant 0,\\ 1-e^{-\frac{z}{2}}, & z>0.\end{cases}$$

于是,Z 的概率密度为

$$f_Z(z)=\begin{cases}\dfrac{1}{2}e^{-\frac{z}{2}}, & z>0,\\ 0, & z\leqslant 0.\end{cases}$$

32. 设随机变量 X 的概率密度为

$$f(x)=\begin{cases}\dfrac{2x}{\pi^2}, & 0<x<\pi,\\ 0, & \text{其他},\end{cases}$$

试求 $Y=\sin X$ 的概率密度.

解　依题意知,X 的取值范围为$(0,\pi)$,故 $Y=\sin X$ 的取值范围为$(0,1)$. 于是,当 $y\leqslant 0$ 时,$F_Y(y)=0$;当 $y\geqslant 1$ 时,$F_Y(y)=1$. 此外,当 $0<y<1$ 时,有

$$F_Y(y)=P\{Y\leqslant y\}=P\{\sin X\leqslant y\}$$

$$=P\{0<X\leqslant \arcsin y\}+P\{\pi-\arcsin y\leqslant X<\pi\}$$

$$=\int_0^{\arcsin y}\frac{2x}{\pi^2}dx+\int_{\pi-\arcsin y}^{\pi}\frac{2x}{\pi^2}dx.$$

因此,Y 的概率密度为

$$f_Y(y)=\frac{d}{dy}F_Y(y)=\begin{cases}\dfrac{2}{\pi\sqrt{1-y^2}}, & 0<y<1,\\ 0, & \text{其他}.\end{cases}$$

33. 设随机变量 X 的分布函数如下:

$$F(x)=\begin{cases}\dfrac{1}{1+x^2}, & x<\underline{\quad ①\quad},\\ \underline{\quad ②\quad}, & x\geqslant\underline{\quad ③\quad},\end{cases}$$

试填上 ①,②,③ 处的空白项.

解　由 $\lim\limits_{x\to+\infty}F(x)=1$ 可知,② 处填 1.

由右连续性 $\lim\limits_{x\to x_0^+}F(x)=F(x_0)=1$ 可知 $x_0=0$,故 ①,③ 处均填 0,即有

$$F(x)=\begin{cases}\dfrac{1}{1+x^2}, & x<0,\\ 1, & x\geqslant 0.\end{cases}$$

34. 同时投掷两颗骰子,直到一颗骰子出现 6 点为止,求投掷次数 X 的分布律.

解　设 $A_i=\{$第 i 颗骰子出现 6 点$\}(i=1,2)$,易知 A_1 与 A_2 相互独立. 另设 $C=\{$每次抛掷出现 6 点$\}$,则

$$P(C)=P(A_1\cup A_2)=P(A_1)+P(A_2)-P(A_1)P(A_2)$$

$$=\frac{1}{6}+\frac{1}{6}-\frac{1}{6}\times\frac{1}{6}=\frac{11}{36}.$$

故投掷次数 X 服从参数为$\frac{11}{36}$ 的几何分布,其分布律为

$$P\{X=k\}=\left(\frac{25}{36}\right)^{k-1}\left(\frac{11}{36}\right)\quad(k=1,2,\cdots).$$

35. 随机数字序列要多长才能使数字 0 至少出现一次的概率不小于 0.9?

解 设 X 为 0 出现的次数,假设随机数字序列中包含 n 个数字,则 $X\sim b(n,0.1)$. 于是

$$P\{X\geqslant 1\}=1-P\{X=0\}=1-0.9^n\geqslant 0.9,$$

即 $0.9^n\leqslant 0.1$,解得 $n\geqslant 22$. 也就是说,随机数字序列至少要有 22 个数字.

36. 已知

$$F(x)=\begin{cases}0, & x<0,\\ x+\dfrac{1}{2}, & 0\leqslant x<\dfrac{1}{2},\\ 1, & x\geqslant\dfrac{1}{2},\end{cases}$$

则 $F(x)$ 是( )随机变量的分布函数.

(A) 连续型 (B) 离散型 (C) 非连续型亦非离散型

解 因为 $F(x)$ 在 $(-\infty,+\infty)$ 上单调不减且右连续, $\lim\limits_{x\to-\infty}F(x)=0$, $\lim\limits_{x\to+\infty}F(x)=1$,所以 $F(x)$ 是一个分布函数. 但是 $F(x)$ 在点 $x=0$ 处不连续,也不是阶梯状曲线,可知 $F(x)$ 是非连续型亦非离散型随机变量的分布函数. 故选(C).

37. 设随机变量 X 的分布函数 $F(x)=\begin{cases}0, & x<0,\\ \dfrac{1}{2}, & 0\leqslant x<1,\\ 1-e^{-x}, & x\geqslant 1,\end{cases}$ 则 $P\{X=1\}=$( ).

(A) 0 (B) $\dfrac{1}{2}$ (C) $\dfrac{1}{2}-e^{-1}$ (D) $1-e^{-1}$

解 由分布函数的性质得

$$P\{X=1\}=P\{X\leqslant 1\}-P\{X<1\}=F(1)-F(1-0)=1-e^{-1}-\frac{1}{2}=\frac{1}{2}-e^{-1},$$

故选(C).

38. 设随机变量 $X\sim N(0,\sigma^2)$,其中 $\sigma>0$. 问当 σ 取何值时, X 落入区间 $(1,3)$ 的概率最大?

解 因为 $X\sim N(0,\sigma^2)$, $P\{1<X<3\}=P\left\{\dfrac{1}{\sigma}<\dfrac{X}{\sigma}<\dfrac{3}{\sigma}\right\}=\Phi\left(\dfrac{3}{\sigma}\right)-\Phi\left(\dfrac{1}{\sigma}\right)=g(\sigma)$,故利用微积分中求极值的方法,有

$$\begin{aligned}g'(\sigma)&=-\frac{3}{\sigma^2}\Phi'\left(\frac{3}{\sigma}\right)+\frac{1}{\sigma^2}\Phi'\left(\frac{1}{\sigma}\right)\\&=-\frac{3}{\sigma^2}\frac{1}{\sqrt{2\pi}}e^{-\frac{9}{2\sigma^2}}+\frac{1}{\sigma^2}\frac{1}{\sqrt{2\pi}}e^{-\frac{1}{2\sigma^2}}\\&=\frac{1}{\sqrt{2\pi}\sigma^2}e^{-\frac{1}{2\sigma^2}}\left(1-3e^{-\frac{8}{2\sigma^2}}\right).\end{aligned}$$

令 $g'(\sigma)=0$,得 $\sigma_0^2=\dfrac{4}{\ln 3}$,则 $\sigma_0=\dfrac{2}{\sqrt{\ln 3}}$. 又 $g''(\sigma_0)<0$,故 $\sigma_0=\dfrac{2}{\sqrt{\ln 3}}$ 为极大值点且唯一. 因此,当 $\sigma=\dfrac{2}{\sqrt{\ln 3}}$ 时, X 落入区间 $(1,3)$ 的概率最大.

39. 设在一段时间内进入某一商店的顾客人数 X 服从泊松分布 $P(\lambda)$,每个顾客购买某种商品的概率为 p,并且各个顾客是否购买该种商品相互独立. 求进入商店的顾客购买这种商品的人数 Y 的分布律.

解 依题意,得 $P\{X=m\}=\dfrac{e^{-\lambda}\lambda^m}{m!}$, $m=0,1,2,\cdots$. 设购买这种商品的人数为 Y,在进入商店的人数 $X=m$ 的条件下, $Y\sim b(m,p)$,即

$$P\{Y=k\mid X=m\}=C_m^k p^k(1-p)^{m-k},\quad k=0,1,2,\cdots,m.$$

由全概率公式有

$$\begin{aligned}P\{Y=k\}&=\sum_{m=k}^{\infty}P\{X=m\}P\{Y=k\mid X=m\}=\sum_{m=k}^{\infty}\frac{e^{-\lambda}\lambda^m}{m!}\cdot C_m^k p^k(1-p)^{m-k}\\&=e^{-\lambda}\sum_{m=k}^{\infty}\frac{\lambda^m}{k!(m-k)!}p^k(1-p)^{m-k}=e^{-\lambda}\frac{(\lambda p)^k}{k!}\sum_{m=k}^{\infty}\frac{[\lambda(1-p)]^{m-k}}{(m-k)!}\\&=\frac{(\lambda p)^k}{k!}e^{-\lambda}e^{\lambda(1-p)}=\frac{(\lambda p)^k}{k!}e^{-\lambda p}\quad(k=0,1,2,\cdots).\end{aligned}$$

评注　此题说明进入商店的人数服从参数为 λ 的泊松分布，购买这种商品的人数仍服从泊松分布，但参数改变为 λp.

40. 设随机变量 X 服从参数为 2 的指数分布，证明：$Y=1-e^{-2X}$ 在 $(0,1)$ 上服从均匀分布.

证　要证明 $Y=1-e^{-2X}$ 在 $(0,1)$ 上服从均匀分布，可从 Y 的概率密度和 Y 的分布函数这两个角度证明.

法一　依题意知，X 的概率密度为

$$f_X(x)=\begin{cases}2e^{-2x}, & x>0,\\0, & x\leqslant 0.\end{cases}$$

X 的取值范围为 $(0,+\infty)$，故 $Y=1-e^{-2X}$ 的取值范围为 $(0,1)$. 而 $y=1-e^{-2x}$ 是 $(0,+\infty)$ 上处处可导的严格单调函数，它的反函数为 $x=h(y)=-\dfrac{\ln(1-y)}{2}(0<y<1)$，且 $h'(y)=\dfrac{1}{2(1-y)}\neq 0(0<y<1)$. 应用公式法，得 Y 的概率密度为

$$f_Y(y)=\begin{cases}f_X(h(y))\,|h'(y)|=\dfrac{1}{1-y}e^{\ln(1-y)}=1, & 0<y<1,\\0, & \text{其他}.\end{cases}$$

因此，$Y=1-e^{-2X}$ 在 $(0,1)$ 上服从均匀分布.

法二　由 $Y=1-e^{-2X}$ 的取值范围为 $(0,1)$ 可知，当 $y\leqslant 0$ 时，$F_Y(y)=0$；当 $y\geqslant 1$ 时，$F_Y(y)=1$. 此外，当 $0<y<1$ 时，$-\dfrac{\ln(1-y)}{2}>0$，于是有

$$\begin{aligned}F_Y(y)&=P\{Y\leqslant y\}=P\{1-e^{-2X}\leqslant y\}=P\left\{X\leqslant-\frac{\ln(1-y)}{2}\right\}\\&=\int_0^{-\frac{\ln(1-y)}{2}}2e^{-2x}\,dx=1-e^{\ln(1-y)}=y.\end{aligned}$$

综上，Y 的分布函数为

$$F_Y(y)=\begin{cases}0, & y\leqslant 0,\\y, & 0<y<1,\\1, & y\geqslant 1.\end{cases}$$

因此，$Y=1-e^{-2X}$ 在 $(0,1)$ 上服从均匀分布.

41. 设随机变量 X 的概率密度为 $f(x)=\begin{cases}\dfrac{1}{3}, & 0\leqslant x\leqslant 1,\\\dfrac{2}{9}, & 3\leqslant x\leqslant 6,\\0, & \text{其他}.\end{cases}$ 若存在实数 k，使得 $P\{X\geqslant k\}=\dfrac{2}{3}$，求 k 的取值范围.

解　由概率密度求得 X 的分布函数为

$$F(x)=\begin{cases}0, & x<0,\\ \frac{1}{3}x, & 0\leqslant x<1,\\ \frac{1}{3}, & 1\leqslant x<3,\\ \frac{1}{3}+\frac{2}{9}(x-3), & 3\leqslant x<6,\\ 1, & x\geqslant 6.\end{cases}$$

而

$$F(k)=P\{X<k\}=1-P\{X\geqslant k\}=1-\frac{2}{3}=\frac{1}{3},$$

由分布函数可得 k 的取值范围为[1,3].

42. 设随机变量 X 的分布函数为

$$F(x)=\begin{cases}0, & x<-1,\\ 0.4, & -1\leqslant x<1,\\ 0.8, & 1\leqslant x<3,\\ 1, & x\geqslant 3,\end{cases}$$

求 X 的概率分布.

解　由分布函数和分布律的关系可知,X 的分布律如表 2.10 所示.

表 2.10

X	-1	1	3
p_k	0.4	0.4	0.2

43. 设在3次独立试验中,事件 A 出现的概率相等.若已知 A 至少出现一次的概率为 $\frac{19}{27}$,求 A 在一次试验中出现的概率.

解　设 X 为3次独立试验中 A 出现的次数,若令 $P(A)=p$,则 $X\sim b(3,p)$. 由 $P\{X\geqslant 1\}=\frac{19}{27}$ 可知

$$P\{X=0\}=(1-p)^3=\frac{8}{27},$$

解得 $p=\frac{1}{3}$.

44. 若随机变量 X 在(1,6)上服从均匀分布,问方程 $y^2+Xy+1=0$ 有实根的概率是多少?

解　由已知得 X 的概率密度为

$$f(x)=\begin{cases}\frac{1}{5}, & 1<x<6,\\ 0, & \text{其他}.\end{cases}$$

方程 $y^2+Xy+1=0$ 有实根需满足 $X^2-4\geqslant 0$,即所求的概率为

$$P\{X^2-4\geqslant 0\}=P\{X\geqslant 2\}+P\{X\leqslant -2\}=P\{X\geqslant 2\}=\frac{4}{5}.$$

45. 若随机变量 $X\sim N(2,\sigma^2)$,且 $P\{2<X<4\}=0.3$,则 $P\{X<0\}=$ ________.

解　由已知得

$$P\{2<X<4\}=P\left\{\frac{2-2}{\sigma}<\frac{X-2}{\sigma}<\frac{4-2}{\sigma}\right\}=\Phi\left(\frac{2}{\sigma}\right)-\Phi(0)=\Phi\left(\frac{2}{\sigma}\right)-0.5=0.3,$$

解得 $\Phi\left(\frac{2}{\sigma}\right)=0.8$. 故

$$P\{X<0\}=P\left\{\frac{X-2}{\sigma}<\frac{0-2}{\sigma}\right\}=\Phi\left(-\frac{2}{\sigma}\right)=1-\Phi\left(\frac{2}{\sigma}\right)=0.2.$$

46. 假设一厂家生产的每台仪器，以概率 0.7 能直接出厂；以概率 0.3 需进一步调试，经调试后以概率 0.8 能出厂，以概率 0.2 定为不合格品不能出厂. 现该厂新生产了 $n(n\geqslant 2)$ 台仪器（假设各台仪器的生产过程相互独立），求：

(1) 全部能出厂的概率 α；

(2) 其中恰好有两台不能出厂的概率 β；

(3) 其中至少有两台不能出厂的概率 θ.

解　设 A 表示事件"仪器需调试"，B 表示事件"仪器能出厂"，则 $\overline{A}$ 表示事件"仪器不需调试能直接出厂"，AB 表示事件"仪器经调试后能出厂"，且 $B=\overline{A}\cup AB$. 依题意得 $P(A)=0.3$，$P(B\mid A)=0.8$，于是有

$$P(AB)=P(A)P(B\mid A)=0.3\times 0.8=0.24,$$

$$P(B)=P(\overline{A}\cup AB)=P(\overline{A})+P(AB)=0.7+0.24=0.94.$$

用随机变量 X 表示所生产的 n 台仪器中能出厂的台数，则 X 服从参数为 n，0.94 的二项分布，即 $X\sim b(n,0.94)$. 因此，所求的概率依次为

(1) $\alpha=P\{X=n\}=0.94^n$；

(2) $\beta=P\{X=n-2\}=C_n^2\times 0.94^{n-2}\times 0.06^2$；

(3) $\theta=P\{X\leqslant n-2\}=1-P\{X=n-1\}-P\{X=n\}$

$$=1-C_n^1\times 0.94^{n-1}\times 0.06-0.94^n=1-0.06n\times 0.94^{n-1}-0.94^n.$$

47. 某地抽样调查结果表明，考生的外语成绩（百分制）近似服从正态分布，平均成绩为 72 分，96 分以上的考生占考生总数的 2.3%. 试求考生的外语成绩在 60 分至 84 分之间的概率.

解　设 X 为考生的外语成绩，则 $X\sim N(72,\sigma^2)$. 由已知得

$$P\{X\geqslant 96\}=P\left\{\frac{X-72}{\sigma}\geqslant\frac{96-72}{\sigma}\right\}=1-\Phi\left(\frac{24}{\sigma}\right)=0.023,$$

解得 $\Phi\left(\frac{24}{\sigma}\right)=0.977$. 查标准正态分布表得 $\frac{24}{\sigma}\approx 2$，即 $\sigma\approx 12$，从而 $X\sim N(72,12^2)$. 故

$$P\{60\leqslant X\leqslant 84\}=P\left\{\frac{60-72}{12}\leqslant\frac{X-72}{12}\leqslant\frac{84-72}{12}\right\}$$

$$=\Phi(1)-\Phi(-1)=2\Phi(1)-1=0.6826.$$

48. 在电源电压低于 200 V、为 200 ~ 240 V 和超过 240 V 这三种情形下，某种电子元件损坏的概率分别为 0.1，0.001 和 0.2（假设电源电压 X 服从正态分布 $N(220,25^2)$）. 试求：

(1) 该种电子元件损坏的概率 α；

(2) 该种电子元件损坏时，电源电压为 200 ~ 240 V 的概率 β.

解　设 A_1,A_2,A_3 分别表示事件"电源电压低于 200 V""电源电压为 200 ~ 240 V""电源电压超过 240 V"，B 表示事件"电子元件损坏"，则依题意可知，A_1,A_2,A_3 构成样本空间的一个划分，且

$$P(B\mid A_1)=0.1,\quad P(B\mid A_2)=0.001,\quad P(B\mid A_3)=0.2,$$

$$P(A_1)=P\{X<200\}=P\left\{\frac{X-220}{25}<-0.8\right\}=\Phi(-0.8)$$

$$=1-\Phi(0.8)=1-0.7881=0.2119,$$

$$P(A_2)=P\{200\leqslant X\leqslant 240\}=P\left\{-0.8\leqslant\frac{X-220}{25}\leqslant 0.8\right\}$$

$$=\Phi(0.8)-\Phi(-0.8)=2\Phi(0.8)-1$$

$$=2\times 0.7881-1=0.5762,$$

$$P(A_3)=P\{X>240\}=1-P\{X\leqslant 240\}=1-P\left\{\frac{X-220}{25}\leqslant 0.8\right\}$$

$$=1-\Phi(0.8)=1-0.7881=0.2119.$$

(1) 由全概率公式得

$$\alpha = P(B) = \sum_{i=1}^{3} P(A_i)P(B \mid A_i)$$
$$= 0.2119 \times 0.1 + 0.5762 \times 0.001 + 0.2119 \times 0.2 = 0.0641462.$$

(2) 由贝叶斯公式得

$$\beta = P(A_2 \mid B) = \frac{P(A_2)P(B \mid A_2)}{P(B)} = \frac{0.5762 \times 0.001}{0.0641462} \approx 0.009.$$

49. 设随机变量 X 在(1,2)上服从均匀分布,试求随机变量 $Y = e^{2X}$ 的概率密度 $f_Y(y)$.

解 由已知得 X 的概率密度 $f_X(x) = \begin{cases} 1, & 1 < x < 2, \\ 0, & 其他. \end{cases}$ 因为 $P\{1 < X < 2\} = 1$,所以 $P\{e^2 < Y < e^4\} = 1$. 当 $y \leqslant e^2$ 时,$F_Y(y) = P\{Y \leqslant y\} = 0$;当 $e^2 < y < e^4$ 时,

$$F_Y(y) = P\{Y \leqslant y\} = P\{e^{2X} \leqslant y\} = P\left\{X \leqslant \frac{1}{2}\ln y\right\} = \int_1^{\frac{1}{2}\ln y} dx = \frac{1}{2}\ln y - 1;$$

当 $y \geqslant e^4$ 时,$F_Y(y) = P\{Y \leqslant y\} = 1$. 因此,$Y$ 的分布函数为

$$F_Y(y) = \begin{cases} 0, & y \leqslant e^2, \\ \frac{1}{2}\ln y - 1, & e^2 < y < e^4, \\ 1, & y \geqslant e^4. \end{cases}$$

将 $F_Y(y)$ 对 y 求导数,得 Y 的概率密度为

$$f_Y(y) = \begin{cases} \frac{1}{2y}, & e^2 < y < e^4, \\ 0, & 其他. \end{cases}$$

50. 设随机变量 X 的概率密度为

$$f_X(x) = \begin{cases} e^{-x}, & x \geqslant 0, \\ 0, & x < 0, \end{cases}$$

求随机变量 $Y = e^X$ 的概率密度 $f_Y(y)$.

解 易知 $Y = e^X \geqslant 1$,故当 $y \leqslant 1$ 时,$F_Y(y) = P\{Y \leqslant y\} = 0$;当 $y > 1$ 时,

$$F_Y(y) = P\{Y \leqslant y\} = P\{e^X \leqslant y\} = P\{X \leqslant \ln y\} = \int_0^{\ln y} e^{-x} dx = 1 - \frac{1}{y}.$$

因此,Y 的分布函数为

$$F_Y(y) = \begin{cases} 1 - \frac{1}{y}, & y > 1, \\ 0, & y \leqslant 1. \end{cases}$$

将 $F_Y(y)$ 对 y 求导数,得 Y 的概率密度为

$$f_Y(y) = \begin{cases} \frac{1}{y^2}, & y > 1, \\ 0, & y \leqslant 1. \end{cases}$$

51. 设随机变量 X 的概率密度为

$$f_X(x) = \frac{1}{\pi(1 + x^2)}, \quad -\infty < x < +\infty,$$

求 $Y = 1 - \sqrt[3]{X}$ 的概率密度 $f_Y(y)$.

解 $F_Y(y) = P\{Y \leqslant y\} = P\{1 - \sqrt[3]{X} \leqslant y\} = P\{X \geqslant (1 - y)^3\}$

$$= \int_{(1-y)^3}^{+\infty} \frac{1}{\pi(1 + x^2)} dx = \frac{1}{\pi}\arctan x \Big|_{(1-y)^3}^{+\infty}$$

$$= \frac{1}{2} - \frac{1}{\pi}\arctan(1-y)^3, \quad -\infty < y < +\infty.$$

将 $F_Y(y)$ 对 y 求导数，得 Y 的概率密度为

$$f_Y(y) = \frac{3}{\pi}\,\frac{(1-y)^2}{1+(1-y)^6}, \quad -\infty < y < +\infty.$$

52. 假设一大型设备在任意长为 t 的时间内发生故障的次数 $N(t)$ 服从参数为 λt 的泊松分布，求：

(1) 相继两次故障之间的时间间隔 T 的概率分布；

(2) 在设备已经无故障运行 8 h 的情形下，再无故障运行 8 h 的概率 Q.

解　(1) 当 $t<0$ 时，$F_T(t) = P\{T \leqslant t\} = 0$；当 $t \geqslant 0$ 时，事件$\{T > t\}$ 与$\{N(t)=0\}$ 等价，有

$$F_T(t) = P\{T \leqslant t\} = 1 - P\{T > t\} = 1 - P\{N(t) = 0\} = 1 - \mathrm{e}^{-\lambda t}.$$

因此，T 的分布函数为

$$F_T(t) = \begin{cases} 1-\mathrm{e}^{-\lambda t}, & t \geqslant 0, \\ 0, & t < 0. \end{cases}$$

可见时间间隔 T 服从参数为 λ 的指数分布.

(2) $Q = P\{T > 16 \mid T > 8\} = \dfrac{P\{T>16, T>8\}}{P\{T>8\}} = \dfrac{P\{T>16\}}{P\{T>8\}} = \dfrac{\mathrm{e}^{-16\lambda}}{\mathrm{e}^{-8\lambda}} = \mathrm{e}^{-8\lambda}.$

53. 设随机变量 X 的绝对值不大于 1，$P\{X=-1\} = \dfrac{1}{8}$，$P\{X=1\} = \dfrac{1}{4}$. 已知在事件$\{-1<X<1\}$ 出现的条件下，X 在$(-1,1)$ 内任一子区间上取值的条件概率与该子区间的长度成正比，试求 X 的分布函数 $F(x)$.

解　依题意知，$P\{X<-1\} = P\{X>1\} = 0$. 当 $x<-1$ 时，$F(x)=0$；当 $x=-1$ 时，$F(-1) = P\{X<-1\} + P\{X=-1\} = \dfrac{1}{8}$；当 $-1<x<1$ 时，因为

$$P\{-1<X<1\} = 1 - P\{X=-1\} - P\{X=1\} = 1 - \frac{1}{8} - \frac{1}{4} = \frac{5}{8},$$

所以

$$\begin{aligned} P\{-1<X\leqslant x\} &= P\{-1<X\leqslant x, -1<X<1\} \\ &= P\{-1<X<1\}\cdot P\{-1<X\leqslant x \mid -1<X<1\} \\ &= \frac{5}{8}\cdot\frac{x+1}{2} = \frac{5x+5}{16}, \end{aligned}$$

从而有

$$F(x) = P\{X\leqslant x\} = P\{X\leqslant -1\} + P\{-1<X\leqslant x\} = \frac{1}{8} + \frac{5x+5}{16} = \frac{5x+7}{16};$$

当 $x \geqslant 1$ 时，$F(x)=1$.

综上，X 的分布函数为

$$F(x) = \begin{cases} 0, & x<-1, \\ \dfrac{5x+7}{16}, & -1\leqslant x<1, \\ 1, & x\geqslant 1. \end{cases}$$

54. 设随机变量 X 服从正态分布 $N(\mu_1,\sigma_1^2)$，Y 服从正态分布 $N(\mu_2,\sigma_2^2)$，且

$$P\{|X-\mu_1|<1\} > P\{|Y-\mu_2|<1\},$$

试比较 σ_1 与 σ_2 的大小.

解　依题意得 $\dfrac{X-\mu_1}{\sigma_1} \sim N(0,1)$，$\dfrac{Y-\mu_2}{\sigma_2} \sim N(0,1)$，则

$$P\{|X-\mu_1|<1\}=P\left\{\left|\frac{X-\mu_1}{\sigma_1}\right|<\frac{1}{\sigma_1}\right\},$$

$$P\{|Y-\mu_2|<1\}=P\left\{\left|\frac{Y-\mu_2}{\sigma_2}\right|<\frac{1}{\sigma_2}\right\}.$$

因为 $P\{|X-\mu_1|<1\}>P\{|Y-\mu_2|<1\}$，即

$$P\left\{\left|\frac{X-\mu_1}{\sigma_1}\right|<\frac{1}{\sigma_1}\right\}>P\left\{\left|\frac{Y-\mu_2}{\sigma_2}\right|<\frac{1}{\sigma_2}\right\},$$

所以有$\frac{1}{\sigma_1}>\frac{1}{\sigma_2}$，即 $\sigma_1<\sigma_2$.

55. 设 $F_1(x),F_2(x)$ 为两个随机变量的分布函数，其相应的概率密度 $f_1(x),f_2(x)$ 是连续函数，则必为概率密度的是（　　）.

(A) $f_1(x)f_2(x)$　　(B) $2f_2(x)F_1(x)$

(C) $f_1(x)F_2(x)$　　(D) $f_1(x)F_2(x)+f_2(x)F_1(x)$

解　检验概率密度的性质，显然有

$$f_1(x)F_2(x)+f_2(x)F_1(x)\geqslant 0,$$

$$\int_{-\infty}^{+\infty}[f_1(x)F_2(x)+f_2(x)F_1(x)]\mathrm{d}x=F_1(x)F_2(x)\Big|_{-\infty}^{+\infty}=1.$$

可知 $f_1(x)F_2(x)+f_2(x)F_1(x)$ 为概率密度，故选(D).

§2.5　同步自测题及参考答案

同步自测题

一、选择题

1. 下列函数中能作为某随机变量的分布函数的是（　　）.

(A) $F(x)=\frac{1}{1+x^2}$　　(B) $F(x)=\frac{3}{4}+\frac{1}{2\pi}\arctan x$

(C) $F(x)=\begin{cases}0, & x<0,\\ \frac{x}{1+x}, & x\geqslant 0\end{cases}$　　(D) $F(x)=\frac{2}{\pi}\arctan x+1$

2. 设随机变量 X 的分布函数为 $F(x)$，则 $F(a)-F(a-0)=$（　　）.

(A) $P\{X\leqslant a\}$　　(B) $P\{X>a\}$

(C) $P\{X=a\}$　　(D) $P\{X\geqslant a\}$

3. 若连续型随机变量 X 的分布函数为

$$F(x)=\begin{cases}A, & x<0,\\ Bx^2, & 0\leqslant x<1,\\ Cx-\frac{x^2}{2}-1, & 1\leqslant x<2,\\ 1, & x\geqslant 2,\end{cases}$$

则常数 A,B,C 的取值分别是（　　）.

(A) $A=-1,B=\frac{1}{2},C=1$　　(B) $A=0,B=\frac{1}{2},C=2$

(C) $A=1,B=1,C=2$　　(D) $A=0,B=1,C=0$

4. 设连续型随机变量 X 的概率密度为 $f(x)$，且 $f(-x)=f(x)$. 若 $F(x)$ 是 X 的分布函数，则对于任意的实数 a，有(　　).

(A) $F(-a)=1-\int_0^a f(x)\mathrm{d}x$　　(B) $F(-a)=\frac{1}{2}-\int_0^a f(x)\mathrm{d}x$

(C) $F(-a)=F(a)$　　(D) $F(-a)=2F(a)-1$

5. 设连续型随机变量 X 的概率密度为 $f(x)$，则(　　).

(A) $f(x)$ 是可积函数　　(B) $0\leqslant f(x)\leqslant 1$

(C) $f(x)$ 是连续函数　　(D) $f(x)$ 是可导函数

6. 下列区间中，函数 $f(x)=\frac{1}{2}\sin x$ 可以作为随机变量的概率密度的是(　　).

(A) $\left[-\frac{\pi}{2},\frac{\pi}{2}\right]$　　(B) $[-\pi,0]$

(C) $[-2\pi,-\pi]$　　(D) $\left[\frac{\pi}{2},\frac{3\pi}{2}\right]$

7. 设随机变量 $X\sim N(0,1)$，它的分布函数为 $\Phi(x)$，且 $P\{X>x\}=\alpha\in(0,1)$，则 $x=$ (　　).

(A) $\Phi^{-1}(\alpha)$　　(B) $\Phi^{-1}\left(1-\frac{\alpha}{2}\right)$

(C) $\Phi^{-1}(1-\alpha)$　　(D) $\Phi^{-1}\left(\frac{\alpha}{2}\right)$

8. 设随机变量 X 的概率密度为 $f_X(x)$，则 $Y=-2X+3$ 的概率密度为(　　).

(A) $-\frac{1}{2}f_X\left(-\frac{y-3}{2}\right)$　　(B) $\frac{1}{2}f_X\left(-\frac{y-3}{2}\right)$

(C) $-\frac{1}{2}f_X\left(-\frac{y+3}{2}\right)$　　(D) $\frac{1}{2}f_X\left(-\frac{y+3}{2}\right)$

9. 设 X 为随机变量，若矩阵 $\boldsymbol{A}=\begin{pmatrix}2&3&2\\0&-2&-X\\0&1&0\end{pmatrix}$ 的特征值全为实数的概率为 0.5，则(　　).

(A) X 服从均匀分布 $U(0,2)$　　(B) X 服从二项分布 $b(2,0.5)$

(C) X 服从指数分布 $E(1)$　　(D) X 服从标准正态分布 $N(0,1)$

二、填空题

1. 设随机变量 X 的分布函数为

$$F(x)=\begin{cases}0, & x<0,\\ 1-(1+x)\mathrm{e}^{-x}, & x\geqslant 0,\end{cases}$$

则 $P\{X\leqslant 1\}=$ ________.

2. 设随机变量 X 的分布律为

$$P\{X=k\}=\frac{1}{n}\quad(k=1,2,\cdots,n),$$

则 X 的分布函数为________.

3. 设随机变量 X 的概率密度为

$$f(x)=\begin{cases}ax+b, & 0<x<1,\\ 0, & \text{其他}.\end{cases}$$

如果 $P\left\{X>\frac{1}{2}\right\}=\frac{5}{8}$,则 $P\left\{\frac{1}{4}<X\leqslant\frac{1}{2}\right\}=$ ________.

4. 设随机变量 X 服从参数为 λ 的泊松分布,且 $P\{X=2\}=P\{X=4\}$,则 $\lambda=$ ________.

5. 设连续型随机变量 X 的概率密度为

$$f(x)=\begin{cases}2x, & 0<x<1,\\ 0, & \text{其他}.\end{cases}$$

如果要使 $P\{X>a\}=P\{X<a\}$,其中常数 $a>0$,则 $a=$ ________.

6. 设随机变量 X 服从$(0,2)$上的均匀分布,则随机变量 $Y=X^2$ 在$(0,4)$内的概率密度 $f_Y(y)=$ ________.

7. 设随机变量 X 的概率密度为

$$f_X(x)=\begin{cases}6x(1-x), & 0<x<1,\\ 0, & \text{其他},\end{cases}$$

则 $Y=2X+1$ 的概率密度为________.

三、解答题

1. 设随机变量 X 的分布函数为

$$F(x)=\begin{cases}A+B\mathrm{e}^{-\lambda x}, & x\geqslant 0,\\ 0, & x<0,\end{cases}$$

其中 $\lambda>0$,求:(1) 常数 A,B 的值;(2) $P\{-1<X<1\}$.

2. 设某一设备由 3 大部件构成. 设备运转时,各大部件需调整的概率分别为 0.1,0.2 和 0.3,若各大部件的状态相互独立,求同时需调整的部件数的分布函数.

3. 对一目标进行射击,直到击中为止,每次射击的命中率为 p(每次射击相互独立),求射击次数 X 的分布函数.

4. 设在独立重复试验中,每次试验成功的概率为 0.5,问需要多少次试验,才能使至少成功一次的概率不小于 0.9?

5. 设连续型随机变量 X 的概率密度为

$$f(x)=\begin{cases}Ax, & 0\leqslant x\leqslant 1,\\ A(2-x), & 1<x\leqslant 2,\\ 0, & \text{其他},\end{cases}$$

求:(1) 常数 A 的值;(2) X 的分布函数 $F(x)$;(3) $P\left\{\frac{1}{2}\leqslant X\leqslant\frac{3}{2}\right\}$;(4) 若 $P\{X>a\}=P\{X<a\}$,试确定常数 a.

6. 设甲市长途电话局有一台电话总机,其中有 5 个分机专供与乙市通话. 设每个分机在 1 h 内平均占线 20 min,并设各分机是否占线相互独立. 问甲、乙两市应设置几条线路才能保证每个分机与乙市通话时占线率低于 0.05?

7. 设 $X \sim U(0,6)$,求关于 x 的方程 $x^2+2Xx+5X-4=0$ 有实根的概率.

8. 假设某居民区月用电量服从正态分布,平均月用电量为 100 度,标准差为 10 度. 随机地抽取该居民区 3 户居民调查其月用电量,求这 3 户居民中恰有 2 户实际月用电量都在 80 度到 110 度的概率.

9. 某种型号显像管的使用寿命(单位:h)服从参数为 $\lambda=\frac{1}{5\,000}$ 的指数分布,一台仪器需要使用 3 只这样的显像管. 如果每天工作 8 h,(1) 求在 1 年(365 天)内显像管不需要更换的概率;(2) 要想连续使用不更换显像管的概率达到 80% 以上,至多可以连续工作多少天?

10. 设随机变量 X 的概率密度为 $f_X(x)=\begin{cases} e^{-x}, & x \geqslant 0, \\ 0, & x<0, \end{cases}$ 求随机变量 $Y=e^{-X}$ 的概率密度 $f_Y(y)$.

11. 设随机变量 X 服从正态分布 $N(\mu,\sigma^2)$,求 $Y=e^X$ 的概率密度 $f_Y(y)$.

12. 设随机变量 X 在(1,2)上服从均匀分布,求 $Y=e^{2X}$ 的概率密度 $f_Y(y)$.

13. 设连续型随机变量 X 的概率密度为

$$f_X(x)=\begin{cases} \dfrac{e}{a(x+1)}, & 0<x<e-1, \\ 0, & \text{其他}, \end{cases}$$

求:(1) 常数 a 的值;(2) $Y=\sqrt{X}$ 的概率密度 $f_Y(y)$.

同步自测题参考答案

一、选择题

1. C.　2. C.　3. B.　4. B.　5. A.　6. C.　7. C.　8. B.　9. A.

二、填空题

1. $1-2e^{-1}$.

2. $F(x)=\begin{cases} 0, & x<1, \\ \dfrac{i}{n}, & i \leqslant x<i+1\,(i=1,2,\cdots,n-1), \\ 1, & x \geqslant n. \end{cases}$

3. $\frac{7}{32}$.

4. $2\sqrt{3}$.

5. $\frac{\sqrt{2}}{2}$.

6. $\begin{cases} \dfrac{1}{4\sqrt{y}}, & 0<y<4, \\ 0, & \text{其他}. \end{cases}$

7. $f_Y(y)=\begin{cases} \dfrac{3}{4}(y-1)(3-y), & 1<y<3, \\ 0, & \text{其他}. \end{cases}$

三、解答题

1. (1) $A=1, B=-1$;　(2) $1-e^{-\lambda}$.

2. $F(x)=\begin{cases} 0, & x<0, \\ 0.504, & 0 \leqslant x<1, \\ 0.902, & 1 \leqslant x<2, \\ 0.994, & 2 \leqslant x<3, \\ 1, & x \geqslant 3. \end{cases}$

3. $F(x)=\begin{cases}0, & x<1,\\ 1-(1-p)^{[x]}, & x\geqslant 1,\end{cases}$ 其中$[x]$表示x的整数部分.

4. 至少 4 次.

5. (1) $A=1$；(2) $F(x)=\begin{cases}0, & x<0,\\ 0.5x^2, & 0\leqslant x<1,\\ 2x-0.5x^2-1, & 1\leqslant x<2,\\ 1, & x\geqslant 2;\end{cases}$ (3) $\dfrac{3}{4}$；(4) $a=1$.

6. 至少 3 条.

7. 0.5.

8. 0.364 7.

9. (1) 0.173 4；(2) 46 天.

10. $f_Y(y)=\begin{cases}\dfrac{1}{y^2}, & y>1,\\ 0, & y\leqslant 1.\end{cases}$

11. $f_Y(y)=\begin{cases}e^{-\frac{(\ln y-\mu)^2}{2\sigma^2}}, & y>0,\\ 0, & y\leqslant 0.\end{cases}$

12. $f_Y(y)=\begin{cases}\dfrac{1}{2y}, & e^2<y<e^4,\\ 0, & \text{其他}.\end{cases}$

13. (1) $a=e$；(2) $f_Y(y)=\begin{cases}\dfrac{2y}{1+y^2}, & 0<y<\sqrt{e-1},\\ 0, & \text{其他}.\end{cases}$

第三章　随 机 向 量

本章学习要点

（一）理解多维随机向量的概念，理解多维随机向量的分布的概念和性质.

（二）理解二维离散型随机向量的概率分布、边缘分布和条件分布，会求与二维离散型随机向量相关事件的概率.

（三）理解二维连续型随机向量的概率密度、边缘密度和条件密度，会求与二维连续型随机向量相关事件的概率，掌握二维均匀分布，了解二维正态分布的概率密度，理解其中参数的概率意义.

（四）理解二维随机向量条件分布、独立性和不相关性的概念，掌握随机变量相互独立的条件.

（五）会求两个随机变量简单函数的分布，会求多个相互独立随机变量简单函数的分布.

§3.1　知识点考点精要

一、二维随机向量及其分布函数

1. 二维随机向量及其分布函数

设随机试验 E 的样本空间为 Ω，X 和 Y 是定义在 Ω 上的随机变量，则称它们构成的向量 (X,Y) 为**二维随机向量**或**二维随机变量**，称二元函数

$$F(x,y)=P\{(X\leqslant x)\cap(Y\leqslant y)\}=P\{X\leqslant x,Y\leqslant y\}$$

为二维随机向量 (X,Y) 的**分布函数**，或称为随机变量 X 和 Y 的**联合分布函数**，其中 x 和 y 为任意实数.

2. 二维随机向量分布函数的性质

(1) $F(x,y)$ 对每个变量都是单调不减函数，即对于固定的 x，当 $y_1<y_2$ 时，有 $F(x,y_1)\leqslant F(x,y_2)$，对于固定的 y，当 $x_1<x_2$ 时，有 $F(x_1,y)\leqslant F(x_2,y)$.

(2) $0\leqslant F(x,y)\leqslant 1$，并且

$$F(-\infty,-\infty)=\lim_{\substack{x\to-\infty\\ y\to-\infty}}F(x,y)=0,\quad F(+\infty,+\infty)=\lim_{\substack{x\to+\infty\\ y\to+\infty}}F(x,y)=1.$$

对于固定的 x，有 $F(x,-\infty)=\lim\limits_{y\to-\infty}F(x,y)=0$；

对于固定的 y，有 $F(-\infty,y)=\lim\limits_{x\to-\infty}F(x,y)=0$.

(3) $F(x,y)$ 关于 x 和 y 右连续，即有

$$F(x,y)=F(x+0,y),\quad F(x,y)=F(x,y+0).$$

(4) 对于任意的 $x_1<x_2,y_1<y_2$，有

$$P\{x_1<X\leqslant x_2,y_1<Y\leqslant y_2\}=F(x_2,y_2)-F(x_1,y_2)-F(x_2,y_1)+F(x_1,y_1)\geqslant 0.$$

3. 二维离散型随机向量

若二维随机向量(X,Y)的所有可能取值为有限对或可数无穷多对，则称(X,Y)为**二维离散型随机向量**. 当且仅当X和Y都是离散型随机变量时，(X,Y)为二维离散型随机向量.

若二维离散型随机向量(X,Y)的所有可能取值为$(x_i,y_j)(i,j=1,2,\cdots)$，并且

$$P\{X=x_i,Y=y_j\}=p_{ij}\quad(i,j=1,2,\cdots),$$

则称其为二维离散型随机向量(X,Y)的**概率分布律**(简称**分布律**)，也称为随机变量X和Y的**联合分布律**.

4. 二维离散型随机向量分布律的性质

(1) **非负性**　$p_{ij}\geqslant 0\quad(i,j=1,2,\cdots)$；

(2) **规范性**　$\sum\limits_i\sum\limits_j p_{ij}=1$.

5. 二维连续型随机向量

设二维随机向量(X,Y)的分布函数为$F(x,y)$. 如果存在非负可积函数$f(x,y)$，使得对于任意实数x,y，都有

$$F(x,y)=\int_{-\infty}^{x}\int_{-\infty}^{y}f(s,t)\mathrm{d}s\mathrm{d}t,$$

则称(X,Y)为**二维连续型随机向量**，并称$f(x,y)$为(X,Y)的**概率密度**，或称$f(x,y)$为X和Y的**联合概率密度**.

6. 二维连续型随机向量概率密度的性质

(1) $f(x,y)\geqslant 0\quad(-\infty<x,y<+\infty)$；

(2) $\int_{-\infty}^{+\infty}\int_{-\infty}^{+\infty}f(x,y)\mathrm{d}x\mathrm{d}y=1$；

(3) 设D为xOy平面上的任一区域，有$P\{(X,Y)\in D\}=\iint\limits_D f(x,y)\mathrm{d}x\mathrm{d}y$；

(4) 如果$f(x,y)$在点(x,y)处连续，则有$f(x,y)=\dfrac{\partial^2F(x,y)}{\partial x\partial y}$.

7. 二维均匀分布和二维正态分布

1) 二维均匀分布

设G为xOy平面上的有界区域，其面积为S_G. 如果二维连续型随机向量(X,Y)的概率密度为

$$f(x,y)=\begin{cases}\dfrac{1}{S_G}, & (x,y)\in G,\\ 0, & \text{其他},\end{cases}$$

则称(X,Y)服从区域G上的**二维均匀分布**.

评注　(1) 区域G上二维均匀分布的随机向量(X,Y)落在G上任意子区域D内的概率与D的面积成正比，而与D的形状及位置无关.

(2) 在各边平行于坐标轴的矩形区域$D=\{(x,y)\mid a\leqslant x\leqslant b,c\leqslant y\leqslant d\}$上服从均匀分布的随机向量$(X,Y)$，它的两个分量$X$与$Y$相互独立，且它们分别服从区间$[a,b]$和$[c,d]$上的一维均匀分布.

2）二维正态分布

如果二维随机向量(X,Y)的概率密度为

$$f(x,y)=\frac{1}{2\pi\sigma_1\sigma_2\sqrt{1-\rho^2}}e^{-\frac{1}{2(1-\rho^2)}\left[\frac{(x-\mu_1)^2}{\sigma_1^2}-2\rho\frac{(x-\mu_1)(y-\mu_2)}{\sigma_1\sigma_2}+\frac{(y-\mu_2)^2}{\sigma_2^2}\right]}\quad(-\infty<x<+\infty,-\infty<y<+\infty),$$

其中$\mu_1,\mu_2,\sigma_1,\sigma_2,\rho$均为常数，且$\sigma_1>0,\sigma_2>0,|\rho|<1$，则称$(X,Y)$服从参数为$\mu_1,\mu_2,\sigma_1,\sigma_2,\rho$的**二维正态分布**，记作$(X,Y)\sim N(\mu_1,\mu_2,\sigma_1^2,\sigma_2^2,\rho)$.

评注　(1) 二维正态分布(X,Y)的边缘分布X和Y是一维正态分布$N(\mu_i,\sigma_i^2),i=1,2$.

(2) 参数ρ是X与Y的相关系数，即$\rho=\dfrac{\mathrm{Cov}(X,Y)}{\sigma_1\sigma_2}$.

(3) 二维正态分布(X,Y)的条件分布也是一维正态分布，且在$Y=y$的条件下，X的条件分布为$N\left(\mu_1+\dfrac{\sigma_1}{\sigma_2}\rho(y-\mu_2),\sigma_1^2(1-\rho^2)\right)$，在$X=x$的条件下，$Y$的条件分布为$N\left(\mu_2+\dfrac{\sigma_2}{\sigma_1}\rho(x-\mu_1),\sigma_2^2(1-\rho^2)\right)$.

(4) 两个正态分布的随机变量X与Y的非零线性组合仍服从正态分布，且当X与Y独立时，$aX+bY\sim N(a\mu_1+b\mu_2,a^2\sigma_1^2+b^2\sigma_2^2)$，当$X$与$Y$不独立时，$aX+bY\sim N(a\mu_1+b\mu_2,a^2\sigma_1^2+b^2\sigma_2^2+2ab\rho\sigma_1\sigma_2)$.

(5) 两个正态分布的随机变量X与Y相互独立的充要条件是它们的相关系数$\rho=0$.

二、边缘分布

1. 边缘分布函数

二维随机向量(X,Y)作为一个整体，具有分布函数$F(x,y)$. 由于X和Y都是随机变量，因此各自也具有分布函数. 我们把X的分布函数记作$F_X(x)$，称之为二维随机向量(X,Y)关于X的**边缘分布函数**；把Y的分布函数记作$F_Y(y)$，称之为二维随机向量(X,Y)关于Y的**边缘分布函数**.

边缘分布函数$F_X(x)$和$F_Y(y)$可以由(X,Y)的分布函数$F(x,y)$来确定. 事实上，

$$F_X(x)=P\{X\leqslant x\}=P\{X\leqslant x,Y<+\infty\}=F(x,+\infty),$$

即

$$F_X(x)=F(x,+\infty)=\lim_{y\to+\infty}F(x,y).$$

类似地，

$$F_Y(y)=F(+\infty,y)=\lim_{x\to+\infty}F(x,y).$$

2. 二维离散型随机向量的边缘分布

设二维离散型随机向量(X,Y)的分布律为

$$P\{X=x_i,Y=y_j\}=p_{ij}\quad(i,j=1,2,\cdots),$$

称

$$P\{X=x_i\}=\sum_j p_{ij}=p_{i\cdot}\quad(i=1,2,\cdots)$$

为二维随机向量(X,Y)关于X的**边缘分布律**.

类似地，二维随机向量(X,Y)关于Y的**边缘分布律**为

$$P\{Y=y_j\}=\sum_i p_{ij}=p_{\cdot j}\quad(j=1,2,\cdots).$$

评注　记号 $p_{i\cdot}$ 中的"·"表示 $p_{i\cdot}$ 是由 p_{ij} 关于 j 求和后得到的，同样，$p_{\cdot j}$ 是由 p_{ij} 关于 i 求和后得到的.

3. 二维连续型随机向量的边缘分布

设二维连续型随机向量 (X,Y) 的概率密度为 $f(x,y)$，由

$$F_X(x)=F(x,+\infty)=\int_{-\infty}^{x}\left[\int_{-\infty}^{+\infty}f(s,t)\mathrm{d}t\right]\mathrm{d}s,$$

可知 X 是一个连续型随机变量，其概率密度为

$$f_X(x)=\int_{-\infty}^{+\infty}f(x,y)\mathrm{d}y.$$

同理，Y 也是一个连续型随机变量，其概率密度为

$$f_Y(y)=\int_{-\infty}^{+\infty}f(x,y)\mathrm{d}x.$$

我们分别称 $f_X(x)$，$f_Y(y)$ 为二维随机向量 (X,Y) 关于 X 和关于 Y 的**边缘概率密度**或**边缘分布密度**.

三、条件分布

1. 二维离散型随机向量的条件分布律

设二维离散型随机向量 (X,Y) 的分布律为 $P\{X=x_i,Y=y_j\}=p_{ij}\ (i,j=1,2,\cdots)$，关于 X 和关于 Y 的边缘分布律分别为 $P\{X=x_i\}=p_{i\cdot}\ (i=1,2,\cdots)$ 和 $P\{Y=y_j\}=p_{\cdot j}\ (j=1,2,\cdots)$. 对于固定的 j，若 $p_{\cdot j}>0$，则在事件 $\{Y=y_j\}$ 已经发生的条件下，事件 $\{X=x_i\}$ 发生的条件概率为

$$P\{X=x_i \mid Y=y_j\}=\frac{P\{X=x_i,Y=y_j\}}{P\{Y=y_j\}}=\frac{p_{ij}}{p_{\cdot j}}\quad (i=1,2,\cdots),$$

并称其为在 $Y=y_j$ 条件下随机变量 X 的**条件分布律**.

同理，对于固定的 i，若 $p_{i\cdot}>0$，则称

$$P\{Y=y_j \mid X=x_i\}=\frac{P\{X=x_i,Y=y_j\}}{P\{X=x_i\}}=\frac{p_{ij}}{p_{i\cdot}}\quad (j=1,2,\cdots)$$

为在 $X=x_i$ 条件下随机变量 Y 的**条件分布律**.

容易验证，条件分布律具有下面的性质：

(1) $P\{X=x_i \mid Y=y_j\}\geqslant 0$；

(2) $\sum\limits_{i=1}^{\infty}P\{X=x_i \mid Y=y_j\}=\sum\limits_{i=1}^{\infty}\dfrac{p_{ij}}{p_{\cdot j}}=\dfrac{1}{p_{\cdot j}}\sum\limits_{i=1}^{\infty}p_{ij}=1.$

2. 二维连续型随机向量的条件分布

设 (X,Y) 为二维连续型随机向量，其分布函数和概率密度分别为 $F(x,y)$ 和 $f(x,y)$，边缘概率密度 $f_X(x)$ 和 $f_Y(y)$ 均连续. 当边缘概率密度 $f_Y(y)>0$ 时，在 $Y=y$ 条件下 X 的**条件分布函数**为

$$F_{X|Y}(x \mid y)=\frac{\int_{-\infty}^{x}f(u,y)\mathrm{d}u}{f_Y(y)}=\int_{-\infty}^{x}\frac{f(u,y)}{f_Y(y)}\mathrm{d}u.$$

称上式右端的被积函数为在 $Y=y$ 条件下 X 的**条件概率密度**，记作 $f_{X|Y}(x \mid y)$，即

$$f_{X|Y}(x \mid y) = \frac{f(x,y)}{f_Y(y)}.$$

类似地，当边缘概率密度 $f_X(x) > 0$ 时，在 $X = x$ 条件下 Y 的**条件分布函数**为

$$F_{Y|X}(y \mid x) = \frac{\int_{-\infty}^{y} f(x,v)\mathrm{d}v}{f_X(x)} = \int_{-\infty}^{y} \frac{f(x,v)}{f_X(x)}\mathrm{d}v,$$

其**条件概率密度**为

$$f_{Y|X}(y \mid x) = \frac{f(x,y)}{f_X(x)}.$$

四、随机变量的独立性

1. 随机变量独立性的概念

设二维随机向量(X,Y)的分布函数以及关于 X 和关于 Y 的边缘分布函数分别为 $F(x,y)$，$F_X(x)$ 和 $F_Y(y)$. 如果对于任意实数 x 和 y，都有

$$F(x,y) = F_X(x)F_Y(y),$$

则称随机变量 X 与 Y **相互独立**.

2. 随机变量独立性的充要条件

(1) 如果(X,Y)是二维离散型随机向量，且(X,Y)的分布律为 $P\{X = x_i, Y = y_j\} = p_{ij}$ $(i, j = 1,2,\cdots)$，边缘分布律分别为 $p_{i\cdot}$ 和 $p_{\cdot j}$，则随机变量 X 与 Y 相互独立的充要条件为

$$p_{ij} = p_{i\cdot}\, p_{\cdot j} \quad (i,j = 1,2,\cdots).$$

(2) 如果(X,Y)是二维连续型随机向量，其概率密度和边缘概率密度分别为 $f(x,y)$，$f_X(x)$ 和 $f_Y(y)$，则随机变量 X 与 Y 相互独立的充要条件为：对于任意实数 x,y，有

$$f(x,y) = f_X(x)f_Y(y).$$

五、两个随机变量函数的分布

1. 二维离散型随机向量函数的分布

设(X,Y)为二维离散型随机向量，其分布律为 $P\{X = x_i, Y = y_j\} = p_{ij}$ $(i,j = 1,2,\cdots)$，则二维离散型随机向量(X,Y)的函数 $Z = g(X,Y)$ 的分布律为

$$P\{Z = z_k\} = \sum_{g(x_i,y_j)=z_k} P\{X = x_i, Y = y_j\} \quad (k = 1,2,\cdots).$$

2. 二维连续型随机向量函数的分布

设(X,Y)为二维连续型随机向量，其概率密度为 $f(x,y)$. 为了求二维连续型随机向量(X,Y)的函数 $Z = g(X,Y)$ 的概率密度，我们可以通过分布函数的定义，先求出 Z 的分布函数

$$F_Z(z) = P\{Z \leqslant z\} = P\{g(X,Y) \leqslant z\} = \iint\limits_{g(x,y)\leqslant z} f(u,v)\mathrm{d}u\mathrm{d}v,$$

再利用性质 $f_Z(z) = F'_Z(z)$ 求得 Z 的概率密度 $f_Z(z)$.

1) $Z = X + Y$ 的概率密度

设(X,Y)的概率密度为 $f(x,y)$，则 Z 的概率密度为

$$f_Z(z) = \int_{-\infty}^{+\infty} f(x,z-x)\mathrm{d}x = \int_{-\infty}^{+\infty} f(z-y,y)\mathrm{d}y.$$

特别地，当 X 与 Y 相互独立时，设 (X,Y) 关于 X,Y 的边缘概率密度分别为 $f_X(x),f_Y(y)$，则有

$$f_Z(z)=\int_{-\infty}^{+\infty}f_X(x)f_Y(z-x)\mathrm{d}x=\int_{-\infty}^{+\infty}f_X(z-y)f_Y(y)\mathrm{d}y.$$

这个公式称为**卷积公式**，记作 f_X*f_Y.

2) $U=\max\{X,Y\}$ 和 $V=\min\{X,Y\}$ 的分布函数

设 X 与 Y 是相互独立的，且它们分别有分布函数 $F_X(x)$ 与 $F_Y(y)$. 记 U 的分布函数为 $F_{\max}(u)$，V 的分布函数为 $F_{\min}(v)$，其中 $-\infty<u<+\infty$，$-\infty<v<+\infty$，则

$$F_{\max}(u)=P\{U\leqslant u\}=P\{X\leqslant u,Y\leqslant u\}=P\{X\leqslant u\}P\{Y\leqslant u\}=F_X(u)F_Y(u),$$

$$\begin{aligned}F_{\min}(v)&=P\{V\leqslant v\}=1-P\{V>v\}=1-P\{X>v,Y>v\}\\&=1-P\{X>v\}P\{Y>v\}=1-[1-F_X(v)][1-F_Y(v)].\end{aligned}$$

以上结果可以推广到 n 个相互独立的随机变量的情况. 设 $X_1,X_2,\cdots,X_n$ 是 n 个相互独立的随机变量，它们的分布函数分别为 $F_{X_i}(x)(i=1,2,\cdots,n)$，则 $U=\max\{X_1,X_2,\cdots,X_n\}$ 和 $V=\min\{X_1,X_2,\cdots,X_n\}$ 的分布函数分别为

$$F_{\max}(u)=F_{X_1}(u)F_{X_2}(u)\cdots F_{X_n}(u),$$

$$F_{\min}(v)=1-[1-F_{X_1}(v)][1-F_{X_2}(v)]\cdots[1-F_{X_n}(v)].$$

特别地，当 $X_1,X_2,\cdots,X_n$ 相互独立且有相同的分布函数 $F(x)$ 时，有

$$F_{\max}(u)=[F(u)]^n,\quad F_{\min}(v)=1-[1-F(v)]^n.$$

3) $Z=\dfrac{X}{Y}$ 的概率密度

设 (X,Y) 的概率密度为 $f(x,y)$，则 Z 的概率密度为

$$f_Z(z)=\int_{-\infty}^{+\infty}|y|f(yz,y)\mathrm{d}y.$$

特别地，当 X 与 Y 相互独立时，

$$f_Z(z)=\int_{-\infty}^{+\infty}|y|f_X(yz)f_Y(y)\mathrm{d}y,$$

其中 $f_X(x),f_Y(y)$ 分别为 (X,Y) 关于 X 和关于 Y 的边缘概率密度.

§3.2 经典例题解析

基本题型Ⅰ：二维随机向量的分布函数和边缘分布函数

例 3.1 已知二维随机向量 (X,Y) 的分布函数为 $F(x,y)$，则事件 $\{X>1,Y>0\}$ 的概率为(　　).

(A) $F(1,0)$　　(B) $1-F(1,+\infty)-F(+\infty,0)+F(1,0)$

(C) $F(1,+\infty)-F(1,0)$　　(D) $1-F(1,0)$

解 $$\begin{aligned}P\{X>1,Y>0\}&=1-P\{X\leqslant 1\}-P\{Y\leqslant 0\}+P\{X\leqslant 1,Y\leqslant 0\}\\&=1-F(1,+\infty)-F(+\infty,0)+F(1,0),\end{aligned}$$

故选(B).

例 3.2 已知二维随机向量 (X,Y) 的分布函数为

$$F(x,y)=A\left(B+\arctan\frac{x}{2}\right)\left(\frac{\pi}{2}+\arctan\frac{y}{3}\right),$$

则常数 A,B 的值分别为(　　).

(A) $\frac{1}{\pi},\frac{\pi}{2}$　　(B) $\pi^2,\frac{2}{\pi}$　　(C) $\frac{1}{\pi^2},\frac{\pi}{2}$　　(D) $\frac{1}{\pi},\frac{\pi}{4}$

解　由分布函数的性质 $F(+\infty,+\infty)=1,F(-\infty,y)=0$,得

$$A\left(B+\frac{\pi}{2}\right)\left(\frac{\pi}{2}+\frac{\pi}{2}\right)=1 \quad 和 \quad A\left(B-\frac{\pi}{2}\right)\left(\frac{\pi}{2}+\arctan\frac{y}{3}\right)=0,$$

解得 $B=\frac{\pi}{2},A=\frac{1}{\pi^2}$. 故选(C).

例 3.3　在一个口袋中装有 3 个黑球和 2 个白球,从袋中取球 2 次,每次任取 1 球,放回抽样. 令

$$X=\begin{cases}0, & 第一次取出白球,\\ 1, & 第一次取出黑球,\end{cases}\quad Y=\begin{cases}0, & 第二次取出白球,\\ 1, & 第二次取出黑球,\end{cases}$$

求二维随机向量(X,Y)的分布律和分布函数.

解　依题意,(X,Y)的分布律为

$$P\{X=0,Y=0\}=\frac{2}{5}\times\frac{2}{5}=\frac{4}{25},\quad P\{X=0,Y=1\}=\frac{2}{5}\times\frac{3}{5}=\frac{6}{25},$$

$$P\{X=1,Y=0\}=\frac{3}{5}\times\frac{2}{5}=\frac{6}{25},\quad P\{X=1,Y=1\}=\frac{3}{5}\times\frac{3}{5}=\frac{9}{25}.$$

因此,(X,Y)的分布函数为

$$F(x,y)=\begin{cases}0, & x<0 \text{ 或 } y<0,\\ \frac{4}{25}, & 0\leqslant x<1,0\leqslant y<1,\\ \frac{10}{25}, & 0\leqslant x<1,y\geqslant 1,\\ \frac{10}{25}, & x\geqslant 1,0\leqslant y<1,\\ 1, & x\geqslant 1,y\geqslant 1.\end{cases}$$

基本题型 Ⅱ:二维离散型随机向量的分布律、边缘分布律和条件分布律

例 3.4　甲、乙两人各独立地进行两次射击,已知甲的命中率为 0.2,乙的命中率为 0.5,以 X 和 Y 分别表示甲和乙的命中次数,求(X,Y)的分布律.

解　显然 $X\sim b(2,0.2),Y\sim b(2,0.5)$,因此 X 和 Y 的分布律分别如表 3.1 和表 3.2 所示.

表 3.1

X	0	1	2
p_k	0.64	0.32	0.04

表 3.2

Y	0	1	2
p_k	0.25	0.5	0.25

由 X 与 Y 相互独立可知,$P\{X=x_i,Y=y_j\}=P\{X=x_i\}P\{Y=y_j\}$,从而得到$(X,Y)$的分布律如表 3.3 所示.

表 3.3

Y	X		
	0	1	2
0	0.16	0.08	0.01
1	0.32	0.16	0.02
2	0.16	0.08	0.01

例 3.5 随机变量 X 和 Y 的分布律分别如表 3.4 和表 3.5 所示. 已知 $P\{XY=0\}=1$, (1) 求 (X,Y) 的分布律; (2) 试问 X 与 Y 是否相互独立?

表 3.4

X	-1	0	1
p_k	$\frac{1}{4}$	$\frac{1}{2}$	$\frac{1}{4}$

表 3.5

Y	0	1
p_k	$\frac{1}{2}$	$\frac{1}{2}$

解 (1) 由 $P\{XY=0\}=1$, 得 $P\{X=-1,Y=1\}=P\{X=1,Y=1\}=0$. 又由于 $\{X=-1\}=\{X=-1,Y=0\}\cup\{X=-1,Y=1\}$, 因此

$$P\{X=-1\}=P\{X=-1,Y=0\}+P\{X=-1,Y=1\}=P\{X=-1,Y=0\}=\frac{1}{4}.$$

类似地, 有

$$P\{Y=1\}=P\{X=0,Y=1\}=\frac{1}{2},\quad P\{X=1\}=P\{X=1,Y=0\}=\frac{1}{4}.$$

于是, $P\{X=0,Y=0\}=1-\left(\frac{1}{4}+\frac{1}{2}+\frac{1}{4}\right)=0$.

综上, (X,Y) 的分布律如表 3.6 所示.

表 3.6

Y	X		
	-1	0	1
0	$\frac{1}{4}$	0	$\frac{1}{4}$
1	0	$\frac{1}{2}$	0

(2) 由于 $P\{X=0,Y=0\}=0$, $P\{X=0\}P\{Y=0\}=\frac{1}{2}\times\frac{1}{2}=\frac{1}{4}$, $P\{X=0,Y=0\}\neq P\{X=0\}P\{Y=0\}$, 故 X 与 Y 不是相互独立的.

例 3.6 已知 (X,Y) 的分布律如表 3.7 所示, 求: (1) 在 $Y=0$ 条件下 X 的条件分布律; (2) 在 $X=1$ 条件下 Y 的条件分布律.

表 3.7

X	Y	
	0	1
0	$\frac{1}{2}$	$\frac{1}{8}$
1	$\frac{3}{8}$	0

解　由边缘分布律的定义得 X 和 Y 的分布律分别如表 3.8 和表 3.9 所示.

表 3.8

X	0	1
p_k	$\frac{5}{8}$	$\frac{3}{8}$

表 3.9

Y	0	1
p_k	$\frac{7}{8}$	$\frac{1}{8}$

(1) 在 $Y=0$ 条件下 X 的条件分布律为

$$P\{X=0\mid Y=0\}=\frac{P\{X=0,Y=0\}}{P\{Y=0\}}=\frac{1}{2}\Big/\frac{7}{8}=\frac{4}{7},$$

$$P\{X=1\mid Y=0\}=\frac{P\{X=1,Y=0\}}{P\{Y=0\}}=\frac{3}{8}\Big/\frac{7}{8}=\frac{3}{7},$$

即在 $Y=0$ 条件下 X 的条件分布律如表 3.10 所示.

表 3.10

X	0	1
$P\{X=x_i\mid Y=0\}$	$\frac{4}{7}$	$\frac{3}{7}$

(2) 在 $X=1$ 条件下 Y 的条件分布律为

$$P\{Y=0\mid X=1\}=\frac{P\{X=1,Y=0\}}{P\{X=1\}}=\frac{3}{8}\Big/\frac{3}{8}=1,$$

$$P\{Y=1\mid X=1\}=\frac{P\{X=1,Y=1\}}{P\{X=1\}}=0\Big/\frac{3}{8}=0,$$

即在 $X=1$ 条件下 Y 的条件分布律如表 3.11 所示.

表 3.11

Y	0	1
$P\{Y=y_j\mid X=1\}$	1	0

基本题型 Ⅲ:二维连续型随机向量的概率密度、边缘概率密度和条件概率密度

例 3.7　设随机变量 X 在 $(0,1)$ 上服从均匀分布,在 $X=x(0<x<1)$ 条件下随机变量 Y 在 $(0,x)$ 上服从均匀分布,求:

(1) 随机变量 X 和 Y 的联合概率密度;

(2) Y 的边缘概率密度;

(3) $P\{X+Y>1\}$.

解　(1) 依题意知,X 的概率密度和在 $X=x(0<x<1)$ 条件下 Y 的条件概率密度分别为

$$f_X(x)=\begin{cases}1, & 0<x<1,\\ 0, & \text{其他},\end{cases}\qquad f_{Y|X}(y\mid x)=\begin{cases}\dfrac{1}{x}, & 0<y<x,\\ 0, & \text{其他}.\end{cases}$$

故 X 和 Y 的联合概率密度为

$$f(x,y)=f_X(x)f_{Y|X}(y\mid x)=\begin{cases}\dfrac{1}{x}, & 0<y<x<1,\\ 0, & \text{其他}.\end{cases}$$

(2) 由于 $f_Y(y)=\int_{-\infty}^{+\infty}f(x,y)\mathrm{d}x$,故当 $y\leqslant 0$ 或 $y\geqslant 1$ 时,$f_Y(y)=0$;当 $0<y<1$ 时,

$$f_Y(y)=\int_y^1 f(x,y)\mathrm{d}x=\int_y^1\frac{1}{x}\mathrm{d}x=-\ln y.$$

因此,Y 的边缘概率密度为

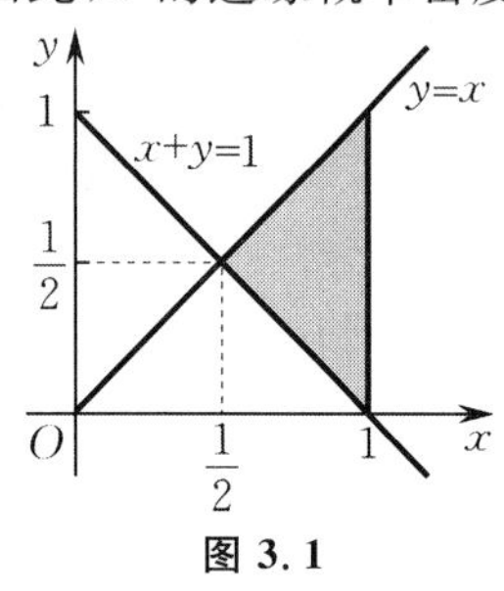

图 3.1

$$f_Y(y)=\begin{cases}-\ln y, & 0<y<1,\\ 0, & 其他.\end{cases}$$

(3) 如图 3.1 所示,

$$P\{X+Y>1\}=\iint\limits_{\substack{x+y>1\\0<y<x<1}}f(x,y)\mathrm{d}x\mathrm{d}y=\int_{\frac{1}{2}}^1\mathrm{d}x\int_{1-x}^x\frac{1}{x}\mathrm{d}y$$
$$=\int_{\frac{1}{2}}^1\left(2-\frac{1}{x}\right)\mathrm{d}x=1-\ln 2.$$

例 3.8 设二维随机向量 (X,Y) 的概率密度为

$$f(x,y)=\begin{cases}3x, & 0<y<x<1,\\ 0, & 其他,\end{cases}$$

(1) 求 (X,Y) 的分布函数;

(2) 若 $P\left\{X<\frac{1}{2},Y<k\right\}=\frac{1}{8}$,求 k 的取值范围.

解 (1) 如图 3.2 所示,当 $x<0$ 或 $y<0$ 时,$F(x,y)=0$;当 $x\geqslant 1,y\geqslant 1$ 时,$F(x,y)=1$;当 $0\leqslant y<x<1$ 时,

$$F(x,y)=\int_0^y\mathrm{d}t\int_t^x 3s\mathrm{d}s=\frac{3}{2}x^2y-\frac{1}{2}y^3;$$

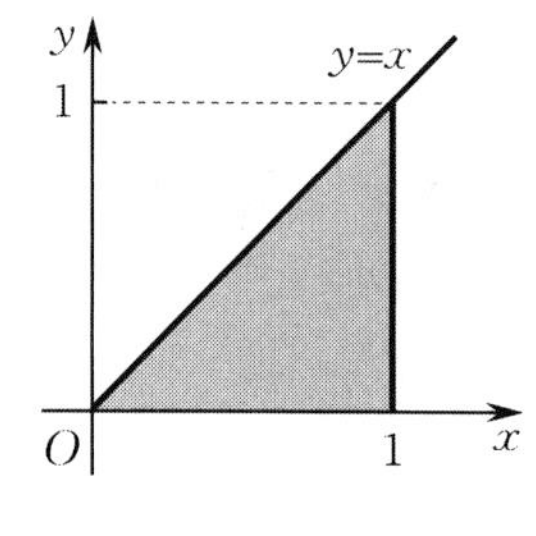

图 3.2

当 $0\leqslant x<1,y\geqslant x$ 时,

$$F(x,y)=\iint\limits_{\substack{s\leqslant x\\t\leqslant y}}f(s,t)\mathrm{d}s\mathrm{d}t=\int_0^x\mathrm{d}t\int_t^x 3s\mathrm{d}s=x^3;$$

当 $x\geqslant 1,0\leqslant y<1$ 时,

$$F(x,y)=\iint\limits_{\substack{s\leqslant x\\t\leqslant y}}f(s,t)\mathrm{d}s\mathrm{d}t=\int_0^y\mathrm{d}t\int_t^1 3s\mathrm{d}s=\frac{3}{2}y-\frac{1}{2}y^3.$$

因此,(X,Y) 的分布函数为

$$F(x,y)=\begin{cases}0, & x<0 \text{ 或 } y<0,\\ \frac{3}{2}x^2y-\frac{1}{2}y^3, & 0\leqslant y<x<1,\\ x^3, & 0\leqslant x<1,y\geqslant x,\\ \frac{3}{2}y-\frac{1}{2}y^3, & x\geqslant 1,0\leqslant y<1,\\ 1, & x\geqslant 1,y\geqslant 1.\end{cases}$$

(2) $P\left\{X<\frac{1}{2},Y<k\right\}=P\left\{X\leqslant\frac{1}{2},Y\leqslant k\right\}=F\left(\frac{1}{2},k\right)=\begin{cases}\frac{3}{8}k-\frac{1}{2}k^3, & 0\leqslant k<\frac{1}{2},\\ \frac{1}{8}, & k\geqslant\frac{1}{2}.\end{cases}$

因此,所求 k 的取值范围是 $\left[\dfrac{1}{2},+\infty\right)$.

例 3.9 设二维随机向量 (X,Y) 服从二维正态分布,且 X 与 Y 相互独立,$f_X(x)$,$f_Y(y)$ 分别表示 X 与 Y 的边缘概率密度,则在 $Y=y$ 条件下 X 的条件概率密度 $f_{X|Y}(x\mid y)$ 为(　　).

(A) $f_X(x)$　　(B) $f_Y(y)$　　(C) $f_X(x)f_Y(y)$　　(D) $\dfrac{f_X(x)}{f_Y(y)}$

解 因为二维随机向量 (X,Y) 服从二维正态分布,且 X 与 Y 相互独立,所以 $f(x,y)=f_X(x)f_Y(y)$,于是有 $f_{X|Y}(x\mid y)=\dfrac{f_X(x)f_Y(y)}{f_Y(y)}=f_X(x)$. 故选(A).

例 3.10 设二维随机向量 (X,Y) 在区域 D 上服从均匀分布,其中

$$D=\{(x,y)\mid |x+y|\leqslant 1,\ |x-y|\leqslant 1\},$$

求 X 的边缘概率密度 $f_X(x)$ 和在 $X=0$ 条件下 Y 的条件概率密度 $f_{Y|X}(y\mid 0)$.

解 依题意知,二维随机向量 (X,Y) 的概率密度为 $f(x,y)=\begin{cases}\dfrac{1}{2}, & (x,y)\in D,\\ 0, & (x,y)\notin D.\end{cases}$ 于是

$$f_X(x)=\int_{-\infty}^{+\infty}f(x,y)\mathrm{d}y=\begin{cases}\displaystyle\int_{-1-x}^{x+1}\frac{1}{2}\mathrm{d}y, & -1\leqslant x\leqslant 0,\\ \displaystyle\int_{x-1}^{1-x}\frac{1}{2}\mathrm{d}y, & 0<x\leqslant 1,\\ 0, & \text{其他}\end{cases}=\begin{cases}1+x, & -1\leqslant x\leqslant 0,\\ 1-x, & 0<x\leqslant 1,\\ 0, & \text{其他}.\end{cases}$$

由条件概率密度公式,当 $x=0$ 时,

$$f_{Y|X}(y\mid 0)=\frac{f(x,y)}{f_X(0)}=\begin{cases}\dfrac{1}{2}, & |y|\leqslant 1,\\ 0, & |y|>1.\end{cases}$$

例 3.11 设二维随机向量 (X,Y) 的概率密度为 $f(x,y)=\begin{cases}\mathrm{e}^{-x}, & 0<y<x,\\ 0, & \text{其他},\end{cases}$ 求:

(1) 条件概率密度 $f_{Y|X}(y\mid x)$;

(2) $P\{X\leqslant 1\mid Y\leqslant 1\}$.

解 (1) X 的边缘概率密度为

$$f_X(x)=\int_{-\infty}^{+\infty}f(x,y)\mathrm{d}y=\begin{cases}\displaystyle\int_0^x\mathrm{e}^{-x}\mathrm{d}y, & x>0,\\ 0, & x\leqslant 0\end{cases}=\begin{cases}x\mathrm{e}^{-x}, & x>0,\\ 0, & x\leqslant 0.\end{cases}$$

因此,当 $x>0$ 时,$f_{Y|X}(y\mid x)=\dfrac{f(x,y)}{f_X(x)}=\begin{cases}\dfrac{1}{x}, & 0<y<x,\\ 0, & \text{其他}.\end{cases}$

(2) Y 的边缘概率密度为

$$f_Y(y)=\int_{-\infty}^{+\infty}f(x,y)\mathrm{d}x=\begin{cases}\displaystyle\int_y^{+\infty}\mathrm{e}^{-x}\mathrm{d}x, & y>0,\\ 0, & y\leqslant 0\end{cases}=\begin{cases}\mathrm{e}^{-y}, & y>0,\\ 0, & y\leqslant 0.\end{cases}$$

又

$$P\{Y \leqslant 1\} = \int_0^1 f_Y(y)\mathrm{d}y = 1 - \mathrm{e}^{-1},$$

$$P\{X \leqslant 1, Y \leqslant 1\} = \int_{-\infty}^1 \int_{-\infty}^1 f(x,y)\mathrm{d}x\mathrm{d}y = \int_0^1 \mathrm{d}x \int_0^x \mathrm{e}^{-x}\mathrm{d}y = \int_0^1 x\mathrm{e}^{-x}\mathrm{d}x = 1 - 2\mathrm{e}^{-1},$$

故

$$P\{X \leqslant 1 \mid Y \leqslant 1\} = \frac{P\{X \leqslant 1, Y \leqslant 1\}}{P\{Y \leqslant 1\}} = \frac{1-2\mathrm{e}^{-1}}{1-\mathrm{e}^{-1}} = \frac{\mathrm{e}-2}{\mathrm{e}-1}.$$

例 3.12 设二维随机向量(X,Y)在矩形区域$D=\{(x,y) \mid 0 \leqslant x \leqslant 2, 0 \leqslant y \leqslant 1\}$上服从均匀分布，记$U = \begin{cases} 0, & X \leqslant Y, \\ 1, & X > Y, \end{cases}$ $V = \begin{cases} 0, & X \leqslant 2Y, \\ 1, & X > 2Y, \end{cases}$求$U$和$V$的联合分布律和边缘分布律.

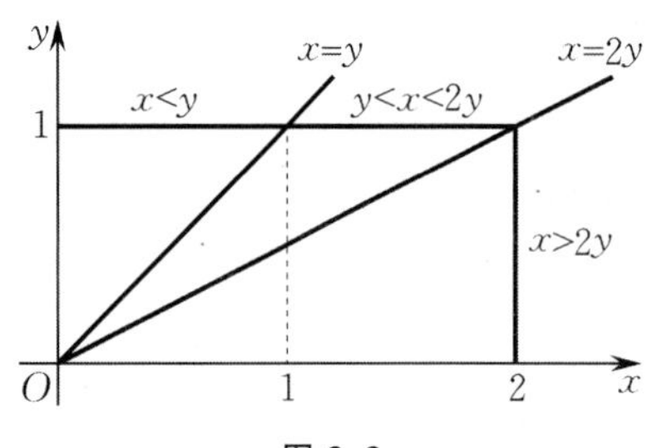

图 3.3

解 如图 3.3 所示，易知

$$P\{X \leqslant Y\} = \frac{1}{4},$$

$$P\{X > 2Y\} = \frac{1}{2},$$

$$P\{Y < X \leqslant 2Y\} = \frac{1}{4}.$$

(U,V)的所有可能取值为$(0,0)$，$(1,0)$，$(1,1)$，且

$$P\{U=0,V=0\} = P\{X \leqslant Y, X \leqslant 2Y\} = P\{X \leqslant Y\} = \frac{1}{4},$$

$$P\{U=1,V=0\} = P\{X > Y, X \leqslant 2Y\} = P\{Y < X \leqslant 2Y\} = \frac{1}{4},$$

$$P\{U=1,V=1\} = P\{X > Y, X > 2Y\} = P\{X > 2Y\} = \frac{1}{2},$$

故U和V的联合分布律和边缘分布律如表 3.12 所示.

表 3.12

U	V		$P\{U=u_i\}$
	0	1	
0	$\frac{1}{4}$	0	$\frac{1}{4}$
1	$\frac{1}{4}$	$\frac{1}{2}$	$\frac{3}{4}$
$P\{V=v_j\}$	$\frac{1}{2}$	$\frac{1}{2}$	

例 3.13 设二维随机向量(X,Y)的概率密度为

$$f(x,y) = \begin{cases} x\mathrm{e}^{-x(1+y)}, & x>0, y>0, \\ 0, & \text{其他}, \end{cases}$$

求$f_{X|Y}(x \mid y)$，$f_{Y|X}(y \mid x)$及$P\{Y > 1 \mid X = 3\}$.

解 由已知得

$$f_X(x)=\int_{-\infty}^{+\infty}f(x,y)\mathrm{d}y=\begin{cases}\int_0^{+\infty}x\mathrm{e}^{-x(1+y)}\mathrm{d}y, & x>0,\\ 0, & x\leqslant 0\end{cases}=\begin{cases}\mathrm{e}^{-x}, & x>0,\\ 0, & x\leqslant 0,\end{cases}$$

$$f_Y(y)=\int_{-\infty}^{+\infty}f(x,y)\mathrm{d}x=\begin{cases}\int_0^{+\infty}x\mathrm{e}^{-x(1+y)}\mathrm{d}x, & y>0,\\ 0, & y\leqslant 0\end{cases}=\begin{cases}\dfrac{1}{(y+1)^2}, & y>0,\\ 0, & y\leqslant 0.\end{cases}$$

当 $y>0$ 时,有

$$f_{X|Y}(x\mid y)=\frac{f(x,y)}{f_Y(y)}=\begin{cases}\dfrac{x\mathrm{e}^{-x(1+y)}}{\dfrac{1}{(y+1)^2}}, & x>0,\\ 0, & x\leqslant 0\end{cases}=\begin{cases}x(y+1)^2\mathrm{e}^{-x(1+y)}, & x>0,\\ 0, & x\leqslant 0.\end{cases}$$

当 $x>0$ 时,有

$$f_{Y|X}(y\mid x)=\frac{f(x,y)}{f_X(x)}=\begin{cases}\dfrac{x\mathrm{e}^{-x(1+y)}}{\mathrm{e}^{-x}}, & y>0,\\ 0, & y\leqslant 0\end{cases}=\begin{cases}x\mathrm{e}^{-xy}, & y>0,\\ 0, & y\leqslant 0.\end{cases}$$

当 $X=3$ 时,有

$$P\{Y>1\mid X=3\}=\int_1^{+\infty}f_{Y|X}(y\mid 3)\mathrm{d}y=\int_1^{+\infty}3\mathrm{e}^{-3y}\mathrm{d}y=\mathrm{e}^{-3}.$$

基本题型 Ⅳ:二维随机向量函数的分布

例 3.14 设随机变量 X 与 Y 独立同分布,且 X 的分布函数为 $F(x)$,则 $Z=\max\{X,Y\}$ 的分布函数为(　　).

(A) $F^2(x)$　　(B) $F(x)F(y)$

(C) $1-[1-F(x)]^2$　　(D) $[1-F(x)][1-F(y)]$

解 $F_Z(x)=P\{Z\leqslant x\}=P\{\max\{X,Y\}\leqslant x\}=P\{X\leqslant x,Y\leqslant x\}$

$$=P\{X\leqslant x\}P\{Y\leqslant x\}=F^2(x),$$

故选(A).

例 3.15 设随机变量 X 与 Y 相互独立,且 X 服从标准正态分布 $N(0,1)$,Y 的概率分布为 $P\{Y=0\}=P\{Y=1\}=\dfrac{1}{2}$. 记 $F_Z(z)$ 为随机变量 $Z=XY$ 的分布函数,则 $F_Z(z)$ 的间断点的个数为(　　).

(A) 0　　(B) 1　　(C) 2　　(D) 3

解 当 $z<0$ 时,

$$\begin{aligned}F_Z(z)&=P\{XY\leqslant z\}=P\{XY\leqslant z,Y=0\}+P\{XY\leqslant z,Y=1\}\\&=P\{Y=1\}P\{XY\leqslant z\mid Y=1\}=\frac{1}{2}P\{X\leqslant z\mid Y=1\}\\&=\frac{1}{2}P\{X\leqslant z\}=\frac{1}{2}\Phi(z);\end{aligned}$$

当 $z\geqslant 0$ 时,

$$\begin{aligned} F_Z(z) &= P\{XY \leqslant z\} = P\{XY \leqslant z, Y=0\} + P\{XY \leqslant z, Y=1\} \\ &= P\{Y=0\}P\{XY \leqslant z \mid Y=0\} + P\{Y=1\}P\{XY \leqslant z \mid Y=1\} \\ &= P\{Y=0\}P\{z \geqslant 0\} + P\{Y=1\}P\{X \leqslant z\} = \frac{1}{2} + \frac{1}{2}\Phi(z). \end{aligned}$$

因此,$F_Z(z)$ 仅在点 $z=0$ 处间断,故选(B).

例 3.16 设 A,B 为两个事件,且 $P(A)=\frac{1}{4}, P(B \mid A)=\frac{1}{3}, P(A \mid B)=\frac{1}{2}$,令 $X=\begin{cases}1, & A\text{发生},\\0, & A\text{不发生},\end{cases}$ $Y=\begin{cases}1, & B\text{发生},\\0, & B\text{不发生},\end{cases}$ 求:

(1) 二维随机向量 (X,Y) 的分布律;

(2) $Z=X^2+Y^2$ 的分布律.

解 (1) (X,Y) 的所有可能取值为$(0,0),(0,1),(1,0),(1,1)$,且

$$P\{X=1,Y=1\}=P(AB)=P(A)P(B \mid A)=\frac{1}{12},$$

$$P\{X=1,Y=0\}=P(A\overline{B})=P(A)-P(AB)=\frac{1}{6},$$

$$P\{X=0,Y=1\}=P(\overline{A}B)=P(B)-P(AB)=\frac{P(AB)}{P(A \mid B)}-P(AB)=\frac{1}{12},$$

$$P\{X=0,Y=0\}=P(\overline{A}\,\overline{B})=P(\overline{A})-P(\overline{A}B)=\frac{3}{4}-\frac{1}{12}=\frac{2}{3}.$$

因此,(X,Y) 的分布律如表 3.13 所示.

表 3.13

X	Y	
	0	1
0	$\frac{2}{3}$	$\frac{1}{12}$
1	$\frac{1}{6}$	$\frac{1}{12}$

(2) 随机变量 $Z=X^2+Y^2$ 只取 0,1 和 2 这三个值,且相应的概率分别为

$$P\{Z=0\}=P\{X^2+Y^2=0\}=P\{X=0,Y=0\}=\frac{2}{3},$$

$$P\{Z=2\}=P\{X^2+Y^2=2\}=P\{X=1,Y=1\}=\frac{1}{12},$$

$$P\{Z=1\}=1-P\{Z=0\}-P\{Z=2\}=\frac{1}{4}.$$

因此,Z 的分布律如表 3.14 所示.

表 3.14

Z	0	1	2
p_k	$\frac{2}{3}$	$\frac{1}{4}$	$\frac{1}{12}$

例 3.17 已知二维随机向量 (X,Y) 的分布律如表 3.15 所示,求:(1) XY 的分布律;

(2) $Z=\min\{X,Y\}$ 的分布律.

表 3.15

X	Y	
	0	1
0	$\frac{1}{10}$	$\frac{3}{10}$
1	$\frac{3}{10}$	$\frac{3}{10}$

解　(1) XY 可能的取值为 0 和 1,且

$$P\{XY=1\}=P\{X=1,Y=1\}=\frac{3}{10},$$

则

$$P\{XY=0\}=1-P\{XY=1\}=\frac{7}{10}.$$

因此,XY 的分布律如表 3.16 所示.

表 3.16

XY	0	1
p_k	$\frac{7}{10}$	$\frac{3}{10}$

(2) Z 可能的取值为 0 和 1,且

$$P\{Z=0\}=P\{X=0,Y=0\}+P\{X=0,Y=1\}+P\{X=1,Y=0\}=\frac{7}{10},$$

$$P\{Z=1\}=P\{X=1,Y=1\}=\frac{3}{10}.$$

因此,$Z=\min\{X,Y\}$的分布律如表 3.17 所示.

表 3.17

$\min\{X,Y\}$	0	1
p_k	$\frac{7}{10}$	$\frac{3}{10}$

例 3.18　设随机变量 X 与 Y 相互独立,且 X 服从正态分布 $N(\mu,\sigma^2)$,Y 服从$[-\pi,\pi]$上的均匀分布,求 $Z=X+Y$ 的概率密度(计算结果用标准正态分布的分布函数 $\Phi(x)$ 表示).

解　**法一(分布函数法)**　先求分布函数 $F_Z(z)$,得

$$F_Z(z)=P\{Z\leqslant z\}=P\{X+Y\leqslant z\}=\iint\limits_{x+y\leqslant z} f_X(x)f_Y(y)\mathrm{d}x\mathrm{d}y$$

$$=\int_{-\pi}^{\pi}\mathrm{d}y\int_{-\infty}^{z-y}\frac{1}{2\pi}\cdot\frac{1}{\sqrt{2\pi}\sigma}\mathrm{e}^{-\frac{(x-\mu)^2}{2\sigma^2}}\mathrm{d}x=\frac{1}{2\pi}\int_{-\pi}^{\pi}\Phi\left(\frac{z-y-\mu}{\sigma}\right)\mathrm{d}y.$$

因此,Z 的概率密度为

$$f_Z(z)=\frac{\mathrm{d}}{\mathrm{d}z}F_Z(z)=\frac{1}{2\pi}\left[\Phi\left(\frac{\pi+\mu-z}{\sigma}\right)-\Phi\left(\frac{-\pi+\mu-z}{\sigma}\right)\right].$$

法二(公式法)　直接应用独立随机变量之和的卷积公式,得

$$f_Z(z)=\int_{-\infty}^{+\infty}f_X(z-y)f_Y(y)\mathrm{d}y=\int_{-\pi}^{\pi}\frac{1}{2\pi}\cdot\frac{1}{\sqrt{2\pi}\sigma}\mathrm{e}^{-\frac{(z-y-\mu)^2}{2\sigma^2}}\mathrm{d}y$$
$$=\frac{1}{2\pi}\int_{-\pi}^{\pi}\frac{1}{\sqrt{2\pi}\sigma}\mathrm{e}^{-\frac{(y+\mu-z)^2}{2\sigma^2}}\mathrm{d}y=\frac{1}{2\pi}\left[\Phi\left(\frac{\pi+\mu-z}{\sigma}\right)-\Phi\left(\frac{-\pi+\mu-z}{\sigma}\right)\right].$$

例 3.19 设随机变量 X 和 Y 的联合分布是正方形区域
$$G=\{(x,y)\mid 1\leqslant x\leqslant 3,1\leqslant y\leqslant 3\}$$
上的均匀分布,求随机变量 $U=|X-Y|$ 的概率密度 $f_U(u)$.

解 X 和 Y 的联合概率密度为
$$f(x,y)=\begin{cases}\frac{1}{4}, & 1\leqslant x\leqslant 3,1\leqslant y\leqslant 3,\\ 0, & 其他.\end{cases}$$
先求随机变量 U 的分布函数 $F_U(u)$. 当 $u\leqslant 0$ 时,$F_U(u)=0$;当 $u\geqslant 2$ 时,$F_U(u)=1$;当 $0<u<2$ 时,
$$F_U(u)=\iint\limits_{|x-y|\leqslant u}f(x,y)\mathrm{d}x\mathrm{d}y=\iint\limits_{\substack{|x-y|\leqslant u\\ 1\leqslant x\leqslant 3,1\leqslant y\leqslant 3}}\frac{1}{4}\mathrm{d}x\mathrm{d}y=\frac{1}{4}[4-(2-u)^2]=1-\frac{1}{4}(2-u)^2.$$
于是,随机变量 U 的概率密度为
$$f_U(u)=\begin{cases}\frac{1}{2}(2-u), & 0<u<2,\\ 0, & 其他.\end{cases}$$

例 3.20 设随机变量 X 与 Y 相互独立,且 $X\sim N(0,1)$,$Y\sim U(0,1)$,求 $Z=\dfrac{X}{Y}$ 的概率密度.

解 依题意得,X 的边缘概率密度为 $f_X(x)=\dfrac{1}{\sqrt{2\pi}}\mathrm{e}^{-\frac{x^2}{2}}(-\infty<x<+\infty)$,$Y$ 的边缘概率密度为 $f_Y(y)=\begin{cases}1, & 0<y<1,\\ 0, & 其他,\end{cases}$ 故
$$f_Z(z)=\int_0^1 yf_X(yz)\mathrm{d}y=\frac{1}{\sqrt{2\pi}}\int_0^1 y\mathrm{e}^{-\frac{(yz)^2}{2}}\mathrm{d}y.$$
由于 $f_Z(z)$ 是 z 的偶函数,则 $z>0$ 的概率密度和 $z<0$ 的概率密度一样,故只需计算 $z>0$ 时的概率密度. 而当 $z>0$ 时,令 $x=yz$,有
$$f_Z(z)=\frac{1}{\sqrt{2\pi}z^2}\int_0^z x\mathrm{e}^{-\frac{x^2}{2}}\mathrm{d}x=\frac{1}{\sqrt{2\pi}z^2}(1-\mathrm{e}^{-\frac{z^2}{2}});$$
当 $z=0$ 时,
$$f_Z(0)=\frac{1}{\sqrt{2\pi}}\int_0^1 y\mathrm{d}y=\frac{1}{2\sqrt{2\pi}}.$$
因此,Z 的概率密度为
$$f_Z(z)=\begin{cases}\frac{1}{\sqrt{2\pi}z^2}(1-\mathrm{e}^{-\frac{z^2}{2}}), & z\neq 0,\\ \frac{1}{2\sqrt{2\pi}}, & z=0.\end{cases}$$

基本题型 Ⅴ：综合应用题

例 3.21 假设一电路装有 3 个同种电子元件，其工作状态相互独立，且无故障工作时间都服从参数为 λ 的指数分布. 当 3 个电子元件都无故障时，电路正常工作，否则整个电路不能正常工作，求电路正常工作时间 T 的概率分布.

解 设 $X_i(i=1,2,3)$ 表示"第 i 个电子元件无故障工作时间"，依题意，它们都服从参数为 λ 的指数分布. 当 $t>0$ 时，随机变量 $T=\min\{X_1,X_2,X_3\}$ 的分布函数为

$$\begin{aligned}F_T(t)&=P\{T\leqslant t\}=1-P\{T>t\}=1-P\{X_1>t,X_2>t,X_3>t\}\\&=1-P\{X_1>t\}P\{X_2>t\}P\{X_3>t\}\\&=1-\left(\int_t^{+\infty}\lambda\mathrm{e}^{-\lambda s}\mathrm{d}s\right)^3=1-\mathrm{e}^{-3\lambda t};\end{aligned}$$

当 $t\leqslant 0$ 时，$F_T(t)=0$. 因此，T 的概率密度为

$$f_T(t)=F'_T(t)=\begin{cases}3\lambda\mathrm{e}^{-3\lambda t}, & t>0,\\0, & t\leqslant 0,\end{cases}$$

即 T 服从参数为 3λ 的指数分布.

例 3.22 运动员 A 和 B 同时起跑，分别在时刻 T_{A} 和 T_{B} 到达终点，T_{A} 和 T_{B} 相互独立，且都服从参数为 λ 的指数分布，求后到达终点的运动员比先到达终点的运动员晚到的时间超过 t 的概率.

解 依题意有

$$\begin{aligned}p&=P\{|T_{\mathrm{A}}-T_{\mathrm{B}}|>t\}=2P\{T_{\mathrm{A}}-T_{\mathrm{B}}>t\}\\&=2\int_t^{+\infty}\mathrm{d}x\int_0^{x-t}\lambda^2\mathrm{e}^{-\lambda(x+y)}\mathrm{d}y=\mathrm{e}^{-\lambda t}.\end{aligned}$$

例 3.23 一加油站共有两个加油窗口，现有三辆车 A，B 和 C 同时到达该加油站，先给 A，B 加油，当其中一辆车加油结束后，便开始给 C 加油. 假设加油所需时间相互独立且都服从参数为 λ 的指数分布，求 C 车在加油站度过时间 T 的概率密度.

解 设第 i 辆车加油所用时间为 $X_i(i=1,2,3)$，则 X_i 独立同分布，且其概率密度为

$$f_i(x)=\begin{cases}\lambda\mathrm{e}^{-\lambda x}, & x>0,\\0, & x\leqslant 0\end{cases}\quad(\lambda>0,i=1,2,3).$$

设 C 车在加油站度过的时间为 T，则 T 是等待时间 T_1 和加油时间 X_3 的和，且 $T_1=\min\{X_1,X_2\}$. 下面求等待时间 $T_1=\min\{X_1,X_2\}$ 的分布函数.

当 $t\leqslant 0$ 时，$F_{T_1}(t)=P\{T_1\leqslant t\}=0$；当 $t>0$ 时，

$$\begin{aligned}F_{T_1}(t)&=P\{T_1\leqslant t\}=P\{\min\{X_1,X_2\}\leqslant t\}=1-P\{\min\{X_1,X_2\}>t\}\\&=1-P\{X_1>t\}P\{X_2>t\}=1-\mathrm{e}^{-\lambda t}\cdot\mathrm{e}^{-\lambda t}=1-\mathrm{e}^{-2\lambda t}.\end{aligned}$$

于是，T_1 的概率密度为

$$f_{T_1}(t)=\begin{cases}2\lambda\mathrm{e}^{-2\lambda t}, & t>0,\\0, & t\leqslant 0.\end{cases}$$

由于 X_1,X_2,X_3 相互独立，因此 T_1 与 X_3 也相互独立，应用卷积公式可得 T 的概率密度为

$$f(t)=\int_{-\infty}^{+\infty}f_{T_1}(t-x)f_3(x)\mathrm{d}x.$$

显然有 $t-x>0$,即 $x<t$. 当 $t\leqslant 0$ 时,$f(t)=0$;当 $t>0$ 时,$f(t)=2\lambda e^{-\lambda t}(1-e^{-\lambda t})$. 故

$$f(t)=\begin{cases}2\lambda e^{-\lambda t}(1-e^{-\lambda t}), & t>0,\\ 0, & t\leqslant 0.\end{cases}$$

§3.3　历年考研真题评析

1. 设二维随机向量 (X,Y) 的分布律如表 3.18 所示. 若事件 $\{X=0\}$ 与 $\{X+Y=1\}$ 相互独立,则 $a=$ ________,$b=$ ________.

表 3.18

X	Y	
	0	1
0	0.4	a
1	b	0.1

解　由 $\sum\limits_i\sum\limits_j p_{ij}=0.4+a+b+0.1=1$,得 $a+b=0.5$. 又 $\{X=0\}$ 与 $\{X+Y=1\}$ 相互独立,则

$$P\{X=0\}P\{X+Y=1\}=P\{X=0,X+Y=1\}=P\{X=0,Y=1\}=a.$$

又

$$P\{X+Y=1\}=P\{X=0,Y=1\}+P\{X=1,Y=0\}=a+b=0.5,$$
$$P\{X=0\}=P\{X=0,Y=0\}+P\{X=0,Y=1\}=0.4+a,$$

联立得方程组 $\begin{cases}0.5(0.4+a)=a,\\ a+b=0.5,\end{cases}$ 解得 $a=0.4,b=0.1$.

2. 设两个随机变量 X 与 Y 独立同分布,且 $P\{X=-1\}=P\{Y=-1\}=\dfrac{1}{2}$,$P\{X=1\}=P\{Y=1\}=\dfrac{1}{2}$,则下列各式中成立的是(　　).

(A) $P\{X=Y\}=\dfrac{1}{2}$　　　(B) $P\{X=Y\}=1$

(C) $P\{X+Y=0\}=\dfrac{1}{4}$　　　(D) $P\{XY=1\}=\dfrac{1}{4}$

解　由已知得 X 和 Y 都只能分别取 -1 和 1,则

$$\begin{aligned}P\{X=Y\}&=P\{X=-1,Y=-1\}+P\{X=1,Y=1\}\\&=P\{X=-1\}P\{Y=-1\}+P\{X=1\}P\{Y=1\}\\&=\frac{1}{2}\times\frac{1}{2}+\frac{1}{2}\times\frac{1}{2}=\frac{1}{2}.\end{aligned}$$

故选(A).

3. 设随机变量 Y 服从参数为 $\lambda=1$ 的指数分布,随机变量

$$X_k=\begin{cases}0, & Y\leqslant k,\\ 1, & Y>k\end{cases}\quad(k=1,2),$$

求 X_1 和 X_2 的联合分布律.

解　依题意得 Y 的分布函数为 $F_Y(y)=\begin{cases}0, & y\leqslant 0,\\ 1-e^{-y}, & y>0,\end{cases}$ 于是有

$$P\{Y\leqslant 1\}=1-e^{-1},\quad P\{Y\leqslant 2\}=1-e^{-2}.$$

易知(X_1,X_2)是二维离散型随机向量,其可能取值为$(0,0)$,$(1,0)$,$(1,1)$,且

$$P\{X_1=0,X_2=0\}=P\{Y\leqslant 1,Y\leqslant 2\}=P\{Y\leqslant 1\}=1-e^{-1},$$

$$P\{X_1=1,X_2=0\}=P\{1<Y\leqslant 2\}=F_Y(2)-F_Y(1)=e^{-1}-e^{-2},$$

$$P\{X_1=1,X_2=1\}=P\{Y>1,Y>2\}=P\{Y>2\}=e^{-2}.$$

因此,X_1 和 X_2 的联合分布律如表 3.19 所示.

表 3.19

X_1	X_2	
	0	1
0	$1-e^{-1}$	0
1	$e^{-1}-e^{-2}$	e^{-2}

4. 箱中装有 6 个球,其中红、白、黑球的个数分别为 1,2,3. 现从箱中随机地抽取 2 个球,记 X 为取出的红球个数,Y 为取出的白球个数,求二维随机向量(X,Y)的分布律.

解　依题意,X 的可能取值为 0 和 1,Y 的可能取值为 0,1,2,且

$$P\{X=0,Y=0\}=P\{\text{取到 2 个黑球}\}=\frac{C_3^2}{C_6^2}=\frac{1}{5},$$

$$P\{X=0,Y=1\}=P\{\text{取到 1 个白球和 1 个黑球}\}=\frac{C_2^1C_3^1}{C_6^2}=\frac{2}{5},$$

$$P\{X=0,Y=2\}=P\{\text{取到 2 个白球}\}=\frac{C_2^2}{C_6^2}=\frac{1}{15},$$

$$P\{X=1,Y=0\}=P\{\text{取到 1 个红球和 1 个黑球}\}=\frac{C_3^1}{C_6^2}=\frac{1}{5},$$

$$P\{X=1,Y=1\}=P\{\text{取到 1 个红球和 1 个白球}\}=\frac{C_2^1}{C_6^2}=\frac{2}{15},$$

$$P\{X=1,Y=2\}=0.$$

因此,(X,Y)的分布律如表 3.20 所示.

表 3.20

X	Y		
	0	1	2
0	$\frac{1}{5}$	$\frac{2}{5}$	$\frac{1}{15}$
1	$\frac{1}{5}$	$\frac{2}{15}$	0

5. 设二维随机向量(X,Y)的概率密度为 $f(x,y)=\begin{cases}6x, & 0\leqslant x\leqslant y\leqslant 1,\\ 0, & \text{其他},\end{cases}$ 则 $P\{X+Y\leqslant 1\}$ $=$ ________.

解　$P\{X+Y\leqslant 1\}=\iint\limits_{x+y\leqslant 1}f(x,y)\mathrm{d}x\mathrm{d}y=\int_0^{\frac{1}{2}}\mathrm{d}x\int_x^{1-x}6x\mathrm{d}y$

$$=\int_0^{\frac{1}{2}}6x(1-2x)\mathrm{d}x=\frac{1}{4}.$$

6. 设 $X_i(i=1,2,3,4)$ 独立同分布，且 $P\{X_i=0\}=0.6,P\{X_i=1\}=0.4(i=1,2,3,4)$，求行列式 $\begin{vmatrix}X_1 & X_2\\ X_3 & X_4\end{vmatrix}=X_1X_4-X_2X_3$ 的分布律.

解　记 $Y_1=X_1X_4,Y_2=X_2X_3$，则 $X=Y_1-Y_2$，且 Y_1,Y_2 独立同分布，即有

$$P\{Y_1=1\}=P\{Y_2=1\}=P\{X_1=1,X_4=1\}=0.16,$$
$$P\{Y_1=0\}=P\{Y_2=0\}=1-0.16=0.84.$$

随机变量 $X=Y_1-Y_2$ 的所有可能取值为 $-1,0,1$，且

$$P\{X=-1\}=P\{Y_1=0,Y_2=1\}=0.84\times 0.16=0.134\,4,$$
$$P\{X=1\}=P\{Y_1=1,Y_2=0\}=0.16\times 0.84=0.134\,4,$$
$$P\{X=0\}=1-2\times 0.134\,4=0.731\,2.$$

于是，所求行列式的分布律如表 3.21 所示.

表 3.21

X	-1	0	1
p_k	0.134 4	0.731 2	0.134 4

7. 设二维随机向量 (X,Y) 的概率密度为

$$f(x,y)=\begin{cases}\mathrm{e}^{-y}, & 0<x<y,\\ 0, & \text{其他},\end{cases}$$

求：(1) 随机变量 X 的边缘概率密度 $f_X(x)$；(2) $P\{X+Y\leqslant 1\}$.

解　(1) 当 $x\leqslant 0$ 时，$f_X(x)=0$；当 $x>0$ 时，$f_X(x)=\int_x^{+\infty}\mathrm{e}^{-y}\mathrm{d}y=\mathrm{e}^{-x}$. 因此，随机变量 X 的边缘概率密度为

$$f_X(x)=\begin{cases}\mathrm{e}^{-x}, & x>0,\\ 0, & x\leqslant 0.\end{cases}$$

(2) $P\{X+Y\leqslant 1\}=\iint\limits_{x+y\leqslant 1}f(x,y)\mathrm{d}x\mathrm{d}y=\int_0^{\frac{1}{2}}\mathrm{d}x\int_x^{1-x}\mathrm{e}^{-y}\mathrm{d}y=1-2\mathrm{e}^{-\frac{1}{2}}+\mathrm{e}^{-1}.$

8. 设随机变量 X 与 Y 相互独立，且均服从[0,3]上的均匀分布，则 $P\{\max\{X,Y\}\leqslant 1\}=$ ________.

解　$P\{\max\{X,Y\}\leqslant 1\}=P\{X\leqslant 1,Y\leqslant 1\}=P\{X\leqslant 1\}P\{Y\leqslant 1\}=\frac{1}{3}\times\frac{1}{3}=\frac{1}{9}.$

9. 设随机变量 X 与 Y 独立同分布，且 X 的概率分布为 $P\{X=1\}=\frac{2}{3},P\{X=2\}=\frac{1}{3}$，记 $U=\max\{X,Y\},V=\min\{X,Y\}$，求二维随机向量 (U,V) 的分布律.

解　依题意，(U,V) 的所有可能取值为 $(1,1),(2,1),(2,2)$，且

$$
\begin{aligned}
P\{U=1,V=1\} &= P\{\max\{X,Y\}=1,\min\{X,Y\}=1\} \\
&= P\{X=1,Y=1\}=P\{X=1\}P\{Y=1\}=\frac{4}{9}, \\
P\{U=2,V=1\} &= P\{\max\{X,Y\}=2,\min\{X,Y\}=1\} \\
&= P\{X=2,Y=1\}+P\{X=1,Y=2\} \\
&= \frac{2}{9}+\frac{2}{9}=\frac{4}{9}, \\
P\{U=2,V=2\} &= P\{\max\{X,Y\}=2,\min\{X,Y\}=2\} \\
&= P\{X=2,Y=2\}=\frac{1}{9}.
\end{aligned}
$$

于是，(U,V) 的分布律如表 3.22 所示.

表 3.22

U	V	
	1	2
1	$\frac{4}{9}$	0
2	$\frac{4}{9}$	$\frac{1}{9}$

10. 设二维随机向量 (X,Y) 在区域 $D=\{(x,y)\mid 0<x<1,x^2<y<\sqrt{x}\}$ 上服从均匀分布，令 $U=\begin{cases}1, & X\leqslant Y,\\ 0, & X>Y.\end{cases}$

(1) 求 (X,Y) 的概率密度；

(2) 试问 U 与 X 是否相互独立?并说明理由；

(3) 求 $Z=U+X$ 的分布函数 $F(z)$.

解　(1) 区域 D 的面积 $S_D=\int_0^1(\sqrt{x}-x^2)\mathrm{d}x=\frac{1}{3}$. 因为 $f(x,y)$ 服从 D 上的均匀分布，所以

$$
f(x,y)=\begin{cases}3, & x^2<y<\sqrt{x},\\ 0, & \text{其他}.\end{cases}
$$

(2) 因为

$$
P\left\{U\leqslant\frac{1}{2},X\leqslant\frac{1}{2}\right\}=P\left\{U=0,X\leqslant\frac{1}{2}\right\}=P\left\{X>Y,X\leqslant\frac{1}{2}\right\}=\frac{1}{4},
$$

$$
P\left\{U\leqslant\frac{1}{2}\right\}=\frac{1}{2},\quad P\left\{X\leqslant\frac{1}{2}\right\}=\sqrt{\frac{1}{2}}-\frac{1}{8},
$$

即 $P\left\{U\leqslant\frac{1}{2},X\leqslant\frac{1}{2}\right\}\neq P\left\{U\leqslant\frac{1}{2}\right\}P\left\{X\leqslant\frac{1}{2}\right\}$，所以 X 与 U 不独立.

$$
\begin{aligned}
(3)\ F(z) &= P\{U+X\leqslant z\} \\
&= P\{U+X\leqslant z\mid U=0\}P\{U=0\}+P\{U+X\leqslant z\mid U=1\}P\{U=1\} \\
&= \frac{P\{U+X\leqslant z,U=0\}}{P\{U=0\}}P\{U=0\}+\frac{P\{U+X\leqslant z,U=1\}}{P\{U=1\}}P\{U=1\} \\
&= P\{X\leqslant z,X>Y\}+P\{1+X\leqslant z,X\leqslant Y\}.
\end{aligned}
$$

又

$$P\{X \leqslant z, X > Y\} = \begin{cases} 0, & z < 0, \\ \dfrac{3}{2}z^2 - z^3, & 0 \leqslant z < 1, \\ \dfrac{1}{2}, & z \geqslant 1, \end{cases}$$

$$P\{1 + X \leqslant z, X \leqslant Y\} = \begin{cases} 0, & z < 1, \\ 2(z-1)^{\frac{3}{2}} - \dfrac{3}{2}(z-1)^2, & 1 \leqslant z < 2, \\ \dfrac{1}{2}, & z \geqslant 2, \end{cases}$$

故

$$F(z) = \begin{cases} 0, & z < 0, \\ \dfrac{3}{2}z^2 - z^3, & 0 \leqslant z < 1, \\ \dfrac{1}{2} + 2(z-1)^{\frac{3}{2}} - \dfrac{3}{2}(z-1)^2, & 1 \leqslant z < 2, \\ 1, & z \geqslant 2. \end{cases}$$

11. 设随机变量 X 与 Y 相互独立,且 X 的概率分布为 $P\{X = 0\} = P\{X = 2\} = \dfrac{1}{2}$,$Y$ 的概率密度为 $f(y) = \begin{cases} 2y, & 0 < y < 1, \\ 0, & \text{其他}, \end{cases}$ 求 $Z = X + Y$ 的概率密度.

解　由已知得

$$\begin{aligned} F_Z(z) &= P\{Z \leqslant z\} = P\{X + Y \leqslant z\} \\ &= P\{X + Y \leqslant z, X = 0\} + P\{X + Y \leqslant z, X = 2\} \\ &= P\{Y \leqslant z, X = 0\} + P\{Y \leqslant z - 2, X = 2\} \\ &= \frac{1}{2}P\{Y \leqslant z\} + \frac{1}{2}P\{Y \leqslant z - 2\}. \end{aligned}$$

当 $z < 0$ 且 $z - 2 < 0$,即 $z < 0$ 时,$F_Z(z) = 0$;当 $z - 2 \geqslant 1$ 且 $z > 1$,即 $z \geqslant 3$ 时,$F_Z(z) = 1$;当 $0 \leqslant z < 1$ 时,$F_Z(z) = \dfrac{1}{2}z^2$;当 $1 \leqslant z < 2$ 时,$F_Z(z) = \dfrac{1}{2}$;当 $2 \leqslant z < 3$ 时,$F_Z(z) = \dfrac{1}{2} + \dfrac{1}{2}(z-2)^2$. 综上可得

$$F_Z(z) = \begin{cases} 0, & z < 0, \\ \dfrac{1}{2}z^2, & 0 \leqslant z < 1, \\ \dfrac{1}{2}, & 1 \leqslant z < 2, \\ \dfrac{1}{2} + \dfrac{1}{2}(z-2)^2, & 2 \leqslant z < 3, \\ 1, & z \geqslant 3. \end{cases}$$

于是，Z 的概率密度为

$$f_Z(z)=F'_Z(z)=\begin{cases}z, & 0\leqslant z<1,\\ z-2, & 2\leqslant z<3,\\ 0, & \text{其他}.\end{cases}$$

12. 设随机变量 X 与 Y 相互独立，X 服从参数为 1 的指数分布，Y 的概率分布为 $P\{Y=-1\}=p$，$P\{Y=1\}=1-p(0<p<1)$. 令 $Z=XY$，求 Z 的概率密度.

解　显然，X 的概率密度为 $f_X(x)=\begin{cases}e^{-x}, & x>0,\\ 0, & x\leqslant 0.\end{cases}$ 由于 $Z=XY$ 的分布函数为

$$\begin{aligned}F_Z(z)&=P\{Z\leqslant z\}=P\{XY\leqslant z\}=P\{X\leqslant z,Y=1\}+P\{X\geqslant -z,Y=-1\}\\&=(1-p)P\{X\leqslant z\}+pP\{X\geqslant -z\}=(1-p)F_X(z)+p[1-F_X(-z)],\end{aligned}$$

因此 $Z=XY$ 的概率密度为

$$f_Z(z)=F'_Z(z)=pf_X(-z)+(1-p)f_X(z)=\begin{cases}pe^{z}, & z<0,\\ 0, & z=0,\\ (1-p)e^{-z}, & z>0.\end{cases}$$

13. 设随机变量 X_1,X_2,X_3 相互独立，其中 X_1 与 X_2 均服从标准正态分布，X_3 的概率分布为 $P\{X_3=0\}=P\{X_3=1\}=\dfrac{1}{2}$，记 $Y=X_3X_1+(1-X_3)X_2$.

(1) 求二维随机向量 (X_1,Y) 的分布函数，结果用标准正态分布函数 $\Phi(x)$ 表示；

(2) 证明随机变量 Y 服从标准正态分布.

解　(1)
$$\begin{aligned}F(x,y)&=P\{X_1\leqslant x,Y\leqslant y\}\\&=P\{X_1\leqslant x,X_3(X_1-X_2)+X_2\leqslant y,X_3=0\}\\&\quad+P\{X_1\leqslant x,X_3(X_1-X_2)+X_2\leqslant y,X_3=1\}\\&=P\{X_1\leqslant x,X_2\leqslant y,X_3=0\}+P\{X_1\leqslant x,X_1\leqslant y,X_3=1\}\\&=\frac{1}{2}P\{X_1\leqslant x,X_2\leqslant y\}+\frac{1}{2}P\{X_1\leqslant x,X_1\leqslant y\}\\&=\frac{1}{2}\Phi(x)\Phi(y)+\frac{1}{2}\Phi(\min\{x,y\})\\&=\begin{cases}\dfrac{1}{2}\Phi(x)[1+\Phi(y)], & x\leqslant y,\\ \dfrac{1}{2}\Phi(y)[1+\Phi(x)], & x>y.\end{cases}\end{aligned}$$

(2) $F_Y(y)=F(+\infty,y)=\dfrac{1}{2}\Phi(y)[1+\Phi(+\infty)]=\Phi(y)$，故 Y 服从标准正态分布.

14. 设随机变量 X 与 Y 相互独立，且 X 的概率分布为 $P\{X=1\}=P\{X=-1\}=\dfrac{1}{2}$，$Y$ 服从参数为 λ 的泊松分布. 令 $Z=XY$，求 Z 的分布律.

解　由于 X,Y 是离散型随机变量，因此 $Z=XY$ 也是离散型随机变量. X 的可能取值为 1，-1，Y 的分布律为 $P\{Y=k\}=\dfrac{\lambda^k e^{-\lambda}}{k!}(k=0,1,2,\cdots)$，故 Z 的可能取值为 $0,\pm1,\pm2,\cdots$. 于是，Z 的分布律为

$$P\{Z=0\}=P\{X=1,Y=0\}+P\{X=-1,Y=0\}=\frac{1}{2}P\{Y=0\}+\frac{1}{2}P\{Y=0\}=\mathrm{e}^{-\lambda},$$

$$P\{Z=k\}=P\{X=1,Y=k\}=\frac{1}{2}P\{Y=k\}=\frac{1}{2}\frac{\lambda^k\mathrm{e}^{-\lambda}}{k!},\quad k=1,2,\cdots,$$

$$P\{Z=-k\}=P\{X=-1,Y=k\}=\frac{1}{2}P\{Y=k\}=\frac{1}{2}\frac{\lambda^k\mathrm{e}^{-\lambda}}{k!},\quad k=1,2,\cdots.$$

§3.4　教材习题详解

1. 将一枚硬币抛掷 3 次，以 X 表示在 3 次中出现正面的次数，以 Y 表示在 3 次中出现正面次数与出现反面次数之差的绝对值. 试写出 X 和 Y 的联合分布律.

解　X 和 Y 的联合分布律如表 3.23 所示.

表 3.23

Y	X			
	0	1	2	3
1	0	$C_3^1\times\frac{1}{2}\times\frac{1}{2}\times\frac{1}{2}=\frac{3}{8}$	$C_3^2\times\frac{1}{2}\times\frac{1}{2}\times\frac{1}{2}=\frac{3}{8}$	0
3	$\frac{1}{8}$	0	0	$\frac{1}{8}$

2. 盒子里装有 3 个黑球、2 个红球和 2 个白球，在其中任取 4 个球，以 X 表示取到黑球的个数，以 Y 表示取到红球的个数，求 X 和 Y 的联合分布律.

解　X 和 Y 的联合分布律如表 3.24 所示.

表 3.24

Y	X			
	0	1	2	3
0	0	0	$\frac{C_3^2C_2^2}{C_7^4}=\frac{3}{35}$	$\frac{C_3^3C_2^1}{C_7^4}=\frac{2}{35}$
1	0	$\frac{C_3^1C_2^1C_2^2}{C_7^4}=\frac{6}{35}$	$\frac{C_3^2C_2^1C_2^1}{C_7^4}=\frac{12}{35}$	$\frac{C_3^3C_2^1}{C_7^4}=\frac{2}{35}$
2	$\frac{C_2^2C_2^2}{C_7^4}=\frac{1}{35}$	$\frac{C_3^1C_2^2C_2^1}{C_7^4}=\frac{6}{35}$	$\frac{C_3^2C_2^2}{C_7^4}=\frac{3}{35}$	0

3. 设二维随机向量 (X,Y) 的分布函数为

$$F(x,y)=\begin{cases}\sin x\sin y, & 0\leqslant x\leqslant\frac{\pi}{2},0\leqslant y\leqslant\frac{\pi}{2},\\ 0, & \text{其他},\end{cases}$$

求二维随机向量 (X,Y) 在矩形区域 $\left\{0<x\leqslant\frac{\pi}{4},\frac{\pi}{6}<y\leqslant\frac{\pi}{3}\right\}$ 内的概率.

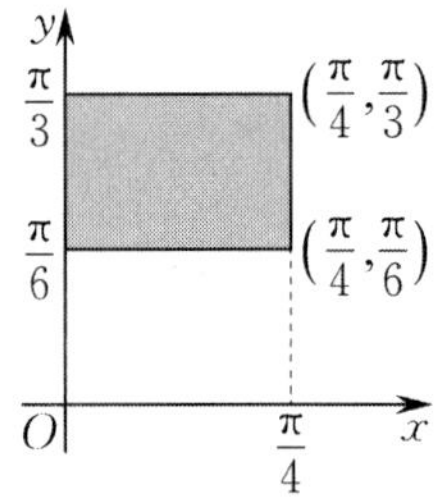

图 3.4

解　如图 3.4 所示，易知

$$\begin{aligned}P\left\{0<X\leqslant\frac{\pi}{4},\frac{\pi}{6}<Y\leqslant\frac{\pi}{3}\right\}&=F\left(\frac{\pi}{4},\frac{\pi}{3}\right)-F\left(\frac{\pi}{4},\frac{\pi}{6}\right)-F\left(0,\frac{\pi}{3}\right)+F\left(0,\frac{\pi}{6}\right)\\&=\sin\frac{\pi}{4}\times\sin\frac{\pi}{3}-\sin\frac{\pi}{4}\times\sin\frac{\pi}{6}-\sin 0\times\sin\frac{\pi}{3}+\sin 0\times\sin\frac{\pi}{6}\\&=\frac{\sqrt{2}}{4}(\sqrt{3}-1).\end{aligned}$$

4. 设二维随机向量(X,Y)的概率密度为

$$f(x,y)=\begin{cases}Ae^{-(3x+4y)}, & x>0,y>0,\\ 0, & \text{其他},\end{cases}$$

求:(1) 常数A;(2) 二维随机向量(X,Y)的分布函数;(3) $P\{0\leqslant X<1,0\leqslant Y<2\}$.

解　(1) 由$\int_{-\infty}^{+\infty}\int_{-\infty}^{+\infty}f(x,y)\mathrm{d}x\mathrm{d}y=\int_0^{+\infty}\int_0^{+\infty}Ae^{-(3x+4y)}\mathrm{d}x\mathrm{d}y=\frac{A}{12}=1$,解得$A=12$.

(2) 由二维随机向量(X,Y)的分布函数的定义,有

$$F(x,y)=\int_{-\infty}^{x}\int_{-\infty}^{y}f(u,v)\mathrm{d}u\mathrm{d}v=\begin{cases}\int_0^x\int_0^y 12e^{-(3u+4v)}\mathrm{d}u\mathrm{d}v, & x>0,y>0,\\ 0, & \text{其他}\end{cases}$$

$$=\begin{cases}(1-e^{-3x})(1-e^{-4y}), & x>0,y>0,\\ 0, & \text{其他}.\end{cases}$$

(3) $P\{0\leqslant X<1,0\leqslant Y<2\}=P\{0<X\leqslant 1,0<Y\leqslant 2\}=\int_0^1\int_0^2 12e^{-(3x+4y)}\mathrm{d}x\mathrm{d}y$

$$=(1-e^{-3})(1-e^{-8})\approx 0.9499.$$

5. 设二维随机向量(X,Y)的概率密度为

$$f(x,y)=\begin{cases}k(6-x-y), & 0<x<2,2<y<4,\\ 0, & \text{其他},\end{cases}$$

求:(1) 常数k;(2) $P\{X<1,Y<3\}$;(3) $P\{X<1.5\}$;(4) $P\{X+Y\leqslant 4\}$.

解　(1) 由$\int_{-\infty}^{+\infty}\int_{-\infty}^{+\infty}f(x,y)\mathrm{d}x\mathrm{d}y=\int_0^2\int_2^4 k(6-x-y)\mathrm{d}x\mathrm{d}y=8k=1$,解得$k=\frac{1}{8}$.

(2) $P\{X<1,Y<3\}=\int_{-\infty}^{1}\int_{-\infty}^{3}f(x,y)\mathrm{d}x\mathrm{d}y=\int_0^1\int_2^3\frac{1}{8}(6-x-y)\mathrm{d}x\mathrm{d}y=\frac{3}{8}$.

(3) 如图 3.5(a) 所示,$P\{X<1.5\}=\iint\limits_{x<1.5}f(x,y)\mathrm{d}x\mathrm{d}y=\iint\limits_{D_1}f(x,y)\mathrm{d}x\mathrm{d}y$

$$=\int_0^{1.5}\mathrm{d}x\int_2^4\frac{1}{8}(6-x-y)\mathrm{d}y=\frac{27}{32}.$$

(4) 如图 3.5(b) 所示,$P\{X+Y\leqslant 4\}=\iint\limits_{x+y\leqslant 4}f(x,y)\mathrm{d}x\mathrm{d}y=\iint\limits_{D_2}f(x,y)\mathrm{d}x\mathrm{d}y$

$$=\int_0^2\mathrm{d}x\int_2^{4-x}\frac{1}{8}(6-x-y)\mathrm{d}y=\frac{2}{3}.$$

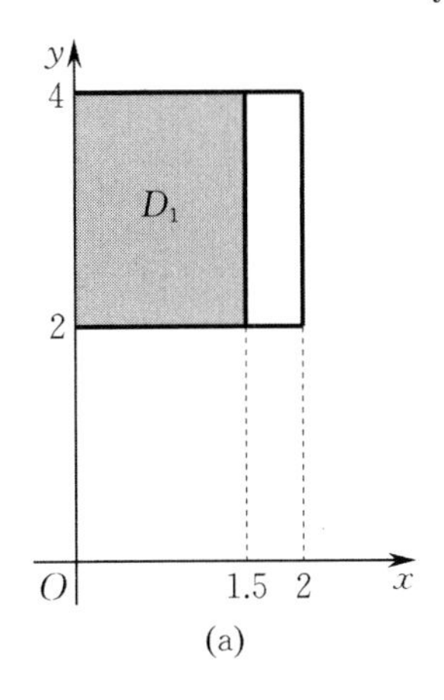

(a)

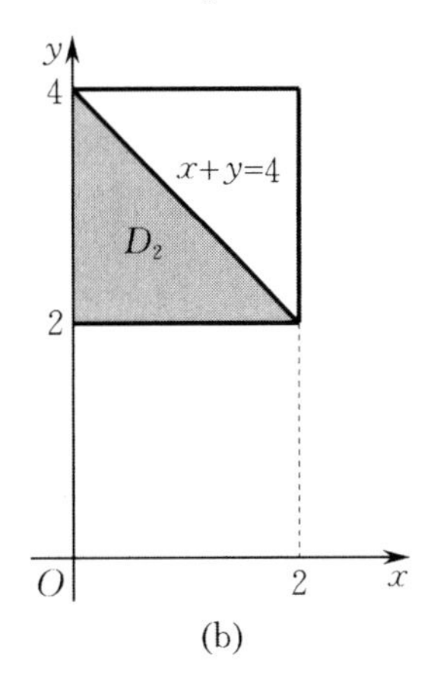

(b)

图 3.5

6. 设X与Y是两个相互独立的随机变量,X在$(0,0.2)$上服从均匀分布,Y的概率密度为

$$f_Y(y)=\begin{cases}5\mathrm{e}^{-5y}, & y>0,\\ 0, & \text{其他},\end{cases}$$

求:(1) X 与 Y 的联合概率密度;(2) $P\{Y\leqslant X\}$.

解 (1) 因为 X 在(0,0.2)上服从均匀分布,所以 X 的概率密度为

$$f_X(x)=\begin{cases}5, & 0<x<0.2,\\ 0, & \text{其他}.\end{cases}$$

又 X 与 Y 相互独立,故

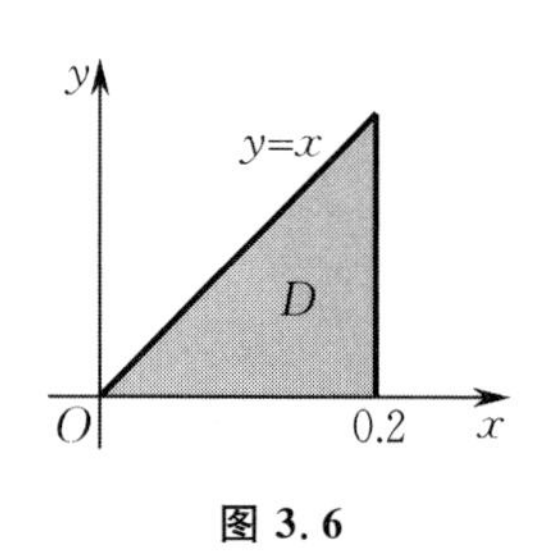

图 3.6

$$f(x,y)=f_X(x)f_Y(y)=\begin{cases}25\mathrm{e}^{-5y}, & 0<x<0.2, y>0,\\ 0, & \text{其他}.\end{cases}$$

(2) 如图 3.6 所示,

$$\begin{aligned}P\{Y\leqslant X\}&=\iint\limits_{y\leqslant x}f(x,y)\mathrm{d}x\mathrm{d}y=\iint\limits_{D}25\mathrm{e}^{-5y}\mathrm{d}x\mathrm{d}y\\ &=\int_0^{0.2}\mathrm{d}x\int_0^x 25\mathrm{e}^{-5y}\mathrm{d}y=\int_0^{0.2}(-5\mathrm{e}^{-5x}+5)\mathrm{d}x\\ &=\mathrm{e}^{-1}\approx 0.3679.\end{aligned}$$

7. 设二维随机向量(X,Y)的分布函数为

$$F(x,y)=\begin{cases}(1-\mathrm{e}^{-4x})(1-\mathrm{e}^{-2y}), & x>0, y>0,\\ 0, & \text{其他},\end{cases}$$

求(X,Y)的概率密度.

解 由已知得

$$f(x,y)=\frac{\partial^2F(x,y)}{\partial x\partial y}=\begin{cases}8\mathrm{e}^{-(4x+2y)}, & x>0, y>0,\\ 0, & \text{其他}.\end{cases}$$

8. 设二维随机向量(X,Y)的概率密度为

$$f(x,y)=\begin{cases}4.8y(2-x), & 0\leqslant x\leqslant 1, 0\leqslant y\leqslant x,\\ 0, & \text{其他},\end{cases}$$

求边缘概率密度.

解 如图 3.7 所示,

$$\begin{aligned}f_X(x)&=\int_{-\infty}^{+\infty}f(x,y)\mathrm{d}y=\begin{cases}\int_0^x 4.8y(2-x)\mathrm{d}y, & 0\leqslant x\leqslant 1,\\ 0, & \text{其他}\end{cases}\\ &=\begin{cases}2.4x^2(2-x), & 0\leqslant x\leqslant 1,\\ 0, & \text{其他},\end{cases}\end{aligned}$$

$$\begin{aligned}f_Y(y)&=\int_{-\infty}^{+\infty}f(x,y)\mathrm{d}x=\begin{cases}\int_y^1 4.8y(2-x)\mathrm{d}x, & 0\leqslant y\leqslant 1,\\ 0, & \text{其他}\end{cases}\\ &=\begin{cases}2.4y(3-4y+y^2), & 0\leqslant y\leqslant 1,\\ 0, & \text{其他}.\end{cases}\end{aligned}$$

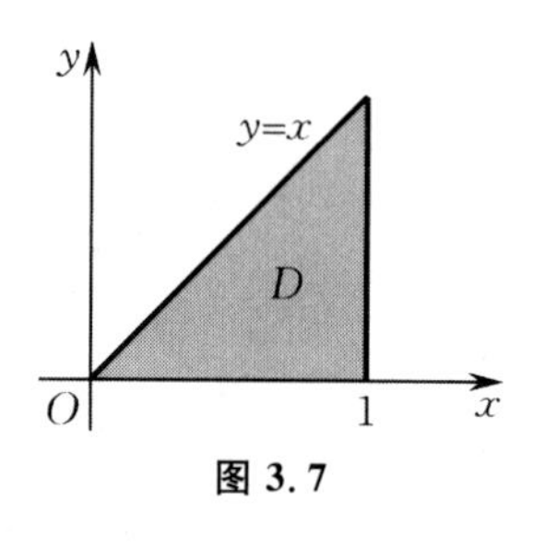

图 3.7

9. 设二维随机向量(X,Y)的概率密度为

$$f(x,y)=\begin{cases}\mathrm{e}^{-y}, & 0<x<y,\\ 0, & \text{其他},\end{cases}$$

求边缘概率密度.

解 如图 3.8 所示,

$$f_X(x)=\int_{-\infty}^{+\infty}f(x,y)\mathrm{d}y=\begin{cases}\int_x^{+\infty}\mathrm{e}^{-y}\mathrm{d}y, & x>0,\\0, & \text{其他}\end{cases}$$

$$=\begin{cases}\mathrm{e}^{-x}, & x>0,\\0, & \text{其他},\end{cases}$$

$$f_Y(y)=\int_{-\infty}^{+\infty}f(x,y)\mathrm{d}x=\begin{cases}\int_0^{y}\mathrm{e}^{-y}\mathrm{d}x, & y>0,\\0, & \text{其他}\end{cases}$$

$$=\begin{cases}y\mathrm{e}^{-y}, & y>0,\\0, & \text{其他}.\end{cases}$$

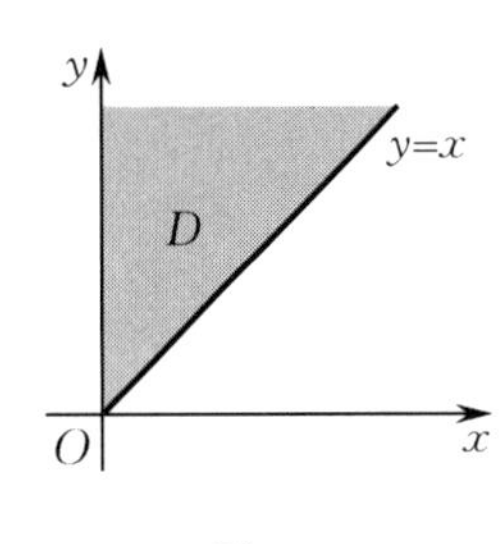

图 3.8

10. 设二维随机向量(X,Y)的概率密度为

$$f(x,y)=\begin{cases}cx^2y, & x^2\leqslant y\leqslant 1,\\0, & \text{其他},\end{cases}$$

(1) 试确定常数 c；

(2) 求边缘概率密度.

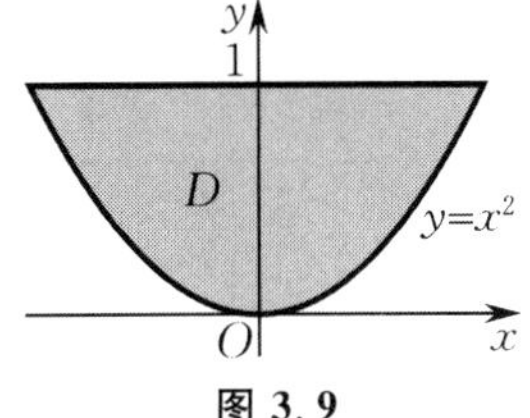

图 3.9

解　(1) 如图 3.9 所示，由

$$\int_{-\infty}^{+\infty}\int_{-\infty}^{+\infty}f(x,y)\mathrm{d}x\mathrm{d}y=\iint_D f(x,y)\mathrm{d}x\mathrm{d}y=\int_{-1}^{1}\mathrm{d}x\int_{x^2}^{1}cx^2y\mathrm{d}y$$

$$=\frac{4}{21}c=1,$$

得 $c=\frac{21}{4}$.

(2) $$f_X(x)=\int_{-\infty}^{+\infty}f(x,y)\mathrm{d}y=\begin{cases}\int_{x^2}^{1}\frac{21}{4}x^2y\mathrm{d}y, & -1\leqslant x\leqslant 1,\\0, & \text{其他}\end{cases}$$

$$=\begin{cases}\frac{21}{8}x^2(1-x^4), & -1\leqslant x\leqslant 1,\\0, & \text{其他},\end{cases}$$

$$f_Y(y)=\int_{-\infty}^{+\infty}f(x,y)\mathrm{d}x=\begin{cases}\int_{-\sqrt{y}}^{\sqrt{y}}\frac{21}{4}x^2y\mathrm{d}x, & 0\leqslant y\leqslant 1,\\0, & \text{其他}\end{cases}$$

$$=\begin{cases}\frac{7}{2}y^{\frac{5}{2}}, & 0\leqslant y\leqslant 1,\\0, & \text{其他}.\end{cases}$$

11. 设二维随机向量(X,Y)的概率密度为

$$f(x,y)=\begin{cases}1, & |y|<x,0<x<1,\\0, & \text{其他},\end{cases}$$

求条件概率密度 $f_{Y|X}(y\mid x)$，$f_{X|Y}(x\mid y)$.

解　如图 3.10 所示，

$$f_X(x)=\int_{-\infty}^{+\infty}f(x,y)\mathrm{d}y=\begin{cases}2x, & 0<x<1,\\0, & \text{其他},\end{cases}$$

$$f_Y(y)=\int_{-\infty}^{+\infty}f(x,y)\mathrm{d}x=\begin{cases}1+y, & -1<y<0,\\1-y, & 0\leqslant y<1,\\0, & \text{其他}.\end{cases}$$

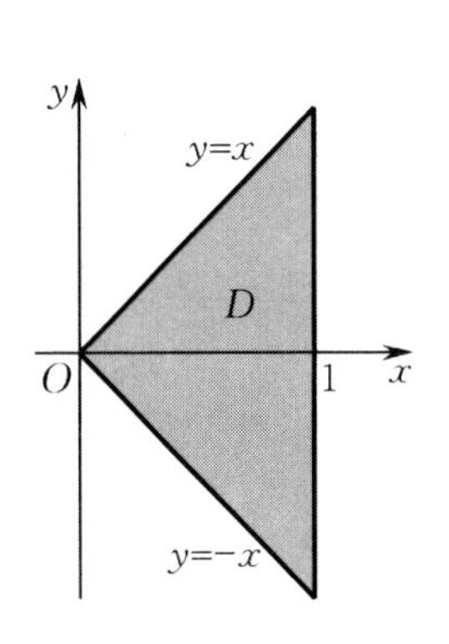

图 3.10

于是,当 $0<x<1$ 时,

$$f_{Y|X}(y\mid x)=\frac{f(x,y)}{f_X(x)}=\begin{cases}\dfrac{1}{2x}, & |y|<x<1,\\ 0, & \text{其他}.\end{cases}$$

当 $-1<y<1$ 时,

$$f_{X|Y}(x\mid y)=\frac{f(x,y)}{f_Y(y)}=\begin{cases}\dfrac{1}{1-y}, & 0\leqslant y<x<1,\\ \dfrac{1}{1+y}, & 0<-y<x<1,\\ 0, & \text{其他}.\end{cases}$$

12. 袋中有 1,2,3,4,5 五个号码,从中任取三个,记这三个号码中最小的号码为 X,最大的号码为 Y.

(1) 求 X 与 Y 的联合分布律;

(2) X 与 Y 是否相互独立?

解　(1) X 与 Y 的联合分布律如表 3.25 所示.

表 3.25

X	Y			$P\{X=x_i\}$
	3	4	5	
1	$\frac{1}{C_5^3}=\frac{1}{10}$	$\frac{2}{C_5^3}=\frac{2}{10}$	$\frac{3}{C_5^3}=\frac{3}{10}$	$\frac{6}{10}$
2	0	$\frac{1}{C_5^3}=\frac{1}{10}$	$\frac{2}{C_5^3}=\frac{2}{10}$	$\frac{3}{10}$
3	0	0	$\frac{1}{C_5^2}=\frac{1}{10}$	$\frac{1}{10}$
$P\{Y=y_j\}$	$\frac{1}{10}$	$\frac{3}{10}$	$\frac{6}{10}$	

(2) 因为

$$P\{X=1\}P\{Y=3\}=\frac{6}{10}\times\frac{1}{10}=\frac{6}{100}\neq\frac{1}{10}=P\{X=1,Y=3\},$$

所以 X 与 Y 不独立.

13. 设二维随机向量(X,Y)的分布律如表 3.26 所示.

表 3.26

Y	X		
	2	5	8
0.4	0.15	0.30	0.35
0.8	0.05	0.12	0.03

(1) 求关于 X 和关于 Y 的边缘分布律;

(2) X 与 Y 是否相互独立?

解　(1) X 和 Y 的边缘分布律如表 3.27 所示.

表 3.27

Y	X			$P\{Y=y_j\}$
	2	5	8	
0.4	0.15	0.30	0.35	0.80
0.8	0.05	0.12	0.03	0.20
$P\{X=x_i\}$	0.20	0.42	0.38	

(2) 因为

$$P\{X=2\}P\{Y=0.4\}=0.20\times 0.80=0.16\neq 0.15=P\{X=2,Y=0.4\},$$

所以 X 与 Y 不独立.

14. 设 X 与 Y 是两个相互独立的随机变量,X 在 $(0,1)$ 上服从均匀分布,Y 的概率密度为

$$f_Y(y)=\begin{cases}\dfrac{1}{2}\mathrm{e}^{-\frac{y}{2}}, & y>0,\\ 0, & \text{其他}.\end{cases}$$

(1) 求 X 和 Y 的联合概率密度;

(2) 设以 a 为变量的二次方程为 $a^2+2Xa+Y=0$,试求该方程有实根的概率.

解 (1) 由已知得

$$f_X(x)=\begin{cases}1, & 0<x<1,\\ 0, & \text{其他},\end{cases}\qquad f_Y(y)=\begin{cases}\dfrac{1}{2}\mathrm{e}^{-\frac{y}{2}}, & y>0,\\ 0, & \text{其他}.\end{cases}$$

又 X 与 Y 相互独立,故

$$f(x,y)=f_X(x)f_Y(y)=\begin{cases}\dfrac{1}{2}\mathrm{e}^{-\frac{y}{2}}, & 0<x<1,y>0,\\ 0, & \text{其他}.\end{cases}$$

(2) 方程 $a^2+2Xa+Y=0$ 有实根的充要条件是

$$\Delta=(2X)^2-4Y\geqslant 0,\quad \text{即}\quad X^2\geqslant Y.$$

如图 3.11 所示,方程有实根的概率为

$$P\{X^2\geqslant Y\}=\iint\limits_{x^2\geqslant y}f(x,y)\mathrm{d}x\mathrm{d}y=\int_0^1\mathrm{d}x\int_0^{x^2}\frac{1}{2}\mathrm{e}^{-\frac{y}{2}}\mathrm{d}y$$

$$=1-\sqrt{2\pi}[\Phi(1)-\Phi(0)]\approx 0.1445.$$

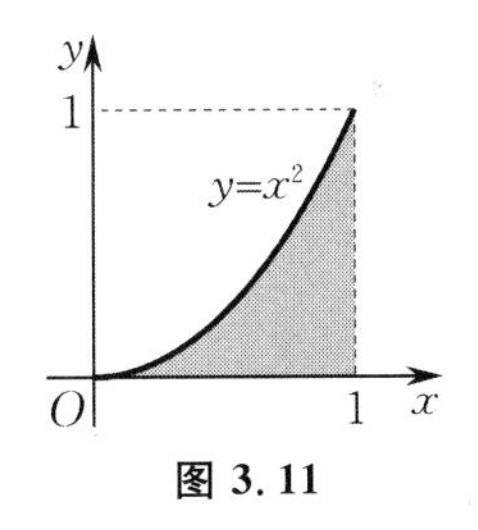

图 3.11

15. 设 X 和 Y 分别表示两个不同电子器件的寿命(单位:h),并设 X 与 Y 相互独立,且服从同一分布,其概率密度为

$$f(x)=\begin{cases}\dfrac{1000}{x^2}, & x>1000,\\ 0, & \text{其他},\end{cases}$$

求 $Z=\dfrac{X}{Y}$ 的概率密度.

解 Z 的分布函数为 $F_Z(z)=P\{Z\leqslant z\}=P\left\{\dfrac{X}{Y}\leqslant z\right\}$. 当 $z\leqslant 0$ 时,$F_Z(z)=0$;当 $0<z<1$ 时,这时当 $x=1000$ 时,$y=\dfrac{1000}{z}$,积分区域如图 3.12(a) 所示,则

$$F_Z(z)=\iint\limits_{y\geqslant\frac{x}{z}}\frac{10^6}{x^2y^2}\mathrm{d}x\mathrm{d}y=\int_{\frac{1000}{z}}^{+\infty}\mathrm{d}y\int_{1000}^{yz}\frac{10^6}{x^2y^2}\mathrm{d}x$$

$$= \int_{\frac{1\,000}{z}}^{+\infty} \left(\frac{1\,000}{y^2} - \frac{10^6}{zy^3} \right) \mathrm{d}y = \frac{z}{2};$$

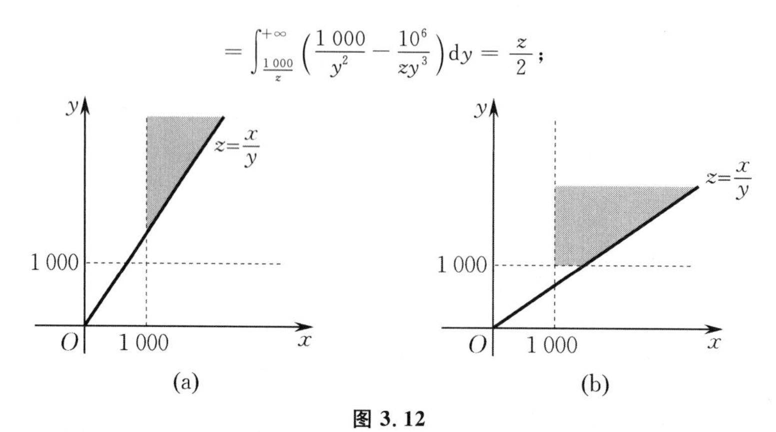

图 3.12

当 $z \geqslant 1$ 时,这时当 $y = 1\,000$ 时,$x = 1\,000z$,积分区域如图 3.12(b) 所示,则

$$F_Z(z) = \iint\limits_{y \geqslant \frac{x}{z}} \frac{10^6}{x^2 y^2} \mathrm{d}x\mathrm{d}y = \int_{1\,000}^{+\infty} \mathrm{d}y \int_{1\,000}^{yz} \frac{10^6}{x^2 y^2} \mathrm{d}x$$

$$= \int_{1\,000}^{+\infty} \left(\frac{1\,000}{y^2} - \frac{10^6}{zy^3} \right) \mathrm{d}y = 1 - \frac{1}{2z}.$$

故

$$f_Z(z) = F'_Z(z) = \begin{cases} \dfrac{1}{2z^2}, & z \geqslant 1, \\ \dfrac{1}{2}, & 0 < z < 1, \\ 0, & \text{其他}. \end{cases}$$

16. 设某种型号的电子管的寿命(单位:h) 近似地服从正态分布 $N(160, 20^2)$. 随机地选取 4 个,求其中没有一个寿命小于 180 h 的概率.

解　设这 4 个电子管的寿命分别为 $X_i (i = 1,2,3,4)$,则 $X_i \sim N(160, 20^2)$. 由于 X_i 之间相互独立,故

$$P\{\min\{X_1, X_2, X_3, X_4\} \geqslant 180\}$$

$$= P\{X_1 \geqslant 180\} P\{X_2 \geqslant 180\} P\{X_3 \geqslant 180\} P\{X_4 \geqslant 180\}$$

$$= (1 - P\{X_1 < 180\})(1 - P\{X_2 < 180\})(1 - P\{X_3 < 180\})(1 - P\{X_4 < 180\})$$

$$= (1 - P\{X_1 < 180\})^4 = \left[1 - \Phi\left(\frac{180 - 160}{20} \right) \right]^4$$

$$= [1 - \Phi(1)]^4 = 0.158\,7^4 \approx 0.000\,63.$$

17. 设 X 与 Y 是相互独立的随机变量,其分布律分别为

$$P\{X = k\} = p(k), \quad k = 0,1,2,\cdots,$$

$$P\{Y = r\} = q(r), \quad r = 0,1,2,\cdots,$$

证明:随机变量 $Z = X + Y$ 的分布律为

$$P\{Z = i\} = \sum_{k=0}^{i} p(k) q(i-k), \quad i = 0,1,2,\cdots.$$

证　因为 X 和 Y 的所有可能取值都是非负整数,所以

$$\{Z = i\} = \{X + Y = i\} = \{X = 0, Y = i\} \cup \{X = 1, Y = i - 1\} \cup \cdots \cup \{X = i, Y = 0\}.$$

又由于 X 与 Y 相互独立,故

$$P\{Z = i\} = \sum_{k=0}^{i} P\{X = k, Y = i - k\} = \sum_{k=0}^{i} P\{X = k\} P\{Y = i - k\}$$

$$= \sum_{k=0}^{i} p(k) q(i-k), \quad i = 0,1,2,\cdots.$$

18. 设 X 与 Y 是相互独立的随机变量，它们都服从参数为 n,p 的二项分布，证明：$Z=X+Y$ 服从参数为 $2n$，p 的二项分布.

证　$X+Y$ 的所有可能取值为 $0,1,2,\cdots,2n$，则

$$\begin{aligned}P\{X+Y=k\}&=\sum_{i=0}^{k}P\{X=i,Y=k-i\}=\sum_{i=0}^{k}P\{X=i\}P\{Y=k-i\}\\&=\sum_{i=0}^{k}C_n^ip^i(1-p)^{n-i}C_n^{k-i}p^{k-i}(1-p)^{n-k+i}=\sum_{i=0}^{k}C_n^iC_n^{k-i}p^k(1-p)^{2n-k}\\&=C_{2n}^kp^k(1-p)^{2n-k},\end{aligned}$$

即得 $X+Y$ 服从参数为 $2n,p$ 的二项分布.

19. 设二维随机向量 (X,Y) 的分布律如表 3.28 所示，求：

(1) $P\{X=2\mid Y=2\}$，$P\{Y=3\mid X=0\}$；

(2) $V=\max\{X,Y\}$ 的分布律；

(3) $U=\min\{X,Y\}$ 的分布律；

(4) $W=X+Y$ 的分布律.

表 3.28

Y	X					
	0	1	2	3	4	5
0	0	0.01	0.03	0.05	0.07	0.09
1	0.01	0.02	0.04	0.05	0.06	0.08
2	0.01	0.03	0.05	0.05	0.05	0.06
3	0.01	0.02	0.04	0.06	0.06	0.05

解　(1) $P\{X=2\mid Y=2\}=\dfrac{P\{X=2,Y=2\}}{P\{Y=2\}}=\dfrac{P\{X=2,Y=2\}}{\sum\limits_{i=0}^{5}P\{X=i,Y=2\}}=\dfrac{0.05}{0.25}=\dfrac{1}{5}$，

$$P\{Y=3\mid X=0\}=\frac{P\{X=0,Y=3\}}{P\{X=0\}}=\frac{P\{X=0,Y=3\}}{\sum\limits_{j=0}^{3}P\{X=0,Y=j\}}=\frac{0.01}{0.03}=\frac{1}{3}.$$

(2) 显然 V 的所有可能取值为 $0,1,2,3,4,5$，则

$$\begin{aligned}P\{V=i\}&=P\{\max\{X,Y\}=i\}=P\{X=i,Y<i\}+P\{X\leqslant i,Y=i\}\\&=\sum_{k=0}^{i-1}P\{X=i,Y=k\}+\sum_{k=0}^{i}P\{X=k,Y=i\}\quad(i=0,1,2,3,4,5),\end{aligned}$$

于是 V 的分布律如表 3.29 所示.

表 3.29

$V=\max\{X,Y\}$	0	1	2	3	4	5
p_k	0	0.04	0.16	0.28	0.24	0.28

(3) 显然 U 的所有可能取值为 $0,1,2,3$，则

$$\begin{aligned}P\{U=i\}&=P\{\min\{X,Y\}=i\}=P\{X=i,Y\geqslant i\}+P\{X>i,Y=i\}\\&=\sum_{k=i}^{3}P\{X=i,Y=k\}+\sum_{k=i+1}^{5}P\{X=k,Y=i\}\quad(i=0,1,2,3),\end{aligned}$$

于是 U 的分布律如表 3.30 所示.

表 3.30

$U=\min\{X,Y\}$	0	1	2	3
p_k	0.28	0.30	0.25	0.17

(4) 类似上述过程，W 的所有可能取值为 0,1,2,3,4,5,6,7,8，则 W 的分布律如表 3.31 所示.

表 3.31

$W=X+Y$	0	1	2	3	4	5	6	7	8
p_k	0	0.02	0.06	0.13	0.19	0.24	0.19	0.12	0.05

20. 已知雷达的圆形屏幕半径为 R，设目标出现点 (X,Y) 在屏幕上服从均匀分布.

(1) 求 $P\{Y>0 \mid Y>X\}$；

(2) 设 $M=\max\{X,Y\}$，求 $P\{M>0\}$.

解　(1) 依题意得 (X,Y) 的概率密度为

$$f(x,y)=\begin{cases}\dfrac{1}{\pi R^2}, & x^2+y^2\leqslant R^2,\\ 0, & \text{其他}.\end{cases}$$

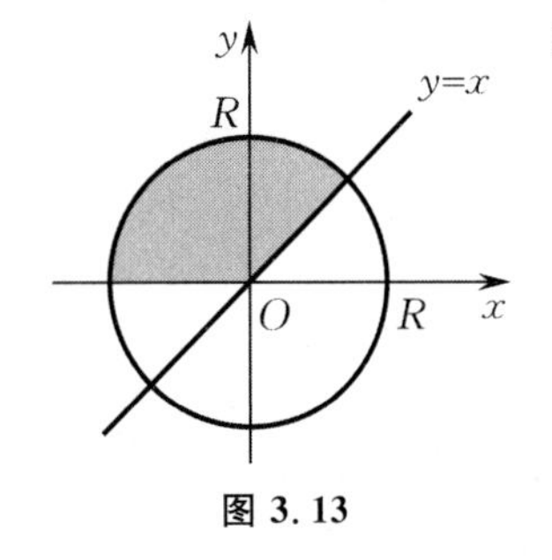

图 3.13

如图 3.13 所示，

$$P\{Y>0 \mid Y>X\}=\frac{P\{Y>0,Y>X\}}{P\{Y>X\}}=\frac{\iint\limits_{\substack{y>0\\ y>x}} f(x,y)\mathrm{d}\sigma}{\iint\limits_{y>x} f(x,y)\mathrm{d}\sigma}$$

$$=\frac{\int_{\frac{\pi}{4}}^{\pi}\mathrm{d}\theta\int_0^R\frac{1}{\pi R^2}r\mathrm{d}r}{\int_{\frac{\pi}{4}}^{\frac{5}{4}\pi}\mathrm{d}\theta\int_0^R\frac{1}{\pi R^2}r\mathrm{d}r}=\frac{3}{8}\Big/\frac{1}{2}=\frac{3}{4}.$$

(2) $P\{M>0\}=P\{\max\{X,Y\}>0\}=1-P\{\max\{X,Y\}\leqslant 0\}$

$$=1-P\{X\leqslant 0,Y\leqslant 0\}=1-\iint\limits_{\substack{x\leqslant 0\\ y\leqslant 0}} f(x,y)\mathrm{d}\sigma=1-\frac{1}{4}=\frac{3}{4}.$$

21. 设平面区域 D 由曲线 $y=\dfrac{1}{x}$ 及直线 $y=0,x=1,x=\mathrm{e}^2$ 所围成，二维随机向量 (X,Y) 在区域 D 上服从均匀分布，求 (X,Y) 关于 X 的边缘概率密度在 $x=2$ 处的值.

解　区域 D 的面积为 $S_D=\int_1^{\mathrm{e}^2}\dfrac{1}{x}\mathrm{d}x=2$. 因此，$(X,Y)$ 的概率密度为

$$f(x,y)=\begin{cases}\dfrac{1}{2}, & (x,y)\in D,\\ 0, & (x,y)\notin D,\end{cases}$$

其中 $D=\left\{(x,y)\,\middle|\,1\leqslant x\leqslant \mathrm{e}^2,0\leqslant y\leqslant\dfrac{1}{x}\right\}$.

易知 $x=2$ 在区间 $[1,\mathrm{e}^2]$ 上，而当 $1\leqslant x\leqslant \mathrm{e}^2$ 时，$f_X(x)=\int_{-\infty}^{+\infty}f(x,y)\mathrm{d}y=\int_0^{\frac{1}{x}}\dfrac{1}{2}\mathrm{d}y=\dfrac{1}{2x}$，故

$$f_X(2)=\frac{1}{4}.$$

22. 设随机变量 X 与 Y 相互独立，表 3.32 列出了二维随机向量 (X,Y) 的分布律及关于 X 和 Y 的边缘分布律中的部分数值. 试将其余数值填入表中的空白处.

表 3.32

X	Y			$P\{X=x_i\}=p_{i\cdot}$
	y_1	y_2	y_3	
x_1		$\frac{1}{8}$		
x_2	$\frac{1}{8}$			
$P\{Y=y_j\}=p_{\cdot j}$	$\frac{1}{6}$			1

解　因为

$$P\{Y=y_j\}=p_{\cdot j}=\sum_{i=1}^{2}P\{X=x_i,Y=y_j\},$$

所以

$$P\{Y=y_1\}=P\{X=x_1,Y=y_1\}+P\{X=x_2,Y=y_1\},$$

从而

$$P\{X=x_1,Y=y_1\}=\frac{1}{6}-\frac{1}{8}=\frac{1}{24}.$$

由于 X 与 Y 相互独立,故

$$P\{X=x_i\}P\{Y=y_j\}=P\{X=x_i,Y=y_j\},$$

从而

$$P\{X=x_1\}\times\frac{1}{6}=P\{X=x_1,Y=y_1\}=\frac{1}{24},$$

即

$$P\{X=x_1\}=\frac{1}{24}\Big/\frac{1}{6}=\frac{1}{4}.$$

又

$$P\{X=x_1\}=P\{X=x_1,Y=y_1\}+P\{X=x_1,Y=y_2\}+P\{X=x_1,Y=y_3\},$$

即

$$\frac{1}{4}=\frac{1}{24}+\frac{1}{8}+P\{X=x_1,Y=y_3\},$$

从而

$$P\{X=x_1,Y=y_3\}=\frac{1}{12}.$$

同理

$$P\{Y=y_2\}=\frac{1}{2},\quad P\{X=x_2,Y=y_2\}=\frac{3}{8}.$$

又 $\sum_{j=1}^{3}P\{Y=y_j\}=1$,故

$$P\{Y=y_3\}=1-\frac{1}{6}-\frac{1}{2}=\frac{1}{3}.$$

同理 $P\{X=x_2\}=\frac{3}{4}$,于是

$$P\{X=x_2,Y=y_3\}=P\{Y=y_3\}-P\{X=x_1,Y=y_3\}=\frac{1}{3}-\frac{1}{12}=\frac{1}{4}.$$

因此,完整的表格如表 3.33 所示.

表 3.33

X	Y			$P\{X=x_i\}=p_{i\cdot}$
	y_1	y_2	y_3	
x_1	$\frac{1}{24}$	$\frac{1}{8}$	$\frac{1}{12}$	$\frac{1}{4}$
x_2	$\frac{1}{8}$	$\frac{3}{8}$	$\frac{1}{4}$	$\frac{3}{4}$
$P\{Y=y_j\}=p_{\cdot j}$	$\frac{1}{6}$	$\frac{1}{2}$	$\frac{1}{3}$	1

23. 设某班车起点站上客人数 X 服从参数为 $\lambda(\lambda>0)$ 的泊松分布，每位乘客在中途下车的概率均为 $p(0<p<1)$，且中途下车与否相互独立，以 Y 表示在中途下车的人数，求：

(1) 在发车时有 n 个乘客的条件下，中途有 m 人下车的概率；

(2) 二维随机向量 (X,Y) 的分布律.

解　(1) 这是条件分布，即求当 $X=n$ 时，$Y=m$ 的概率 $P\{Y=m\mid X=n\}$. 由于车上的每位乘客下车与否是相互独立的，因此，Y 的条件分布为二项分布，即

$$P\{Y=m\mid X=n\}=\mathrm{C}_n^m p^m(1-p)^{n-m}\quad(0\leqslant m\leqslant n,n=0,1,2,\cdots).$$

(2) $P\{X=n,Y=m\}=P\{X=n\}P\{Y=m\mid X=n\}$

$$=\frac{\lambda^n}{n!}\mathrm{e}^{-\lambda}\cdot\mathrm{C}_n^m p^m(1-p)^{n-m}\quad(0\leqslant m\leqslant n,n=0,1,2,\cdots).$$

24. 设随机变量 X 与 Y 相互独立，其中 X 的分布律为 $P\{X=1\}=0.3$，$P\{X=2\}=0.7$，而 Y 的概率密度为 $f(y)$，求随机变量 $U=X+Y$ 的概率密度 $g(u)$.

解　设 $F(y)$ 是 Y 的分布函数，由全概率公式得 $U=X+Y$ 的分布函数为

$$\begin{aligned}G(u)&=P\{X+Y\leqslant u\}=P\{X=1,X+Y\leqslant u\}+P\{X=2,X+Y\leqslant u\}\\&=P\{X=1\}P\{X+Y\leqslant u\mid X=1\}+P\{X=2\}P\{X+Y\leqslant u\mid X=2\}\\&=P\{X=1\}P\{Y\leqslant u-1\mid X=1\}+P\{X=2\}P\{Y\leqslant u-2\mid X=2\}\\&=0.3P\{Y\leqslant u-1\}+0.7P\{Y\leqslant u-2\}=0.3F(u-1)+0.7F(u-2).\end{aligned}$$

因此，$U=X+Y$ 的概率密度为

$$g(u)=G'(u)=0.3F'(u-1)+0.7F'(u-2)=0.3f(u-1)+0.7f(u-2).$$

25. 设随机变量 X 与 Y 相互独立，且均服从 $[0,3]$ 上的均匀分布，求 $P\{\max\{X,Y\}\leqslant 1\}$.

解　因为 X 和 Y 均服从 $[0,3]$ 上的均匀分布，故有

$$f(x)=\begin{cases}\frac{1}{3}, & 0\leqslant x\leqslant 3,\\0, & \text{其他},\end{cases}\qquad f(y)=\begin{cases}\frac{1}{3}, & 0\leqslant y\leqslant 3,\\0, & \text{其他}.\end{cases}$$

又因为 X 与 Y 相互独立，所以

$$f(x,y)=f(x)f(y)=\begin{cases}\frac{1}{9}, & 0\leqslant x\leqslant 3,0\leqslant y\leqslant 3,\\0, & \text{其他}.\end{cases}$$

于是
$$P\{\max\{X,Y\}\leqslant 1\}=\int_0^1\int_0^1\frac{1}{9}\mathrm{d}x\mathrm{d}y=\frac{1}{9}.$$

26. 设二维随机向量 (X,Y) 的概率密度为

$$f(x,y)=\begin{cases}2-x-y, & 0<x<1,0<y<1,\\0, & \text{其他},\end{cases}$$

求：(1) $P\{X>2Y\}$；(2) $Z=X+Y$ 的概率密度 $f_Z(z)$.

解　(1) $P\{X>2Y\}=\iint\limits_{x>2y}f(x,y)\mathrm{d}x\mathrm{d}y=\int_0^{\frac{1}{2}}\mathrm{d}y\int_{2y}^1(2-x-y)\mathrm{d}x$

$$=\int_0^{\frac{1}{2}}\left(\frac{3}{2}-5y+4y^2\right)\mathrm{d}y=\frac{7}{24}.$$

(2) **法一(分布函数法)**　先求随机变量 Z 的分布函数 $F_Z(z)$. 如图 3.14 所示，当 $z\leqslant 0$ 时，$F_Z(z)=0$；当 $z\geqslant 2$ 时，$F_Z(z)=1$；当 $0<z<1$ 时，

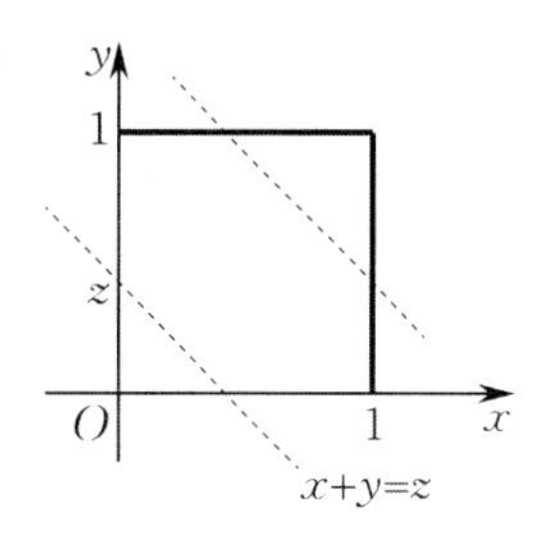

图 3.14

$$F_Z(z)=P\{X+Y\leqslant z\}=\int_0^z\mathrm{d}y\int_0^{z-y}(2-x-y)\mathrm{d}x$$

$$=\int_0^z\left(2z-\frac{z^2}{2}-2y+\frac{y^2}{2}\right)\mathrm{d}y=z^2-\frac{z^3}{3};$$

当 $1\leqslant z<2$ 时，

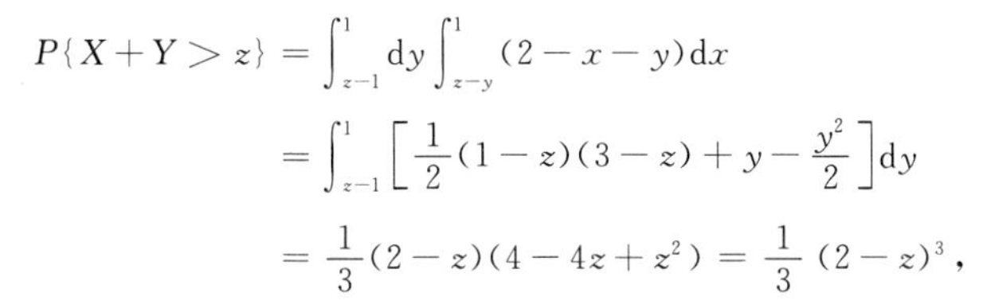

$$P\{X+Y>z\}=\int_{z-1}^1\mathrm{d}y\int_{z-y}^1(2-x-y)\mathrm{d}x$$

$$=\int_{z-1}^1\left[\frac{1}{2}(1-z)(3-z)+y-\frac{y^2}{2}\right]\mathrm{d}y$$

$$=\frac{1}{3}(2-z)(4-4z+z^2)=\frac{1}{3}(2-z)^3,$$

因此

$$P\{X+Y\leqslant z\}=1-P\{X+Y>z\}=1-\frac{1}{3}(2-z)^3.$$

于是，Z 的分布函数为

$$F_Z(z)=\begin{cases}0, & z\leqslant 0,\\ z^2-\dfrac{z^3}{3}, & 0<z<1,\\ 1-\dfrac{1}{3}(2-z)^3, & 1\leqslant z<2,\\ 1, & z\geqslant 2,\end{cases}$$

从而 Z 的概率密度为

$$f_Z(z)=\begin{cases}2z-z^2, & 0<z<1,\\ (2-z)^2, & 1\leqslant z<2,\\ 0, & \text{其他}.\end{cases}$$

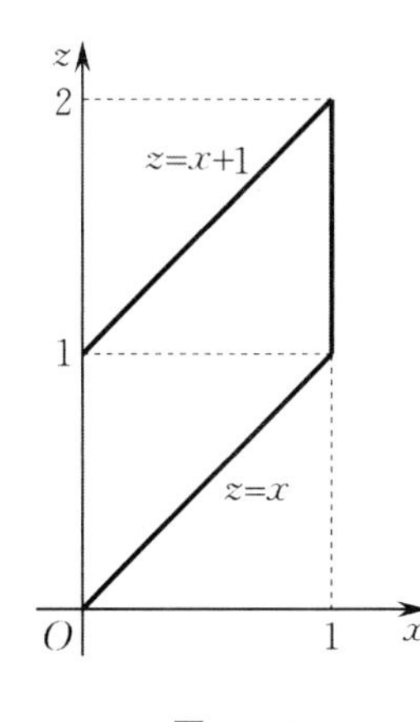

图 3.15

法二(公式法)　直接应用概率密度的公式 $f_Z(z)=\int_{-\infty}^{+\infty}f(x,z-x)\mathrm{d}x$. 由于被积函数只有当 $0<x<1$，$0<z-x<1$，即 $0<x<z<x+1<2$ 时不为 0，此时被积函数为 $f(x,z-x)=2-x-(z-x)=2-z$. 如图 3.15 所示，当 $0<z<1$ 时，

$$f_Z(z)=\int_0^z(2-z)\mathrm{d}x=z(2-z);$$

当 $1\leqslant z<2$ 时，

$$f_Z(z)=\int_{z-1}^1(2-z)\mathrm{d}x=(2-z)^2.$$

于是，Z 的概率密度为

$$f_Z(z)=\begin{cases}2z-z^2, & 0<z<1,\\ (2-z)^2, & 1\leqslant z<2,\\ 0, & \text{其他}.\end{cases}$$

27. 设随机变量 X 与 Y 相互独立,X 的分布律为 $P\{X=i\}=\frac{1}{3}(i=-1,0,1)$,$Y$ 的概率密度为

$$f_Y(y)=\begin{cases}1, & 0\leqslant y<1,\\ 0, & \text{其他}.\end{cases}$$

记 $Z=X+Y$,求:

(1) $P\left\{Z\leqslant\frac{1}{2}\,\middle|\,X=0\right\}$;

(2) Z 的概率密度 $f_Z(z)$.

解　(1) **法一**　$P\left\{Z\leqslant\frac{1}{2}\,\middle|\,X=0\right\}=P\left\{X+Y\leqslant\frac{1}{2}\,\middle|\,X=0\right\}=P\left\{Y\leqslant\frac{1}{2}\,\middle|\,X=0\right\}$

$$=P\left\{Y\leqslant\frac{1}{2}\right\}=\frac{1}{2}.$$

法二　$P\left\{Z\leqslant\frac{1}{2}\,\middle|\,X=0\right\}=\dfrac{P\left\{X+Y\leqslant\frac{1}{2},X=0\right\}}{P\{X=0\}}=\dfrac{P\left\{Y\leqslant\frac{1}{2},X=0\right\}}{P\{X=0\}}$

$$=P\left\{Y\leqslant\frac{1}{2}\right\}=\frac{1}{2}.$$

(2) **法一**　$F_Z(z)=P\{Z\leqslant z\}=P\{X+Y\leqslant z\}$

$$\begin{aligned}&=P\{X+Y\leqslant z,X=-1\}+P\{X+Y\leqslant z,X=0\}+P\{X+Y\leqslant z,X=1\}\\&=P\{Y\leqslant z+1,X=-1\}+P\{Y\leqslant z,X=0\}+P\{Y\leqslant z-1,X=1\}\\&=P\{Y\leqslant z+1\}P\{X=-1\}+P\{Y\leqslant z\}P\{X=0\}+P\{Y\leqslant z-1\}P\{X=1\}\\&=\frac{1}{3}(P\{Y\leqslant z+1\}+P\{Y\leqslant z\}+P\{Y\leqslant z-1\})\\&=\frac{1}{3}[F_Y(z+1)+F_Y(z)+F_Y(z-1)],\end{aligned}$$

故 Z 的概率密度为

$$f_Z(z)=F'_Z(z)=\frac{1}{3}[f_Y(z+1)+f_Y(z)+f_Y(z-1)]=\begin{cases}\frac{1}{3}, & -1\leqslant z<2,\\ 0, & \text{其他}.\end{cases}$$

法二　$f_Z(z)=\sum\limits_{i=-1}^{1}P\{X=i\}\cdot f_Y(z-i)=\frac{1}{3}[f_Y(z+1)+f_Y(z)+f_Y(z-1)]$

$$=\begin{cases}\frac{1}{3}, & -1\leqslant z<2,\\ 0, & \text{其他}.\end{cases}$$

28. 袋中有1个红球,2个黑球和3个白球.现有放回地从袋中取两次,每次取1个球,以 X,Y,Z 分别表示两次取球所取得的红球、黑球与白球的个数.求:

(1) $P\{X=1\mid Z=0\}$;

(2) 二维随机向量(X,Y)的分布律.

解　(1) **法一**　在没有取得白球的情况下取得了一个红球,相当于从只有1个红球,2个黑球的袋中有放回地取两次,取得了一个红球,所以 $P\{X=1\mid Z=0\}=\dfrac{C_2^1\times 2}{C_3^1C_3^1}=\dfrac{4}{9}$.

法二　$P\{X=1\mid Z=0\}=\dfrac{P\{X=1,Z=0\}}{P\{Z=0\}}=\dfrac{C_2^1\times\frac{1}{6}\times\frac{2}{6}}{\left(\frac{1}{2}\right)^2}=\dfrac{4}{9}$.

(2) X,Y 的取值范围均为 0,1,2,且

$$P\{X=0,Y=0\}=\frac{C_3^1C_3^1}{C_6^1C_6^1}=\frac{1}{4},\quad P\{X=1,Y=0\}=\frac{C_2^1C_3^1}{C_6^1C_6^1}=\frac{1}{6},$$

$$P\{X=2,Y=0\}=\frac{1}{C_6^1C_6^1}=\frac{1}{36},\quad P\{X=0,Y=1\}=\frac{C_2^1C_2^1C_3^1}{C_6^1C_6^1}=\frac{1}{3},$$

$$P\{X=1,Y=1\}=\frac{C_2^1C_2^1}{C_6^1C_6^1}=\frac{1}{9},\quad P\{X=2,Y=1\}=0,$$

$$P\{X=0,Y=2\}=\frac{C_2^1C_2^1}{C_6^1C_6^1}=\frac{1}{9},\quad P\{X=1,Y=2\}=0,$$

$$P\{X=2,Y=2\}=0,$$

于是(X,Y)的分布律如表3.34所示.

表 3.34

Y	X		
	0	1	2
0	$\frac{1}{4}$	$\frac{1}{6}$	$\frac{1}{36}$
1	$\frac{1}{3}$	$\frac{1}{9}$	0
2	$\frac{1}{9}$	0	0

29. 设二维随机向量(X,Y)的概率密度为

$$f(x,y)=Ae^{-2x^2+2xy-y^2},\quad -\infty<x,y<+\infty,$$

求常数A和条件概率密度$f_{Y|X}(y\mid x)$.

解　利用$\int_{-\infty}^{+\infty}e^{-t^2}dt=\sqrt{\pi}$,可得

$$1=\int_{-\infty}^{+\infty}\int_{-\infty}^{+\infty}f(x,y)dxdy=A\int_{-\infty}^{+\infty}\int_{-\infty}^{+\infty}e^{-2x^2+2xy-y^2}dxdy$$
$$=A\int_{-\infty}^{+\infty}e^{-x^2}dx\int_{-\infty}^{+\infty}e^{-(y-x)^2}dy=A\sqrt{\pi}\int_{-\infty}^{+\infty}e^{-(y-x)^2}d(y-x)=A\pi,$$

解得$A=\frac{1}{\pi}$.又

$$f_X(x)=\int_{-\infty}^{+\infty}f(x,y)dy=\int_{-\infty}^{+\infty}\frac{1}{\pi}e^{-2x^2+2xy-y^2}dy$$
$$=\frac{1}{\pi}e^{-x^2}\int_{-\infty}^{+\infty}e^{-(y-x)^2}dy=\frac{1}{\sqrt{\pi}}e^{-x^2},$$

故

$$f_{Y|X}(y\mid x)=\frac{f(x,y)}{f_X(x)}=\frac{\frac{1}{\pi}e^{-2x^2+2xy-y^2}}{\frac{1}{\sqrt{\pi}}e^{-x^2}}=\frac{1}{\sqrt{\pi}}e^{-x^2+2xy-y^2}=\frac{1}{\sqrt{\pi}}e^{-(y-x)^2},\quad -\infty<y<+\infty.$$

30. 设随机变量X与Y的分布律分别如表3.35和表3.36所示.

表 3.35

X	0	1
p_k	$\frac{1}{3}$	$\frac{2}{3}$

表 3.36

Y	-1	0	1
p_k	$\frac{1}{3}$	$\frac{1}{3}$	$\frac{1}{3}$

已知 $P\{X^2=Y^2\}=1$，求：

(1) 二维随机向量(X,Y)的分布律；

(2) $Z=XY$ 的分布律.

解　(1) 因为 $P\{X^2=Y^2\}=1$，所以 $P\{X^2\neq Y^2\}=0$. 于是，由 $P\{X=0,Y=1\}=0$ 可知

$$P\{X=1,Y=1\}=P\{X=1,Y=1\}+P\{X=0,Y=1\}=P\{Y=1\}=\frac{1}{3}.$$

同理，由 $P\{X=1,Y=0\}=0$ 可知

$$P\{X=0,Y=0\}=P\{X=1,Y=0\}+P\{X=0,Y=0\}=P\{Y=0\}=\frac{1}{3}.$$

再由 $P\{X=0,Y=-1\}=0$ 可知

$$P\{X=1,Y=-1\}=P\{X=1,Y=-1\}+P\{X=0,Y=-1\}=P\{Y=-1\}=\frac{1}{3}.$$

综上，可得到(X,Y)的分布律如表 3.37 所示.

表 3.37

X	Y		
	-1	0	1
0	0	$\frac{1}{3}$	0
1	$\frac{1}{3}$	0	$\frac{1}{3}$

(2) $Z=XY$ 的所有可能取值为 $-1,0,1$，且

$$P\{Z=-1\}=P\{X=1,Y=-1\}=\frac{1}{3},\quad P\{Z=1\}=P\{X=1,Y=1\}=\frac{1}{3},$$

于是有 $P\{Z=0\}=\frac{1}{3}$. 因此，$Z=XY$ 的分布律如表 3.38 所示.

表 3.38

Z	-1	0	1
p_k	$\frac{1}{3}$	$\frac{1}{3}$	$\frac{1}{3}$

31. 设随机变量 X 的概率密度为 $f(x)=\begin{cases}\frac{1}{9}x^2, & 0<x<3,\\ 0, & \text{其他}.\end{cases}$ 令随机变量 $Y=\begin{cases}2, & X\leqslant 1,\\ X, & 1<X<2,\\ 1, & X\geqslant 2,\end{cases}$ 求：

(1) Y 的分布函数；

(2) $P\{X\leqslant Y\}$.

解　(1) $F_Y(y)=P\{Y\leqslant y\}$. 由 Y 的概率分布可知，当 $y<1$ 时，$F_Y(y)=0$；当 $y\geqslant 2$ 时，$F_Y(y)=1$；当 $1\leqslant y<2$ 时，

$$F_Y(y)=P\{Y\leqslant y\}=P\{Y=1\}+P\{1<Y\leqslant y\}=\int_2^3\frac{1}{9}x^2\,\mathrm{d}x+\int_1^y\frac{1}{9}x^2\,\mathrm{d}x=\frac{y^3+18}{27}.$$

故

$$F_Y(y)=\begin{cases}0, & y<1,\\ \dfrac{y^3+18}{27}, & 1\leqslant y<2,\\ 1, & y\geqslant 2.\end{cases}$$

(2) $$\begin{aligned}P\{X\leqslant Y\}&=P\{X=Y\}+P\{X<Y\}=P\{1<X<2\}+P\{X\leqslant 1\}\\&=P\{X<2\}=\int_0^2\frac{1}{9}x^2\,\mathrm{d}x=\frac{8}{27}.\end{aligned}$$

§3.5　同步自测题及参考答案

同步自测题

一、选择题

1. 设随机变量 X 与 Y 相互独立，其概率分布分别为 $X \sim \begin{pmatrix} 0 & 1 \\ \frac{1}{3} & \frac{2}{3} \end{pmatrix}$ 和 $Y \sim \begin{pmatrix} 0 & 1 \\ \frac{1}{3} & \frac{2}{3} \end{pmatrix}$，则(　　).

(A) $X = Y$　　(B) $P\{X = Y\} = 1$

(C) $P\{X = Y\} = \frac{5}{9}$　　(D) $P\{X = Y\} = 0$

2. 设随机变量 X 和 Y 的联合分布律如表 3.39 所示.

表 3.39

X	Y		
	1	2	3
1	$\frac{1}{6}$	$\frac{1}{9}$	$\frac{1}{18}$
2	$\frac{1}{3}$	a	b

若 X 与 Y 相互独立，则(　　).

(A) $a = \frac{2}{9}, b = \frac{1}{9}$　　(B) $a = \frac{1}{9}, b = \frac{2}{9}$

(C) $a = \frac{1}{6}, b = \frac{1}{6}$　　(D) $a = \frac{5}{18}, b = \frac{1}{18}$

3. 若随机变量 X 与 Y 相互独立，且都服从(0,1)上的均匀分布，则下列随机变量中服从区间或区域上均匀分布的是(　　).

(A) (X,Y)　　(B) $X+Y$　　(C) X^2　　(D) $X-Y$

4. 设随机变量 X 与 Y 相互独立且均服从正态分布 $N(\mu,\sigma^2)$. 若概率 $P\{aX - bY < \mu\} = \frac{1}{2}$，则(　　).

(A) $a = \frac{1}{2}, b = \frac{1}{2}$　　(B) $a = \frac{1}{2}, b = -\frac{1}{2}$

(C) $a = -\frac{1}{2}, b = \frac{1}{2}$　　(D) $a = -\frac{1}{2}, b = -\frac{1}{2}$

5. 设随机变量 $X \sim N(0,1)$，$Y \sim N(1,1)$，则(　　).

(A) $P\{X + Y \leqslant 0\} = \frac{1}{2}$　　(B) $P\{X + Y \leqslant 1\} = \frac{1}{2}$

(C) $P\{X - Y \leqslant 0\} = \frac{1}{2}$　　(D) $P\{X - Y \leqslant 1\} = \frac{1}{2}$

6. 设二维随机向量(X,Y)的概率密度为

$$f(x,y)=\begin{cases}A(x+y), & 0<x<1,0<y<2,\\ 0, & \text{其他},\end{cases}$$

则$A=$(　　).

(A) 3　　(B) $\frac{1}{3}$　　(C) 2　　(D) $\frac{1}{2}$

7. 已知随机变量X和Y满足$P\{X\geqslant 0,Y\geqslant 0\}=\frac{3}{7}$,$P\{X\geqslant 0\}=P\{Y\geqslant 0\}=\frac{4}{7}$,则$P\{\max\{X,Y\}\geqslant 0\}=$(　　).

(A) $\frac{3}{7}$　　(B) $\frac{4}{7}$　　(C) $\frac{5}{7}$　　(D) $\frac{16}{49}$

二、填空题

1. 设随机变量X与Y相互独立,且$P\{X=-1\}=P\{Y=-1\}=0.5$,$P\{X=1\}=P\{Y=1\}=0.5$,则$P\{X=Y\}=$________.

2. 设二维随机向量(X,Y)的概率密度为$f(x,y)=\begin{cases}6x, & 0\leqslant x\leqslant y\leqslant 1,\\ 0, & \text{其他},\end{cases}$则$P\{X+Y\leqslant 1\}=$________.

3. 设随机变量X与Y相互独立,且均服从正态分布$N(0,\sigma^2)$.若$P\{X\leqslant 0,Y\geqslant 0\}=\frac{1}{3}$,则$P\{X>0,Y<0\}=$________.

4. 设二维随机向量(X,Y)的概率密度为$f(x,y)=\begin{cases}1, & 0<x<1,0<y<1,\\ 0, & \text{其他},\end{cases}$则$P\{X<0.5,Y<0.6\}=$________.

5. 设随机变量$X\sim N(1,2)$,$Y\sim N(0,3)$,$Z\sim N(2,1)$,且X,Y,Z相互独立,则$P\{0<2X+3Y-Z\leqslant 6\}=$________.

6. 设随机变量X,Y服从同一分布,且X的概率密度为$f(x)=\begin{cases}\frac{3}{8}x^2, & 0<x<2,\\ 0, & \text{其他}.\end{cases}$若$A=\{X>a\}$与$B=\{Y>a\}$相互独立,且$P(A\cup B)=\frac{3}{4}$,则$a=$________.

7. 设二维随机向量(X,Y)的概率密度为

$$f(x,y)=\begin{cases}Ce^{-2(x+y)}, & x>0,y>0,\\ 0, & \text{其他},\end{cases}$$

则常数$C=$________,(X,Y)落在区域$D=\{(x,y)\mid x>0,y>0,x+y\leqslant 1\}$内的概率为________.

8. 设二维随机向量(X,Y)的概率密度为$f(x,y)=\begin{cases}e^{-x-y}, & x>0,y>0,\\ 0, & \text{其他},\end{cases}$则$Z=\frac{X+Y}{2}$的概率密度为________.

三、解答题

1. 已知二维随机向量(X,Y)的分布函数为

$$F(x,y)=(A+B\arctan x)(A+B\arctan y)\left[1+\frac{1}{2}(A-B\arctan x)(A-B\arctan y)\right],$$

求：(1) 常数 A,B；(2) $P\{X\geqslant 0,Y\geqslant 0\}$.

2. 某箱子里装有 100 件产品，其中一、二、三等品分别为 80，10 和 10 件. 现从中随机抽取一件，记 $X_i=\begin{cases}1, & \text{抽到 } i \text{ 等品},\\ 0, & \text{其他}\end{cases}$ $(i=1,2,3)$，求二维随机向量 (X_1,X_2) 的分布律.

3. 设二维随机向量 (X,Y) 的概率密度为 $f(x,y)=\begin{cases}\dfrac{1}{k}e^{-(x+y)}, & x>0,y>0,\\ 0, & \text{其他},\end{cases}$ 求：(1) 常数 k；(2) $P\{X<2,Y<2\}$.

4. 设二维随机向量 (X,Y) 在区域 $D=\{(x,y)\mid 0\leqslant y\leqslant 1,y\leqslant x\leqslant y+1\}$ 内服从均匀分布，求边缘概率密度，并判断 X 与 Y 是否相互独立.

5. 设二维随机向量 (X,Y) 的概率密度为 $f(x,y)=\begin{cases}e^{-y}, & 0<x<y,\\ 0, & \text{其他},\end{cases}$ 求：(1) 边缘概率密度 $f_X(x)$；(2) $P\{X+Y\leqslant 1\}$；(3) 条件概率密度 $f_{Y|X}(y\mid x)$.

6. 设二维随机向量 (X,Y) 在区域 $D=\{(x,y)\mid 0\leqslant x\leqslant 1,0\leqslant y\leqslant 2\}$ 内服从均匀分布，求：(1) $P\{3X>Y\}$；(2) $Z=\min\{X,Y\}$ 的概率密度.

7. 设随机变量 X 与 Y 相互独立. 若 X 在 $[0,1]$ 上服从均匀分布，Y 服从参数为 λ 的指数分布，求随机变量 $Z=2X+Y$ 的概率密度.

8. 设二维随机向量 (X,Y) 服从区域 $D=\{(x,y)\mid 0\leqslant y\leqslant 1,y-1\leqslant x\leqslant 1-y\}$ 内的均匀分布，求 $Z=X+Y$ 的概率密度.

9. 设随机变量 X 与 Y 相互独立，且都在 $[0,1]$ 上服从均匀分布，求随机变量 $Z=|X-Y|$ 的概率密度.

10. 设随机变量 X 与 Y 相互独立，且都服从参数为 1 的指数分布，求 $Z=\dfrac{X}{Y}$ 的概率密度.

同步自测题参考答案

一、选择题

1. C.　2. A.　3. A.　4. B.　5. B.　6. B.　7. C.

二、填空题

1. 0.5.　　2. $\frac{1}{4}$.

3. $\frac{1}{3}$.　　4. 0.3.

5. 0.341 3.　　6. $\sqrt[3]{4}$.

7. $4,1-3e^{-2}$.　　8. $f_Z(z)=\begin{cases}4ze^{-2z}, & z>0,\\ 0, & z\leqslant 0.\end{cases}$

三、解答题

1. (1) $A=\frac{1}{2},B=\frac{1}{\pi}$；(2) $\frac{9}{32}$.

2.

X_1	X_2	
	0	1
0	0.1	0.1
1	0.8	0

3. (1) $k=1$； (2) $(1-e^{-2})^2$.

4. $f_X(x)=\begin{cases} x, & 0\leqslant x<1, \\ 2-x, & 1\leqslant x<2, \\ 0, & 其他, \end{cases}$ $f_Y(y)=\begin{cases} 1, & 0\leqslant y\leqslant 1, \\ 0, & 其他, \end{cases}$ 不独立.

5. (1) $f_X(x)=\begin{cases} e^{-x}, & x>0, \\ 0, & x\leqslant 0; \end{cases}$ (2) $1+e^{-1}-2e^{-\frac{1}{2}}$； (3) $f_{Y|X}(y\mid x)=\begin{cases} e^{x-y}, & y\geqslant x, x\geqslant 0, \\ 0, & 其他. \end{cases}$

6. (1) $\dfrac{2}{3}$； (2) $f_Z(z)=\begin{cases} \dfrac{3}{2}-z, & 0<z<1, \\ 0, & 其他. \end{cases}$

7. $f_Z(z)=\begin{cases} 0, & z<0, \\ \dfrac{1-e^{-z}}{2}, & 0\leqslant z<2, \\ \dfrac{e^{-z}(e^2-1)}{2}, & z\geqslant 2. \end{cases}$

8. $f_Z(z)=\begin{cases} \dfrac{z+1}{2}, & |z|<1, \\ 0, & |z|\geqslant 1. \end{cases}$

9. $f_Z(z)=\begin{cases} 2-2z, & 0<z<1, \\ 0, & 其他. \end{cases}$

10. $f_Z(z)=\begin{cases} \dfrac{1}{(1+z)^2}, & z>0, \\ 0, & z\leqslant 0. \end{cases}$

第四章　随机变量的数字特征

本章学习要点

(一) 理解数学期望、方差的定义,会运用其性质和公式计算具体分布的期望和方差.
(二) 熟练掌握常用随机变量的数学期望和方差.
(三) 理解协方差、相关系数和矩的定义、性质并会计算.
(四) 会计算随机变量函数的数学期望与方差.

§4.1　知识点考点精要

一、数学期望

1. 数学期望的定义

1) 离散型随机变量的数学期望

设 X 为离散型随机变量,其分布律为 $P\{X=x_k\}=p_k(k=1,2,\cdots)$. 若级数 $\sum\limits_{k=1}^{\infty}x_kp_k$ 绝对收敛,则称此级数之和为随机变量 X 的**数学期望**(简称**期望**或**均值**),记作 $E(X)$,即

$$E(X)=\sum_{k=1}^{\infty}x_kp_k.$$

2) 连续型随机变量的数学期望

设 X 为连续型随机变量,其概率密度为 $f(x)$. 若广义积分 $\int_{-\infty}^{+\infty}xf(x)\mathrm{d}x$ 绝对收敛,则称广义积分 $\int_{-\infty}^{+\infty}xf(x)\mathrm{d}x$ 的值为随机变量 X 的**数学期望**,记作 $E(X)$,即

$$E(X)=\int_{-\infty}^{+\infty}xf(x)\mathrm{d}x.$$

2. 随机变量函数的数学期望

1) 一维随机变量函数的数学期望

设随机变量 Y 是随机变量 X 的函数,即 $Y=g(X)$(其中 g 为一元连续函数).

(1) 若 X 是离散型随机变量,其分布律为 $P\{X=x_k\}=p_k(k=1,2,\cdots)$,则当级数 $\sum\limits_{k=1}^{\infty}g(x_k)p_k$ 绝对收敛时,随机变量 Y 的数学期望为

$$E(Y)=E[g(X)]=\sum_{k=1}^{\infty}g(x_k)p_k.$$

(2) 若 X 是连续型随机变量,其概率密度为 $f(x)$,则当广义积分 $\int_{-\infty}^{+\infty} g(x)f(x)\mathrm{d}x$ 绝对收敛时,随机变量 Y 的数学期望为

$$E(Y)=E[g(X)]=\int_{-\infty}^{+\infty} g(x)f(x)\mathrm{d}x.$$

2) 二维随机向量函数的数学期望

设随机变量 Z 是二维随机向量 (X,Y) 的函数,即 $Z=g(X,Y)$(其中 g 为二元连续函数).

(1) 若 (X,Y) 是二维离散型随机向量,其分布律为 $P\{X=x_i,Y=y_j\}=p_{ij}(i,j=1,2,\cdots)$,则当 $\sum_{i=1}^{\infty}\sum_{j=1}^{\infty} g(x_i,y_j)p_{ij}$ 绝对收敛时,随机变量 $Z=g(X,Y)$ 的数学期望为

$$E(Z)=E[g(X,Y)]=\sum_{i=1}^{\infty}\sum_{j=1}^{\infty} g(x_i,y_j)p_{ij}.$$

(2) 若 (X,Y) 是二维连续型随机向量,其概率密度为 $f(x,y)$,则当广义积分

$$\int_{-\infty}^{+\infty}\int_{-\infty}^{+\infty} g(x,y)f(x,y)\mathrm{d}x\mathrm{d}y$$

绝对收敛时,随机变量 $Z=g(X,Y)$ 的数学期望为

$$E(Z)=E[g(X,Y)]=\int_{-\infty}^{+\infty}\int_{-\infty}^{+\infty} g(x,y)f(x,y)\mathrm{d}x\mathrm{d}y.$$

3. 数学期望的性质

设随机变量 X,Y 的数学期望 $E(X),E(Y)$ 均存在,c 为常数.

(1) $E(c)=c$;

(2) $E(cX)=cE(X)$;

(3) $E(X+Y)=E(X)+E(Y)$;

(4) 如果随机变量 X 与 Y 相互独立,则 $E(XY)=E(X)E(Y)$.

二、方差

1. 方差的概念

设 X 为随机变量,如果随机变量 $[X-E(X)]^2$ 的数学期望存在,则称 $E\{[X-E(X)]^2\}$ 为 X 的**方差**,记作 $D(X)$,即 $D(X)=E\{[X-E(X)]^2\}$,称 $\sqrt{D(X)}$ 为随机变量 X 的**标准差**(或**均方差**),记作 $\sigma(X)$.

2. 方差的计算公式

若离散型随机变量 X 的分布律为 $P\{X=x_k\}=p_k(k=1,2,\cdots)$,则

$$D(X)=\sum_{k=1}^{\infty}[x_k-E(X)]^2 p_k.$$

若连续型随机变量 X 的概率密度为 $f(x)$,则

$$D(X)=\int_{-\infty}^{+\infty}[x-E(X)]^2 f(x)\mathrm{d}x.$$

利用数学期望的性质可得计算方差的简便公式

$$D(X)=E(X^2)-[E(X)]^2.$$

3. 方差的性质

设随机变量 X,Y 的方差 $D(X),D(Y)$ 均存在,c 为常数.

(1) $D(c)=0$;

(2) $D(cX)=c^2D(X)$;

(3) $D(X+c)=D(X)$;

(4) $D(X\pm Y)=D(X)+D(Y)\pm 2E\{[X-E(X)][Y-E(Y)]\}$;

(5) 如果随机变量 X,Y 相互独立,则 $D(X\pm Y)=D(X)+D(Y)$;

(6) 对任意的常数 $c\neq E(X)$,有 $D(X)<E[(X-c)^2]$;

(7) 随机变量 X 的方差 $D(X)=0$ 的充要条件是 X 以概率 1 取常数 $E(X)$,即

$$P\{X=E(X)\}=1.$$

三、常用随机变量的数学期望与方差

为了使用方便,下面列出常用分布及其数学期望和方差,如表 4.1 所示.

表 4.1

分布	分布律或概率密度	数学期望	方差
(0—1) 分布	$P\{X=1\}=p,P\{X=0\}=q$ $(0<p<1,p+q=1)$	p	pq
二项分布 $b(n,p)$	$P\{X=k\}=C_n^kp^kq^{n-k},k=0,1,2,\cdots,n$ $(0<p<1,p+q=1)$	np	npq
泊松分布 $P(\lambda)$	$P\{X=k\}=\dfrac{\lambda^k}{k!}e^{-\lambda},k=0,1,2,\cdots\quad(\lambda>0)$	λ	λ
几何分布 $G(p)$	$P\{X=k\}=pq^{k-1},k=1,2,\cdots$ $(0<p<1,p+q=1)$	$\dfrac{1}{p}$	$\dfrac{q}{p^2}$
均匀分布 $U(a,b)$	$f(x)=\begin{cases}\dfrac{1}{b-a}, & a<x<b,\\ 0, & \text{其他}\end{cases}$	$\dfrac{a+b}{2}$	$\dfrac{(b-a)^2}{12}$
正态分布 $N(\mu,\sigma^2)$	$f(x)=\dfrac{1}{\sqrt{2\pi}\sigma}e^{-\frac{(x-\mu)^2}{2\sigma^2}}\quad(\mu\text{ 为实数},\sigma>0)$	μ	σ^2
指数分布 $E(\lambda)$	$f(x)=\begin{cases}\lambda e^{-\lambda x}, & x>0,\\ 0, & x\leqslant 0\end{cases}\quad(\lambda>0)$	$\dfrac{1}{\lambda}$	$\dfrac{1}{\lambda^2}$
χ^2 分布 $\chi^2(n)$	$f(x)=\begin{cases}\dfrac{1}{2^{n/2}\Gamma(n/2)}x^{n/2-1}e^{-x/2}, & x>0,\\ 0, & \text{其他}\end{cases}\quad(n\geqslant 1)$	n	$2n$

四、协方差与相关系数

1. 协方差的概念

设随机变量 X 与 Y 的数学期望 $E(X)$ 和 $E(Y)$ 均存在. 如果随机变量 $[X-E(X)][Y-E(Y)]$

的数学期望存在，则称 $E\{[X-E(X)][Y-E(Y)]\}$ 为随机变量 X 和 Y 的**协方差**，记作 $\mathrm{Cov}(X,Y)$，即

$$\mathrm{Cov}(X,Y)=E\{[X-E(X)][Y-E(Y)]\}.$$

2. 协方差的计算公式

由协方差的定义及数学期望的性质可得如下实用计算公式：

$$\mathrm{Cov}(X,Y)=E(XY)-E(X)E(Y).$$

3. 协方差的性质

(1) 若 X 与 Y 相互独立，则 $\mathrm{Cov}(X,Y)=0$；

(2) $\mathrm{Cov}(X,Y)=\mathrm{Cov}(Y,X)$；

(3) $\mathrm{Cov}(X,X)=D(X)$；

(4) $\mathrm{Cov}(aX,bY)=ab\mathrm{Cov}(X,Y)$，其中 a,b 为常数；

(5) $\mathrm{Cov}(X+Y,Z)=\mathrm{Cov}(X,Z)+\mathrm{Cov}(Y,Z)$；

(6) $[\mathrm{Cov}(X,Y)]^2\leqslant D(X)D(Y)$.

评注　根据协方差的定义，容易得到计算方差的一般公式

$$D(X\pm Y)=D(X)+D(Y)\pm 2\mathrm{Cov}(X,Y).$$

更一般地，有

$$D\left(\sum_{i=1}^{n}a_iX_i\right)=\sum_{i=1}^{n}a_i^2D(X_i)+2\sum_{i<j}a_ia_j\mathrm{Cov}(X_i,X_j)\quad(j\leqslant n).$$

4. 相关系数的概念

设随机变量 X 和 Y 的方差都存在且不为 0，X 和 Y 的协方差 $\mathrm{Cov}(X,Y)$ 也存在，则称 $\dfrac{\mathrm{Cov}(X,Y)}{\sqrt{D(X)}\sqrt{D(Y)}}$ 为随机变量 X 和 Y 的**相关系数**，记作 ρ_{XY}，即

$$\rho_{XY}=\frac{\mathrm{Cov}(X,Y)}{\sqrt{D(X)}\sqrt{D(Y)}}.$$

如果 $\rho_{XY}=0$，则称 X 与 Y **不相关**.

5. 相关系数的性质

(1) $|\rho_{XY}|\leqslant 1$；

(2) $|\rho_{XY}|=1$ 的充要条件是存在常数 a,b，使得

$$P\{Y=aX+b\}=1,\quad a\neq 0.$$

评注　(1) 对于随机变量 X 与 Y，容易验证下列事实是等价的：

$$\mathrm{Cov}(X,Y)=0\Leftrightarrow X\text{ 与 }Y\text{ 不相关}\Leftrightarrow E(XY)=E(X)E(Y)\Leftrightarrow D(X+Y)=D(X)+D(Y).$$

(2) 若随机变量 X 与 Y 相互独立，则 X 与 Y 一定不相关. 但若 X 与 Y 不相关，则 X 与 Y 可能独立，也可能不独立.

(3) 若随机变量 X 与 Y 的联合分布是二维正态分布，则 X 与 Y 相互独立的充要条件是 X 与 Y 不相关.

6. 原点矩和中心矩的概念

设 X 为随机变量，如果 X^k 的数学期望存在，则称 $E(X^k)$ 为 X 的 k **阶原点矩**，记作 μ_k，即

$$\mu_k = E(X^k) \quad (k = 1,2,\cdots).$$

如果随机变量$[X - E(X)]^k$的数学期望存在，则称$E\{[X - E(X)]^k\}$为X的k**阶中心矩**，记作ν_k，即

$$\nu_k = E\{[X - E(X)]^k\} \quad (k = 1,2,\cdots).$$

§4.2　经典例题解析

基本题型Ⅰ：随机变量的数学期望与方差

例4.1　设$P\{X = k\} = \dfrac{1}{k(k+1)}(k = 1,2,\cdots)$，则$E(X)$(　　).

(A) 等于0　　(B) 等于1　　(C) 等于0.5　　(D) 不存在

解　因为级数$\sum\limits_{k=1}^{\infty} k \cdot \dfrac{1}{k(k+1)}$发散，所以$E(X)$不存在. 故选(D).

例4.2　设随机变量X服从参数为λ的指数分布. 若$E(X^2) = 72$，则$\lambda =$(　　).

(A) 3　　(B) 6　　(C) $\dfrac{1}{6}$　　(D) $\dfrac{1}{3}$

解　由指数分布的性质得$E(X) = \dfrac{1}{\lambda}, D(X) = \dfrac{1}{\lambda^2}$. 又

$$E(X^2) = D(X) + [E(X)]^2 = \frac{2}{\lambda^2} = 72,$$

解得$\lambda = \dfrac{1}{6}$. 故选(C).

例4.3　设随机变量X的分布函数为$F(x) = \begin{cases} 0, & x < 0, \\ x^3, & 0 \leqslant x \leqslant 1, \\ 1, & x > 1, \end{cases}$则$E(X) =$(　　).

(A) $\int_0^{+\infty} x^4 \mathrm{d}x$　　(B) $\int_0^1 3x^3 \mathrm{d}x$

(C) $\int_0^1 x^4 \mathrm{d}x + \int_1^{+\infty} x \mathrm{d}x$　　(D) $\int_0^{+\infty} 3x^3 \mathrm{d}x$

解　易知随机变量X的概率密度为$f(x) = \begin{cases} 3x^2, & 0 \leqslant x \leqslant 1, \\ 0, & \text{其他}, \end{cases}$从而

$$E(X) = \int_{-\infty}^{+\infty} x f(x) \mathrm{d}x = \int_0^1 3x^3 \mathrm{d}x.$$

故选(B).

例4.4　设随机变量X与Y相互独立，且均在$(0,\theta)$上服从均匀分布，则$E(\min\{X,Y\}) =$(　　).

(A) $\dfrac{\theta}{2}$　　(B) θ　　(C) $\dfrac{\theta}{3}$　　(D) $\dfrac{\theta}{4}$

解　X,Y的概率密度和分布函数分别为

$$f(x)=\begin{cases}\dfrac{1}{\theta}, & 0<x<\theta,\\ 0, & 其他\end{cases}\quad 和\quad F(x)=\begin{cases}0, & x\leqslant 0,\\ \dfrac{x}{\theta}, & 0<x<\theta,\\ 1, & x\geqslant\theta.\end{cases}$$

令 $Z=\min\{X,Y\}$，则

$$\begin{aligned}F_Z(z)&=P\{\min\{X,Y\}\leqslant z\}=1-P\{\min\{X,Y\}>z\}\\&=1-P\{X>z,Y>z\}=1-P\{X>z\}P\{Y>z\}=1-[1-F(z)]^2,\end{aligned}$$

从而 $f_Z(z)=F'_Z(z)=2[1-F(z)]\cdot f(z)$，于是

$$E(Z)=\int_0^\theta z\cdot 2[1-F(z)]\cdot f(z)\mathrm{d}z=\int_0^\theta z\cdot 2\left(1-\frac{z}{\theta}\right)\cdot\frac{1}{\theta}\mathrm{d}z=\frac{\theta}{3}.$$

故选(C).

例 4.5 设 X 为随机变量，其概率密度为 $f(x)=\begin{cases}1+x, & -1\leqslant x\leqslant 0,\\ 1-x, & 0<x\leqslant 1,\\ 0, & 其他,\end{cases}$ 则 $D(X)=$ ________.

解 由于

$$E(X)=\int_{-\infty}^{+\infty}xf(x)\mathrm{d}x=\int_{-1}^{0}x(1+x)\mathrm{d}x+\int_0^1 x(1-x)\mathrm{d}x=0,$$

$$E(X^2)=\int_{-\infty}^{+\infty}x^2f(x)\mathrm{d}x=\int_{-1}^{0}x^2(1+x)\mathrm{d}x+\int_0^1 x^2(1-x)\mathrm{d}x=\frac{1}{6},$$

故 $D(X)=E(X^2)-[E(X)]^2=\dfrac{1}{6}$.

例 4.6 对于任意随机变量 X 和 Y，若 $E(XY)=E(X)E(Y)$，则(　　).

(A) $D(XY)=D(X)D(Y)$　　(B) $D(X+Y)=D(X)+D(Y)$

(C) X 与 Y 相互独立　　(D) X 与 Y 不独立

解 由于 $D(X+Y)=D(X)+D(Y)+2[E(XY)-E(X)E(Y)]$，故当 $E(XY)=E(X)E(Y)$ 时，$D(X+Y)=D(X)+D(Y)$.

若 X 与 Y 相互独立，则有 $E(XY)=E(X)E(Y)$. 但若 $E(XY)=E(X)E(Y)$，则 X 与 Y 不一定独立，从而选项(C) 和(D) 均不正确.

又

$$D(XY)=E[(XY)^2]-[E(XY)]^2=E[(XY)^2]-[E(X)E(Y)]^2,$$

$$D(X)D(Y)=\{E(X^2)-[E(X)]^2\}\{E(Y^2)-[E(Y)]^2\},$$

从而选项(A) 不一定成立. 故选(B).

例 4.7 设随机变量 X 服从参数为 λ 的泊松分布. 已知 $E[(X-1)(X-2)]=1$，则 $\lambda=$ ________.

解 由于 $E(X)=D(X)=\lambda$，故 $E(X^2)=D(X)+[E(X)]^2=\lambda+\lambda^2$，从而

$$E[(X-1)(X-2)]=E(X^2-3X+2)=\lambda^2-2\lambda+2=1,$$

解得 $\lambda=1$.

例 4.8 设 X 为取值为非负整数的随机变量，证明：$E(X)=\sum\limits_{n=1}^{\infty}P\{X\geqslant n\}$.

证　由已知得 $P\{X=n\}=P\{X\geqslant n\}-P\{X\geqslant n+1\}$，则

$$E(X)=\sum_{i=0}^{\infty}iP\{X=i\}=\sum_{i=0}^{\infty}iP\{X\geqslant i\}-\sum_{i=0}^{\infty}iP\{X\geqslant i+1\}$$

$$=\sum_{i=1}^{\infty}iP\{X\geqslant i\}-\sum_{i=1}^{\infty}(i-1)P\{X\geqslant i\}=\sum_{i=1}^{\infty}P\{X\geqslant i\}=\sum_{n=1}^{\infty}P\{X\geqslant n\}.$$

例 4.9　一台设备由三个部件构成，在设备运转过程中各部件需要调整的概率分别为 0.1，0.2，0.3. 假设各部件的状态相互独立，以 X 表示同时需要调整的部件数，试求 X 的数学期望 $E(X)$ 与方差 $D(X)$.

解　设随机变量 $X_i=\begin{cases}1, & \text{第 } i \text{ 个部件需要调整},\\ 0, & \text{其他}\end{cases}$ $(i=1,2,3)$. 依题意知 X_1,X_2,X_3 相互独立，且

$$p_1=P\{X_1=1\}=0.1,\quad p_2=P\{X_2=1\}=0.2,\quad p_3=P\{X_3=1\}=0.3.$$

又 $X=X_1+X_2+X_3$，且 X_i 服从 $(0-1)$ 分布，故 $E(X_i)=p_i$，$D(X_i)=p_i(1-p_i)$，即

$$E(X_1)=0.1,\quad D(X_1)=0.09,\quad E(X_2)=0.2,\quad D(X_2)=0.16,$$
$$E(X_3)=0.3,\quad D(X_3)=0.21.$$

因此

$$E(X)=E(X_1+X_2+X_3)=E(X_1)+E(X_2)+E(X_3)=0.6,$$
$$D(X)=D(X_1+X_2+X_3)=D(X_1)+D(X_2)+D(X_3)=0.46.$$

例 4.10　证明：事件在一次试验中发生的次数的方差不超过 $\frac{1}{4}$.

证　假设在一次试验中事件发生的概率为 $p(0<p<1)$，则不发生的概率为 $1-p$，从而在一次试验中事件发生的次数 X 的分布律为 $X\sim\begin{pmatrix}0 & 1\\ 1-p & p\end{pmatrix}$. 于是

$$E(X)=p,\quad D(X)=p(1-p),\quad E(X^2)=p,\quad 0<p<1.$$

令 $[D(X)]'=1-2p=0$，得 $p=\frac{1}{2}$. 又 $[D(X)]''=-2<0$，因此，当 $p=\frac{1}{2}$ 时，$D(X)$ 取得极大值，也是最大值，即

$$D(X)\leqslant\frac{1}{2}\left(1-\frac{1}{2}\right)=\frac{1}{4}.$$

基本题型 Ⅱ：两个随机变量及其函数的数字特征

例 4.11　设随机变量 X 和 Y 的联合分布律如表 4.2 所示，则 X^2 与 Y^2 的协方差 $\mathrm{Cov}(X^2,Y^2)$ 为________.

表 4.2

X	Y		
	-1	0	1
0	0.07	0.18	0.15
1	0.08	0.32	0.20

解 先写出 X^2 与 Y^2 的联合分布律及分别关于 X^2 和关于 Y^2 的边缘分布律，如表 4.3 所示.

表 4.3

X^2	Y^2		$P\{X^2=x_i\}$
	0	1	
0	0.18	0.22	0.40
1	0.32	0.28	0.60
$P\{Y^2=y_j\}$	0.50	0.50	

于是

$$E(X^2)=P\{X^2=1\}=0.60,\quad E(Y^2)=P\{Y^2=1\}=0.50,$$

$$E(X^2Y^2)=0\times0\times0.18+0\times1\times0.22+1\times0\times0.32+1\times1\times0.28=0.28,$$

因此 $\mathrm{Cov}(X^2,Y^2)=E(X^2Y^2)-E(X^2)E(Y^2)=0.28-0.60\times0.50=-0.02.$

例 4.12 设 $X_1,X_2,\cdots,X_n(n>2)$ 为独立同分布的随机变量，且均服从 $N(0,1)$，记 $\overline{X}=\frac{1}{n}\sum_{i=1}^{n}X_i,Y_i=X_i-\overline{X}(i=1,2,\cdots,n)$，求：

(1) Y_i 的方差 $D(Y_i)(i=1,2,\cdots,n)$；

(2) Y_1 与 Y_n 的协方差 $\mathrm{Cov}(Y_1,Y_n)$；

(3) $P\{Y_1+Y_n\leqslant 0\}$.

解 (1) 由已知，有

$$E(Y_i)=E(X_i)-E(\overline{X})=0,$$

$$D(Y_i)=E(Y_i^2)-[E(Y_i)]^2=E[(X_i-\overline{X})^2]=E(X_i^2)-2E(X_i\overline{X})+E(\overline{X}^2),$$

$$E(X_i^2)=D(X_i)+[E(X_i)]^2=1,\quad E(\overline{X}^2)=D(\overline{X})+[E(\overline{X})]^2=\frac{1}{n},$$

$$E(X_i\overline{X})=\frac{1}{n}\sum_{j=1}^{n}E(X_iX_j)=\frac{1}{n}\sum_{\substack{j=1\\ j\neq i}}^{n}E(X_i)E(X_j)+\frac{1}{n}E(X_i^2)=\frac{1}{n}.$$

于是

$$D(Y_i)=1-\frac{2}{n}+\frac{1}{n}=\frac{n-1}{n}.$$

(2)
$$\begin{aligned}\mathrm{Cov}(Y_1,Y_n)&=\mathrm{Cov}(X_1-\overline{X},X_n-\overline{X})\\&=\mathrm{Cov}(X_1,X_n)-\mathrm{Cov}(X_1,\overline{X})-\mathrm{Cov}(X_n,\overline{X})+\mathrm{Cov}(\overline{X},\overline{X}).\end{aligned}$$

由于

$$\mathrm{Cov}(X_1,\overline{X})=\frac{1}{n}\sum_{i=1}^{n}\mathrm{Cov}(X_1,X_i)=\frac{1}{n}\mathrm{Cov}(X_1,X_1)=\frac{1}{n}D(X_1)=\frac{1}{n},$$

$$\mathrm{Cov}(X_n,\overline{X})=\frac{1}{n}\sum_{j=1}^{n}\mathrm{Cov}(X_n,X_j)=\frac{1}{n}\mathrm{Cov}(X_n,X_n)=\frac{1}{n}D(X_n)=\frac{1}{n},$$

$$\mathrm{Cov}(\overline{X},\overline{X})=\frac{1}{n^2}\sum_{i=1}^{n}\sum_{j=1}^{n}\mathrm{Cov}(X_i,X_j)=\frac{1}{n^2}\sum_{i=1}^{n}\mathrm{Cov}(X_i,X_i)=\frac{1}{n^2}\sum_{i=1}^{n}D(X_i)=\frac{1}{n},$$

故

$$\mathrm{Cov}(Y_1,Y_n)=0-\frac{1}{n}-\frac{1}{n}+\frac{1}{n}=-\frac{1}{n}.$$

(3) 由 $Y_1+Y_n=X_1+X_n-2\overline{X}$ 可知，Y_1+Y_n 是相互独立的随机变量 $X_1,X_2,\cdots,X_n$ 的线性函数，因此 Y_1+Y_n 服从正态分布. 又 $E(Y_1+Y_n)=0$，故

$$P\{Y_1+Y_n\leqslant 0\}=\frac{1}{2}.$$

基本题型 Ⅲ：随机变量的独立性与相关性

例 4.13 设随机变量 X 和 Y 都服从正态分布，且它们不相关，则(　　).

(A) X 与 Y 一定相互独立　　(B) (X,Y) 服从二维正态分布

(C) X 与 Y 未必相互独立　　(D) $X+Y$ 服从一维正态分布

解　因为 X 与 Y 的联合分布不一定是二维正态分布，所以不能判定 X 与 Y 是否相互独立. 例如，若 (X,Y) 的概率密度为

$$f(x,y)=\frac{3}{8\pi\sqrt{2}}\left[\mathrm{e}^{-\frac{9}{16}\left(x^2-\frac{2}{3}xy+y^2\right)}+\mathrm{e}^{-\frac{9}{16}\left(x^2+\frac{2}{3}xy+y^2\right)}\right],$$

则 X 与 Y 都服从标准正态分布 $N(0,1)$，但是 X 与 Y 不独立.

又如，若 (X,Y) 的概率密度为 $f(x,y)=\dfrac{1}{2\pi}\mathrm{e}^{-\frac{x^2+y^2}{2}}$，则 X 与 Y 都服从标准正态分布 $N(0,1)$，且 X 与 Y 相互独立. 故选(C).

例 4.14 设二维随机向量 (X,Y) 的概率密度为 $f(x,y)=\dfrac{1}{2}[\varphi_1(x,y)+\varphi_2(x,y)]$，其中 $\varphi_1(x,y),\varphi_2(x,y)$ 都是二维正态分布的概率密度，且它们对应的随机变量的相关系数分别为 $\dfrac{1}{3}$ 和 $-\dfrac{1}{3}$，它们的边缘概率密度对应的随机变量的数学期望都是 0，方差都是 1.

(1) 求随机变量 X 和 Y 的概率密度 $f_1(x)$ 和 $f_2(y)$ 及 X 和 Y 的相关系数；

(2) X 与 Y 是否相互独立？为什么？

解　(1) 依题意得，$\varphi_1(x,y)$ 和 $\varphi_2(x,y)$ 对应的二维随机向量的边缘分布均为标准正态分布，故

$$\begin{aligned}f_1(x)&=\int_{-\infty}^{+\infty}f(x,y)\mathrm{d}y=\frac{1}{2}\left[\int_{-\infty}^{+\infty}\varphi_1(x,y)\mathrm{d}y+\int_{-\infty}^{+\infty}\varphi_2(x,y)\mathrm{d}y\right]\\&=\frac{1}{2}\left(\frac{1}{\sqrt{2\pi}}\mathrm{e}^{-\frac{x^2}{2}}+\frac{1}{\sqrt{2\pi}}\mathrm{e}^{-\frac{x^2}{2}}\right)=\frac{1}{\sqrt{2\pi}}\mathrm{e}^{-\frac{x^2}{2}}.\end{aligned}$$

类似可得 $f_2(y)=\dfrac{1}{\sqrt{2\pi}}\mathrm{e}^{-\frac{y^2}{2}}$.

又因为二维正态分布概率密度 $\varphi_i(x,y)(i=1,2)$ 对应的随机变量的相关系数为 $\int_{-\infty}^{+\infty}\int_{-\infty}^{+\infty}xy\varphi_i(x,y)\mathrm{d}x\mathrm{d}y$，且 $E(X)=E(Y)=0,D(X)=D(Y)=1$，故随机变量 X 和 Y 的相关系数为

$$\rho=\frac{\mathrm{Cov}(X,Y)}{\sqrt{D(X)}\sqrt{D(Y)}}=\frac{E(XY)-E(X)E(Y)}{\sqrt{D(X)}\sqrt{D(Y)}}$$

$$= \int_{-\infty}^{+\infty}\int_{-\infty}^{+\infty} xyf(x,y)\mathrm{d}x\mathrm{d}y$$

$$= \frac{1}{2}\left[\int_{-\infty}^{+\infty}\int_{-\infty}^{+\infty} xy\varphi_1(x,y)\mathrm{d}x\mathrm{d}y + \int_{-\infty}^{+\infty}\int_{-\infty}^{+\infty} xy\varphi_2(x,y)\mathrm{d}x\mathrm{d}y\right]$$

$$= \frac{1}{2}\left(\frac{1}{3}-\frac{1}{3}\right) = 0.$$

(2) $f(x,y) = \dfrac{3}{8\pi\sqrt{2}}\left[\mathrm{e}^{-\frac{9}{16}\left(x^2-\frac{2}{3}xy+y^2\right)} + \mathrm{e}^{-\frac{9}{16}\left(x^2+\frac{2}{3}xy+y^2\right)}\right]$满足已知条件，而

$$f_1(x)f_2(y) = \frac{1}{2\pi}\mathrm{e}^{-\frac{x^2}{2}} \cdot \mathrm{e}^{-\frac{y^2}{2}} = \frac{1}{2\pi}\mathrm{e}^{-\frac{x^2+y^2}{2}},$$

显然 $f(x,y) \neq f_1(x)f_2(y)$，所以 X 与 Y 不独立.

基本题型 Ⅳ：综合题与应用题

例 4.15 游客乘电梯从电视塔底层到顶层观光，电梯于每个整点的第 5 min、25 min 和 55 min 从底层起行. 假设一游客在早上 8 点的 X min 到底层候梯处，且 X 在[0,60]上服从均匀分布，求游客等待时间(单位：min)的数学期望.

解 将等待时间记为 Y，则 Y 就是到达时间 X 的函数，所以求等待时间 Y 的数学期望，就是求随机变量函数的数学期望. 依题意，有

$$Y = g(X) = \begin{cases} 5-X, & 0 < X \leqslant 5, \\ 25-X, & 5 < X \leqslant 25, \\ 55-X, & 25 < X \leqslant 55, \\ 65-X, & 55 < X \leqslant 60. \end{cases}$$

又 X 在[0,60]上服从均匀分布，其概率密度为

$$f(x) = \begin{cases} \dfrac{1}{60}, & 0 \leqslant x \leqslant 60, \\ 0, & \text{其他}, \end{cases}$$

故

$$E(Y) = E[g(X)] = \int_{-\infty}^{+\infty} g(x)f(x)\mathrm{d}x = \frac{1}{60}\int_0^{60} g(x)\mathrm{d}x$$

$$= \frac{1}{60}\int_0^5 (5-x)\mathrm{d}x + \frac{1}{60}\int_5^{25}(25-x)\mathrm{d}x + \frac{1}{60}\int_{25}^{55}(55-x)\mathrm{d}x + \frac{1}{60}\int_{55}^{60}(65-x)\mathrm{d}x$$

$$\approx 11.67(\text{min}).$$

例 4.16 在线段[0,1]上任取 n 个点，求其中最远两点间距离的数学期望.

解 设 $X_i(i=1,2,\cdots,n)$ 为在[0,1]中任取的第 i 个点的坐标，则 $X_1,X_2,\cdots,X_n$ 独立同分布，且都服从[0,1]上的均匀分布，其分布函数均为 $F(x) = \begin{cases} 0, & x<0, \\ x, & 0 \leqslant x < 1, \\ 1, & x \geqslant 1. \end{cases}$

令 $X_{(1)} = \min\limits_{1\leqslant i\leqslant n}\{X_i\}$，$X_{(n)} = \max\limits_{1\leqslant i\leqslant n}\{X_i\}$，则最远两点间的距离为 $X = X_{(n)} - X_{(1)}$，故 $E(X) = E[X_{(n)}] - E[X_{(1)}]$. 又

$$F_{X_{(n)}}(x)=P\{X_{(n)}\leqslant x\}=P\{X_1\leqslant x,X_2\leqslant x,\cdots,X_n\leqslant x\}=F^n(x)=\begin{cases}0, & x<0,\\ x^n, & 0\leqslant x<1,\\ 1, & x\geqslant 1,\end{cases}$$

$$F_{X_{(1)}}(x)=1-[1-F(x)]^n=\begin{cases}0, & x<0,\\ 1-(1-x)^n, & 0\leqslant x<1,\\ 1, & x\geqslant 1,\end{cases}$$

因此

$$f_{X_{(n)}}(x)=\begin{cases}nx^{n-1}, & 0\leqslant x<1,\\ 0, & \text{其他},\end{cases}\qquad f_{X_{(1)}}(x)=\begin{cases}n(1-x)^{n-1}, & 0\leqslant x<1,\\ 0, & \text{其他}.\end{cases}$$

于是

$$E[X_{(n)}]=\int_0^1 nx^n\mathrm{d}x=\frac{n}{n+1},\quad E[X_{(1)}]=\int_0^1 nx(1-x)^{n-1}\mathrm{d}x=\frac{1}{n+1},$$

从而

$$E(X)=\frac{n}{n+1}-\frac{1}{n+1}=\frac{n-1}{n+1}.$$

例 4.17 某集邮爱好者有一珍品邮票，如果现在($t=0$)就出售，则总收入为 R_0 元，如果收藏起来待将来出售，则 t 年末总收入为 $R(t)=R_0\mathrm{e}^{X(t)}$，其中 $X(t)$ 为随机变量，服从正态分布 $N\left(\frac{2\sqrt{t}}{5},1\right)$. 假设银行的年利率为 r，并以连续复利计息，问收藏多少年后出售可使总收入的期望现值最大？并求 $r=0.06$ 时 t 的值.

解　由已知，t 年末总收入 R 的现值为 $A(t)=R\mathrm{e}^{-rt}$，于是得 $A(t)=R_0\mathrm{e}^{X(t)-rt}$，则

$$E[A(t)]=R_0\mathrm{e}^{-rt}E[\mathrm{e}^{X(t)}].$$

又

$$E[\mathrm{e}^{X(t)}]=\int_{-\infty}^{+\infty}\mathrm{e}^x\frac{1}{\sqrt{2\pi}}\mathrm{e}^{-\frac{(x-\mu)^2}{2}}\mathrm{d}x\xlongequal{v=x-\mu}\int_{-\infty}^{+\infty}\frac{1}{\sqrt{2\pi}}\mathrm{e}^{\mu+v}\cdot\mathrm{e}^{-\frac{v^2}{2}}\mathrm{d}v$$

$$=\mathrm{e}^{\mu+\frac{1}{2}}\int_{-\infty}^{+\infty}\frac{1}{\sqrt{2\pi}}\mathrm{e}^{-\frac{(v-1)^2}{2}}\mathrm{d}v=\mathrm{e}^{\mu+\frac{1}{2}}\int_{-\infty}^{+\infty}\frac{1}{\sqrt{2\pi}}\mathrm{e}^{-\frac{u^2}{2}}\mathrm{d}u=\mathrm{e}^{\mu+\frac{1}{2}},$$

其中 $\mu=\frac{2\sqrt{t}}{5}$，故

$$E[A(t)]=R_0\mathrm{e}^{-rt}E[\mathrm{e}^{X(t)}]=R_0\mathrm{e}^{-rt}\mathrm{e}^{\frac{1}{2}+\frac{2}{5}\sqrt{t}}.$$

令 $\frac{\mathrm{d}E[A(t)]}{\mathrm{d}t}=0$，得 $t_0=\frac{1}{25r^2}$，且

$$\left.\frac{\mathrm{d}^2E[A(t)]}{\mathrm{d}t^2}\right|_{t=t_0}=-\frac{25}{2}r^3R_0\mathrm{e}^{\frac{1}{25r}+\frac{1}{2}}<0,$$

因此，当 $t_0=\frac{1}{25r^2}$ 时，出售该邮票可使总收入的期望现值最大，且当 $r=0.06$ 时，$t=\frac{100}{9}\approx 11$(年).

§4.3　历年考研真题评析

1. 设随机变量 X_1,X_2,X_3 相互独立，其中 X_1 在$[0,6]$上服从均匀分布，X_2 服从正态分布

$N(0,2^2)$，X_3 服从参数为 $\lambda=3$ 的泊松分布，记 $Y=X_1-2X_2+3X_3$，则 $D(Y)=$ ________.

解　依题意知

$$D(X_1)=\frac{(6-0)^2}{12}=3,\quad D(X_2)=2^2=4,\quad D(X_3)=\lambda=3,$$

故

$$D(Y)=D(X_1-2X_2+3X_3)=D(X_1)+4D(X_2)+9D(X_3)=46.$$

2. 设 X 表示 10 次独立重复射击命中目标的次数，每次射击命中目标的概率为 0.4，则 X^2 的数学期望 $E(X^2)=$ ________.

解　依题意知 X 服从二项分布 $b(10,0.4)$，则

$$E(X)=np=4,\quad D(X)=npq=2.4,$$

故

$$E(X^2)=D(X)+[E(X)]^2=18.4.$$

3. 设随机变量 X 在 $(-1,2)$ 上服从均匀分布，随机变量

$$Y=\begin{cases}1, & X>0,\\ 0, & X=0,\\ -1, & X<0,\end{cases}$$

则 $D(Y)=$ ________.

解　依题意知

$$P\{Y=1\}=P\{X>0\}=\frac{2}{3},\quad P\{Y=0\}=P\{X=0\}=0,$$

$$P\{Y=-1\}=P\{X<0\}=\frac{1}{3},$$

于是

$$E(Y)=1\times\frac{2}{3}+(-1)\times\frac{1}{3}=\frac{1}{3},\quad E(Y^2)=1\times\frac{2}{3}+(-1)^2\times\frac{1}{3}=1.$$

故

$$D(Y)=E(Y^2)-[E(Y)]^2=1-\frac{1}{9}=\frac{8}{9}.$$

4. 设一次试验的成功率为 p，若进行 100 次独立试验，则当 $p=$ ________ 时，成功次数的标准差的值最大，其最大值为 ________.

解　设随机变量 X 表示 100 次独立试验中成功的次数，则 $X\sim b(100,p)$，其标准差 $\sigma=\sqrt{D(X)}=\sqrt{100p(1-p)}$. 注意到 $D(X)$ 和 $\sqrt{D(X)}$ 同时取得最大值，而 $D(X)=100p(1-p)$，令 $D'(X)=100(1-2p)=0$，解得 $p=\frac{1}{2}$. 又 $D''(X)=-200<0$，可知 $D(X)$ 的最大值点为 $p=\frac{1}{2}$. 因此，当 $p=\frac{1}{2}$ 时，$\sqrt{D(X)}$ 最大，其最大值为 5.

5. 设 X 是一个随机变量，且 $E(X)=\mu$，$D(X)=\sigma^2$（$\mu,\sigma>0$ 为常数），则对于任意常数 c，必有（　　）.

(A) $E[(X-c)^2]=E(X^2)-c^2$　　(B) $E[(X-c)^2]=E[(X-\mu)^2]$

(C) $E[(X-c)^2]<E[(X-\mu)^2]$　　(D) $E[(X-c)^2]\geqslant E[(X-\mu)^2]$

解　$E[(X-c)^2]=E[(X-\mu+\mu-c)^2]$

$$= E[(X-\mu)^2] + 2E[(X-\mu)(\mu-c)] + E[(\mu-c)^2]$$
$$= E[(X-\mu)^2] + E[(\mu-c)^2] \geqslant E[(X-\mu)^2],$$

故选(D).

6. 设随机变量 X 和 Y 的相关系数为 0.9,若 $Z = X - 0.4$,则 Y 和 Z 的相关系数为________.

解　由已知得

$$D(Z) = D(X-0.4) = D(X),$$
$$\begin{aligned}\mathrm{Cov}(Y,Z) &= \mathrm{Cov}(Y, X-0.4) = E[Y(X-0.4)] - E(Y)E(X-0.4)\\ &= E(XY) - 0.4E(Y) - E(Y)E(X) + 0.4E(Y)\\ &= E(XY) - E(X)E(Y) = \mathrm{Cov}(X,Y),\end{aligned}$$

因此

$$\rho_{YZ} = \frac{\mathrm{Cov}(Y,Z)}{\sqrt{D(Y)}\ \sqrt{D(Z)}} = \frac{\mathrm{Cov}(X,Y)}{\sqrt{D(Y)}\ \sqrt{D(X)}} = \rho_{XY} = 0.9.$$

7. 设随机变量 X 服从标准正态分布 $N(0,1)$,则 $E(X\mathrm{e}^{2X}) =$ ________.

解　由于 X 的概率密度为 $\varphi(x) = \dfrac{1}{\sqrt{2\pi}}\mathrm{e}^{-\frac{x^2}{2}}(-\infty < x < +\infty)$,故

$$\begin{aligned}E(X\mathrm{e}^{2X}) &= \int_{-\infty}^{+\infty} x\mathrm{e}^{2x}\frac{1}{\sqrt{2\pi}}\mathrm{e}^{-\frac{x^2}{2}}\mathrm{d}x = \frac{1}{\sqrt{2\pi}}\int_{-\infty}^{+\infty} x\mathrm{e}^{-\frac{1}{2}(x-2)^2+2}\mathrm{d}x = \mathrm{e}^2\int_{-\infty}^{+\infty} x\frac{1}{\sqrt{2\pi}}\mathrm{e}^{-\frac{1}{2}(x-2)^2}\mathrm{d}x\\ &= \mathrm{e}^2\int_{-\infty}^{+\infty}(x-2)\frac{1}{\sqrt{2\pi}}\mathrm{e}^{-\frac{1}{2}(x-2)^2}\mathrm{d}(x-2) + \mathrm{e}^2\int_{-\infty}^{+\infty}\frac{1}{\sqrt{2\pi}}\cdot 2\mathrm{e}^{-\frac{1}{2}(x-2)^2}\mathrm{d}(x-2)\\ &= \mathrm{e}^2E(X) + 2\mathrm{e}^2 = 2\mathrm{e}^2.\end{aligned}$$

8. 设 X 与 Y 是两个相互独立且均服从正态分布 $N\left(0,\dfrac{1}{2}\right)$ 的随机变量,则随机变量 $|X-Y|$ 的数学期望为________.

解　因为 X 与 Y 是两个相互独立且均服从正态分布 $N\left(0,\dfrac{1}{2}\right)$ 的随机变量,所以它们的线性函数 $U = X - Y$ 服从正态分布. 又 $E(U) = E(X-Y) = E(X) - E(Y) = 0$, $D(U) = D(X-Y) = D(X) + D(Y) = 1$, 可知 U 服从标准正态分布 $N(0,1)$,于是有

$$E(|X-Y|) = E(|U|) = \int_{-\infty}^{+\infty}|u|\frac{1}{\sqrt{2\pi}}\mathrm{e}^{-\frac{u^2}{2}}\mathrm{d}u = \int_0^{+\infty}\frac{2u}{\sqrt{2\pi}}\mathrm{e}^{-\frac{u^2}{2}}\mathrm{d}u = \sqrt{\frac{2}{\pi}}.$$

9. 设 X 和 Y 的相关系数为 0.5,且 $E(X) = E(Y) = 0$, $E(X^2) = E(Y^2) = 2$,则 $E[(X+Y)^2] =$ ________.

解　由已知得

$$D(X) = E(X^2) - [E(X)]^2 = 2,\quad D(Y) = 2,$$
$$\mathrm{Cov}(X,Y) = \rho_{XY}\sqrt{D(X)}\ \sqrt{D(Y)} = 1,$$

则

$$\begin{aligned}E[(X+Y)^2] &= D(X+Y) + [E(X+Y)]^2 = D(X+Y)\\ &= D(X) + 2\mathrm{Cov}(X,Y) + D(Y) = 6.\end{aligned}$$

10. 设 $X_1, X_2, \cdots, X_n (n > 1)$ 独立同分布,且方差均为 $\sigma^2 > 0$. 令随机变量 $Y = \dfrac{1}{n}\sum_{i=1}^{n}X_i$,则

(　　).

(A) $D(X_1+Y)=\frac{n+2}{n}\sigma^2$　　(B) $D(X_1-Y)=\frac{n+1}{n}\sigma^2$

(C) $\mathrm{Cov}(X_1,Y)=\frac{\sigma^2}{n}$　　(D) $\mathrm{Cov}(X_1,Y)=\sigma^2$

解　由于 $X_1,X_2,\cdots,X_n(n>1)$ 独立同分布，且有共同的方差 $\sigma^2>0$，因此

$$\mathrm{Cov}(X_i,X_j)=\begin{cases}\sigma^2, & i=j,\\ 0, & i\neq j.\end{cases}$$

对于选项(A)，

$$D(X_1+Y)=D\left(X_1+\frac{1}{n}\sum_{i=1}^{n}X_i\right)=D\left(\frac{n+1}{n}X_1+\frac{1}{n}\sum_{i=2}^{n}X_i\right)$$

$$=\frac{(n+1)^2}{n^2}D(X_1)+\frac{1}{n^2}\sum_{i=2}^{n}D(X_i)=\frac{n+3}{n}\sigma^2\neq\frac{n+2}{n}\sigma^2,$$

即选项(A)不对.类似可以计算出 $D(X_1-Y)=\frac{n-1}{n}\sigma^2\neq\frac{n+1}{n}\sigma^2$，即选项(B)不对.

对于选项(C)和选项(D)，

$$\mathrm{Cov}(X_1,Y)=\mathrm{Cov}\left(X_1,\frac{1}{n}\sum_{i=1}^{n}X_i\right)=\frac{1}{n}\sum_{i=1}^{n}\mathrm{Cov}(X_1,X_i)$$

$$=\frac{1}{n}\mathrm{Cov}(X_1,X_1)=\frac{1}{n}D(X_1)=\frac{\sigma^2}{n},$$

故选(C).

11. 设随机变量 X 与 Y 相互独立，且 $E(X)$ 与 $E(Y)$ 均存在.记 $U=\max\{X,Y\}$，$V=\min\{X,Y\}$，则 $E(UV)=$(　　).

(A) $E(U)E(V)$　　(B) $E(X)E(Y)$　　(C) $E(U)E(Y)$　　(D) $E(X)E(V)$

解　由于

$$UV=\max\{X,Y\}\min\{X,Y\}=XY,$$

因此

$$E(UV)=E(XY)=E(X)E(Y).$$

故选(B).

12. 设 (X,Y) 为二维正态分布随机向量，则随机变量 $\xi=X+Y$ 与 $\eta=X-Y$ 不相关的充要条件是(　　).

(A) $E(X)=E(Y)$

(B) $E(X^2)-[E(X)]^2=E(Y^2)-[E(Y)]^2$

(C) $E(X^2)=E(Y^2)$

(D) $E(X^2)+[E(X)]^2=E(Y^2)+[E(Y)]^2$

解　由于 ξ 与 η 不相关，故 $\rho_{\xi\eta}=0$，从而 $\mathrm{Cov}(\xi,\eta)=0$.又

$$\mathrm{Cov}(\xi,\eta)=\mathrm{Cov}(X+Y,X-Y)=\mathrm{Cov}(X,X)-\mathrm{Cov}(Y,Y)=D(X)-D(Y)=0,$$

即 $D(X)=D(Y)$.故选(B).

13. 设随机变量 X 和 Y 的方差均存在且不等于0，则 $D(X+Y)=D(X)+D(Y)$ 是 X 和

Y(　　).

(A) 不相关的充分非必要条件　　(B) 独立的充分非必要条件

(C) 不相关的充要条件　　(D) 独立的充要条件

解　由 $D(X+Y)=D(X)+2\mathrm{Cov}(X,Y)+D(Y)=D(X)+D(Y)$,得 $\mathrm{Cov}(X,Y)=0$,故选(C).

14. 设某种商品每周的需求量 X 是服从$[10,30]$上的均匀分布的随机变量,而商店每周的进货量为区间$[10,30]$中某个整数.已知商店每销售 1 单位商品可获利 500 元,若供大于求则降价处理,每处理 1 单位商品亏损 100 元;若供不应求,则可以从外部调剂供应,此时每销售 1 单位商品仅获利 300 元.为使商店获利的数学期望不小于 9 280 元,问最少进货量应为多少?

解　易知 X 的概率密度为 $f_X(x)=\begin{cases}\dfrac{1}{20}, & 10\leqslant x\leqslant 30,\\ 0, & \text{其他}.\end{cases}$ 设进货量为 a 单位,利润为 Y 元,则有

$$Y=g(X)=\begin{cases}300X+200a, & a<X\leqslant 30,\\ 600X-100a, & 10\leqslant X\leqslant a,\end{cases}$$

从而

$$\begin{aligned}E(Y)&=\int_{-\infty}^{+\infty}g(x)f_X(x)\mathrm{d}x=\frac{1}{20}\left[\int_{10}^{a}(600x-100a)\mathrm{d}x+\int_{a}^{30}(300x+200a)\mathrm{d}x\right]\\&=-7.5a^2+350a+5\,250.\end{aligned}$$

依题意,有

$$-7.5a^2+350a+5\,250\geqslant 9\,280,\quad 即\quad 3a^2-140a+1\,612\leqslant 0,$$

解得$\dfrac{62}{3}\leqslant a\leqslant 26$,因此,为使商店获利的数学期望不小于 9 280 元,最少进货量应为 21 单位.

15. 设随机变量 $X\sim N(0,1)$,$Y\sim N(1,4)$,且相关系数 $\rho_{XY}=1$,则(　　).

(A) $P\{Y=-2X-1\}=1$　　(B) $P\{Y=2X-1\}=1$

(C) $P\{Y=-2X+1\}=1$　　(D) $P\{Y=2X+1\}=1$

解　用排除法.设 $Y=aX+b$,由 $\rho_{XY}=1$ 可知 X,Y 正相关,故 $a>0$.排除选项(A)和选项(C).又由 $X\sim N(0,1)$,$Y\sim N(1,4)$,得

$$E(X)=0,\quad E(Y)=1,\quad E(aX+b)=aE(X)+b,$$

即 $1=a\times 0+b$,解得 $b=1$,从而又排除选项(B).故选(D).

16. 设随机变量 X 的分布函数为 $F(x)=0.3\Phi(x)+0.7\Phi\left(\dfrac{x-1}{2}\right)$,其中 $\Phi(x)$ 为标准正态分布函数,则 $E(X)=$(　　).

(A) 0　　(B) 0.3　　(C) 0.7　　(D) 1

解　由已知得

$$F'(x)=0.3\Phi'(x)+0.35\Phi'\left(\frac{x-1}{2}\right).$$

又

$$E(X)=\int_{-\infty}^{+\infty}xF'(x)\mathrm{d}x=\int_{-\infty}^{+\infty}x\left[0.3\Phi'(x)+0.35\Phi'\left(\frac{x-1}{2}\right)\right]\mathrm{d}x$$

$$= 0.3\int_{-\infty}^{+\infty} x\Phi'(x)\mathrm{d}x + 0.35\int_{-\infty}^{+\infty} x\Phi'\left(\frac{x-1}{2}\right)\mathrm{d}x,$$

而

$$\int_{-\infty}^{+\infty} x\Phi'(x)\mathrm{d}x = 0,\quad \int_{-\infty}^{+\infty} x\Phi'\left(\frac{x-1}{2}\right)\mathrm{d}x = 2\int_{-\infty}^{+\infty}(2u+1)\Phi'(u)\mathrm{d}u = 2,$$

故

$$E(X) = 0 + 0.35\times 2 = 0.7.$$

17. 将长度为 1 m 的木棒随机地截成两段，则两段的长度的相关系数为(　　).

(A) 1　　(B) $\frac{1}{2}$　　(C) $-\frac{1}{2}$　　(D) -1

解　法一　利用两随机变量相关系数的性质直接求解. 设截取的两段木棒的长度分别为 X 与 Y，显然 $X+Y=1$，即 $Y=1-X$，故两者负相关，从而相关系数为 -1.

法二　利用相关系数的公式求解. 设截取的木棒一段长为 X，另一段长为 $Y=1-X$，则 $\rho_{XY}=\frac{\mathrm{Cov}(X,Y)}{\sqrt{D(X)}\sqrt{D(Y)}}$. 又

$$\mathrm{Cov}(X,Y) = \mathrm{Cov}(X,1-X) = -\mathrm{Cov}(X,X) = -D(X),$$
$$D(Y) = D(1-X) = D(X),$$

于是

$$\rho_{XY} = \frac{\mathrm{Cov}(X,Y)}{\sqrt{D(X)}\sqrt{D(Y)}} = \frac{-D(X)}{\sqrt{D(X)}\sqrt{D(X)}} = -1.$$

故选(D).

18. 设连续型随机变量 X_1 与 X_2 相互独立，且方差均存在，X_1,X_2 的概率密度分别为 $f_1(x)$，$f_2(x)$，随机变量 Y_1 的概率密度为 $f_{Y_1}(y)=\frac{1}{2}[f_1(y)+f_2(y)]$，随机变量 $Y_2=\frac{1}{2}(X_1+X_2)$，则(　　).

(A) $E(Y_1)>E(Y_2),D(Y_1)>D(Y_2)$　　(B) $E(Y_1)=E(Y_2),D(Y_1)=D(Y_2)$

(C) $E(Y_1)=E(Y_2),D(Y_1)<D(Y_2)$　　(D) $E(Y_1)=E(Y_2),D(Y_1)\geqslant D(Y_2)$

解

$$E(Y_1) = \frac{1}{2}\int_{-\infty}^{+\infty} y[f_1(y)+f_2(y)]\mathrm{d}y = \frac{1}{2}[E(X_1)+E(X_2)] = E(Y_2),$$

$$E(Y_1^2) = \frac{1}{2}\int_{-\infty}^{+\infty} y^2[f_1(y)+f_2(y)]\mathrm{d}y = \frac{1}{2}E(X_1^2)+\frac{1}{2}E(X_2^2),$$

$$\begin{aligned} D(Y_1) &= E(Y_1^2)-[E(Y_1)]^2 \\ &= \frac{1}{2}E(X_1^2)+\frac{1}{2}E(X_2^2)-\frac{1}{4}[E(X_1)]^2-\frac{1}{4}[E(X_2)]^2-\frac{1}{2}E(X_1)E(X_2) \\ &= \frac{1}{4}D(X_1)+\frac{1}{4}D(X_2)+\frac{1}{4}E[(X_1-X_2)^2] \geqslant \frac{1}{4}D(X_1)+\frac{1}{4}D(X_2) = D(Y_2). \end{aligned}$$

故应选(D).

19. 设随机变量 X 的分布律为 $P\{X=k\}=\frac{C}{k!}(k=0,1,2,\cdots)$，则 $E(X^2)=$ ________.

解　法一　识记泊松分布的数学期望和方差.

根据概率分布的基本性质,可知 $1=\sum_{k=0}^{\infty}P\{X=k\}=\sum_{k=0}^{\infty}\frac{C}{k!}=Ce$,解得 $C=e^{-1}$,即随机变量 X 服从参数为 1 的泊松分布. 于是有 $E(X)=D(X)=1$,所以 $E(X^2)=D(X)+[E(X)]^2=2$.

法二　推导泊松分布的数学期望和方差.

同法一求出 $C=e^{-1}$,于是

$$E(X^2)=\sum_{k=0}^{\infty}k^2P\{X=k\}=\sum_{k=0}^{\infty}k^2\frac{e^{-1}}{k!}=e^{-1}\sum_{k=1}^{\infty}\frac{k}{(k-1)!}=e^{-1}\sum_{i=0}^{\infty}\frac{i+1}{i!}$$

$$=e^{-1}\left(\sum_{i=0}^{\infty}\frac{i}{i!}+\sum_{i=0}^{\infty}\frac{1}{i!}\right)=e^{-1}\left[\sum_{i=1}^{\infty}\frac{1}{(i-1)!}+e\right]$$

$$=e^{-1}\left(\sum_{j=0}^{\infty}\frac{1}{j!}+e\right)=e^{-1}(e+e)=2.$$

20. 设随机变量 X 的概率密度为 $f(x)=\begin{cases}2^{-x}\ln 2, & x>0,\\ 0, & x\leqslant 0.\end{cases}$ 对 X 进行独立重复观测,到 2 个大于 3 的观测值出现则停止观测. 记 Y 为观测次数,求:(1) Y 的分布律;(2) $E(Y)$.

解　(1) 记 p 为观测值大于 3 的概率,则 $p=P\{X>3\}=\int_3^{+\infty}2^{-x}\ln 2\mathrm{d}x=\frac{1}{8}$,从而 Y 的分布律为

$$P\{Y=n\}=C_{n-1}^{1}p(1-p)^{n-2}p=(n-1)\left(\frac{1}{8}\right)^2\left(\frac{7}{8}\right)^{n-2},\quad n=2,3,\cdots.$$

(2) **法一**　将随机变量 Y 分解成 M 和 N 两个过程,其中 M 表示从第 1 次到第 $n(n<k)$ 次试验观测值大于 3 首次发生,N 表示从第 $n+1$ 次到第 k 次试验观测值大于 3 首次发生,则 $M\sim G(n,p)$,$N\sim G(k-n,p)$,所以

$$E(Y)=E(M+N)=E(M)+E(N)=\frac{1}{p}+\frac{1}{p}=\frac{2}{p}=16.$$

法二　由已知得

$$E(Y)=\sum_{n=2}^{\infty}n\cdot P\{Y=n\}=\sum_{n=2}^{\infty}n\cdot(n-1)\left(\frac{1}{8}\right)^2\left(\frac{7}{8}\right)^{n-2}$$

$$=\sum_{n=2}^{\infty}n\cdot(n-1)\left[\left(\frac{7}{8}\right)^{n-2}-2\left(\frac{7}{8}\right)^{n-1}+\left(\frac{7}{8}\right)^{n}\right].$$

记 $E(Y)=S(x)=S_1(x)-2S_2(x)+S_3(x)(-1<x<1)$,其中

$$S_1(x)=\sum_{n=2}^{\infty}n\cdot(n-1)x^{n-2}=\left(\sum_{n=2}^{\infty}n\cdot x^{n-1}\right)'=\left(\sum_{n=2}^{\infty}x^n\right)''=\frac{2}{(1-x)^3},$$

$$S_2(x)=\sum_{n=2}^{\infty}n\cdot(n-1)x^{n-1}=x\sum_{n=2}^{\infty}n\cdot(n-1)x^{n-2}=xS_1(x)=\frac{2x}{(1-x)^3},$$

$$S_3(x)=\sum_{n=2}^{\infty}n\cdot(n-1)x^{n}=x^2\sum_{n=2}^{\infty}n\cdot(n-1)x^{n-2}=x^2S_1(x)=\frac{2x^2}{(1-x)^3},$$

从而

$$E(Y)=S_1(x)-2S_2(x)+S_3(x)=\frac{2-4x+2x^2}{(1-x)^3}=\frac{2}{1-x},$$

故 $E(Y)=S\left(\frac{7}{8}\right)=16$.

21. 设随机变量 X 的分布函数为 $F(x)=0.5\Phi(x)+0.5\Phi\left(\frac{x-4}{2}\right)$，其中 $\Phi(x)$ 为标准正态分布函数，则 $E(X)=$ ________.

解　由已知得 $F'(x)=0.5\varphi(x)+0.25\varphi\left(\frac{x-4}{2}\right)$，则

$$E(X)=0.5\int_{-\infty}^{+\infty}x\varphi(x)\mathrm{d}x+0.25\int_{-\infty}^{+\infty}x\varphi\left(\frac{x-4}{2}\right)\mathrm{d}x.$$

而 $\int_{-\infty}^{+\infty}x\varphi(x)\mathrm{d}x=0$，令 $\frac{x-4}{2}=t$，则

$$\int_{-\infty}^{+\infty}x\varphi\left(\frac{x-4}{2}\right)\mathrm{d}x=2\int_{-\infty}^{+\infty}(4+2t)\varphi(t)\mathrm{d}t=8\times 1+4\int_{-\infty}^{+\infty}t\varphi(t)\mathrm{d}t=8,$$

因此 $E(X)=2$.

22. 设随机变量 X 与 Y 相互独立，且都服从正态分布 $N(\mu,\sigma^2)$，则 $P\{|X-Y|<1\}$(　　).

(A) 与 μ 无关，而与 σ^2 有关　　(B) 与 μ 有关，而与 σ^2 无关

(C) 与 μ,σ^2 都有关　　(D) 与 μ,σ^2 都无关

解　因为 $E(X-Y)=\mu-\mu=0, D(X-Y)=D(X)+D(Y)=2\sigma^2$，所以 $\frac{X-Y}{\sqrt{2}\sigma}\sim N(0,1)$，于是

$$P\left\{\frac{|X-Y|}{\sqrt{2}\sigma}<\frac{1}{\sqrt{2}\sigma}\right\}=2\Phi\left(\frac{1}{\sqrt{2}\sigma}\right)-1.$$

故选(A).

23. 设随机变量 X 的概率密度为 $f(x)=\begin{cases}\frac{x}{2}, & 0<x<2,\\ 0, & 其他,\end{cases}$ $F(x)$ 为 X 的分布函数，$E(X)$ 为 X 的数学期望，则 $P\{F(X)\geqslant E(X)-1\}=$ ________.

解　依题意得，X 的数学期望 $E(X)=\int_0^2 x\cdot\frac{x}{2}\mathrm{d}x=\frac{4}{3}$，$X$ 的分布函数为

$$F(x)=\begin{cases}0, & x<0,\\ \frac{x^2}{4}, & 0\leqslant x<2,\\ 1, & x\geqslant 2.\end{cases}$$

故

$$\begin{aligned}P\{F(X)\geqslant E(X)-1\}&=P\left\{F(X)\geqslant\frac{1}{3}\right\}=P\left\{X\geqslant\frac{2}{\sqrt{3}}\right\}\\&=1-P\left\{X<\frac{2}{\sqrt{3}}\right\}=1-\int_0^{\frac{2}{\sqrt{3}}}\frac{x}{2}\mathrm{d}x=\frac{2}{3}.\end{aligned}$$

24. 已知随机变量 X 服从 $\left(-\frac{\pi}{2},\frac{\pi}{2}\right)$ 上的均匀分布，令 $Y=\sin X$，则 $\mathrm{Cov}(X,Y)=$

________.

解　由已知得 X 的概率密度为 $f(x)=\begin{cases}\frac{1}{\pi}, & -\frac{\pi}{2}<x<\frac{\pi}{2},\\ 0, & 其他,\end{cases}$ 且 $E(X)=0$. 又 $\mathrm{Cov}(X,Y)=E(XY)-E(X)E(Y)$，而

$$E(XY)=\int_{-\frac{\pi}{2}}^{\frac{\pi}{2}}x\sin x f(x)\mathrm{d}x=\int_{-\frac{\pi}{2}}^{\frac{\pi}{2}}\frac{1}{\pi}x\sin x\mathrm{d}x=\frac{2}{\pi},$$

故 $\mathrm{Cov}(X,Y)=\frac{2}{\pi}$.

§4.4　教材习题详解

1. 设随机变量 X 的分布律如表 4.4 所示，求 $E(X),E(X^2),E(2X+3)$.

表 4.4

X	-1	0	1	2
p_k	$\frac{1}{8}$	$\frac{1}{2}$	$\frac{1}{8}$	$\frac{1}{4}$

解　$E(X)=(-1)\times\frac{1}{8}+0\times\frac{1}{2}+1\times\frac{1}{8}+2\times\frac{1}{4}=\frac{1}{2}$,

$E(X^2)=(-1)^2\times\frac{1}{8}+0^2\times\frac{1}{2}+1^2\times\frac{1}{8}+2^2\times\frac{1}{4}=\frac{5}{4}$,

$E(2X+3)=2E(X)+3=2\times\frac{1}{2}+3=4$.

2. 已知 100 件产品中有 10 件次品，求任意取出的 5 件产品中的次品数的数学期望和方差.

解　设任意取出的 5 件产品中的次品数为 X，则 X 的分布律如表 4.5 所示.

表 4.5

X	0	1	2	3	4	5
p_k	$\frac{C_{90}^5}{C_{100}^5}$	$\frac{C_{10}^1C_{90}^4}{C_{100}^5}$	$\frac{C_{10}^2C_{90}^3}{C_{100}^5}$	$\frac{C_{10}^3C_{90}^2}{C_{100}^5}$	$\frac{C_{10}^4C_{90}^1}{C_{100}^5}$	$\frac{C_{10}^5}{C_{100}^5}$

故

$$E(X)\approx 0.50,\quad D(X)=\sum_{i=0}^{5}[x_i-E(X)]^2p_k\approx 0.43.$$

3. 设随机变量 X 的分布律如表 4.6 所示，且已知 $E(X)=0.1,E(X^2)=0.9$，求 p_1,p_2,p_3.

表 4.6

X	-1	0	1
p_k	p_1	p_2	p_3

解　由已知

$$p_1+p_2+p_3=1,$$

又

$$E(X)=(-1)\cdot p_1+0\cdot p_2+1\cdot p_3=p_3-p_1=0.1,$$

$$E(X^2)=(-1)^2\cdot p_1+0^2\cdot p_2+1^2\cdot p_3=p_1+p_3=0.9,$$

联立上述三式,解得 $p_1 = 0.4, p_2 = 0.1, p_3 = 0.5$.

4. 袋中有 N 个球,其中白球数 X 为一随机变量,已知 $E(X) = n(n \leqslant N)$. 问从袋中任取一球为白球的概率是多少?

解　记 $A = \{$从袋中任取一球为白球$\}$,则根据全概率公式得

$$\begin{aligned} P(A) &= \sum_{k=0}^{N} P\{A \mid X = k\} P\{X = k\} = \sum_{k=0}^{N} \frac{k}{N} P\{X = k\} \\ &= \frac{1}{N} \sum_{k=0}^{N} k P\{X = k\} = \frac{1}{N} E(X) = \frac{n}{N}. \end{aligned}$$

5. 设随机变量 X 的概率密度为

$$f(x) = \begin{cases} x, & 0 \leqslant x < 1, \\ 2 - x, & 1 \leqslant x \leqslant 2, \\ 0, & \text{其他}, \end{cases}$$

求 $E(X), D(X)$.

解　由已知得

$$E(X) = \int_{-\infty}^{+\infty} x f(x) \mathrm{d}x = \int_0^1 x^2 \mathrm{d}x + \int_1^2 x(2 - x) \mathrm{d}x = 1,$$

$$E(X^2) = \int_{-\infty}^{+\infty} x^2 f(x) \mathrm{d}x = \int_0^1 x^3 \mathrm{d}x + \int_1^2 x^2 (2 - x) \mathrm{d}x = \frac{7}{6},$$

故

$$D(X) = E(X^2) - [E(X)]^2 = \frac{1}{6}.$$

6. 设随机变量 X, Y, Z 相互独立,且 $E(X) = 5, E(Y) = 11, E(Z) = 8$,求下列随机变量的数学期望:

(1) $U = 2X + 3Y + 1$;

(2) $V = YZ - 4X$.

解　(1) $E(U) = E(2X + 3Y + 1) = 2E(X) + 3E(Y) + 1 = 2 \times 5 + 3 \times 11 + 1 = 44$.

(2) 因 Y 与 Z 相互独立,故

$$\begin{aligned} E(V) &= E(YZ - 4X) = E(YZ) - 4E(X) \\ &= E(Y)E(Z) - 4E(X) \\ &= 11 \times 8 - 4 \times 5 = 68. \end{aligned}$$

7. 设随机变量 X 与 Y 相互独立,且 $E(X) = E(Y) = 3, D(X) = 12, D(Y) = 16$,求 $E(3X - 2Y), D(2X - 3Y)$.

解　$E(3X - 2Y) = 3E(X) - 2E(Y) = 3 \times 3 - 2 \times 3 = 3$,

$D(2X - 3Y) = 2^2 D(X) + (-3)^2 D(Y) = 4 \times 12 + 9 \times 16 = 192$.

8. 设二维随机向量 (X, Y) 的概率密度为

$$f(x, y) = \begin{cases} k, & 0 < x < 1, 0 < y < x, \\ 0, & \text{其他}, \end{cases}$$

试确定常数 k,并求 $E(XY)$.

解　因

$$\int_{-\infty}^{+\infty} \int_{-\infty}^{+\infty} f(x, y) \mathrm{d}x \mathrm{d}y = \int_0^1 \mathrm{d}x \int_0^x k \mathrm{d}y = \frac{k}{2} = 1,$$

故 $k = 2$. 于是

$$E(XY) = \int_{-\infty}^{+\infty} \int_{-\infty}^{+\infty} xy f(x, y) \mathrm{d}x \mathrm{d}y = \int_0^1 x \mathrm{d}x \int_0^x 2y \mathrm{d}y = 0.25.$$

9. 设 X, Y 是相互独立的随机变量,其概率密度分别为

$$f_X(x)=\begin{cases}2x, & 0\leqslant x\leqslant 1,\\ 0, & \text{其他},\end{cases}\quad f_Y(y)=\begin{cases}e^{-(y-5)}, & y>5,\\ 0, & \text{其他},\end{cases}$$

求 $E(XY)$.

解　法一　由已知得

$$E(X)=\int_0^1 x\cdot 2x\mathrm{d}x=\frac{2}{3},$$

$$E(Y)=\int_5^{+\infty} y e^{-(y-5)}\mathrm{d}y \xlongequal{\text{令 } z=y-5} 5\int_0^{+\infty} e^{-z}\mathrm{d}z+\int_0^{+\infty} z e^{-z}\mathrm{d}z=5+1=6.$$

又 X 与 Y 相互独立,故

$$E(XY)=E(X)E(Y)=\frac{2}{3}\times 6=4.$$

法二　利用随机变量函数的数学期望公式.因 X 与 Y 相互独立,故它们的联合概率密度为

$$f(x,y)=f_X(x)f_Y(y)=\begin{cases}2xe^{-(y-5)}, & 0\leqslant x\leqslant 1, y>5,\\ 0, & \text{其他}.\end{cases}$$

于是

$$E(XY)=\int_0^1\int_5^{+\infty} xy\cdot 2xe^{-(y-5)}\mathrm{d}x\mathrm{d}y=\int_0^1 2x^2\mathrm{d}x\cdot\int_5^{+\infty} ye^{-(y-5)}\mathrm{d}y=\frac{2}{3}\times 6=4.$$

10. 设随机变量 X,Y 的概率密度分别为

$$f_X(x)=\begin{cases}2e^{-2x}, & x>0,\\ 0, & x\leqslant 0,\end{cases}\quad f_Y(y)=\begin{cases}4e^{-4y}, & y>0,\\ 0, & y\leqslant 0,\end{cases}$$

求:(1) $E(X+Y)$;(2) $E(2X-3Y^2)$.

解　$E(X)=\int_{-\infty}^{+\infty} xf_X(x)\mathrm{d}x=\int_0^{+\infty} x\cdot 2e^{-2x}\mathrm{d}x=-xe^{-2x}\Big|_0^{+\infty}+\int_0^{+\infty} e^{-2x}\mathrm{d}x=\frac{1}{2}$,

$E(Y)=\int_{-\infty}^{+\infty} yf_Y(y)\mathrm{d}y=\int_0^{+\infty} y\cdot 4e^{-4y}\mathrm{d}y=\frac{1}{4}$,

$E(Y^2)=\int_{-\infty}^{+\infty} y^2 f_Y(y)\mathrm{d}y=\int_0^{+\infty} y^2\cdot 4e^{-4y}\mathrm{d}y=\frac{1}{8}$.

(1) $E(X+Y)=E(X)+E(Y)=\frac{1}{2}+\frac{1}{4}=\frac{3}{4}$.

(2) $E(2X-3Y^2)=2E(X)-3E(Y^2)=2\times\frac{1}{2}-3\times\frac{1}{8}=\frac{5}{8}$.

11. 设随机变量 X 的概率密度为

$$f(x)=\begin{cases}cxe^{-k^2x^2}, & x\geqslant 0,\\ 0, & x<0,\end{cases}$$

求:(1) 常数 c;(2) $E(X)$;(3) $D(X)$.

解　(1) 由

$$\int_{-\infty}^{+\infty} f(x)\mathrm{d}x=\int_0^{+\infty} cxe^{-k^2x^2}\mathrm{d}x=\frac{c}{2k^2}=1,$$

解得 $c=2k^2$.

(2) $E(X)=\int_{-\infty}^{+\infty} xf(x)\mathrm{d}x=\int_0^{+\infty} x\cdot 2k^2xe^{-k^2x^2}\mathrm{d}x=2k^2\int_0^{+\infty} x^2e^{-k^2x^2}\mathrm{d}x=\frac{\sqrt{\pi}}{2k}$.

(3) 由于 $E(X^2)=\int_{-\infty}^{+\infty} x^2f(x)\mathrm{d}x=\int_0^{+\infty} x^2\cdot 2k^2xe^{-k^2x^2}\mathrm{d}x=\frac{1}{k^2}$,故

$$D(X)=E(X^2)-[E(X)]^2=\frac{1}{k^2}-\left(\frac{\sqrt{\pi}}{2k}\right)^2=\frac{4-\pi}{4k^2}.$$

12. 袋中有12个零件，其中9个合格品，3个废品. 安装机器时，从袋中逐个取出零件(取出后不放回)，设在取出合格品之前已取出的废品数 X 为随机变量，求 $E(X)$ 和 $D(X)$.

解　依题意知，X 的所有可能取值为0,1,2,3，且

$$P\{X=0\}=\frac{9}{12}=\frac{3}{4},\quad P\{X=1\}=\frac{3}{12}\times\frac{9}{11}=\frac{9}{44},$$

$$P\{X=2\}=\frac{3}{12}\times\frac{2}{11}\times\frac{9}{10}=\frac{9}{220},\quad P\{X=3\}=\frac{3}{12}\times\frac{2}{11}\times\frac{1}{10}\times\frac{9}{9}=\frac{1}{220}.$$

于是，得到 X 的概率分布如表4.7所示.

表 4.7

X	0	1	2	3
p_k	$\frac{3}{4}$	$\frac{9}{44}$	$\frac{9}{220}$	$\frac{1}{220}$

由此可得

$$E(X)=0\times\frac{3}{4}+1\times\frac{9}{44}+2\times\frac{9}{220}+3\times\frac{1}{220}=\frac{3}{10},$$

$$E(X^2)=0^2\times\frac{3}{4}+1^2\times\frac{9}{44}+2^2\times\frac{9}{220}+3^2\times\frac{1}{220}=\frac{9}{22},$$

$$D(X)=E(X^2)-[E(X)]^2=\frac{9}{22}-\left(\frac{3}{10}\right)^2=\frac{351}{1\,100}.$$

13. 一工厂生产的某种设备的寿命 X(单位：年)服从指数分布，概率密度为

$$f(x)=\begin{cases}\frac{1}{4}e^{-\frac{x}{4}}, & x>0,\\ 0, & x\leqslant 0.\end{cases}$$

为确保消费者的利益，工厂规定出售的设备若在一年内损坏则可以调换. 每出售一台设备(不调换)，工厂获利100元，而调换一台设备则损失200元，试求工厂出售一台设备盈利 Y(单位：元)的数学期望.

解　已知该工厂出售一台设备盈利 Y 只有100和−200两个可能值，且

$$P\{Y=100\}=P\{X\geqslant 1\}=\int_1^{+\infty}\frac{1}{4}e^{-\frac{x}{4}}dx=e^{-\frac{1}{4}},$$

$$P\{Y=-200\}=P\{X<1\}=1-e^{-\frac{1}{4}},$$

故

$$E(Y)=100\times e^{-\frac{1}{4}}+(-200)\times(1-e^{-\frac{1}{4}})=300e^{-\frac{1}{4}}-200\approx 33.64(\text{元}).$$

14. 设 $X_1,X_2,\cdots,X_n$ 是相互独立的随机变量，且有 $E(X_i)=\mu,D(X_i)=\sigma^2,i=1,2,\cdots,n$. 记 $\overline{X}=\frac{1}{n}\sum_{i=1}^{n}X_i,S^2=\frac{1}{n-1}\sum_{i=1}^{n}(X_i-\overline{X})^2$，验证：

(1) $E(\overline{X})=\mu,D(\overline{X})=\frac{\sigma^2}{n}$；

(2) $S^2=\frac{1}{n-1}\left(\sum_{i=1}^{n}X_i^2-n\overline{X}^2\right)$；

(3) $E(S^2)=\sigma^2$.

证　(1) $E(\overline{X})=E\left(\frac{1}{n}\sum_{i=1}^{n}X_i\right)=\frac{1}{n}E\left(\sum_{i=1}^{n}X_i\right)=\frac{1}{n}\sum_{i=1}^{n}E(X_i)=\frac{1}{n}\cdot n\mu=\mu,$

$$D(\overline{X})=D\left(\frac{1}{n}\sum_{i=1}^{n}X_i\right)=\frac{1}{n^2}D\left(\sum_{i=1}^{n}X_i\right)\xlongequal{X_i\text{之间相互独立}}\frac{1}{n^2}\sum_{i=1}^{n}D(X_i)$$

$$= \frac{1}{n^2} \cdot n\sigma^2 = \frac{\sigma^2}{n}.$$

(2) 因

$$\sum_{i=1}^{n}(X_i - \overline{X})^2 = \sum_{i=1}^{n}(X_i^2 + \overline{X}^2 - 2\overline{X}X_i) = \sum_{i=1}^{n}X_i^2 + n\overline{X}^2 - 2\overline{X}\sum_{i=1}^{n}X_i$$
$$= \sum_{i=1}^{n}X_i^2 + n\overline{X}^2 - 2\overline{X} \cdot n\overline{X} = \sum_{i=1}^{n}X_i^2 - n\overline{X}^2,$$

故 $S^2 = \frac{1}{n-1}\left(\sum_{i=1}^{n}X_i^2 - n\overline{X}^2\right)$.

(3) 因 $E(X_i) = \mu, D(X_i) = \sigma^2$,故 $E(X_i^2) = D(X_i) + [E(X_i)]^2 = \sigma^2 + \mu^2$. 又 $E(\overline{X}) = \mu, D(\overline{X}) = \frac{\sigma^2}{n}$,则 $E(\overline{X}^2) = \frac{\sigma^2}{n} + \mu^2$. 于是

$$E(S^2) = E\left[\frac{1}{n-1}\left(\sum_{i=1}^{n}X_i^2 - n\overline{X}^2\right)\right] = \frac{1}{n-1}\left[E\left(\sum_{i=1}^{n}X_i^2\right) - nE(\overline{X}^2)\right]$$
$$= \frac{1}{n-1}\left[\sum_{i=1}^{n}E(X_i^2) - nE(\overline{X}^2)\right] = \frac{1}{n-1}\left[n(\sigma^2 + \mu^2) - n\left(\frac{\sigma^2}{n} + \mu^2\right)\right] = \sigma^2.$$

15. 对随机变量 X 和 Y,已知

$$D(X) = 2, \quad D(Y) = 3, \quad \mathrm{Cov}(X,Y) = -1,$$

求 $\mathrm{Cov}(3X - 2Y + 1, X + 4Y - 3)$.

解
$$\mathrm{Cov}(3X - 2Y + 1, X + 4Y - 3) = 3D(X) + 10\mathrm{Cov}(X,Y) - 8D(Y)$$
$$= 3 \times 2 + 10 \times (-1) - 8 \times 3 = -28.$$

16. 设二维随机向量(X,Y)的概率密度为

$$f(x,y) = \begin{cases} \frac{1}{\pi}, & x^2 + y^2 \leqslant 1, \\ 0, & \text{其他}, \end{cases}$$

试验证 X 与 Y 是不相关的,但 X 与 Y 不是相互独立的.

证 由已知得

$$E(X) = \int_{-\infty}^{+\infty}\int_{-\infty}^{+\infty} xf(x,y)\mathrm{d}x\mathrm{d}y = \frac{1}{\pi}\iint\limits_{x^2+y^2 \leqslant 1} x\mathrm{d}x\mathrm{d}y$$
$$= \frac{1}{\pi}\int_0^{2\pi}\int_0^1 r\cos\theta \cdot r\mathrm{d}r\mathrm{d}\theta = 0.$$

同理可得 $E(Y) = 0$. 而

$$\mathrm{Cov}(X,Y) = \int_{-\infty}^{+\infty}\int_{-\infty}^{+\infty}[x - E(X)] \cdot [y - E(Y)]f(x,y)\mathrm{d}x\mathrm{d}y$$
$$= \frac{1}{\pi}\iint\limits_{x^2+y^2 \leqslant 1} xy\mathrm{d}x\mathrm{d}y = \frac{1}{\pi}\int_0^{2\pi}\int_0^1 r^2\sin\theta\cos\theta \cdot r\mathrm{d}r\mathrm{d}\theta = 0,$$

由此得 $\rho_{XY} = 0$,故 X 与 Y 不相关.

下面讨论 X 与 Y 是否相互独立. 当 $|x| \leqslant 1$ 时,$f_X(x) = \int_{-\sqrt{1-x^2}}^{\sqrt{1-x^2}} \frac{1}{\pi}\mathrm{d}y = \frac{2}{\pi}\sqrt{1-x^2}$. 当 $|y| \leqslant 1$ 时,$f_Y(y) = \int_{-\sqrt{1-y^2}}^{\sqrt{1-y^2}} \frac{1}{\pi}\mathrm{d}x = \frac{2}{\pi}\sqrt{1-y^2}$. 显然 $f_X(x)f_Y(y) \neq f(x,y)$,故 X 与 Y 不是相互独立的.

17. 设二维随机向量(X,Y)的分布律如表 4.8 所示,验证 X 与 Y 是不相关的,但 X 与 Y 不是相互独立的.

表 4.8

Y	X		
	-1	0	1
-1	$\frac{1}{8}$	$\frac{1}{8}$	$\frac{1}{8}$
0	$\frac{1}{8}$	0	$\frac{1}{8}$
1	$\frac{1}{8}$	$\frac{1}{8}$	$\frac{1}{8}$

证　由 X 和 Y 的联合分布律易求得 X,Y 及 XY 的分布律,其分布律分别如表 4.9、表 4.10 和表 4.11 所示.

表 4.9

X	-1	0	1
p_k	$\frac{3}{8}$	$\frac{2}{8}$	$\frac{3}{8}$

表 4.10

Y	-1	0	1
p_k	$\frac{3}{8}$	$\frac{2}{8}$	$\frac{3}{8}$

表 4.11

XY	-1	0	1
p_k	$\frac{2}{8}$	$\frac{4}{8}$	$\frac{2}{8}$

由数学期望的定义得

$$E(X)=E(Y)=E(XY)=0,$$

于是有 $E(XY)=E(X)E(Y)$,从而 $\mathrm{Cov}(X,Y)=E(XY)-E(X)E(Y)=0$,故 $\rho_{XY}=0$,即 X 与 Y 是不相关的.

又

$$P\{X=-1\}P\{Y=-1\}=\frac{3}{8}\times\frac{3}{8}\neq\frac{1}{8}=P\{X=-1,Y=-1\},$$

因此 X 与 Y 不是相互独立的.

18. 设二维随机向量 (X,Y) 在以 $(0,0)$,$(0,1)$,$(1,0)$ 为顶点的三角形区域内服从均匀分布,求 $\mathrm{Cov}(X,Y)$,ρ_{XY}.

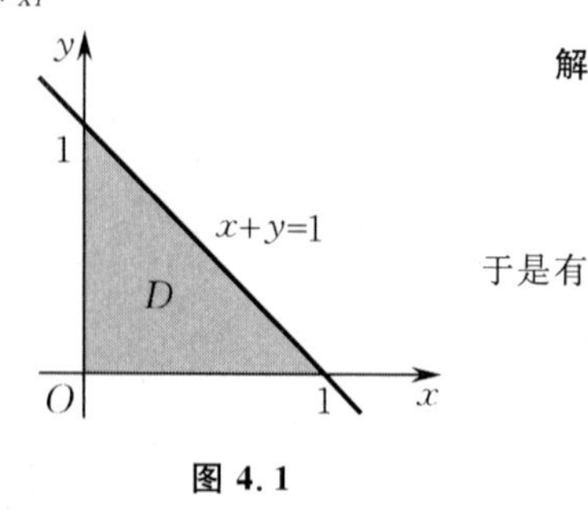

图 4.1

解　如图 4.1 所示,易知 $S_D=\frac{1}{2}$,故 (X,Y) 的概率密度为

$$f(x,y)=\begin{cases}2, & (x,y)\in D,\\ 0, & \text{其他}.\end{cases}$$

于是有

$$E(X)=\iint\limits_D xf(x,y)\mathrm{d}x\mathrm{d}y=\int_0^1\mathrm{d}x\int_0^{1-x}2x\mathrm{d}y=\frac{1}{3},$$

$$E(X^2)=\iint\limits_D x^2f(x,y)\mathrm{d}x\mathrm{d}y=\int_0^1\mathrm{d}x\int_0^{1-x}2x^2\mathrm{d}y=\frac{1}{6},$$

$$D(X)=E(X^2)-[E(X)]^2=\frac{1}{6}-\left(\frac{1}{3}\right)^2=\frac{1}{18}.$$

同理可得 $E(Y)=\frac{1}{3}$,$D(Y)=\frac{1}{18}$. 又

$$E(XY) = \iint_D xyf(x,y)\mathrm{d}x\mathrm{d}y = \iint_D 2xy\mathrm{d}x\mathrm{d}y = \int_0^1 \mathrm{d}x \int_0^{1-x} 2xy\mathrm{d}y = \frac{1}{12},$$

因此

$$\mathrm{Cov}(X,Y) = E(XY) - E(X)E(Y) = \frac{1}{12} - \frac{1}{3} \times \frac{1}{3} = -\frac{1}{36},$$

$$\rho_{XY} = \frac{\mathrm{Cov}(X,Y)}{\sqrt{D(X)}\ \sqrt{D(Y)}} = \frac{-\frac{1}{36}}{\sqrt{\frac{1}{18}} \times \sqrt{\frac{1}{18}}} = -\frac{1}{2}.$$

19. 设二维随机向量(X,Y)的概率密度为

$$f(x,y) = \begin{cases} \frac{1}{2}\sin(x+y), & 0 \leqslant x \leqslant \frac{\pi}{2}, 0 \leqslant y \leqslant \frac{\pi}{2}, \\ 0, & \text{其他}, \end{cases}$$

求 $\mathrm{Cov}(X,Y)$，ρ_{XY}.

解　$E(X) = \int_{-\infty}^{+\infty}\int_{-\infty}^{+\infty} xf(x,y)\mathrm{d}x\mathrm{d}y = \int_0^{\frac{\pi}{2}} \mathrm{d}x \int_0^{\frac{\pi}{2}} x \cdot \frac{1}{2}\sin(x+y)\mathrm{d}y = \frac{\pi}{4},$

$E(X^2) = \int_0^{\frac{\pi}{2}} \mathrm{d}x \int_0^{\frac{\pi}{2}} x^2 \cdot \frac{1}{2}\sin(x+y)\mathrm{d}y = \frac{\pi^2}{8} + \frac{\pi}{2} - 2,$

故

$$D(X) = E(X^2) - [E(X)]^2 = \frac{\pi^2}{16} + \frac{\pi}{2} - 2.$$

同理可得 $E(Y) = \frac{\pi}{4}$，$D(Y) = \frac{\pi^2}{16} + \frac{\pi}{2} - 2$. 又

$$E(XY) = \int_0^{\frac{\pi}{2}} \mathrm{d}x \int_0^{\frac{\pi}{2}} xy \cdot \frac{1}{2}\sin(x+y)\mathrm{d}x\mathrm{d}y = \frac{\pi}{2} - 1,$$

因此

$$\mathrm{Cov}(X,Y) = E(XY) - E(X)E(Y) = \left(\frac{\pi}{2} - 1\right) - \frac{\pi}{4} \times \frac{\pi}{4} = -\left(\frac{\pi-4}{4}\right)^2,$$

$$\rho_{XY} = \frac{\mathrm{Cov}(X,Y)}{\sqrt{D(X)}\ \sqrt{D(Y)}} = \frac{-\left(\frac{\pi-4}{4}\right)^2}{\frac{\pi^2}{16} + \frac{\pi}{2} - 2} = -\frac{(\pi-4)^2}{\pi^2 + 8\pi - 32} = -\frac{\pi^2 - 8\pi + 16}{\pi^2 + 8\pi - 32}.$$

20. 已知二维随机向量(X,Y)的协方差矩阵为$\begin{pmatrix} 1 & 1 \\ 1 & 4 \end{pmatrix}$，试求 $Z_1 = X - 2Y$ 和 $Z_2 = 2X - Y$ 的相关系数.

解　由已知得 $D(X) = 1$，$D(Y) = 4$，$\mathrm{Cov}(X,Y) = 1$，故

$D(Z_1) = D(X - 2Y) = D(X) + 4D(Y) - 4\mathrm{Cov}(X,Y) = 1 + 4 \times 4 - 4 \times 1 = 13,$

$D(Z_2) = D(2X - Y) = 4D(X) + D(Y) - 4\mathrm{Cov}(X,Y) = 4 \times 1 + 4 - 4 \times 1 = 4.$

于是

$$\begin{aligned} \mathrm{Cov}(Z_1,Z_2) &= \mathrm{Cov}(X - 2Y, 2X - Y) \\ &= 2\mathrm{Cov}(X,X) - 4\mathrm{Cov}(Y,X) - \mathrm{Cov}(X,Y) + 2\mathrm{Cov}(Y,Y) \\ &= 2D(X) - 5\mathrm{Cov}(X,Y) + 2D(Y) = 2 \times 1 - 5 \times 1 + 2 \times 4 = 5, \end{aligned}$$

因此

$$\rho_{Z_1Z_2} = \frac{\mathrm{Cov}(Z_1,Z_2)}{\sqrt{D(Z_1)}\ \sqrt{D(Z_2)}} = \frac{5}{\sqrt{13} \times \sqrt{4}} = \frac{5}{26}\sqrt{13}.$$

21. 对于两个随机变量 V，W，若 $E(V^2)$，$E(W^2)$ 存在，证明：

$$[E(VW)]^2 \leqslant E(V^2)E(W^2).$$

这个不等式称为柯西-施瓦茨(Cauchy-Schwarz)不等式.

证　令 $g(t)=E[(V+tW)^2]$,$t\in\mathbf{R}$,显然

$$0\leqslant g(t)=E[(V+tW)^2]=E(V^2+2tVW+t^2W^2)$$
$$=E(V^2)+2tE(VW)+t^2E(W^2),\quad t\in\mathbf{R},$$

可知关于 t 的一元二次方程 $g(t)=0$ 的判别式

$$\Delta=[2E(VW)]^2-4E(W^2)E(V^2)=4[E(VW)]^2-4E(V^2)E(W^2)\leqslant 0,$$

即 $[E(VW)]^2\leqslant E(V^2)E(W^2)$.

22. 假设一设备开机后无故障工作的时间 X(单位:h)服从参数为 $\lambda=\frac{1}{5}$ 的指数分布. 设备定时开机,出现故障时自动关机,而在无故障的情况下工作 2 h 便关机. 试求该设备每次开机后无故障工作的时间 Y 的分布函数 $F(y)$.

解　依题意知,$Y=\min\{X,2\}$. 当 $y<0$ 时,$F(y)=P\{Y\leqslant y\}=0$;当 $y\geqslant 2$ 时,$F(y)=P\{Y\leqslant y\}=1$;当 $0\leqslant y<2$ 时,X 在 $(0,x)$ 内的概率分布为

$$P\{X\leqslant x\}=1-\mathrm{e}^{-\frac{1}{5}x},$$

则

$$F(y)=P\{Y\leqslant y\}=P\{\min\{X,2\}\leqslant y\}=P\{X\leqslant y\}=1-\mathrm{e}^{-\frac{y}{5}}.$$

于是,Y 的分布函数为

$$F(y)=\begin{cases}0, & y<0,\\ 1-\mathrm{e}^{-\frac{y}{5}}, & 0\leqslant y<2,\\ 1, & y\geqslant 2.\end{cases}$$

23. 已知甲、乙两箱中装有同种产品,其中甲箱中装有 3 件合格品和 3 件次品,乙箱中仅装有 3 件合格品. 从甲箱中任取 3 件产品放入乙箱后,求:

(1) 乙箱中次品件数 Z 的数学期望;

(2) 从乙箱中任取 1 件产品是次品的概率.

解　(1) Z 的所有可能取值为 0,1,2,3,其分布律为

$$P\{Z=k\}=\frac{\mathrm{C}_3^k\mathrm{C}_3^{3-k}}{\mathrm{C}_6^3}\quad(k=0,1,2,3),$$

即如表 4.12 所示.

表 4.12

Z	0	1	2	3
p_k	$\frac{1}{20}$	$\frac{9}{20}$	$\frac{9}{20}$	$\frac{1}{20}$

于是

$$E(Z)=0\times\frac{1}{20}+1\times\frac{9}{20}+2\times\frac{9}{20}+3\times\frac{1}{20}=\frac{3}{2}.$$

(2) 设 A 为事件"从乙箱中任取 1 件产品是次品",由于 $\{Z=0\}$,$\{Z=1\}$,$\{Z=2\}$,$\{Z=3\}$ 构成样本空间的一个划分,故由全概率公式得

$$P(A)=\sum_{k=0}^{3}P\{Z=k\}P\{A\mid Z=k\}=\sum_{k=0}^{3}P\{Z=k\}\cdot\frac{k}{6}$$
$$=\frac{1}{6}\sum_{k=0}^{3}k\cdot P\{Z=k\}=\frac{1}{6}E(Z)=\frac{1}{6}\times\frac{3}{2}=\frac{1}{4}.$$

24. 假设由自动线加工的某种零件的内径 X(单位:mm)服从正态分布 $N(\mu,1)$,内径小于 10 或大于 12 均

为不合格品，其余为合格品. 销售每件合格品获利，销售每件不合格品亏损，已知销售利润 T(单位：元) 与零件的内径 X 有如下关系：

$$T=\begin{cases}-1, & X<10,\\ 20, & 10\leqslant X\leqslant 12,\\ -5, & X>12.\end{cases}$$

问平均直径 μ 取何值时，销售一个零件的平均利润最大?

解　依题意得

$$\begin{aligned}E(T)&=-P\{X<10\}+20P\{10\leqslant X\leqslant 12\}-5P\{X>12\}\\&=-\Phi(10-\mu)+20[\Phi(12-\mu)-\Phi(10-\mu)]-5[1-\Phi(12-\mu)]\\&=25\Phi(12-\mu)-21\Phi(10-\mu)-5.\end{aligned}$$

由于

$$\frac{\mathrm{d}E(T)}{\mathrm{d}\mu}=-25\varphi(12-\mu)+21\varphi(10-\mu)=\frac{1}{\sqrt{2\pi}}\left[21\mathrm{e}^{-\frac{(10-\mu)^2}{2}}-25\mathrm{e}^{-\frac{(12-\mu)^2}{2}}\right],$$

令 $\frac{\mathrm{d}E(T)}{\mathrm{d}\mu}=0$，得 $21\mathrm{e}^{-\frac{(10-\mu)^2}{2}}-25\mathrm{e}^{-\frac{(12-\mu)^2}{2}}=0$，解得

$$\mu=\mu_0=11-\frac{1}{2}\ln\frac{25}{21}\approx 10.9(\mathrm{mm}).$$

又 $\left.\frac{\mathrm{d}^2E(T)}{\mathrm{d}\mu^2}\right|_{\mu=10.9}<0$，故当 $\mu=\mu_0\approx 10.9(\mathrm{mm})$ 时，$E(T)$ 取得最大值，即平均利润最大.

25. 设随机变量 X 的概率密度为

$$f(x)=\begin{cases}\frac{1}{2}\cos\frac{x}{2}, & 0\leqslant x\leqslant\pi,\\ 0, & \text{其他}.\end{cases}$$

对 X 独立地重复观察 4 次，用 Y 表示观察值大于 $\frac{\pi}{3}$ 的次数，求 Y^2 的数学期望.

解　令 $Y_i=\begin{cases}1, & X>\frac{\pi}{3},\\ 0, & X\leqslant\frac{\pi}{3}\end{cases}$ $(i=1,2,3,4)$，则 $Y=\sum\limits_{i=1}^{4}Y_i\sim b(4,p)$，其中

$$p=P\left\{X>\frac{\pi}{3}\right\}=1-P\left\{X\leqslant\frac{\pi}{3}\right\}=1-\int_0^{\frac{\pi}{3}}\frac{1}{2}\cos\frac{x}{2}\mathrm{d}x=\frac{1}{2}.$$

于是

$$E(Y_i)=\frac{1}{2},\quad D(Y_i)=\frac{1}{4},\quad E(Y)=4\times\frac{1}{2}=2,\quad D(Y)=1,$$

故

$$E(Y^2)=D(Y)+[E(Y)]^2=1+2^2=5.$$

26. 两台同样的自动记录仪，每台无故障工作的时间 $T_i(i=1,2)$ 服从参数为 5 的指数分布. 先开动其中一台，当其发生故障时停用而另一台自动开启. 试求两台自动记录仪无故障工作的总时间 $T=T_1+T_2$ 的概率密度 $f_T(t)$、数学期望 $E(T)$ 及方差 $D(T)$.

解　由题意知

$$f_i(t)=\begin{cases}5\mathrm{e}^{-5t}, & t\geqslant 0,\\ 0, & t<0\end{cases}\quad (i=1,2),$$

因 T_1,T_2 相互独立，故有 $f_T(t)=f_1(t)*f_2(t)$.

当 $t<0$ 时，$f_T(t)=0$；当 $t\geqslant 0$ 时，利用卷积公式得

$$f_T(t)=\int_{-\infty}^{+\infty}f_1(x)f_2(t-x)\mathrm{d}x=\int_0^t 5\mathrm{e}^{-5x}\cdot 5\mathrm{e}^{-5(t-x)}\mathrm{d}x=25t\mathrm{e}^{-5t}.$$

于是

$$f_T(t)=\begin{cases}25t\mathrm{e}^{-5t}, & t\geqslant 0,\\ 0, & t<0.\end{cases}$$

由于 $T_i\sim E(5)$，故 $E(T_i)=\dfrac{1}{5}$，$D(T_i)=\dfrac{1}{25}(i=1,2)$，从而有

$$E(T)=E(T_1+T_2)=E(T_1)+E(T_2)=\frac{2}{5}.$$

又因 T_1,T_2 相互独立，因此 $D(T)=D(T_1+T_2)=D(T_1)+D(T_2)=\dfrac{2}{25}$.

27. 设两个随机变量 X,Y 相互独立，且都服从均值为0、方差为$\dfrac{1}{2}$ 的正态分布，求随机变量 $|X-Y|$ 的方差.

解　令 $Z=X-Y$，则

$$E(Z)=E(X)-E(Y)=0,\quad D(Z)=D(X)+D(Y)=1.$$

由于相互独立的服从正态分布的随机变量的线性函数还是服从正态分布的随机变量，故 $Z\sim N(0,1)$.

又

$$E(|Z|)=\int_{-\infty}^{+\infty}|z|\frac{1}{\sqrt{2\pi}}\mathrm{e}^{-\frac{z^2}{2}}\mathrm{d}z=2\int_0^{+\infty}\frac{z}{\sqrt{2\pi}}\mathrm{e}^{-\frac{z^2}{2}}\mathrm{d}z=\frac{2}{\sqrt{2\pi}}\int_0^{+\infty}\mathrm{e}^{-\frac{z^2}{2}}\mathrm{d}\left(\frac{z^2}{2}\right)=\frac{2}{\sqrt{2\pi}},$$

$$E(|Z|^2)=E(Z^2)=D(Z)+[E(Z)]^2=1,$$

因此

$$D(|X-Y|)=D(|Z|)=E(|Z|^2)-[E(|Z|)]^2=1-\frac{2}{\pi}.$$

28. 某流水生产线上每个产品不合格的概率为 $p(0<p<1)$，各产品合格与否相互独立，当出现一个不合格产品时，即停机检修. 设开机后第一次停机时已生产了的产品个数为 X，求 $E(X)$ 和 $D(X)$.

解　记 $q=1-p$，X 的概率分布为 $P\{X=i\}=pq^{i-1}(i=1,2,\cdots)$，则

$$E(X)=\sum_{i=1}^{\infty}ipq^{i-1}=p\sum_{i=1}^{\infty}(q^i)'=p\left(\frac{q}{1-q}\right)'=p\frac{1}{(1-q)^2}=\frac{1}{p},$$

$$E(X^2)=\sum_{i=1}^{\infty}i^2pq^{i-1}=p\left[q\sum_{i=1}^{\infty}(q^i)'\right]'=p\left[\frac{q}{(1-q)^2}\right]'=p\frac{1+q}{(1-q)^3}=\frac{2-p}{p^2},$$

从而可得

$$D(X)=E(X^2)-[E(X)]^2=\frac{1-p}{p^2}.$$

评注　X 服从几何分布，利用几何分布的数学期望与方差公式容易求得相同的结果.

29. 设随机变量 X 和 Y 的联合分布在以点(0,1)，(1,0)，(1,1) 为顶点的三角形区域内服从均匀分布(见图 4.2)，试求随机变量 $U=X+Y$ 的方差.

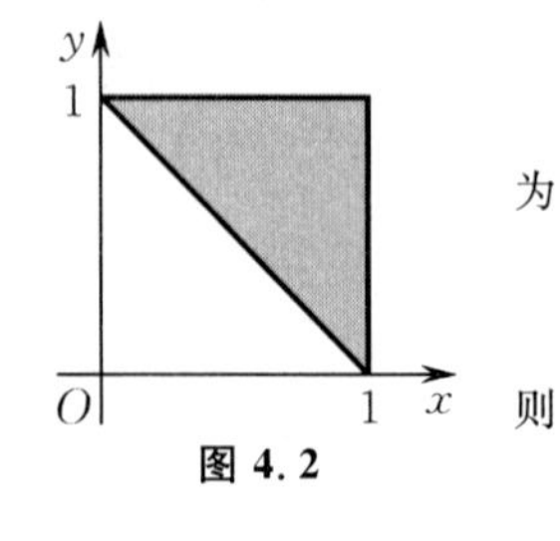

图 4.2

解　法一　利用随机变量函数的数学期望公式.

设 $G=\{(x,y)\mid 0\leqslant y\leqslant 1,1-y\leqslant x\leqslant 1\}$，随机变量 X 和 Y 的联合概率密度为

$$f(x,y)=\begin{cases}2, & (x,y)\in G,\\ 0, & (x,y)\notin G,\end{cases}$$

则

$$E(U)=E(X+Y)=\int_{-\infty}^{+\infty}\int_{-\infty}^{+\infty}(x+y)f(x,y)\mathrm{d}x\mathrm{d}y$$
$$=\int_0^1\mathrm{d}y\int_{1-y}^1 2(x+y)\mathrm{d}x=\int_0^1(y^2+2y)\mathrm{d}y=\frac{4}{3},$$
$$E(U^2)=E[(X+Y)^2]=\int_{-\infty}^{+\infty}\int_{-\infty}^{+\infty}(x+y)^2f(x,y)\mathrm{d}x\mathrm{d}y$$
$$=\int_0^1\mathrm{d}y\int_{1-y}^1 2(x+y)^2\mathrm{d}x=\int_0^1\left(2y^2+2y+\frac{2}{3}y^3\right)\mathrm{d}y=\frac{11}{6},$$

从而得

$$D(U)=E(U^2)-[E(U)]^2=\frac{11}{6}-\frac{16}{9}=\frac{1}{18}.$$

法二　利用边缘概率密度计算.

随机变量 X 和 Y 的联合概率密度为

$$f(x,y)=\begin{cases}2, & (x,y)\in G,\\ 0, & (x,y)\notin G,\end{cases}$$

则关于 X 的边缘概率密度为

$$f_X(x)=\begin{cases}2x, & 0\leqslant x\leqslant 1,\\ 0, & \text{其他}.\end{cases}$$

于是

$$E(X)=\int_{-\infty}^{+\infty}xf_X(x)\mathrm{d}x=\int_0^1 2x^2\mathrm{d}x=\frac{2}{3},$$
$$E(X^2)=\int_0^1 2x^3\mathrm{d}x=\frac{1}{2},$$
$$D(X)=E(X^2)-[E(X)]^2=\frac{1}{18}.$$

同理可得 $E(Y)=\frac{2}{3}$,$D(Y)=\frac{1}{18}$. 又

$$E(XY)=\iint_G 2xy\mathrm{d}x\mathrm{d}y=\int_0^1\mathrm{d}y\int_{1-y}^1 2xy\mathrm{d}x=\int_0^1(2y^2-y^3)\mathrm{d}y=\frac{5}{12},$$
$$\mathrm{Cov}(X,Y)=E(XY)-E(X)E(Y)=\frac{5}{12}-\frac{4}{9}=-\frac{1}{36},$$

从而

$$D(X+Y)=D(X)+D(Y)+2\mathrm{Cov}(X,Y)=\frac{1}{18}+\frac{1}{18}-\frac{2}{36}=\frac{1}{18}.$$

法三　利用随机变量和的概率密度计算.

先求随机变量 $U=X+Y$ 的概率密度. 由于 $P\{1\leqslant X+Y\leqslant 2\}=1$,因此,当 $u<1$ 或 $u>2$ 时,$f_U(u)=0$;当 $1\leqslant u\leqslant 2$ 时,

$$f_U(u)=\int_{-\infty}^{+\infty}f(x,u-x)\mathrm{d}x=\int_{u-1}^1 2\mathrm{d}x=2(2-u).$$

于是

$$E(X+Y)=E(U)=\int_{-\infty}^{+\infty}uf_U(u)\mathrm{d}u=\int_1^2 2u(2-u)\mathrm{d}u=\frac{4}{3},$$
$$E[(X+Y)^2]=E(U^2)=\int_{-\infty}^{+\infty}u^2f_U(u)\mathrm{d}u=\int_1^2 2u^2(2-u)\mathrm{d}u=\frac{11}{6},$$
$$D(X+Y)=D(U)=E[(X+Y)^2]-[E(X+Y)]^2=\frac{1}{18}.$$

法四　应用均匀分布的性质计算.

当 $1 \leqslant u \leqslant 2$ 时,

$$F_U(u) = P\{X+Y \leqslant u\} = \frac{S_{G_1}}{S_G} = \frac{\frac{1}{2}[1-(2-u)^2]}{\frac{1}{2}} = 1-(2-u)^2;$$

当 $u < 1$ 时,$F_U(u) = 0$;当 $u > 2$ 时,$F_U(u) = 1$. 于是

$$f_U(u) = F'_U(u) = \begin{cases} 2(2-u), & 1 \leqslant u \leqslant 2, \\ 0, & \text{其他}. \end{cases}$$

下同法三可求出 $D(U)$.

评注　(1) 法一是直接应用两个随机变量函数的数学期望公式,法二是通过 X 和 Y 的边缘概率密度计算 $E(X),E(Y),D(X),D(Y)$,但在计算 $E(XY)$ 时,仍需应用两个随机变量函数的数学期望公式,并且在计算 $D(U)$ 时,还需应用两个随机变量之和的协方差公式.

(2) 若想避开使用两个随机变量函数的数学期望公式,则先求出 $U=X+Y$ 的概率密度 $f_U(u)$,这一方法计算 $D(X+Y)$ 时较简单,但求不独立的两个随机变量 X 和 Y 之和 $X+Y$ 的概率密度时难度较大.

(3) 利用均匀分布的性质计算能大大简化解题过程. 若 (X,Y) 在区域 G 上服从均匀分布,且 $D \subset G$,则

$$P\{(X,Y) \in D\} = \frac{S_D}{S_G},$$

其中 S_D 为区域 D 的面积. 这表明 G 上均匀分布的二维随机向量 (X,Y) 落在 G 上任意子区域 D 内的概率与 D 的面积成正比,而与 D 的形状及位置无关.

30. 设随机变量 U 在 $[-2,2]$ 上服从均匀分布,随机变量

$$X = \begin{cases} -1, & U \leqslant -1, \\ 1, & U > -1, \end{cases} \quad Y = \begin{cases} -1, & U \leqslant 1, \\ 1, & U > 1, \end{cases}$$

试求:(1) X 与 Y 的联合分布律;(2) $D(X+Y)$.

解　(1) 为求 X 与 Y 的联合分布律,就要计算 (X,Y) 取 4 个可能取值 $(-1,-1)$,$(-1,1)$,$(1,-1)$ 及 $(1,1)$ 的概率:

$$P\{X=-1,Y=-1\} = P\{U \leqslant -1, U \leqslant 1\} = P\{U \leqslant -1\} = \int_{-\infty}^{-1} \frac{dx}{4} = \int_{-2}^{-1} \frac{dx}{4} = \frac{1}{4},$$

$$P\{X=-1,Y=1\} = P\{U \leqslant -1, U > 1\} = P(\varnothing) = 0,$$

$$P\{X=1,Y=-1\} = P\{U > -1, U \leqslant 1\} = P\{-1 < U \leqslant 1\} = \int_{-1}^{1} \frac{dx}{4} = \frac{1}{2},$$

$$P\{X=1,Y=1\} = P\{U > -1, U > 1\} = P\{U > 1\} = \int_{1}^{2} \frac{dx}{4} = \frac{1}{4}.$$

故得 X 与 Y 的联合分布律如表 4.13 所示.

表 4.13

X	Y	
	-1	1
-1	$\frac{1}{4}$	0
1	$\frac{1}{2}$	$\frac{1}{4}$

(2) 因 $D(X+Y) = E[(X+Y)^2] - [E(X+Y)]^2$,而 $X+Y$ 及 $(X+Y)^2$ 的概率分布分别如表 4.14 和表 4.15 所示.

表 4.14

$X+Y$	-2	0	2
p_k	$\frac{1}{4}$	$\frac{1}{2}$	$\frac{1}{4}$

表 4.15

$(X+Y)^2$	0	4
p_k	$\frac{1}{2}$	$\frac{1}{2}$

于是

$$E(X+Y)=(-2)\times\frac{1}{4}+0\times\frac{1}{2}+2\times\frac{1}{4}=0,\quad E[(X+Y)^2]=0\times\frac{1}{2}+4\times\frac{1}{2}=2,$$

所以

$$D(X+Y)=E[(X+Y)^2]-[E(X+Y)]^2=2.$$

31. 设随机变量 X 的概率密度为 $f(x)=\frac{1}{2}e^{-|x|}, -\infty<x<+\infty$.

(1) 求 $E(X)$ 及 $D(X)$;

(2) 求 $\mathrm{Cov}(X,|X|)$,并判断 X 与 $|X|$ 是否相关;

(3) X 与 $|X|$ 是否相互独立?

解 (1) $E(X)=\int_{-\infty}^{+\infty}xf(x)\mathrm{d}x=\frac{1}{2}\int_{-\infty}^{+\infty}xe^{-|x|}\mathrm{d}x=0$,

$$D(X)=E(X^2)-[E(X)]^2=\int_{-\infty}^{+\infty}x^2f(x)\mathrm{d}x=\int_0^{+\infty}x^2e^{-x}\mathrm{d}x=2.$$

(2)
$$\begin{aligned}\mathrm{Cov}(X,|X|)&=E(X|X|)-E(X)E(|X|)=E(X|X|)\\&=\int_{-\infty}^{+\infty}x|x|f(x)\mathrm{d}x=\frac{1}{2}\int_{-\infty}^{+\infty}x|x|e^{-|x|}\mathrm{d}x=0,\end{aligned}$$

则 $\rho_{X|X|}=0$,故 X 和 $|X|$ 不相关.

(3) 对于任意给定的 $0<a<+\infty$,显然事件 $\{|X|<a\}$ 包含在事件 $\{X<a\}$ 之内,且

$$P\{X<a\}<1,\quad P\{|X|<a\}>0,$$

故

$$P\{X<a,|X|<a\}=P\{|X|<a\}.$$

但是

$$P\{X<a\}P\{|X|<a\}<P\{|X|<a\}\cdot 1=P\{|X|<a\},$$

因此 X 和 $|X|$ 不相互独立.

32. 已知随机变量 X 和 Y 分别服从正态分布 $N(1,3^2)$ 和 $N(0,4^2)$,且 X 与 Y 的相关系数 $\rho_{XY}=-\frac{1}{2}$,设 $Z=\frac{X}{3}+\frac{Y}{2}$.

(1) 求 Z 的数学期望 $E(Z)$ 和方差 $D(Z)$;

(2) 求 X 与 Z 的相关系数 ρ_{XZ};

(3) 问 X 与 Z 是否相互独立,为什么?

解 (1) $E(Z)=E\left(\frac{X}{3}+\frac{Y}{2}\right)=\frac{1}{3}E(X)+\frac{1}{2}E(Y)=\frac{1}{3}$,

$$\begin{aligned}D(Z)&=D\left(\frac{X}{3}+\frac{Y}{2}\right)=D\left(\frac{X}{3}\right)+D\left(\frac{Y}{2}\right)+2\mathrm{Cov}\left(\frac{X}{3},\frac{Y}{2}\right)\\&=\frac{1}{9}\times 9+\frac{1}{4}\times 16+2\times\frac{1}{3}\times\frac{1}{2}\mathrm{Cov}(X,Y),\end{aligned}$$

而

$$\mathrm{Cov}(X,Y)=\rho_{XY}\sqrt{D(X)}\sqrt{D(Y)}=\left(-\frac{1}{2}\right)\times 3\times 4=-6,$$

所以

$$D(Z)=1+4-6\times\frac{1}{3}=3.$$

(2) 因为

$$\begin{aligned}\operatorname{Cov}(X,Z)&=\operatorname{Cov}\left(X,\frac{X}{3}+\frac{Y}{2}\right)=\frac{1}{3}\operatorname{Cov}(X,X)+\frac{1}{2}\operatorname{Cov}(X,Y)\\&=\frac{1}{3}D(X)+\frac{1}{2}\times(-6)=0,\end{aligned}$$

所以

$$\rho_{XZ}=\frac{\operatorname{Cov}(X,Z)}{\sqrt{D(X)}\sqrt{D(Z)}}=0.$$

(3) 由 $\rho_{XZ}=0$,得 X 与 Z 不相关. 又因 $Z\sim N\left(\frac{1}{3},3\right)$,$X\sim N(1,9)$,所以 X 与 Z 也相互独立.

33. 将一枚硬币重复掷 n 次,以 X 和 Y 分别表示正面向上和反面向上的次数. 试求 X 和 Y 的相关系数 ρ_{XY}.

解 由条件知 $X+Y=n$,则有 $D(X+Y)=D(n)=0$. 又 $X\sim b(n,p)$,$Y\sim b(n,q)$,且 $p=q=\frac{1}{2}$,从而有

$$D(X)=npq=\frac{n}{4}=D(Y),$$

即

$$\begin{aligned}D(X+Y)&=D(X)+D(Y)+2\rho_{XY}\sqrt{D(X)}\sqrt{D(Y)}\\&=\frac{n}{2}+2\rho_{XY}\cdot\frac{n}{4}=0,\end{aligned}$$

解得 $\rho_{XY}=-1$.

34. 设随机变量 X 和 Y 的联合概率分布如表 4.16 所示,试求 X 和 Y 的相关系数 ρ_{XY}.

表 4.16

X	Y		
	-1	0	1
0	0.07	0.18	0.15
1	0.08	0.32	0.20

解 由已知得 $E(X)=0.6$,$E(Y)=0.2$,而 XY 的概率分布如表 4.17 所示.

表 4.17

XY	-1	0	1
p_k	0.08	0.72	0.20

于是 $E(XY)=-0.08+0.20=0.12$,则

$$\operatorname{Cov}(X,Y)=E(XY)-E(X)E(Y)=0.12-0.6\times0.2=0,$$

从而 $\rho_{XY}=0$.

35. 对于任意两事件 A 和 B,$0<P(A)<1$,$0<P(B)<1$,则称

$$\rho=\frac{P(AB)-P(A)P(B)}{\sqrt{P(A)P(B)P(\overline{A})P(\overline{B})}}$$

为事件 A 和 B 的相关系数. 试证:

(1) 事件 A 与 B 相互独立的充要条件是 $\rho=0$;

(2) $|\rho| \leqslant 1$.

证　(1) 由 ρ 的定义，$\rho = 0$ 当且仅当

$$P(AB) - P(A)P(B) = 0.$$

这恰好是两个事件 A 与 B 相互独立的定义，即 $\rho = 0$ 是 A 与 B 相互独立的充要条件.

(2) 考虑随机变量 X 和 Y，

$$X = \begin{cases} 1, & A\text{ 发生}, \\ 0, & A\text{ 不发生}, \end{cases} \quad Y = \begin{cases} 1, & B\text{ 发生}, \\ 0, & B\text{ 不发生}. \end{cases}$$

由条件知，X 和 Y 都服从(0—1)分布，且 $X \sim \begin{pmatrix} 0 & 1 \\ 1-P(A) & P(A) \end{pmatrix}$，$Y \sim \begin{pmatrix} 0 & 1 \\ 1-P(B) & P(B) \end{pmatrix}$. 易得 $E(X) = P(A)$，$E(Y) = P(B)$，$D(X) = P(A)P(\overline{A})$，$D(Y) = P(B)P(\overline{B})$，则

$$\mathrm{Cov}(X,Y) = P(AB) - P(A)P(B).$$

因此，事件 A 和 B 的相关系数就是随机变量 X 和 Y 的相关系数. 于是，由二维随机向量相关系数的基本性质可知 $|\rho| \leqslant 1$.

36. 设随机变量 X 的概率密度为

$$f_X(x) = \begin{cases} \dfrac{1}{2}, & -1 < x < 0, \\ \dfrac{1}{4}, & 0 \leqslant x < 2, \\ 0, & \text{其他}. \end{cases}$$

令 $Y = X^2$，$F(x,y)$ 为二维随机向量 (X,Y) 的分布函数，求：

(1) Y 的概率密度 $f_Y(y)$；

(2) $\mathrm{Cov}(X,Y)$；

(3) $F\left(-\dfrac{1}{2}, 4\right)$.

解　(1) Y 的分布函数为

$$F_Y(y) = P\{Y \leqslant y\} = P\{X^2 \leqslant y\}.$$

当 $y \leqslant 0$ 时，$F_Y(y) = 0$；当 $0 < y < 1$ 时，

$$F_Y(y) = P\{-\sqrt{y} \leqslant X \leqslant \sqrt{y}\} = P\{-\sqrt{y} \leqslant X < 0\} + P\{0 \leqslant X \leqslant \sqrt{y}\} = \frac{\sqrt{y}}{2} + \frac{\sqrt{y}}{4} = \frac{3}{4}\sqrt{y};$$

当 $1 \leqslant y < 4$ 时，

$$F_Y(y) = P\{-1 \leqslant X < 0\} + P\{0 \leqslant X \leqslant \sqrt{y}\} = \frac{1}{2} + \frac{1}{4}\sqrt{y};$$

当 $y \geqslant 4$ 时，$F_Y(y) = 1$. 故 Y 的概率密度为

$$f_Y(y) = \begin{cases} \dfrac{3}{8\sqrt{y}}, & 0 < y < 1, \\ \dfrac{1}{8\sqrt{y}}, & 1 \leqslant y < 4, \\ 0, & \text{其他}. \end{cases}$$

(2) $E(X) = \displaystyle\int_{-\infty}^{+\infty} x f_X(x)\mathrm{d}x = \int_{-1}^{0} \frac{1}{2}x\mathrm{d}x + \int_{0}^{2} \frac{1}{4}x\mathrm{d}x = \frac{1}{4}$，

$$E(Y) = E(X^2) = \int_{-\infty}^{+\infty} x^2 f_X(x)\mathrm{d}x = \int_{-1}^{0} \frac{1}{2}x^2\mathrm{d}x + \int_{0}^{2} \frac{1}{4}x^2\mathrm{d}x = \frac{5}{6},$$

$$E(XY) = E(X^3) = \int_{-\infty}^{+\infty} x^3 f_X(x)\mathrm{d}x = \int_{-1}^{0} \frac{1}{2}x^3\mathrm{d}x + \int_{0}^{2} \frac{1}{4}x^3\mathrm{d}x = \frac{7}{8},$$

则

$$\mathrm{Cov}(X,Y)=E(XY)-E(X)E(Y)=\frac{2}{3}.$$

(3) $F\left(-\frac{1}{2},4\right)=P\left\{X\leqslant-\frac{1}{2},Y\leqslant 4\right\}=P\left\{X\leqslant-\frac{1}{2},X^2\leqslant 4\right\}$

$$=P\left\{X\leqslant-\frac{1}{2},-2\leqslant X\leqslant 2\right\}=P\left\{-2\leqslant X\leqslant-\frac{1}{2}\right\}$$

$$=P\left\{-1<X\leqslant-\frac{1}{2}\right\}=\int_{-1}^{-\frac{1}{2}}\frac{1}{2}\mathrm{d}x=\frac{1}{4}.$$

37. 设二维随机向量(X,Y)的分布律如表4.18所示，其中a,b,c为常数，且X的数学期望$E(X)=-0.2$，$P\{Y\leqslant 0\mid X\leqslant 0\}=0.5$，记$Z=X+Y$.求：(1) a,b,c的值；(2) Z的概率分布；(3) $P\{X=Z\}$.

表 4.18

X	Y		
	-1	0	1
-1	a	0	0.2
0	0.1	b	0.2
1	0	0.1	c

解　(1) 由于$\sum_i\sum_j p_{ij}=1$，得$a+b+c+0.6=1$，因此$a+b+c=0.4$. 由$E(X)=P\{X=1\}-P\{X=-1\}=0.1+c-(0.2+a)=-0.2$，得$a-c=0.1$. 又$P\{Y\leqslant 0\mid X\leqslant 0\}=\frac{P\{X\leqslant 0,Y\leqslant 0\}}{P\{X\leqslant 0\}}=\frac{a+b+0.1}{a+b+0.5}=0.5$，得$a+b=0.3$. 联立上三式解得$a=0.2,b=0.1,c=0.1$.

(2) $Z=X+Y$的所有可能取值为$-2,-1,0,1,2$，且

$P\{Z=-2\}=P\{X+Y=-2\}=P\{X=-1,Y=-1\}=0.2$，

$P\{Z=-1\}=P\{X=-1,Y=0\}+P\{X=0,Y=-1\}=0.1$，

$P\{Z=0\}=P\{X=-1,Y=1\}+P\{X=0,Y=0\}+P\{X=1,Y=-1\}=0.2+0.1=0.3$，

$P\{Z=1\}=P\{X=0,Y=1\}+P\{X=1,Y=0\}=0.2+0.1=0.3$，

$P\{Z=2\}=P\{X=1,Y=1\}=0.1$.

因此，Z的概率分布如表4.19所示.

表 4.19

Z	-2	-1	0	1	2
p_k	0.2	0.1	0.3	0.3	0.1

(3) $P\{X=Z\}=P\{X=X+Y\}=P\{Y=0\}=0.1+0.1=0.2$.

38. 设随机变量X和Y的概率分布如表4.20和表4.21所示，且$P\{X^2=Y^2\}=1$，求X和Y相关系数ρ_{XY}.

表 4.20

X	0	1
p_k	$\frac{1}{3}$	$\frac{2}{3}$

表 4.21

Y	-1	0	1
p_k	$\frac{1}{3}$	$\frac{1}{3}$	$\frac{1}{3}$

解　由$P\{X^2=Y^2\}=1$可知$P\{X^2\neq Y^2\}=0$，即

$$P\{X=0,Y=-1\}=P\{X=0,Y=1\}=P\{X=1,Y=0\}=0.$$

又

$$P\{Y=1\}=P\{X=0,Y=1\}+P\{X=1,Y=1\}=\frac{1}{3},$$

则 $P\{X=1,Y=1\}=\frac{1}{3}$.

同理可得 $P\{X=0,Y=0\}=P\{X=1,Y=-1\}=\frac{1}{3}$,则二维随机向量$(X,Y)$的分布律如表4.22所示.

表 4.22

X	Y		
	-1	0	1
0	0	$\frac{1}{3}$	0
1	$\frac{1}{3}$	0	$\frac{1}{3}$

易得 $Z=XY$ 的概率分布如表4.23所示.

表 4.23

Z	-1	0	1
p_k	$\frac{1}{3}$	$\frac{1}{3}$	$\frac{1}{3}$

于是

$$E(X)=\frac{2}{3},\quad E(Y)=0,\quad E(XY)=0,\quad \mathrm{Cov}(X,Y)=E(XY)-E(X)E(Y)=0,$$

故

$$\rho_{XY}=\frac{\mathrm{Cov}(X,Y)}{\sqrt{D(X)}\sqrt{D(Y)}}=0.$$

39. 设二维离散型随机向量(X,Y)的分布律如表4.24所示,求:(1) $P\{X=2Y\}$;(2) $\mathrm{Cov}(X-Y,Y)$.

表 4.24

X	Y		
	0	1	2
0	$\frac{1}{4}$	0	$\frac{1}{4}$
1	0	$\frac{1}{3}$	0
2	$\frac{1}{12}$	0	$\frac{1}{12}$

解　(1) $P\{X=2Y\}=P\{X=0,Y=0\}+P\{X=2,Y=1\}=\frac{1}{4}+0=\frac{1}{4}$.

(2) 由二维随机向量(X,Y)的分布律易得其边缘分布如表4.25所示.而

$$\mathrm{Cov}(X-Y,Y)=\mathrm{Cov}(X,Y)-\mathrm{Cov}(Y,Y)=E(XY)-E(X)E(Y)-D(Y).$$

表 4.25

X	Y			$P\{X=x_i\}$
	0	1	2	
0	$\frac{1}{4}$	0	$\frac{1}{4}$	$\frac{1}{2}$
1	0	$\frac{1}{3}$	0	$\frac{1}{3}$
2	$\frac{1}{12}$	0	$\frac{1}{12}$	$\frac{1}{6}$
$P\{Y=y_j\}$	$\frac{1}{3}$	$\frac{1}{3}$	$\frac{1}{3}$	

于是

$$E(X)=\frac{1}{3}+\frac{2}{6}=\frac{2}{3},\quad E(Y)=\frac{1}{3}+\frac{2}{3}=1,$$

$$D(Y)=E(Y^2)-[E(Y)]^2=1^2\times\frac{1}{3}+2^2\times\frac{1}{3}-1=\frac{2}{3},$$

$$E(XY)=1\times1\times\frac{1}{3}+2\times2\times\frac{1}{12}=\frac{2}{3},$$

故

$$\mathrm{Cov}(X-Y,Y)=\frac{2}{3}-\frac{2}{3}\times1-\frac{2}{3}=-\frac{2}{3}.$$

40. 设随机变量 X 的概率分布为 $P\{X=1\}=P\{X=2\}=\frac{1}{2}$，在给定 $X=i$ 的条件下，随机变量 Y 服从均匀分布 $U(0,i)$，$i=1,2$，求：

(1) Y 的分布函数 $F_Y(y)$；

(2) $E(Y)$.

解　(1) Y 的分布函数为

$$\begin{aligned}F_Y(y)&=P\{Y\leqslant y\}=P\{Y\leqslant y,X=1\}+P\{Y\leqslant y,X=2\}\\&=P\{Y\leqslant y\mid X=1\}P\{X=1\}+P\{Y\leqslant y\mid X=2\}P\{X=2\}\\&=\frac{1}{2}P\{Y\leqslant y\mid X=1\}+\frac{1}{2}P\{Y\leqslant y\mid X=2\}.\end{aligned}$$

当 $y<0$ 时，$F_Y(y)=0$；当 $0\leqslant y<1$ 时，$F_Y(y)=\frac{1}{2}y+\frac{1}{2}\times\frac{y}{2}=\frac{3}{4}y$；当 $1\leqslant y<2$ 时，$F_Y(y)=\frac{1}{2}+\frac{1}{2}\times\frac{y}{2}=\frac{1}{4}y+\frac{1}{2}$；当 $y\geqslant2$ 时，$F_Y(y)=1$. 于是 Y 的分布函数为

$$F_Y(y)=\begin{cases}0, & y<0,\\ \frac{3}{4}y, & 0\leqslant y<1,\\ \frac{1}{2}+\frac{y}{4}, & 1\leqslant y<2,\\ 1, & y\geqslant2.\end{cases}$$

(2) Y 的概率密度为 $f(y)=F'_Y(y)=\begin{cases}\frac{3}{4}, & 0\leqslant y<1,\\ \frac{1}{4}, & 1\leqslant y<2,\\ 0, & \text{其他},\end{cases}$ 则

$$E(Y)=\int_0^1 \frac{3}{4}y\mathrm{d}y+\int_1^2 \frac{y}{4}\mathrm{d}y=\frac{3}{4}.$$

§4.5　同步自测题及参考答案

同步自测题

一、选择题

1. 设随机变量 X 和 Y 同分布，概率密度为 $f(x)=\begin{cases}2xt^2, & 0<x<\frac{1}{t},\\ 0, & \text{其他}.\end{cases}$ 若 $E[C(X+2Y)]=\frac{1}{t}$，则常数 C 为(　　).

(A) $\frac{1}{2}$　(B) $\frac{1}{3}$　(C) $\frac{1}{2t^2}$　(D) $\frac{2}{3t}$

2. 若有随机变量 X,Y，则下列等式正确的是(　　).

(A) $E(X+Y)=E(X)+E(Y)$　(B) $D(X+Y)=D(X)+D(Y)$

(C) $E(XY)=E(X)E(Y)$　(D) $D(XY)=D(X)D(Y)$

3. 设相互独立的随机变量 X 和 Y 的方差分别为 4 和 2，则随机变量 $3X-2Y$ 的方差为(　　).

(A) 8　(B) 16　(C) 28　(D) 44

4. 设离散型随机变量 X 的所有可能取值为 $x_1=1,x_2=2,x_3=3$，且 $E(X)=2.3,E(X^2)=5.9$，则 x_1,x_2,x_3 对应的概率为(　　).

(A) $p_1=0.1,p_2=0.2,p_3=0.7$　(B) $p_1=0.3,p_2=0.5,p_3=0.2$

(C) $p_1=0.2,p_2=0.3,p_3=0.5$　(D) $p_1=0.2,p_2=0.5,p_3=0.3$

5. 设 $X\sim N(0,1)$，$Y=3X+2$，则(　　).

(A) $Y\sim N(0,1)$　(B) $Y\sim N(2,2)$　(C) $Y\sim N(2,3^2)$　(D) $Y\sim N(0,3^2)$

6. 设 X 的概率密度为 $f(x)=\begin{cases}2x, & 0<x<1,\\ 0, & \text{其他},\end{cases}$ 则 $P\{|X-E(X)|\geqslant 2\sqrt{D(X)}\}=$(　　).

(A) $\frac{9-8\sqrt{2}}{9}$　(B) $\frac{6+4\sqrt{2}}{9}$　(C) $\frac{6-4\sqrt{2}}{9}$　(D) $\frac{9+8\sqrt{2}}{9}$

7. 设 A_1,A_2 是两个随机事件，随机变量 $X_i=\begin{cases}-1, & A_i\text{ 发生},\\ 1, & A_i\text{ 不发生}\end{cases}(i=1,2)$，若 X_1 与 X_2 不相关，则(　　).

(A) X_1 与 X_2 不一定独立　(B) A_1 与 A_2 一定独立

(C) A_1 与 A_2 不一定独立　(D) A_1 与 A_2 一定不独立

8. 已知二维随机向量 (X,Y) 服从二维正态分布，且 $E(X)=E(Y)=0,D(X)=1,D(Y)=4$，$\rho_{XY}=\frac{1}{2}$. 若 $Z=aX+Y$ 与 Y 独立，则 $a=$(　　).

(A) 2　　(B) -2　　(C) 4　　(D) -4

二、填空题

1. 一射手对同一目标独立地进行 4 次射击,每次射击的命中率相同,如果至少命中一次的概率为$\frac{80}{81}$,用 X 表示该射手命中目标的次数,则 $E(X^2)=$ ________.

2. 一台仪器由5个元件组成,各元件发生故障与否相互独立,且第i个元件发生故障的概率为 $p_i=0.1+0.1i$,则发生故障的元件个数 X 的数学期望为________.

3. 已知随机变量 $X\sim b(n,p)$,且 $E(X)=1.6,D(X)=1.28$,则参数 $n=$ ________,$p=$ ________.

4. 若 $P\{X=n\}=a^n(n\geqslant 1)$,且 $E(X)=1$,则 $a=$ ________.

5. 已知随机变量 $X\sim P(2)$,则随机变量 $Y=3X-2$ 的数学期望 $E(Y)=$ ________.

6. 已知袋中有 N 个球,其中的白球个数 X 为随机变量,若 $E(X)=n$,则从袋中任取一球为白球的概率为________.

7. 设随机变量 X 服从参数为 2 的指数分布,则函数 $Y=X+\mathrm{e}^{-3X}$ 的数学期望 $E(Y)=$ ________.

8. 已知一零件的横截面是圆,对横截面的直径进行测量,设其直径 X 服从$[0,3]$上的均匀分布,则横截面面积的数学期望 $E(Y)=$ ________,方差 $D(Y)=$ ________.

9. 设 $D(X)=4,D(Y)=9,\rho_{XY}=0.5$,则 $D(2X-3Y)=$ ________.

10. 已知随机变量 X 和 Y 的相关系数为 0.5,且 $E(X)=E(Y)=0,E(X^2)=E(Y^2)=2$,则 $E[(X+Y)^2]=$ ________.

11. 已知随机变量 X 和 Y 的相关系数为 0.9,若 $Z=X-0.4$,则 Y 和 Z 的相关系数为________.

12. 设连续型随机变量 X 的概率密度为偶函数,且 $E(X^2)<+\infty$,则 X 与 $|X|$ 的相关系数为________.

三、解答题

1. 一部电梯有 8 位乘客,电梯从底层出发到 10 楼,每位乘客在每一层楼下电梯是等可能的,求电梯平均停的次数.

2. 工厂检查产品质量时,对每批产品进行放回抽样检查,如果发现次品,则立即停止检查而认为这批产品不合格,如果接连检查 5 个产品,都是合格品,则也停止检查并认为这批产品合格. 设这批产品的合格率为 p,求这批产品抽查样品的平均数.

3. 袋中装有n张卡片,这些卡片分别标有号码$1,2,\cdots,n$,从中有放回地抽出k张卡片,求所得号码之和 X 的数学期望与方差.

4. 设随机变量 X 的概率密度为 $f(x)=\begin{cases}\dfrac{1}{\pi\sqrt{1-x^2}}, & |x|<1,\\ 0, & |x|\geqslant 1,\end{cases}$ 求 $D(X)$.

5. 在长为 a 的线段上任取两点,求两点距离的数学期望与方差.

6. 设随机变量 X 的概率密度为 $f(x)=\begin{cases}\dfrac{x}{\sigma^2}\mathrm{e}^{-\frac{x^2}{2\sigma^2}}, & x>0,\\ 0, & x\leqslant 0,\end{cases}$ 其中常数 $\sigma>0$,求 $E(X),D(X)$.

同步自测题参考答案

一、选择题

1. A.　2. A　3. D.　4. C.　5. C.　6. C.　7. B.　8. D.

二、填空题

1. 8.

2. 2.

3. 8,0.2.

4. $\frac{3-\sqrt{5}}{2}$.

5. 4.

6. $\frac{n}{N}$.

7. $\frac{9}{10}$.

8. $\frac{3}{4}\pi, \frac{9}{20}\pi^2$.

9. 61.

10. 6.

11. 0.9.

12. 0.

三、解答题

1. $10(1-0.9^8)$.

2. $5-10p+10p^2-5p^3+5p^4$.

3. $E(X)=\frac{1}{2}k(n+1), D(X)=\frac{1}{12}k(n^2-1)$.

4. $D(X)=\frac{1}{2}$.

5. $E(|X-Y|)=\frac{a}{3}, D(|X-Y|)=\frac{a^2}{18}$. 提示：$f(x,y)=\begin{cases}\frac{1}{a^2}, & 0\leqslant x\leqslant a, 0\leqslant y\leqslant a,\\ 0, & \text{其他}.\end{cases}$

6. $E(X)=\sqrt{\frac{\pi}{2}}\sigma, D(X)=\frac{4-\pi}{2}\sigma^2$.

第五章　大数定律与中心极限定理

本章学习要点

（一）了解切比雪夫不等式.

（二）了解切比雪夫大数定律、伯努利大数定律和辛钦大数定律（独立同分布随机变量的大数定律）.

（三）了解棣莫弗-拉普拉斯定理（二项分布以正态分布为极限分布）和列维-林德伯格定理（独立同分布随机变量序列的中心极限定理），并会用相关定理近似计算有关随机事件的概率.

§5.1　知识点考点精要

一、切比雪夫不等式与依概率收敛

1. 切比雪夫不等式

设随机变量 X 的数学期望 $E(X)$ 和有限方差 $D(X)$ 都存在，则对任意 $\varepsilon>0$，有

$$P\{|X-E(X)|\geqslant\varepsilon\}\leqslant\frac{D(X)}{\varepsilon^2}\quad 或\quad P\{|X-E(X)|<\varepsilon\}\geqslant 1-\frac{D(X)}{\varepsilon^2}.$$

2. 依概率收敛

设 $Y_1,Y_2,\cdots,Y_n,\cdots$ 是一个随机变量序列，a 是一个常数. 若对任意 $\varepsilon>0$，有

$$\lim_{n\to\infty}P\{|Y_n-a|<\varepsilon\}=1,$$

则称序列 $Y_1,Y_2,\cdots,Y_n,\cdots$ 依概率收敛于 a，记作 $Y_n\xrightarrow{P}a$.

依概率收敛的随机变量具有以下性质：

设 $X_n\xrightarrow{P}a$，$Y_n\xrightarrow{P}b$，又函数 $f(x,y)$ 在点 (a,b) 处连续，则 $f(X_n,Y_n)\xrightarrow{P}f(a,b)$.

二、大数定律

1. 切比雪夫大数定律

设 $X_1,X_2,\cdots,X_n,\cdots$ 是相互独立的随机变量序列，各有数学期望 $E(X_1),E(X_2),\cdots,E(X_n),\cdots$ 及方差 $D(X_1),D(X_2),\cdots,D(X_n),\cdots$，并且 $\max\{D(X_1),D(X_2),\cdots,D(X_n),\cdots\}<l$，其中 l 是与 n 无关的常数，则对任意 $\varepsilon>0$，有

$$\lim_{n\to\infty}P\left\{\left|\frac{1}{n}\sum_{k=1}^{n}X_k-\frac{1}{n}\sum_{k=1}^{n}E(X_k)\right|<\varepsilon\right\}=1.$$

特别地，若随机变量 $X_1,X_2,\cdots,X_n,\cdots$ 相互独立且具有相同的数学期望 $E(X_k)=\mu(k=1,2,\cdots,n,\cdots)$ 和方差 $D(X_k)=\sigma^2(k=1,2,\cdots,n,\cdots)$，则对任意 $\varepsilon>0$，有

$$\lim_{n\to\infty}P\left\{\left|\frac{1}{n}\sum_{k=1}^{n}X_k-\mu\right|<\varepsilon\right\}=1.$$

评注　对于 n 个相互独立的具有相同数学期望和方差的随机变量，当 n 充分大时，它们的算术平均值几乎是一个常数，这个常数就是它们的数学期望.

2. 伯努利大数定律

设 n_A 是 n 重伯努利试验中事件 A 发生的次数，$p(0<p<1)$ 是事件 A 在一次试验中发生的概率，则对任意 $\varepsilon>0$，有

$$\lim_{n\to\infty}P\left\{\left|\frac{n_A}{n}-p\right|<\varepsilon\right\}=1 \quad 或 \quad \lim_{n\to\infty}P\left\{\left|\frac{n_A}{n}-p\right|\geqslant\varepsilon\right\}=0.$$

评注　当 n 充分大时，n 重伯努利试验中事件 A 发生的频率几乎等于事件 A 在每次试验中发生的概率，这个定律以严格的数学形式刻画了频率的稳定性. 在实际应用中，当试验次数很大时，便可以用事件发生的频率来代替事件发生的概率.

3. 辛钦大数定律

设随机变量 $X_1,X_2,\cdots,X_n,\cdots$ 相互独立且服从相同的分布，具有相同的数学期望 $E(X_k)=\mu(k=1,2,\cdots,n,\cdots)$，则对任意 $\varepsilon>0$，有

$$\lim_{n\to\infty}P\left\{\left|\frac{1}{n}\sum_{k=1}^{n}X_k-\mu\right|<\varepsilon\right\}=1.$$

评注　这一定律使得算术平均值的法则有了理论依据. 当 n 足够大时，可以用算术平均值来近似表示数学期望，用指标值的一系列实测值的算术平均值来近似表示该指标值.

三、中心极限定理

1. 列维-林德伯格定理（独立同分布的中心极限定理）

设随机变量 $X_1,X_2,\cdots,X_n,\cdots$ 相互独立且服从相同的分布，具有数学期望 $E(X_k)=\mu$ 和方差 $D(X_k)=\sigma^2\neq0(k=1,2,\cdots,n,\cdots)$，则随机变量 $Y_n=\dfrac{\sum\limits_{k=1}^{n}X_k-E\left(\sum\limits_{k=1}^{n}X_k\right)}{\sqrt{D\left(\sum\limits_{k=1}^{n}X_k\right)}}=\dfrac{\sum\limits_{k=1}^{n}X_k-n\mu}{\sqrt{n}\sigma}$ 的分布函数 $F_n(x)$ 对任意实数 x，恒有

$$\lim_{n\to\infty}F_n(x)=\lim_{n\to\infty}P\left\{\frac{\sum\limits_{k=1}^{n}X_k-n\mu}{\sqrt{n}\sigma}\leqslant x\right\}=\frac{1}{\sqrt{2\pi}}\int_{-\infty}^{x}\mathrm{e}^{-\frac{t^2}{2}}\mathrm{d}t=\Phi(x).$$

评注　此定理表明，当 n 充分大时，近似地有

$$Y_n=\frac{\sum\limits_{k=1}^{n}X_k-n\mu}{\sqrt{n}\sigma}\sim N(0,1),\quad \sum_{i=1}^{n}X_i\sim N(n\mu,n\sigma^2).$$

2. 李雅普诺夫定理

设随机变量 $X_1,X_2,\cdots,X_n,\cdots$ 相互独立，具有数学期望 $E(X_k)=\mu_k(k=1,2,\cdots,n,\cdots)$ 和

方差 $D(X_k)=\sigma_k^2\neq 0(k=1,2,\cdots,n,\cdots)$. 记 $B_n^2=\sum\limits_{k=1}^{n}\sigma_k^2$,若存在正数 δ,使得当 $n\to\infty$ 时,

$$\frac{1}{B_n^{2+\delta}}\sum_{k=1}^{n}E(|X_k-\mu_k|^{2+\delta})\to 0,$$

则随机变量

$$Z_n=\frac{\sum\limits_{k=1}^{n}X_k-E\left(\sum\limits_{k=1}^{n}X_k\right)}{\sqrt{D\left(\sum\limits_{k=1}^{n}X_k\right)}}=\frac{\sum\limits_{k=1}^{n}X_k-\sum\limits_{k=1}^{n}\mu_k}{B_n}$$

的分布函数 $F_n(x)$ 对于任意实数 x,恒有

$$\lim_{n\to\infty}F_n(x)=\lim_{n\to\infty}P\left\{\frac{\sum\limits_{k=1}^{n}X_k-\sum\limits_{k=1}^{n}\mu_k}{B_n}\leqslant x\right\}=\frac{1}{\sqrt{2\pi}}\int_{-\infty}^{x}e^{-\frac{t^2}{2}}dt=\Phi(x).$$

3. 棣莫弗-拉普拉斯定理(二项分布以正态分布为极限分布)

设随机变量 X_n 服从参数为 $n,p(0<p<1)$ 的二项分布,则对任意实数 x,恒有

$$\lim_{n\to\infty}P\left\{\frac{X_n-np}{\sqrt{np(1-p)}}\leqslant x\right\}=\frac{1}{\sqrt{2\pi}}\int_{-\infty}^{x}e^{-\frac{t^2}{2}}dt=\Phi(x).$$

评注 第二章的泊松定理告诉我们:在实际应用中,当 n 较大,p 相对较小,而 np 比较适中($n\geqslant 100,np\leqslant 10$)时,二项分布 $b(n,p)$ 就可以用泊松分布 $P(\lambda)(\lambda=np)$ 来近似代替. 而棣莫弗-拉普拉斯定理告诉我们:只要 n 充分大,二项分布 $b(n,p)$ 就可以用正态分布来近似代替.

§5.2 经典例题解析

基本题型 Ⅰ:切比雪夫不等式和大数定律

例 5.1 若随机变量 X 服从参数为 2 的泊松分布,用切比雪夫不等式估计 $P\{|X-2|\geqslant 4\}\leqslant$ ________.

解 由于 $X\sim P(2)$,则 $E(X)=D(X)=2$,由切比雪夫不等式有

$$P\{|X-2|\geqslant 4\}=P\{|X-E(X)|\geqslant 4\}\leqslant\frac{2}{4^2}=\frac{1}{8}.$$

例 5.2 设 $X_1,X_2,\cdots,X_n$ 是 n 个相互独立同分布的随机变量,数学期望 $E(X_i)=\mu(i=1,2,\cdots,n)$,方差 $D(X_i)=8(i=1,2,\cdots,n)$,则对于 $\overline{X}=\frac{1}{n}\sum\limits_{i=1}^{n}X_i$,写出其所满足的切比雪夫不等式________,并估计 $P\{|\overline{X}-\mu|<4\}\geqslant$ ________.

解 $E(\overline{X})=E\left(\frac{1}{n}\sum\limits_{i=1}^{n}X_i\right)=\frac{1}{n}E\left(\sum\limits_{i=1}^{n}X_i\right)=\frac{1}{n}\times n\mu=\mu,$

$$D(\overline{X})=D\left(\frac{1}{n}\sum_{i=1}^{n}X_i\right)=\frac{1}{n^2}D\left(\sum_{i=1}^{n}X_i\right)=\frac{1}{n^2}\times n\times 8=\frac{8}{n}.$$

于是，$\overline{X}=\frac{1}{n}\sum_{i=1}^{n}X_i$ 所满足的切比雪夫不等式为 $P\{|\overline{X}-\mu|\geqslant\varepsilon\}\leqslant\frac{D(\overline{X})}{\varepsilon^2}=\frac{8}{n\varepsilon^2}$，且

$$P\{|\overline{X}-\mu|<4\}\geqslant 1-\frac{D(\overline{X})}{4^2}=1-\frac{1}{4^2}\times\frac{8}{n}=1-\frac{1}{2n}.$$

例 5.3 在每次试验中，事件 A 发生的概率为 0.5，利用切比雪夫不等式估计，在 1 000 次独立重复试验中，事件 A 发生的次数在 $400\sim600$ 之间的概率.

解 设 X 表示"在 1 000 次独立重复试验中，事件 A 发生的次数". 因为在每次试验中，事件 A 发生的概率为 $p=0.5$，所以 X 服从二项分布 $b(1\,000,0.5)$，且

$$E(X)=np=500,\quad D(X)=np(1-p)=250.$$

又

$$\begin{aligned}\{400<X<600\}&=\{400-500<X-500<600-500\}\\&=\{|X-500|<100\}=\{|X-E(X)|<100\},\end{aligned}$$

于是在切比雪夫不等式中，取 $\varepsilon=100$，则

$$P\{400<X<600\}=P\{|X-E(X)|<100\}\geqslant 1-\frac{D(X)}{100^2}=1-\frac{250}{10\,000}=\frac{39}{40},$$

即在 1 000 次独立重复试验中，事件 A 发生的次数在 $400\sim600$ 之间的概率不小于 $\frac{39}{40}$.

例 5.4 已知 $X_1,X_2,\cdots,X_n$ 相互独立，且均服从参数为 2 的指数分布，则当 $n\to\infty$ 时，$Y_n=\frac{1}{n}\sum_{i=1}^{n}X_i^2$ 依概率收敛于________.

解 易见 $X_1^2,X_2^2,\cdots,X_n^2$ 满足大数定律的条件，且 $E(X_i)=\frac{1}{2}$，$D(X_i)=\frac{1}{4}$，故

$$E(X_i^2)=[E(X_i)]^2+D(X_i)=\frac{1}{4}+\frac{1}{4}=\frac{1}{2},\quad i=1,2,\cdots.$$

于是，由辛钦大数定律有

$$Y_n=\frac{1}{n}\sum_{i=1}^{n}X_i^2\xrightarrow{P}E(X_i^2)=\frac{1}{2}.$$

例 5.5 设随机变量序列 $X_1,X_2,\cdots,X_n,\cdots$ 相互独立，且其分布律如表 5.1 所示，问该随机变量序列是否满足切比雪夫大数定律？

表 5.1

X_n	$-na$	0	na
p_k	$\frac{1}{2n^2}$	$1-\frac{1}{n^2}$	$\frac{1}{2n^2}$

解 由已知条件可得该随机变量序列相互独立，

$$E(X_n)=-na\times\frac{1}{2n^2}+0\times\left(1-\frac{1}{n^2}\right)+na\times\frac{1}{2n^2}=0,$$

即每个随机变量的数学期望都是有限的. 又

$$D(X_n)=n^2a^2\times\left(\frac{1}{2n^2}+\frac{1}{2n^2}\right)+0^2\times\left(1-\frac{1}{n^2}\right)=a^2,$$

即每个随机变量的方差也都是有限的，且与 n 无关. 因此，该随机变量序列满足切比雪夫大数定

律的全部条件.

例 5.6 在天平上重复称量一重为 a 的物体,假设各次称量结果相互独立且服从正态分布 $N(a,0.2^2)$. 若以 $\overline{X}_n$ 表示 n 次称量结果的算术平均值,则为使 $P\{|\overline{X}_n-a|<0.1\}\geqslant 0.95$,$n$ 的最小值应不小于________.

解 由于 $\overline{X}_n=\frac{1}{n}\sum_{i=1}^{n}X_i\sim N\left(a,\frac{0.2^2}{n}\right)$,于是 $\frac{\overline{X}_n-a}{0.2/\sqrt{n}}\sim N(0,1)$,故

$$P\{|\overline{X}_n-a|<0.1\}=P\left\{\left|\frac{\overline{X}_n-a}{0.2/\sqrt{n}}\right|<\frac{\sqrt{n}}{2}\right\}=2\Phi\left(\frac{\sqrt{n}}{2}\right)-1\geqslant 0.95,$$

即 $\Phi\left(\frac{\sqrt{n}}{2}\right)\geqslant 0.975$. 查表得 $\frac{\sqrt{n}}{2}\geqslant 1.96$,解得 $n=16$.

基本题型 Ⅱ:中心极限定理的综合应用

例 5.7 设随机变量 $X_n(n=1,2,\cdots)$ 相互独立,且服从同一泊松分布

$$P\{X_n=k\}=\frac{2^k}{k!}e^{-2}\quad(k=0,1,2,\cdots),$$

随机变量 $Y_{100}=X_1+X_2+\cdots+X_{100}$,求 $P\{190<Y_{100}<210\}$.

解 由于每一个随机变量 X_n 具有数学期望 $E(X_n)=2$ 和方差 $D(X_n)=2$,由独立同分布的中心极限定理得

$$Y_{100}\overset{\text{近似}}{\sim}N(200,(10\sqrt{2})^2),$$

因此

$$P\{190<Y_{100}<210\}=P\{|Y_{100}-200|<10\}=P\left\{-0.71<\frac{Y_{100}-200}{10\sqrt{2}}<0.71\right\}$$
$$\approx 2\Phi(0.71)-1=0.5222.$$

例 5.8 一射手打靶,得 5 分的概率为 0.4,得 4 分的概率为 0.2,得 3 分的概率为 0.2,得 2 分的概率为 0.1,得 0 分的概率为 0.1. 此射手独立射击 200 次,求总分介于 650 分到 750 分之间的概率.

解 设 X_i 表示"该射手第 i 次射击的得分",则 $Y=\sum_{i=1}^{200}X_i$ 表示该射手所得总分. $X_i(i=1,2,\cdots,200)$ 独立同分布,其分布律如表 5.2 所示.

表 5.2

X_i	0	2	3	4	5
p_k	0.1	0.1	0.2	0.2	0.4

由于

$$E(X_i)=0\times 0.1+2\times 0.1+3\times 0.2+4\times 0.2+5\times 0.4=3.6,$$
$$D(X_i)=0^2\times 0.1+2^2\times 0.1+3^2\times 0.2+4^2\times 0.2+5^2\times 0.4-3.6^2=2.44,$$

由独立同分布的中心极限定理有

$$P\{650 < Y < 750\} = P\left\{650 < \sum_{i=1}^{200} X_i < 750\right\}$$

$$= P\left\{\frac{650 - 200 \times 3.6}{\sqrt{200 \times 2.44}} < \frac{\sum_{i=1}^{200} X_i - 200 \times 3.6}{\sqrt{200 \times 2.44}} < \frac{750 - 200 \times 3.6}{\sqrt{200 \times 2.44}}\right\}$$

$$\approx \Phi\left(\frac{30}{\sqrt{488}}\right) - \Phi\left(-\frac{70}{\sqrt{488}}\right) \approx \Phi(1.36) - \Phi(-3.17)$$

$$= \Phi(1.36) + \Phi(3.17) - 1 = 0.9124.$$

例 5.9 已知某种电器元件的寿命服从均值为 100 h 的指数分布，现随机地取 16 个该种电器元件，设它们的寿命是相互独立的，求这 16 个电器元件的寿命总和大于 1 920 h 的概率.

解 设第 i 个电器元件的寿命(单位:h) 为 $X_i(i = 1,2,\cdots,16)$，则 X_i 相互独立、服从同一指数分布，且

$$E(X_i) = 100, \quad D(X_i) = 100^2.$$

故

$$P\left\{\sum_{i=1}^{16} X_i > 1920\right\} \approx 1 - \Phi\left(\frac{1920 - 16 \times 100}{\sqrt{16} \times 100}\right) = 1 - \Phi(0.8) = 0.2119.$$

例 5.10 某农场职工中 80% 的年收入不少于 3.5 万元，现从职工中随机抽查 100 人的年收入，问其中至少有 30 人年收入少于 3.5 万元的概率是多少?

解 记 $X_i = \begin{cases} 1, & \text{所抽第 } i \text{ 个职工年收入少于 3.5 万元}, \\ 0, & \text{所抽第 } i \text{ 个职工年收入不少于 3.5 万元}, \end{cases}$ 且 X_i 服从参数为 $p = 0.2$ 的 (0—1) 分布，所抽 100 人中年收入少于 3.5 万元的职工总数为 $\sum_{i=1}^{100} X_i$，依题意，所求概率为 $P\left\{\sum_{i=1}^{100} X_i \geqslant 30\right\}$. 由于 $n = 100, p = 0.2, q = 0.8$，则 $np = 20, \sqrt{npq} = \sqrt{16} = 4$，由棣莫弗-拉普拉斯定理有

$$P\left\{\sum_{i=1}^{100} X_i \geqslant 30\right\} = 1 - P\left\{0 \leqslant \sum_{i=1}^{100} X_i < 30\right\} = 1 - P\left\{\frac{0-20}{4} \leqslant \frac{\sum_{i=1}^{100} X_i - 20}{4} < \frac{30-20}{4}\right\}$$

$$= 1 - P\left\{-5 \leqslant \frac{\sum_{i=1}^{100} X_i - 20}{4} < 2.5\right\} \approx 1 - \Phi(2.5) + \Phi(-5)$$

$$= 1 - 0.9938 = 0.0062.$$

例 5.11 某复杂系统由 100 个相互独立起作用的部件组成，在整个运行期间每个部件损坏的概率为 0.1. 为了使整个系统起作用，至少必须有 85 个部件正常工作，求整个系统起作用的概率.

解 记 $X_i = \begin{cases} 1, & \text{第 } i \text{ 个部件在整个运行期间正常工作}, \\ 0, & \text{第 } i \text{ 个部件在整个运行期间损坏} \end{cases}$ $(i = 1,2,\cdots,100)$. 由题设知，$X_1, X_2, \cdots, X_{100}$ 相互独立，且 $P\{X_i = 1\} = 0.9, P\{X_i = 0\} = 0.1$. 令 $Y = \sum_{i=1}^{100} X_i$，则 $Y \sim b(100, 0.9)$，

由棣莫弗-拉普拉斯定理知$\dfrac{Y-100\times0.9}{\sqrt{100\times0.9\times0.1}}$近似服从标准正态分布 $N(0,1)$，从而

$$P\{Y\geqslant 85\}=1-P\{Y<85\}=1-P\left\{\frac{Y-100\times0.9}{\sqrt{100\times0.9\times0.1}}<\frac{85-100\times0.9}{\sqrt{100\times0.9\times0.1}}\right\}$$
$$\approx 1-\Phi(-1.67)=\Phi(1.67)=0.9525,$$

即整个系统起作用的概率为 0.952 5.

例 5.12 某复杂系统由 n 个相互独立起作用的部件组成，每个部件的可靠性(部件正常工作的概率)为 0.9，且必须至少有 80% 的部件正常工作才能使整个系统工作，问 n 至少为多大才能使整个系统工作的概率不低于 0.95?

解 设每个部件作为一次试验，记正常工作部件个数为 X，则 X 为一随机变量，且有 $X\sim b(n,0.9)$. 由棣莫弗-拉普拉斯定理可知

$$P\{X\geqslant 0.8n\}=1-P\{X<0.8n\}=1-P\left\{\frac{X-0.9n}{0.3\sqrt{n}}<\frac{0.8n-0.9n}{0.3\sqrt{n}}\right\}$$
$$\approx 1-\Phi\left(-\frac{1}{3}\sqrt{n}\right)\geqslant 0.95,$$

即 $\Phi\left(\frac{1}{3}\sqrt{n}\right)\geqslant 0.95$. 解得 $n\geqslant 24.5$，即 n 至少为 25.

§5.3 历年考研真题评析

1. 若随机变量 X 的方差为 2，用切比雪夫不等式估计 $P\{|X-E(X)|\geqslant 2\}\leqslant$ ________.

解 由切比雪夫不等式可知

$$P\{|X-E(X)|\geqslant 2\}\leqslant\frac{D(X)}{2^2}=\frac{1}{2}.$$

2. 设随机变量 $X_1,X_2,\cdots,X_n$ 相互独立，$S_n=X_1+X_2+\cdots+X_n$，则根据列维-林德伯格定理，当 n 充分大时，S_n 近似服从正态分布，只要 $X_1,X_2,\cdots,X_n$(　　).

(A) 有相同的数学期望　　(B) 有相同的方差

(C) 服从同一指数分布　　(D) 服从同一离散型分布

解 列维-林德伯格定理要求的条件是 $X_1,X_2,\cdots,X_n,\cdots$ 相互独立，服从同一分布，且数学期望与方差均存在，方差不等于 0，这时当 n 充分大时，S_n 近似服从正态分布.

选项(C)满足条件，选项(A)和(B)不能保证 $X_1,X_2,\cdots,X_n,\cdots$ 同分布，选项(D)不能保证方差存在，故选(C).

3. 设随机变量 $X_1,X_2,\cdots,X_{100}$ 相互独立，且服从同一分布 $P\{X=0\}=P\{X=1\}=\dfrac{1}{2}$，$\Phi(x)$ 表示标准正态分布函数，则由中心极限定理知，$P\left\{\sum\limits_{i=1}^{100}X_i\leqslant 55\right\}$ 的近似值为(　　).

(A) $1-\Phi(1)$　　(B) $\Phi(1)$　　(C) $1-\Phi(0.2)$　　(D) $\Phi(0.2)$

解 由已知 $\sum\limits_{i=1}^{100}X_i\sim b\left(100,\frac{1}{2}\right)$，$np=50$，$np(1-p)=25$，则

$$P\left\{\sum_{i=1}^{100} X_i \leqslant 55\right\} = P\left\{\frac{\sum_{i=1}^{100} X_i - np}{\sqrt{np(1-p)}} \leqslant \frac{55-np}{\sqrt{np(1-p)}}\right\} = P\left\{\frac{\sum_{i=1}^{100} X_i - np}{\sqrt{np(1-p)}} \leqslant 1\right\} \approx \Phi(1).$$

故选(B).

§5.4 教材习题详解

1. 一颗骰子连续掷 4 次,点数总和记为 X. 估计 $P\{10 < X < 18\}$.

解 设 X_i 表示每次掷的点数,则 $X = \sum_{i=1}^{4} X_i$. 又

$$E(X_i) = 1 \times \frac{1}{6} + 2 \times \frac{1}{6} + 3 \times \frac{1}{6} + 4 \times \frac{1}{6} + 5 \times \frac{1}{6} + 6 \times \frac{1}{6} = \frac{7}{2},$$

$$E(X_i^2) = 1^2 \times \frac{1}{6} + 2^2 \times \frac{1}{6} + 3^2 \times \frac{1}{6} + 4^2 \times \frac{1}{6} + 5^2 \times \frac{1}{6} + 6^2 \times \frac{1}{6} = \frac{91}{6},$$

从而

$$D(X_i) = E(X_i^2) - [E(X_i)]^2 = \frac{91}{6} - \left(\frac{7}{2}\right)^2 = \frac{35}{12}.$$

X_1, X_2, X_3, X_4 独立同分布,从而

$$E(X) = E\left(\sum_{i=1}^{4} X_i\right) = \sum_{i=1}^{4} E(X_i) = 4 \times \frac{7}{2} = 14,$$

$$D(X) = D\left(\sum_{i=1}^{4} X_i\right) = \sum_{i=1}^{4} D(X_i) = 4 \times \frac{35}{12} = \frac{35}{3},$$

则

$$P\{10 < X < 18\} = P\{|X - 14| < 4\} \geqslant 1 - \frac{35/3}{4^2} \approx 0.271.$$

2. 假设一条生产线生产的产品合格率是 0.8. 要使一批产品的合格率在 76% 与 84% 之间的概率不小于 90%,问这批产品至少要生产多少件?

解 设至少要生产 n 件产品,令 $X_i = \begin{cases} 1, & \text{第 } i \text{ 件产品是合格品}, \\ 0, & \text{其他} \end{cases}$ $(i = 1, 2, \cdots, n)$. 因 $X_1, X_2, \cdots, X_n$ 独立同分布,且 $\sum_{i=1}^{n} X_i \sim b(n, 0.8)$,则

$$P\left\{0.76 \leqslant \frac{\sum_{i=1}^{n} X_i}{n} \leqslant 0.84\right\} \geqslant 0.9,$$

即

$$P\left\{\frac{0.76n - 0.8n}{\sqrt{n \times 0.8 \times 0.2}} \leqslant \frac{\sum_{i=1}^{n} X_i - 0.8n}{\sqrt{n \times 0.8 \times 0.2}} \leqslant \frac{0.84n - 0.8n}{\sqrt{n \times 0.8 \times 0.2}}\right\} \geqslant 0.9.$$

于是,由中心极限定理得

$$\Phi\left(\frac{0.84n - 0.8n}{\sqrt{0.16n}}\right) - \Phi\left(\frac{0.76n - 0.8n}{\sqrt{0.16n}}\right) \geqslant 0.9,$$

整理得 $\Phi\left(\frac{\sqrt{n}}{10}\right) \geqslant 0.95$. 查表有 $\frac{\sqrt{n}}{10} \geqslant 1.645$,解得 $n \geqslant 270.6$,故取 $n = 271$.

3. 某车间有同型号机床200台，每台机床开动的概率为0.7，假定各机床开动与否互不影响，开动时每台机床消耗电能15个单位. 问至少供应多少单位电能才能够以95%的概率保证不致因供电不足而影响生产？

解　要确定最低的供应的电能，应先确定此车间同时开动的机床数目的最大值 m. 而 m 要满足200台机床中同时开动的机床数目不超过 m 的概率为95%，于是我们只要供应 $15m$ 个单位电能就可满足要求. 令 X 表示同时开动机床数目，则 $X \sim b(200, 0.7)$，

$$E(X) = 140, \quad D(X) = 42.$$

于是，由中心极限定理得

$$P\{0 \leqslant X \leqslant m\} = P\{X \leqslant m\} \approx \Phi\left(\frac{m-140}{\sqrt{42}}\right) \geqslant 0.95.$$

查表有 $\dfrac{m-140}{\sqrt{42}} \geqslant 1.645$，解得 $m \geqslant 150.66$，故取 $m = 151$. 所以至少要供应电能 $151 \times 15 = 2\,265$ 个单位.

4. 一加法器同时收到20个噪声电压 $V_k(k=1,2,\cdots,20)$，设它们是相互独立的随机变量，且都在 $(0,10)$ 上服从均匀分布. 记 $V = \sum\limits_{k=1}^{20} V_k$，求 $P\{V > 105\}$ 的近似值.

解　由已知易得 $E(V_k) = 5, D(V_k) = \dfrac{100}{12}, k = 1,2,\cdots,20$，于是由中心极限定理知，随机变量

$$Z = \frac{\sum\limits_{k=1}^{20} V_k - 20 \times 5}{\sqrt{\frac{100}{12} \times 20}} = \frac{V - 20 \times 5}{\sqrt{\frac{100}{12} \times 20}} \overset{\text{近似}}{\sim} N(0,1).$$

因此

$$P\{V > 105\} = P\left\{\frac{V - 20 \times 5}{\sqrt{\frac{100}{12} \times 20}} > \frac{105 - 20 \times 5}{\sqrt{\frac{100}{12} \times 20}}\right\} \approx P\left\{\frac{V - 20 \times 5}{\sqrt{\frac{100}{12} \times 20}} > 0.39\right\}$$

$$\approx 1 - \Phi(0.39) = 0.348\,3.$$

5. 一批建筑房屋用的木柱中80%的长度不小于3 m. 现从这批木柱中随机地取出100根，问其中至少有30根短于3 m的概率是多少？

解　设100根木柱中有 X 根短于3 m，则 $X \sim b(100, 0.2)$，从而

$$P\{X \geqslant 30\} = 1 - P\{X < 30\} \approx 1 - \Phi\left(\frac{30 - 100 \times 0.2}{\sqrt{100 \times 0.2 \times 0.8}}\right)$$

$$= 1 - \Phi(2.5) = 1 - 0.993\,8 = 0.006\,2.$$

6. 某药厂断言，该厂生产的某种药品对于医治一种疑难的血液病的治愈率为0.8. 医院检验员任意抽查100个服用此药品的病人，如果其中多于75人治愈，就接受这一断言，否则就拒绝这一断言.

(1) 若实际上此药品对这种疾病的治愈率是0.8，问接受这一断言的概率是多少？

(2) 若实际上此药品对这种疾病的治愈率是0.7，问接受这一断言的概率是多少？

解　设 $X_i = \begin{cases} 1, & \text{第 } i \text{ 人治愈}, \\ 0, & \text{其他} \end{cases} (i = 1,2,\cdots,100)$. 令 $X = \sum\limits_{i=1}^{100} X_i$.

(1) 显然 $X \sim b(100, 0.8)$，则

$$P\left\{\sum_{i=1}^{100} X_i > 75\right\} = 1 - P\{X \leqslant 75\} \approx 1 - \Phi\left(\frac{75 - 100 \times 0.8}{\sqrt{100 \times 0.8 \times 0.2}}\right)$$

$$= 1 - \Phi(-1.25) = \Phi(1.25) = 0.894\,4.$$

(2) 显然 $X \sim b(100, 0.7)$，则

$$P\left\{\sum_{i=1}^{100} X_i > 75\right\} = 1 - P\{X \leqslant 75\} \approx 1 - \Phi\left(\frac{75 - 100 \times 0.7}{\sqrt{100 \times 0.7 \times 0.3}}\right)$$

$$= 1 - \Phi\left(\frac{5}{\sqrt{21}}\right) \approx 1 - \Phi(1.09) = 0.1379.$$

7. 用拉普拉斯定理近似计算从一批废品率为 0.05 的产品中，任取 1 000 件，其中有 20 件废品的概率.

解　设 1 000 件产品中废品数为 X，则 $X \sim b(1\,000, 0.05)$，

$$E(X) = 50, \quad D(X) = 47.5.$$

故

$$P\{X = 20\} \approx \frac{1}{\sqrt{47.5}}\varphi\left(\frac{20-50}{\sqrt{47.5}}\right) \approx \frac{1}{6.892}\varphi\left(-\frac{30}{6.892}\right)$$

$$= \frac{1}{6.892}\varphi\left(\frac{30}{6.892}\right) = \frac{1}{6.892} \times \frac{1}{\sqrt{2\pi}} \times \mathrm{e}^{-\frac{1}{2}\left(\frac{30}{6.892}\right)^2} \approx 4.4 \times 10^{-6}.$$

8. 设有 30 个电子器件，它们的使用寿命 $T_1, T_2, \cdots, T_{30}$ 服从参数 $\lambda = 0.1$（单位：h^{-1}）的指数分布，其使用情况是第一个损坏第二个立即使用，以此类推. 令 T 为 30 个电子器件使用的总计时间，求 T 超过 350 h 的概率.

解　由已知

$$E(T_i) = \frac{1}{\lambda} = \frac{1}{0.1} = 10, \quad D(T_i) = \frac{1}{\lambda^2} = 100 \quad (i = 1, 2, \cdots, 30),$$

则

$$E(T) = 10 \times 30 = 300, \quad D(T) = 100 \times 30 = 3\,000.$$

于是

$$P\{T > 350\} \approx 1 - \Phi\left(\frac{350-300}{\sqrt{3\,000}}\right) = 1 - \Phi\left(\frac{5}{\sqrt{30}}\right) \approx 1 - \Phi(0.91) = 0.1814.$$

9. 上题中的电子器件若每件为 a 元，那么在年计划中一年至少需多少元才能以 95% 的概率保证够用（假定一年有 306 个工作日，每个工作日为 8 h）？

解　设至少需 n 个电子器件才能以 95% 的概率保证够用，则

$$E\left(\sum_{i=1}^{n} T_i\right) = 10n, \quad D\left(\sum_{i=1}^{n} T_i\right) = 100n,$$

从而

$$P\left\{\sum_{i=1}^{n} T_i \geqslant 306 \times 8\right\} \geqslant 0.95, \quad \text{即} \quad \Phi\left(\frac{306 \times 8 - 10n}{10\sqrt{n}}\right) < 0.05.$$

故

$$\Phi\left(\frac{10n - 2\,448}{10\sqrt{n}}\right) \geqslant 0.95, \quad \frac{n - 244.8}{\sqrt{n}} \geqslant 1.645,$$

解得 $n \geqslant 271.93$，所以需 $272a$ 元.

10. 对于一名学生而言，来参加家长会的家长人数是一个随机变量，设一名学生无家长、1 名家长、2 名家长来参加家长会的概率分别为 0.05，0.8，0.15. 若学校共有 400 名学生，设各学生参加家长会的家长人数相互独立，且服从同一分布. 求：

(1) 参加家长会的家长人数 X 超过 450 的概率；

(2) 有 1 名家长来参加家长会的学生数不多于 340 的概率.

解　(1) 设第 i 名学生来参加家长会的家长人数为 $X_i (i = 1, 2, \cdots, 400)$，则 X_i 的分布律如表 5.3 所示.

表 5.3

X_i	0	1	2
p_k	0.05	0.8	0.15

易知 $E(X_i) = 1.1, D(X_i) = 0.19, i = 1, 2, \cdots, 400$，而 $X = \sum_{i=1}^{400} X_i$，于是由中心极限定理得

$$\frac{\sum_{i=1}^{400} X_i - 400\times 1.1}{\sqrt{400\times 0.19}} = \frac{X-400\times 1.1}{\sqrt{4\times 19}} \overset{\text{近似}}{\sim} N(0,1).$$

因此

$$P\{X>450\}=1-P\{X\leqslant 450\}\approx 1-\Phi\left(\frac{450-400\times 1.1}{\sqrt{4\times 19}}\right)$$
$$\approx 1-\Phi(1.15)=0.1251.$$

(2) 设有1名家长来参加家长会的学生数为Y,则$Y\sim b(400,0.8)$,由中心极限定理得

$$P\{Y\leqslant 340\}\approx\Phi\left(\frac{340-400\times 0.8}{\sqrt{400\times 0.8\times 0.2}}\right)=\Phi(2.5)=0.9938.$$

11. 设男孩出生率为0.515,求在10 000个新生婴儿中女孩不少于男孩的概率.

解 设X表示10 000个新生婴儿中男孩的个数,则$X\sim b(10\,000,0.515)$,要求女孩不少于男孩的概率,即求$P\{X\leqslant 5\,000\}$.由中心极限定理有

$$P\{X\leqslant 5\,000\}\approx\Phi\left(\frac{5\,000-10\,000\times 0.515}{\sqrt{10\,000\times 0.515\times 0.485}}\right)\approx\Phi(-3)=1-\Phi(3)=0.0013.$$

12. 设有1 000个人独立行动,每个人能够进入掩蔽体的概率为0.9.以95%的概率估计,在一次行动中:

(1) 至少有多少个人能够进入掩蔽体?

(2) 至多有多少个人能够进入掩蔽体?

解 设X表示能够进入掩蔽体的人数,则$X\sim b(1\,000,0.9)$.

(1) 设至少有m个人能够进入掩蔽体,要求$P\{X\geqslant m\}\geqslant 0.95$.由中心极限定理知

$$P\{X\geqslant m\}=1-P\{X<m\}\approx 1-\Phi\left(\frac{m-1\,000\times 0.9}{\sqrt{1\,000\times 0.9\times 0.1}}\right)\geqslant 0.95,$$

从而

$$\Phi\left(\frac{m-900}{\sqrt{90}}\right)\leqslant 0.05,\quad \text{即}\quad \frac{m-900}{\sqrt{90}}\leqslant -1.645.$$

所以$m\approx 900-16=884$,至少有884个人能够进入掩蔽体.

(2) 设至多有M个人能够进入掩蔽体,要求$P\{0\leqslant X\leqslant M\}\geqslant 0.95$.由中心极限定理知

$$P\{X\leqslant M\}\approx\Phi\left(\frac{M-900}{\sqrt{90}}\right)\geqslant 0.95,$$

即$\dfrac{M-900}{\sqrt{90}}\geqslant 1.645$.所以$M=900+16=916$,至多有916个人能够进入掩蔽体.

13. 一家保险公司有10 000人参加保险,每人每年付12元保险费,在一年内一个人死亡的概率为0.006,死亡者家属可向保险公司领得1 000元赔偿费.求:

(1) 保险公司没有利润的概率;

(2) 保险公司一年的利润不少于60 000元的概率.

解 设X为在一年中参加保险者的死亡人数,则$X\sim b(10\,000,0.006)$.

(1) "公司没有利润"当且仅当"$1\,000X=10\,000\times 12$",即$X=120$.于是,由拉普拉斯定理,所求概率为

$$P\{X=120\}\approx\frac{1}{\sqrt{10\,000\times 0.006\times 0.994}}\varphi\left(\frac{120-10\,000\times 0.006}{\sqrt{10\,000\times 0.006\times 0.994}}\right)$$
$$=\frac{1}{\sqrt{59.64}}\varphi\left(\frac{60}{\sqrt{59.64}}\right)=\frac{1}{\sqrt{2\pi}}\cdot\frac{1}{\sqrt{59.64}}e^{-\frac{1}{2}(60/\sqrt{59.64})^2}$$
$$\approx 0.0517\times e^{-30.1811}\approx 0.$$

(2) "公司利润$\geqslant 60\,000$元"当且仅当$0\leqslant X\leqslant 60$.于是,所求概率为

$$P\{0 \leqslant X \leqslant 60\} \approx \Phi\left(\frac{60-10\,000\times 0.006}{\sqrt{10\,000\times 0.006\times 0.994}}\right)-\Phi\left(\frac{0-10\,000\times 0.006}{\sqrt{10\,000\times 0.006\times 0.994}}\right)$$

$$=\Phi(0)-\Phi\left(-\frac{60}{\sqrt{59.64}}\right)\approx 0.5.$$

14. 设随机变量 X 和 Y 的数学期望都是2，方差分别为1和4，相关系数为0.5，试根据切比雪夫不等式给出 $P\{|X-Y|\geqslant 6\}$ 的估计.

解　取 $Z=X-Y$，则

$$E(Z)=E(X-Y)=E(X)-E(Y)=0,$$

$$D(Z)=D(X-Y)=D(X)+D(Y)-2\mathrm{Cov}(X,Y)$$

$$=D(X)+D(Y)-2\rho_{XY}\sqrt{D(X)}\sqrt{D(Y)}=3.$$

因此，由切比雪夫不等式知

$$P\{|X-Y|\geqslant 6\}=P\{|Z-E(Z)|\geqslant 6\}\leqslant\frac{D(Z)}{6^2}=\frac{1}{12}.$$

15. 某保险公司多年统计资料表明，在索赔户中，被盗索赔户占20%，以 X 表示在随机抽查的100个索赔户中，因被盗向保险公司索赔的户数.

(1) 写出 X 的概率分布；

(2) 利用中心极限定理，求被盗索赔户不少于14户且不多于30户的概率近似值.

解　(1) X 可看作100次独立重复试验中被盗户出现的次数，而在每次试验中被盗户出现的概率是0.2，因此 $X\sim b(100,0.2)$. 故 X 的概率分布是

$$P\{X=k\}=\mathrm{C}_{100}^{k}\times 0.2^k\times 0.8^{100-k},\quad k=0,1,2,\cdots,100.$$

(2) 被盗索赔户不少于14户且不多于30户的概率即为事件 $\{14\leqslant X\leqslant 30\}$ 的概率，由中心极限定理得

$$P\{14\leqslant X\leqslant 30\}\approx\Phi\left(\frac{30-100\times 0.2}{\sqrt{100\times 0.2\times 0.8}}\right)-\Phi\left(\frac{14-100\times 0.2}{\sqrt{100\times 0.2\times 0.8}}\right)$$

$$=\Phi(2.5)-\Phi(-1.5)=0.993\,8-(1-0.933\,2)=0.927.$$

16. 一生产线生产的产品成箱包装，每箱的重量是随机的. 假设每箱平均重50 kg，标准差为5 kg，若用最大载重量为5 t的汽车承运，试利用中心极限定理说明每辆车最多可以装多少箱，才能保障不超载的概率大于0.977.（$\Phi(2)=0.977$）

解　设 $X_i(i=1,2,\cdots,n)$ 是装运第 i 箱的重量（单位：kg），n 为所求的箱数. n 箱的总重量为 $T_n=X_1+X_2+\cdots+X_n$，由条件知

$$E(X_i)=50,\quad\sqrt{D(X_i)}=5,\quad E(T_n)=50n,\quad\sqrt{D(T_n)}=5\sqrt{n}.$$

由中心极限定理，当 n 较大时，$\dfrac{T_n-50n}{5\sqrt{n}}\overset{\text{近似}}{\sim}N(0,1)$，则

$$P\{T_n\leqslant 5\,000\}=P\left\{\frac{T_n-50n}{5\sqrt{n}}\leqslant\frac{5\,000-50n}{5\sqrt{n}}\right\}$$

$$\approx\Phi\left(\frac{1\,000-10n}{\sqrt{n}}\right)>0.977=\Phi(2),$$

即 $\dfrac{1\,000-10n}{\sqrt{n}}>2$. 解得 $n<98.019\,9$，最多可装98箱.

§5.5 同步自测题及参考答案

同步自测题

一、选择题

1. 设随机变量 X 的数学期望与方差均存在,对任意实数 $a,b(0<a<b)$,可用切比雪夫不等式估计出的概率为(　　).

(A) $P\{a<X<b\}$　　(B) $P\{a<X-E(X)<b\}$

(C) $P\{-a<X<a\}$　　(D) $P\{|X-E(X)|\geqslant b-a\}$

2. 已知随机变量 X 满足 $P\{|X-E(X)|\geqslant 2\}=\dfrac{1}{16}$,则必有(　　).

(A) $D(X)=\dfrac{1}{4}$　　(B) $D(X)\geqslant\dfrac{1}{4}$

(C) $P\{|X-E(X)|<2\}=\dfrac{15}{16}$　　(D) $D(X)<\dfrac{1}{4}$

3. 设 $X_1,X_2,\cdots,X_n,\cdots$ 是相互独立的随机变量序列,且 $X_i(i=1,2,\cdots,n,\cdots)$ 服从参数为 $\lambda(\lambda>1)$ 的指数分布,记 $\Phi(x)$ 为标准正态分布函数,则(　　).

(A) $\lim\limits_{n\to\infty}P\left\{\dfrac{\sum\limits_{i=1}^{n}X_i-n\lambda}{\lambda\sqrt{n}}\leqslant x\right\}=\Phi(x)$　　(B) $\lim\limits_{n\to\infty}P\left\{\dfrac{\sum\limits_{i=1}^{n}X_i-n\lambda}{\sqrt{n\lambda}}\leqslant x\right\}=\Phi(x)$

(C) $\lim\limits_{n\to\infty}P\left\{\dfrac{\lambda\sum\limits_{i=1}^{n}X_i-n}{\sqrt{n}}\leqslant x\right\}=\Phi(x)$　　(D) $\lim\limits_{n\to\infty}P\left\{\dfrac{\sum\limits_{i=1}^{n}X_i-\lambda}{\sqrt{n\lambda}}\leqslant x\right\}=\Phi(x)$

4. 设 μ_n 是 n 次独立重复试验中事件 A 出现的次数,p 是事件 A 在每次试验中出现的概率,则对任意的 $\varepsilon>0$,$\lim\limits_{n\to\infty}P\left\{\left|\dfrac{\mu_n}{n}-p\right|\geqslant\varepsilon\right\}$(　　).

(A) 等于0　　(B) 等于1　　(C) 大于0　　(D) 不存在

5. 设 $X_1,X_2,\cdots,X_{1\,000}$ 是相互独立的随机变量,且 $X_i\sim b(1,p)(i=1,2,\cdots,1\,000)$,则下列结论中不正确的是(　　).

(A) $\dfrac{1}{1\,000}\sum\limits_{i=1}^{1\,000}X_i\approx p$

(B) $\sum\limits_{i=1}^{1\,000}X_i\sim b(1\,000,p)$

(C) $P\left\{a<\sum\limits_{i=1}^{1\,000}X_i<b\right\}=\Phi(b)-\Phi(a)$

(D) $P\left\{a<\sum\limits_{i=1}^{1\,000}X_i<b\right\}=\Phi\left(\dfrac{b-1\,000p}{\sqrt{1\,000pq}}\right)-\Phi\left(\dfrac{a-1\,000p}{\sqrt{1\,000pq}}\right)$,其中 $q=1-p$

6. 设随机变量 $X_1,X_2,\cdots,X_n,\cdots$ 相互独立,且均服从参数为 λ 的泊松分布,则下列随机变量中不满足切比雪夫大数定律条件的是(　　).

(A) $X_1, X_2, \cdots, X_n, \cdots$　　(B) $X_1+1, X_2+1, \cdots, X_n+1, \cdots$

(C) $X_1, \frac{1}{2}X_2, \cdots, \frac{1}{n}X_n, \cdots$　　(D) $X_1, 2X_2, \cdots, nX_n, \cdots$

二、填空题

1. 设随机变量 X 的数学期望 $E(X)=\mu$, 方差 $D(X)=\sigma^2$, 则由切比雪夫不等式有 $P\{|X-\mu|<2\sigma\}\geqslant$ ________.

2. 设随机变量 X 的数学期望 $E(X)=12$, 方差 $D(X)=9$, 用切比雪夫不等式估计 $P\{6<X<18\}\geqslant$ ________, $P\{3<X<21\}\geqslant$ ________.

3. 设随机变量 $X_1, X_2, \cdots, X_{100}$ 独立同分布, 且 $P\{X_i=k\}=\frac{1}{k!}e^{-1}(i=1,2,\cdots,100;k=0,1,2,\cdots)$, 则 $P\left\{\sum_{i=1}^{100}X_i<120\right\}=$ ________.

4. 设 $X_1, X_2, \cdots, X_n, \cdots$ 是独立同分布的随机变量序列, 且 $E(X_i)=\mu, D(X_i)=\sigma^2>0(i=1,2,\cdots,n,\cdots)$, 则 $\lim\limits_{n\to\infty}P\left\{\frac{\sum_{i=1}^{n}X_i-n\mu}{\sqrt{n}\sigma}>0\right\}=$ ________.

5. 设 $X_1, X_2, \cdots, X_n, \cdots$ 是独立同分布的随机变量序列, 且它们的数学期望为 0, 方差为 σ^2, 则随机变量 $Y_n=\frac{1}{n}\sum_{k=1}^{n}X_k^2$ 依概率收敛于________.

6. 设随机变量 X 的数学期望 $E(X)=\mu$, 方差 $D(X)=\sigma^2$, 用切比雪夫不等式估计 $P\{|X-\mu|<k\sigma\}\geqslant$ ________.

7. 设 μ_n 是 n 次独立重复试验中事件 A 出现的次数, p 为 A 在一次试验中出现的概率, 且 $0<p<1, 1-p=q$, 则对任意的区间 $[a,b]$, 有 $\lim\limits_{n\to\infty}P\left\{a<\frac{\mu_n-np}{\sqrt{npq}}\leqslant b\right\}=$ ________.

三、解答题

1. 设随机变量 X 的数学期望 $E(X)=100$, 方差 $D(X)=10$, 由切比雪夫不等式估计 $P\{80<X<120\}$.

2. 已知正常成年男性血液中, 每毫升白细胞平均值是 7 300, 标准差是 700, 利用切比雪夫不等式估计成年男性每毫升血液中含白细胞在 5 200 至 9 400 之间的概率.

3. 已知一本 300 页的书中每页印刷错误的字数服从泊松分布 $P(0.2)$, 求这本书的印刷错误总字数不多于 70 个的概率.

4. 有一批钢材, 其中 80% 的长度不小于 3 m, 现从这批钢材中随机取出 100 根, 求长度小于 3 m 的钢材不超过 30 根的概率.

5. 100 台车床彼此独立地工作, 每台车床的实际工作时间占全部工作时间的 80%, 求任一时刻有 70 台至 86 台车床工作的概率.

6. 某单位设置有一部电话总机, 共有 200 部电话分机, 设每部电话分机是否使用外线通话是相互独立的, 每时刻每部分机有 5% 的概率要使用外线通话. 问总机需要多少外线才能以不低于 90% 的概率保证每部分机要使用外线时可以使用?

7. 甲、乙两个剧院在竞争 1 000 名观众，假设每名观众完全随机地选择一个剧院，且观众选择剧院是彼此独立的. 问每个剧院应设多少个座位，才能保证因缺少座位而使观众离去的概率小于 1%？

8. 在一次空战中出现 50 架轰炸机和 100 架驱逐机. 每架轰炸机受到两架驱逐机攻击，这样将空战分离为 50 个由一架轰炸机和两架驱逐机组成的小规模战役. 在每个小规模的空战中，轰炸机被打下的概率等于 0.4，两架驱逐机都被打下的概率等于 0.2，恰好打下一架驱逐机的概率等于 0.5. 求：

(1) 在空战中打下超过 34% 的轰炸机的概率；

(2) 驱逐机被打下的架数在 37 架到 54 架之间的概率.

9. 对一批产品进行抽样检查，如果发现次品多于 10 个，则认为这批产品不合格. 问应检查多少个产品，可使次品率为 10% 的一批产品不合格的概率达到 90%？

同步自测题参考答案

一、选择题

1. D.　2. C.　3. C.　4. A.　5. C.　6. D.

二、填空题

1. $\frac{3}{4}$.　　　　2. $\frac{3}{4}, \frac{8}{9}$.

3. 0.977 2. 提示：可求得 $E(X_i)=1, D(X_i)=1$，由独立同分布的中心极限定理有

$$P\left\{\sum_{i=1}^{100} X_i < 120\right\} = P\left\{\frac{\sum_{i=1}^{100} X_i - 100}{10} < 2\right\} \approx \Phi(2) = 0.977\,2.$$

4. $\frac{1}{2}$. 提示：由独立同分布的中心极限定理知，对于任意实数 x，$\lim_{n\to\infty} P\left\{\frac{\sum_{i=1}^{n} X_i - n\mu}{\sqrt{n}\sigma} \leqslant x\right\} = \Phi(x)$，这里 $\Phi(x)$ 为标准正态分布的分布函数且 $\Phi(0) = \frac{1}{2}$.

5. σ^2. 提示：依题意可知 $X_1^2, X_2^2, \cdots, X_n^2, \cdots$ 是独立同分布的随机变量序列，且 $E(X_i^2) = \sigma^2$，由辛钦大数定律可得结论为 σ^2.

6. $1 - \frac{1}{k^2}$.　　　　7. $\int_a^b \frac{1}{\sqrt{2\pi}} e^{-\frac{x^2}{2}} dx$.

三、解答题

1. 0.975.

2. $\frac{8}{9}$. 提示：$P\{5\,200 < X < 9\,400\} = P\{|X - 7\,300| < 2\,100\} \geqslant 1 - \frac{700^2}{2100^2} = \frac{8}{9}$.

3. 0.901 5. 提示：设第 i 页的错误字数为 $X_i (i = 1, 2, \cdots, 300)$，则 $E(X_i) = 0.2, D(X_i) = 0.2$，

$$P\left\{\sum_{i=1}^{300} X_i \leqslant 70\right\} \approx \Phi\left\{\frac{70-60}{\sqrt{300 \times 0.2}}\right\} \approx \Phi(1.29) = 0.901\,5.$$

4. 0.993 8.　　　　5. 0.927.

6. 14.

7. 537. 提示：设甲剧场应设 N 个座位，$X_i (i = 1, 2, \cdots, 1\,000)$ 表示第 i 名观众选择甲剧场. 设 $Y = \sum_{i=1}^{1\,000} X_i$，

则 $E(X_i)=\frac{1}{2}, D(X_i)=\frac{1}{4}$,

$$P\{Y\leqslant N\}=P\left\{\sum_{i=1}^{1\,000}X_i\leqslant N\right\}=P\left\{\frac{\sum_{i=1}^{1\,000}X_i-1\,000\times\frac{1}{2}}{\sqrt{1\,000\times\frac{1}{4}}}\leqslant\frac{N-1\,000\times\frac{1}{2}}{\sqrt{1\,000\times\frac{1}{4}}}\right\}$$

$$\approx\Phi\left(\frac{N-500}{5\sqrt{10}}\right)\geqslant 0.99.$$

查表有 $\frac{N-500}{5\sqrt{10}}\geqslant 2.33$,解得 $N\geqslant 536.8$.

8. (1) 0.807;　(2) 0.913.　　9. 147.

第六章　数理统计的基本概念

本章学习要点

(一) 理解总体、简单随机样本、统计量、样本均值、样本方差及样本矩的概念.

(二) 了解 χ^2 分布、t 分布和 F 分布的概念与性质.

(三) 了解上 α 分位点的概念,并会查表计算.

(四) 了解正态总体的常用抽样分布.

§6.1　知识点考点精要

一、基本概念

1. 总体、样本及样本的分布

研究对象的某项数量指标的全体称为**总体**,总体中的每个元素称为**个体**. 设总体 X 的分布函数为 $F(x)$,若随机变量 $X_1,X_2,\cdots,X_n$ 相互独立,且都与总体 X 具有相同的分布函数,则称 $X_1,X_2,\cdots,X_n$ 为来自总体 X 的**简单随机样本**,简称为**样本**,n 称为**样本容量**. 在对总体 X 进行具体的抽样并做观测之后,得到样本 $X_1,X_2,\cdots,X_n$ 的一组具体的观察值 $x_1,x_2,\cdots,x_n$,称为**样本值**.

(1) 若总体 X 的分布函数为 $F(x)$,$X_1,X_2,\cdots,X_n$ 是来自总体 X 的容量为 n 的样本,则样本 $X_1,X_2,\cdots,X_n$ 的联合分布函数为

$$F(x_1,x_2,\cdots,x_n)=\prod_{i=1}^{n}F(x_i).$$

(2) 若总体 X 是离散型随机变量,其分布律为 $p_i=P\{X=x_i\}(i=1,2,\cdots)$,则 $X_1,X_2,\cdots,X_n$ 的联合分布律为

$$P\{X_1=x_{j_1},X_2=x_{j_2},\cdots,X_n=x_{j_n}\}=\prod_{i=1}^{n}P\{X_i=x_{j_i}\}=\prod_{i=1}^{n}p_{j_i}.$$

(3) 若总体 X 是连续型随机变量,其概率密度为 $f(x)$,则 $X_1,X_2,\cdots,X_n$ 的联合概率密度为

$$f(x_1,x_2,\cdots,x_n)=\prod_{i=1}^{n}f(x_i).$$

2. 统计量

设 $X_1,X_2,\cdots,X_n$ 是来自总体 X 的一个样本,$x_1,x_2,\cdots,x_n$ 是样本值,$g(X_1,X_2,\cdots,X_n)$ 是 $X_1,X_2,\cdots,X_n$ 的函数. 如果 $g(X_1,X_2,\cdots,X_n)$ 中不含未知参数,则称 $g(X_1,X_2,\cdots,X_n)$ 是一个**统计量**,$g(x_1,x_2,\cdots,x_n)$ 称为 $g(X_1,X_2,\cdots,X_n)$ 的**观察值**.

3. 常用统计量

(1) 样本均值

$$\overline{X} = \frac{1}{n}\sum_{i=1}^{n} X_i.$$

(2) 样本方差

$$S^2 = \frac{1}{n-1}\sum_{i=1}^{n} (X_i - \overline{X})^2 = \frac{1}{n-1}\Big(\sum_{i=1}^{n} X_i^2 - n\overline{X}^2\Big).$$

(3) 样本标准差

$$S = \sqrt{S^2} = \sqrt{\frac{1}{n-1}\sum_{i=1}^{n}(X_i - \overline{X})^2}.$$

(4) 样本 k 阶原点矩

$$A_k = \frac{1}{n}\sum_{i=1}^{n} X_i^k, \quad k = 1,2,\cdots.$$

特别地，$A_1 = \overline{X}$.

(5) 样本 k 阶中心矩

$$B_k = \frac{1}{n}\sum_{i=1}^{n}(X_i - \overline{X})^k, \quad k = 1,2,\cdots.$$

特别地，$B_2 = \frac{n-1}{n}S^2$.

二、三个重要分布

1. χ^2 分布

1) χ^2 分布的定义

设 $X_1, X_2, \cdots, X_n$ 相互独立，且 $X_i \sim N(0,1)(i = 1,2,\cdots,n)$，则称随机变量

$$\chi^2 = X_1^2 + X_2^2 + \cdots + X_n^2$$

服从自由度为 n 的 χ^2 **分布**，记作 $\chi^2 \sim \chi^2(n)$.

2) χ^2 分布的上 α 分位点

设 $\chi^2 \sim \chi^2(n)$，对于给定的正数 $\alpha(0 < \alpha < 1)$，称满足条件

$$P\{\chi^2 > \chi_\alpha^2(n)\} = \int_{\chi_\alpha^2(n)}^{+\infty} f(x)\mathrm{d}x = \alpha$$

的点 $\chi_\alpha^2(n)$ 为 $\chi^2(n)$ 分布的**上 α 分位点**.

3) χ^2 分布的性质

(1) 若 $\chi^2 \sim \chi^2(n)$，则 $E(\chi^2) = n, D(\chi^2) = 2n$.

(2) **可加性**　若 $\chi_1^2 \sim \chi^2(n_1), \chi_2^2 \sim \chi^2(n_2)$，且 χ_1^2 与 χ_2^2 相互独立，则

$$\chi_1^2 + \chi_2^2 \sim \chi^2(n_1 + n_2).$$

(3) 若 $\chi^2 \sim \chi^2(n)$，则对于任意实数 x，有

$$\lim_{n\to\infty} P\left\{\frac{\chi^2 - n}{\sqrt{2n}} \leqslant x\right\} = \frac{1}{\sqrt{2\pi}}\int_{-\infty}^{x} \mathrm{e}^{-\frac{t^2}{2}}\mathrm{d}t.$$

2. t 分布

1) t 分布的定义

设 $X \sim N(0,1)$，$Y \sim \chi^2(n)$，且 X 与 Y 相互独立，则称随机变量 $t = \dfrac{X}{\sqrt{Y/n}}$ 服从自由度为 n 的 **t 分布**，记作 $t \sim t(n)$.

2) t 分布的上 α 分位点

设 $t \sim t(n)$，对于给定的正数 $\alpha(0 < \alpha < 1)$，称满足条件

$$P\{t > t_\alpha(n)\} = \int_{t_\alpha(n)}^{+\infty} f(x)\mathrm{d}x = \alpha$$

的点 $t_\alpha(n)$ 为 $t(n)$ 分布的**上 α 分位点**，称满足条件 $P\{|t| > t_{\alpha/2}(n)\} = \alpha$ 的点 $t_{\alpha/2}(n)$ 为 $t(n)$ 分布的**双侧 α 分位点**.

3) t 分布的性质

(1) 若 $t \sim t(n)$，则 $E(t) = 0(n > 1)$，$D(t) = \dfrac{n}{n-2}(n > 2)$.

(2) t 分布的概率密度 $f(t)$ 的图形关于 $t = 0$ 对称，即 $t_{1-\alpha}(n) = -t_\alpha(n)$.

(3) 当 n 较大时，$t_\alpha(n) \approx z_\alpha$，其中 z_α 为标准正态分布的上 α 分位点.

3. F 分布

1) F 分布的定义

设 $X \sim \chi^2(n_1)$，$Y \sim \chi^2(n_2)$，且 X 与 Y 相互独立，则称随机变量 $F = \dfrac{X/n_1}{Y/n_2}$ 服从自由度为 (n_1, n_2) 的 **F 分布**，记作 $F \sim F(n_1, n_2)$.

2) F 分布的上 α 分位点

设 $F \sim F(n_1, n_2)$，对于给定的正数 $\alpha(0 < \alpha < 1)$，称满足条件

$$P\{F > F_\alpha(n_1, n_2)\} = \int_{F_\alpha(n_1, n_2)}^{+\infty} f(x)\mathrm{d}x = \alpha$$

的点 $F_\alpha(n_1, n_2)$ 为 $F(n_1, n_2)$ 分布的**上 α 分位点**.

3) F 分布的性质

(1) 若 $F \sim F(n_1, n_2)$，则

$$E(F) = \frac{n_2}{n_2 - 2} \quad (n_2 > 2), \quad D(F) = \frac{n_2^2(2n_1 + 2n_2 - 4)}{n_1(n_2 - 2)^2(n_2 - 4)} \quad (n_2 > 4).$$

(2) 若 $F \sim F(n_1, n_2)$，则 $\dfrac{1}{F} \sim F(n_2, n_1)$.

(3) $F_{1-\alpha}(n_1, n_2) = \dfrac{1}{F_\alpha(n_2, n_1)}$.

(4) 若 $t \sim t(n)$，则 $t^2 \sim F(1, n)$.

三、抽样分布定理

1. 单个正态总体的抽样分布定理

设 $X_1, X_2, \cdots, X_n$ 为来自总体 X 的样本，n 为样本容量，$\overline{X}$，S^2，S 是相应的样本均值、样本方

差和样本标准差，那么，由它们构造的统计量的分布可用如下定理描述.

(1) 设总体 $X \sim N(\mu,\sigma^2)$，则 $\overline{X} \sim N\left(\mu,\frac{\sigma^2}{n}\right)$，即 $Z=\frac{\overline{X}-\mu}{\sigma/\sqrt{n}} \sim N(0,1)$.

(2) 设总体 $X \sim N(\mu,\sigma^2)$，则样本均值 $\overline{X}$ 与样本方差 S^2 相互独立，且

$$\frac{(n-1)S^2}{\sigma^2} \sim \chi^2(n-1).$$

(3) 设总体 $X \sim N(\mu,\sigma^2)$，则 $\frac{1}{\sigma^2}\sum_{i=1}^{n}(X_i-\mu)^2 \sim \chi^2(n)$.

(4) 设总体 $X \sim N(\mu,\sigma^2)$，则 $t=\frac{\overline{X}-\mu}{S/\sqrt{n}} \sim t(n-1)$.

评注　(1) 统计量 $\frac{1}{\sigma^2}\sum_{i=1}^{n}(X_i-\mu)^2$ 和 $\frac{(n-1)S^2}{\sigma^2}=\frac{1}{\sigma^2}\sum_{i=1}^{n}(X_i-\overline{X})^2$ 的分布在自由度上是有差别的，这是因为在 $\frac{1}{\sigma^2}\sum_{i=1}^{n}(X_i-\overline{X})^2$ 中有一个约束条件 $\overline{X}=\frac{1}{n}\sum_{i=1}^{n}X_i$，故自由度变成了 $n-1$，请读者特别注意.

(2) 对于不是正态分布的一般总体 X，如果 $E(X)=\mu, D(X)=\sigma^2, X_1,X_2,\cdots,X_n$ 是来自总体 X 的一个样本，则当 $n\to\infty$ 时，$\frac{\overline{X}-\mu}{\sigma/\sqrt{n}}$ 与 $\frac{\overline{X}-\mu}{S/\sqrt{n}}$ 均服从标准正态分布 $N(0,1)$.

2. 两个正态总体的抽样分布定理

设 $X_1,X_2,\cdots,X_{n_1}$ 是来自总体 X 的样本容量为 n_1 的样本，$Y_1,Y_2,\cdots,Y_{n_2}$ 是来自总体 Y 的样本容量为 n_2 的样本，它们的样本均值分别为 $\overline{X}$ 和 $\overline{Y}$，样本方差分别为 S_1^2 和 S_2^2，那么，由它们构造的统计量的分布可用如下定理描述.

(1) 设总体 $X \sim N(\mu_1,\sigma_1^2)$，$Y \sim N(\mu_2,\sigma_2^2)$，并设它们相互独立，则

$$Z=\frac{\overline{X}-\overline{Y}-(\mu_1-\mu_2)}{\sqrt{\sigma_1^2/n_1+\sigma_2^2/n_2}} \sim N(0,1).$$

(2) 设总体 $X \sim N(\mu_1,\sigma^2)$，$Y \sim N(\mu_2,\sigma^2)$，并设它们相互独立，则

$$t=\frac{\overline{X}-\overline{Y}-(\mu_1-\mu_2)}{S_w\sqrt{1/n_1+1/n_2}} \sim t(n_1+n_2-2) \quad \left(S_w^2=\frac{(n_1-1)S_1^2+(n_2-1)S_2^2}{n_1+n_2-2}\right).$$

(3) 设总体 $X \sim N(\mu_1,\sigma_1^2)$，$Y \sim N(\mu_2,\sigma_2^2)$，并设它们相互独立，则

$$F=\frac{n_2}{n_1}\cdot\frac{\sigma_2^2}{\sigma_1^2}\cdot\frac{\sum_{i=1}^{n_1}(X_i-\mu_1)^2}{\sum_{i=1}^{n_2}(Y_i-\mu_2)^2}=\frac{\chi_1^2/n_1}{\chi_2^2/n_2} \sim F(n_1,n_2).$$

(4) 设总体 $X \sim N(\mu_1,\sigma_1^2)$，$Y \sim N(\mu_2,\sigma_2^2)$，并设它们相互独立，则

$$F=\frac{\sigma_2^2}{\sigma_1^2}\cdot\frac{S_1^2}{S_2^2} \sim F(n_1-1,n_2-1).$$

§6.2　经典例题解析

基本题型 Ⅰ:样本分布及统计量

例 6.1　设总体 X 服从两点分布 $b(1,p)$,即 $P\{X=1\}=p,P\{X=0\}=1-p$,其中 p 是未知参数,X_1,X_2,X_3,X_4,X_5 是来自 X 的样本.

(1) 写出 X_1,X_2,X_3,X_4,X_5 的联合分布律;

(2) 指出 $X_1+X_2,\max\limits_{1\leqslant i\leqslant 5}\{X_i\},X_5+2p,(X_5-X_1)^2$ 中哪些是统计量,哪些不是统计量.

解　(1) X 的分布律可写为

$$P\{X=x\}=p^x(1-p)^{1-x}\quad(x=0,1),$$

所以 X_1,X_2,X_3,X_4,X_5 的联合分布律为

$$\prod_{i=1}^{5}P\{X_i=x_i\}=\prod_{i=1}^{5}p^{x_i}(1-p)^{1-x_i}=p^{\sum\limits_{i=1}^{5}x_i}(1-p)^{5-\sum\limits_{i=1}^{5}x_i}.$$

(2) $X_1+X_2,\max\limits_{1\leqslant i\leqslant 5}\{X_i\},(X_5-X_1)^2$ 都是统计量,而 X_5+2p 中含有未知参数 p,不是统计量.

例 6.2　设总体 X 服从参数为 λ 的指数分布,概率密度为

$$f(x)=\begin{cases}\lambda e^{-\lambda x}, & x>0,\\ 0, & x\leqslant 0,\end{cases}$$

求 $E(\overline{X}),D(\overline{X})$ 和 $E(S^2)$.

解　由已知

$$E(X_i)=\int_0^{+\infty}\lambda x e^{-\lambda x}\mathrm{d}x=\frac{1}{\lambda},$$

$$D(X_i)=\int_0^{+\infty}\left(x-\frac{1}{\lambda}\right)^2\lambda e^{-\lambda x}\mathrm{d}x=\frac{1}{\lambda^2}\quad(i=1,2,\cdots,n).$$

由于 $\overline{X}=\frac{1}{n}\sum\limits_{i=1}^{n}X_i$,所以

$$E(\overline{X})=\frac{1}{n}\sum_{i=1}^{n}E(X_i)=\frac{n}{n}\times\frac{1}{\lambda}=\frac{1}{\lambda},$$

$$D(\overline{X})=\frac{1}{n^2}D\left(\sum_{i=1}^{n}X_i\right)=\frac{1}{n^2}\sum_{i=1}^{n}D(X_i)=\frac{1}{n\lambda^2},$$

$$E(S^2)=E\left[\frac{1}{n-1}\sum_{i=1}^{n}(X_i-\overline{X})^2\right]=\frac{1}{n-1}\left[E\left(\sum_{i=1}^{n}X_i^2\right)-nE(\overline{X}^2)\right]$$

$$=\frac{1}{n-1}\left\{\sum_{i=1}^{n}\{D(X_i)+[E(X_i)]^2\}-n\{D(\overline{X})+[E(\overline{X})]^2\}\right\}$$

$$=\frac{1}{n-1}\left[\sum_{i=1}^{n}\left(\frac{1}{\lambda^2}+\frac{1}{\lambda^2}\right)-n\left(\frac{1}{n\lambda^2}+\frac{1}{\lambda^2}\right)\right]=\frac{1}{n-1}\left(\frac{2n}{\lambda^2}-\frac{1}{\lambda^2}-\frac{n}{\lambda^2}\right)=\frac{1}{\lambda^2}.$$

例 6.3　设从总体 X 中随机抽取容量为10的样本进行观测,观测数据为1,2,4,3,3,4,5,6,4,8,试计算样本均值和样本方差.

解　$\overline{x}=\frac{1}{10}\sum_{i=1}^{10}x_i=4$,

$$s^2=\frac{1}{n-1}\left(\sum_{i=1}^{n}x_i^2-n\overline{x}^2\right)=\frac{1}{n-1}\sum_{i=1}^{n}x_i^2-\frac{n}{n-1}\overline{x}^2=4.$$

基本题型 Ⅱ：χ^2 分布、t 分布和 F 分布的应用

例 6.4　设 $X_1,X_2,\cdots,X_{16}$ 是来自正态总体 $N(0,1)$ 的样本，记 $Y=\left(\sum_{i=1}^{4}X_i\right)^2+\left(\sum_{i=5}^{8}X_i\right)^2+\left(\sum_{i=9}^{12}X_i\right)^2+\left(\sum_{i=13}^{16}X_i\right)^2$，问 c 取何值时，cY 服从 χ^2 分布？

解　令 $Y_1=\sum_{i=1}^{4}X_i,Y_2=\sum_{i=5}^{8}X_i,Y_3=\sum_{i=9}^{12}X_i,Y_4=\sum_{i=13}^{16}X_i$，则

$$Y_k\sim N(0,4),\quad k=1,2,3,4,$$

从而$\frac{Y_k}{2}\sim N(0,1),k=1,2,3,4$，且它们相互独立，得

$$\frac{1}{4}Y=\frac{1}{4}(Y_1^2+Y_2^2+Y_3^2+Y_4^2)\sim\chi^2(4).$$

故取 $c=\frac{1}{4}$.

例 6.5　设 $X_1,X_2,\cdots,X_9$ 是来自正态总体 X 的样本，

$$Y_1=\frac{1}{6}(X_1+X_2+\cdots+X_6),\quad Y_2=\frac{1}{3}(X_7+X_8+X_9),$$

$$S^2=\frac{1}{2}\sum_{i=7}^{9}(X_i-Y_2)^2,\quad U=\frac{\sqrt{2}(Y_1-Y_2)}{S},$$

证明：统计量 U 服从自由度为 2 的 t 分布.

证　记 $D(X)=\sigma^2$（未知），由于 $E(Y_1)=E(Y_2)=E(X),E(Y_1-Y_2)=0,D(Y_1)=\frac{\sigma^2}{6}$，$D(Y_2)=\frac{\sigma^2}{3}$，又 Y_1 与 Y_2 相互独立，则 $D(Y_1-Y_2)=\frac{\sigma^2}{6}+\frac{\sigma^2}{3}=\frac{\sigma^2}{2}$，从而

$$Z=\frac{Y_1-Y_2}{\sqrt{\sigma^2/2}}=\frac{Y_1-Y_2}{\sigma}\sqrt{2}\sim N(0,1).$$

$S^2=\frac{1}{2}\sum_{i=7}^{9}(X_i-Y_2)^2$ 为 X_7,X_8,X_9 的样本方差，根据$\frac{(n-1)S^2}{\sigma^2}\sim\chi^2(n-1)$ 可知，$\chi^2=\frac{2S^2}{\sigma^2}$ 服从自由度为 2 的 χ^2 分布.

由于 Y_1 与 Y_2 相互独立，Y_1 与 S^2 相互独立，Y_2 与 S^2 相互独立，且 Y_1,Y_2,S^2 相互独立，因此 Y_1-Y_2 与 S^2 也相互独立，根据 t 分布的定义，有

$$U=\frac{\sqrt{2}(Y_1-Y_2)}{S}=\frac{Z}{\sqrt{\chi^2/2}}\sim t(2).$$

例 6.6　设 $X_1,X_2,\cdots,X_n,X_{n+1},\cdots,X_{n+m}$ 为来自总体 $X\sim N(0,\sigma^2)$ 的样本，求：

(1) a 与 b 的值,使 $a\left(\sum_{i=1}^{n}X_i\right)^2+b\left(\sum_{i=n+1}^{n+m}X_i\right)^2$ 服从 χ^2 分布;

(2) c 的值,使 $c\sum_{i=1}^{n}X_i\Big/\sqrt{\sum_{i=n+1}^{n+m}X_i^2}$ 服从 t 分布;

(3) d 的值,使 $c\sum_{i=1}^{n}X_i^2\Big/\sum_{i=n+1}^{n+m}X_i^2$ 服从 F 分布.

解　(1) 由 $\sum_{i=1}^{n}X_i\sim N(0,n\sigma^2)$,得 $\dfrac{\sum_{i=1}^{n}X_i}{\sigma\sqrt{n}}\sim N(0,1)$,从而

$$\frac{1}{n\sigma^2}\left(\sum_{i=1}^{n}X_i\right)^2\sim\chi^2(1).$$

同理可得

$$\frac{1}{m\sigma^2}\left(\sum_{i=n+1}^{n+m}X_i\right)^2\sim\chi^2(1).$$

又因 $\left(\sum_{i=1}^{n}X_i\right)^2$ 与 $\left(\sum_{i=n+1}^{n+m}X_i\right)^2$ 相互独立,故

$$\frac{1}{n\sigma^2}\left(\sum_{i=1}^{n}X_i\right)^2+\frac{1}{m\sigma^2}\left(\sum_{i=n+1}^{n+m}X_i\right)^2\sim\chi^2(2),$$

从而 $a=\dfrac{1}{n\sigma^2},b=\dfrac{1}{m\sigma^2}$.

(2) 因为 $\dfrac{\sum_{i=1}^{n}X_i}{\sigma\sqrt{n}}\sim N(0,1)$, $\sum_{i=n+1}^{n+m}\left(\dfrac{X_i}{\sigma}\right)^2\sim\chi^2(m)$,且 $\dfrac{\sum_{i=1}^{n}X_i}{\sigma\sqrt{n}}$ 与 $\sum_{i=n+1}^{n+m}\left(\dfrac{X_i}{\sigma}\right)^2$ 相互独立,所以由 t 分布的定义知

$$\frac{\sum_{i=1}^{n}X_i}{\sigma\sqrt{n}}\Bigg/\sqrt{\sum_{i=n+1}^{n+m}X_i^2\times\frac{1}{m\sigma^2}}=\sqrt{\frac{m}{n}}\sum_{i=1}^{n}X_i\Bigg/\sqrt{\sum_{i=n+1}^{n+m}X_i^2}\sim t(m),$$

从而 $c=\sqrt{\dfrac{m}{n}}$.

(3) 因为 $\dfrac{1}{\sigma^2}\sum_{i=1}^{n}X_i^2\sim\chi^2(n)$, $\dfrac{1}{\sigma^2}\sum_{i=n+1}^{n+m}X_i^2\sim\chi^2(m)$,且 $\dfrac{1}{\sigma^2}\sum_{i=1}^{n}X_i^2$ 与 $\dfrac{1}{\sigma^2}\sum_{i=n+1}^{n+m}X_i^2$ 相互独立,所以由 F 分布的定义知

$$\frac{1}{n\sigma^2}\sum_{i=1}^{n}X_i^2\Bigg/\left(\frac{1}{m\sigma^2}\sum_{i=n+1}^{n+m}X_i^2\right)=\frac{m}{n}\sum_{i=1}^{n}X_i^2\Bigg/\sum_{i=n+1}^{n+m}X_i^2\sim F(n,m),$$

从而 $d=\dfrac{m}{n}$.

例 6.7　设 $t\sim t(n)$,问 t^2 服从什么分布?

解　当 $X\sim N(0,1),Y\sim\chi^2(n)$,且 X 与 Y 相互独立时,

$$t=\frac{X}{\sqrt{Y/n}}\sim t(n).$$

而 $t^2=\dfrac{X^2}{Y/n}$,又 $X^2\sim\chi^2(1)$,且 X^2 与 Y 相互独立,因此

$$t^2=\frac{X^2}{Y/n}=\frac{X^2/1}{Y/n}\sim F(1,n),$$

即 t^2 服从自由度为$(1,n)$的 F 分布.

基本题型 Ⅲ:抽样分布定理

例 6.8 设总体 X 服从正态分布 $N(\mu,0.3^2)$,$X_1,X_2,\cdots,X_n$ 是来自总体 X 的一个样本,问 n 至少取多大才能使 $P\{|\overline{X}-\mu|\geqslant 0.1\}\leqslant 0.05$?

解 由 $X\sim N(\mu,0.3^2)$ 知 $\overline{X}\sim N\left(\mu,\dfrac{0.3^2}{n}\right)$. 又

$$P\{|\overline{X}-\mu|<0.1\}\geqslant 0.95,$$

而

$$P\{|\overline{X}-\mu|<0.1\}=P\left\{\left|\frac{\overline{X}-\mu}{0.3/\sqrt{n}}\right|<\frac{0.1}{0.3/\sqrt{n}}\right\}\approx 2\Phi\left(\frac{\sqrt{n}}{3}\right)-1,$$

要求 $2\Phi\left(\dfrac{\sqrt{n}}{3}\right)-1\geqslant 0.95$,查表有$\dfrac{\sqrt{n}}{3}\geqslant 1.96$,解得 $n\geqslant 34.5744$,所以 n 至少取 35.

例 6.9 设总体 $X\sim N(\mu,\sigma^2)$,已知样本容量 $n=24$,样本方差 $s^2=12.5227$,求总体标准差大于 3 的概率.

解 由$\dfrac{(n-1)S^2}{\sigma^2}\sim\chi^2(n-1)$,得 $\chi^2=\dfrac{23S^2}{\sigma^2}\sim\chi^2(23)$,所以

$$\begin{aligned}P\{\sigma>3\}&=P\left\{\frac{1}{\sigma^2}<\frac{1}{9}\right\}=P\left\{\frac{23S^2}{\sigma^2}<\frac{23\times 12.5227}{9}\right\}\\&\approx P\{\chi^2<32\}=1-P\{\chi^2\geqslant 32\}.\end{aligned}$$

查表得 $P\{\sigma>3\}=1-0.1=0.9$.

例 6.10 设总体 $X\sim N(\mu,\sigma^2)$,μ 与 σ^2 皆未知,已知样本容量 $n=16$,样本均值 $\overline{x}=12.5$,样本方差 $s^2=5.333$,求 $P\{|\overline{X}-\mu|<0.4\}$.

解 由于 σ 未知,需用到 t 统计量

$$t=\frac{\overline{X}-\mu}{S/\sqrt{n}}\sim t(n-1),$$

其中 S 为样本标准差. 现 $n=16$,$s=2.309$,则

$$t=\frac{\overline{X}-\mu}{0.5773}\sim t(15),$$

从而

$$\begin{aligned}P\{|\overline{X}-\mu|<0.4\}&\approx P\left\{\left|\frac{\overline{X}-\mu}{0.5773}\right|<0.693\right\}=P\{|t|<0.693\}\\&=P\{-0.693<t<0.693\}=1-P\{t\geqslant 0.693\}-P\{t\leqslant -0.693\}.\end{aligned}$$

由于 t 分布关于原点对称,故

$$P\{t\geqslant 0.693\}=P\{t\leqslant -0.693\},$$

则 $P\{|\overline{X}-\mu|<0.4\}=1-2P\{t\geqslant 0.693\}$. 查表有 $P\{t\geqslant 0.693\}=0.25$,因此

$$P\{|\overline{X}-\mu|<0.4\}=1-2\times 0.25=0.5.$$

例 6.11 设 $X_1,X_2,\cdots,X_n$ 是来自正态总体 $N(\mu,\sigma^2)$ 的样本,$\overline{X}$ 是样本均值,记

$$S_1^2=\frac{1}{n-1}\sum_{i=1}^{n}(X_i-\overline{X})^2,\quad S_2^2=\frac{1}{n}\sum_{i=1}^{n}(X_i-\overline{X})^2,$$

$$S_3^2=\frac{1}{n-1}\sum_{i=1}^{n}(X_i-\mu)^2,\quad S_4^2=\frac{1}{n}\sum_{i=1}^{n}(X_i-\mu)^2,$$

则下列统计量中服从自由度为 $n-1$ 的 t 分布的是(　　).

(A) $t=\dfrac{\overline{X}-\mu}{S_1/\sqrt{n-1}}$　　(B) $t=\dfrac{\overline{X}-\mu}{S_2/\sqrt{n-1}}$

(C) $t=\dfrac{\overline{X}-\mu}{S_3/\sqrt{n}}$　　(D) $t=\dfrac{\overline{X}-\mu}{S_4/\sqrt{n}}$

解　由抽样分布和 t 分布的关系,有

$$\frac{\overline{X}-\mu}{\sigma/\sqrt{n}}\sim N(0,1),\quad \frac{\sum_{i=1}^{n}(X_i-\overline{X})^2}{\sigma^2}\sim\chi^2(n-1),\quad \frac{(\overline{X}-\mu)\sqrt{n}}{\sqrt{\frac{1}{n-1}\sum_{i=1}^{n}(X_i-\overline{X})^2}}\sim t(n-1),$$

即

$$\frac{\overline{X}-\mu}{\sqrt{\frac{1}{n(n-1)}\sum_{i=1}^{n}(X_i-\overline{X})^2}}=\frac{\overline{X}-\mu}{S_2/\sqrt{n-1}}\sim t(n-1).$$

故选(B).

例 6.12 设 $X_1,X_2,\cdots,X_n$ 和 $Y_1,Y_2,\cdots,Y_n$ 是分别来自正态总体 $X\sim N(\mu_1,\sigma^2)$ 和 $Y\sim N(\mu_2,\sigma^2)$ 的样本,且这两个样本相互独立,问以下统计量服从什么分布?

(1) $\dfrac{(n-1)(S_1^2+S_2^2)}{\sigma^2}$;　　(2) $\dfrac{n[(\overline{X}-\overline{Y})-(\mu_1-\mu_2)]^2}{S_1^2+S_2^2}$.

解　(1) 由 $\dfrac{(n-1)S_1^2}{\sigma^2}\sim\chi^2(n-1)$,$\dfrac{(n-1)S_2^2}{\sigma^2}\sim\chi^2(n-1)$,有

$$\frac{(n-1)(S_1^2+S_2^2)}{\sigma^2}\sim\chi^2(2n-2).$$

(2) $\overline{X}-\overline{Y}\sim N\left(\mu_1-\mu_2,\dfrac{2\sigma^2}{n}\right)$,标准化后为 $\dfrac{(\overline{X}-\overline{Y})-(\mu_1-\mu_2)}{\sigma\sqrt{2/n}}\sim N(0,1)$,故有

$$\frac{[(\overline{X}-\overline{Y})-(\mu_1-\mu_2)]^2}{(\sigma\sqrt{2/n})^2}\sim\chi^2(1).$$

又有

$$\frac{(n-1)(S_1^2+S_2^2)}{\sigma^2}\sim\chi^2(2n-2),$$

由 F 分布的定义得

$$\frac{\dfrac{[(\overline{X}-\overline{Y})-(\mu_1-\mu_2)]^2}{\dfrac{2\sigma^2}{n}}\Big/1}{\dfrac{(n-1)(S_1^2+S_2^2)}{\sigma^2}\Big/(2n-2)}=\frac{n[(\overline{X}-\overline{Y})-(\mu_1-\mu_2)]^2}{S_1^2+S_2^2}\sim F(1,2n-2).$$

例 6.13 设总体 $X\sim N(\mu_1,\sigma_1^2)$，$Y\sim N(\mu_2,\sigma_2^2)$，从两个总体中分别抽样，得到如下结果：$n_1=11$，$s_1^2=8.27$，$n_2=8$，$s_2^2=4.89$，求 $P\{\sigma_1^2>\sigma_2^2\}$.

解 由于 $X\sim N(\mu_1,\sigma_1^2)$，$Y\sim N(\mu_2,\sigma_2^2)$，因此

$$\frac{S_1^2/\sigma_1^2}{S_2^2/\sigma_2^2}\sim F(10,7),$$

从而

$$P\{\sigma_1^2>\sigma_2^2\}=P\left\{\frac{\sigma_1^2}{\sigma_2^2}>1\right\}=P\left\{\frac{S_1^2/\sigma_1^2}{S_2^2/\sigma_2^2}<\frac{s_1^2}{s_2^2}\right\}\approx P\{F(10,7)<1.6912\}=0.75.$$

§6.3　历年考研真题评析

1. 设 $X_1,X_2,\cdots,X_n$ 是来自二项分布 $b(n,p)$ 的样本，$\overline{X}$ 和 S^2 分别为样本均值和样本方差，记统计量 $T=\overline{X}-S^2$，则 $E(T)=$ ________.

解 $E(T)=E(\overline{X}-S^2)=E(\overline{X})-E(S^2)=np-np(1-p)=np^2$.

2. 设 $X_1,X_2,\cdots,X_n$ 是来自总体 $N(\mu,\sigma^2)(\sigma>0)$ 的样本，记统计量 $T=\frac{1}{n}\sum_{i=1}^{n}X_i^2$，则 $E(T)=$ ________.

解 因 $X_1,X_2,\cdots,X_n$ 独立同分布，且 $X_i\sim N(\mu,\sigma^2)(i=1,2,\cdots,n)$，故

$$E(X_i)=\mu,\quad D(X_i)=\sigma^2,\quad E(X_i^2)=D(X_i)+[E(X_i)]^2=\sigma^2+\mu^2.$$

因此

$$E(T)=E\left(\frac{1}{n}\sum_{i=1}^{n}X_i^2\right)=\frac{1}{n}E\left(\sum_{i=1}^{n}X_i^2\right)=\frac{1}{n}\sum_{i=1}^{n}(\sigma^2+\mu^2)=\sigma^2+\mu^2.$$

3. 设总体 $X\sim b(m,\theta)$，$X_1,X_2,\cdots,X_n$ 为来自该总体的样本，$\overline{X}$ 为样本均值，则 $E\left[\sum_{i=1}^{n}(X_i-\overline{X})^2\right]=(\quad)$.

(A) $(m-1)n\theta(1-\theta)$　　(B) $m(n-1)\theta(1-\theta)$

(C) $(m-1)(n-1)\theta(1-\theta)$　　(D) $mn\theta(1-\theta)$

解 根据样本方差 $S^2=\frac{1}{n-1}\sum_{i=1}^{n}(X_i-\overline{X})^2$ 的性质 $E(S^2)=D(X)$，而 $D(X)=m\theta(1-\theta)$，从而

$$E\left[\sum_{i=1}^{n}(X_i-\overline{X})^2\right]=(n-1)E(S^2)=m(n-1)\theta(1-\theta).$$

故选(B).

4. 设随机变量 $X \sim t(n)(n>1)$，$Y=\dfrac{1}{X^2}$，则（　　）.

(A) $Y \sim \chi^2(n)$　　(B) $Y \sim \chi^2(n-1)$　　(C) $Y \sim F(n,1)$　　(D) $Y \sim F(1,n)$

解　由题设知 $X=\dfrac{Z}{\sqrt{V/n}}$，其中 $Z \sim N(0,1)$，$V \sim \chi^2(n)$，于是 $Y=\dfrac{1}{X^2}=\dfrac{V/n}{Z^2}=\dfrac{V/n}{Z^2/1}$，这里 $Z^2 \sim \chi^2(1)$. 由 F 分布的定义知 $Y=\dfrac{1}{X^2} \sim F(n,1)$，故选(C).

5. 设 $X_1,X_2,\cdots,X_n(n\geqslant 2)$ 为来自总体 $N(0,1)$ 的样本，$\overline{X}$ 为样本均值，S^2 为样本方差，则（　　）.

(A) $n\overline{X} \sim N(0,1)$　　(B) $nS^2 \sim \chi^2(n)$

(C) $\dfrac{(n-1)\overline{X}}{S} \sim t(n-1)$　　(D) $\dfrac{(n-1)X_1^2}{\sum\limits_{i=2}^{n}X_i^2} \sim F(1,n-1)$

解　由抽样分布定理知 $\dfrac{\overline{X}}{1/\sqrt{n}}=\sqrt{n}\,\overline{X} \sim N(0,1)$，可排除选项(A)；$\dfrac{\overline{X}}{S/\sqrt{n}}=\dfrac{\sqrt{n}\,\overline{X}}{S} \sim t(n-1)$，可排除选项(C)；$\dfrac{(n-1)S^2}{1^2}=(n-1)S^2 \sim \chi^2(n-1)$，可排除选项(B)；因为 $X_1^2 \sim \chi^2(1)$，$\sum\limits_{i=2}^{n}X_i^2 \sim \chi^2(n-1)$，且 X_1^2 与 $\sum\limits_{i=2}^{n}X_i^2$ 相互独立，于是 $\dfrac{X_1^2/1}{\sum\limits_{i=2}^{n}X_i^2\Big/(n-1)}=\dfrac{(n-1)X_1^2}{\sum\limits_{i=2}^{n}X_i^2}=F(1,n-1)$，故选(D).

6. 设随机变量 $X \sim t(n)$，$Y \sim F(1,n)$，给定 $a(0<a<0.5)$，常数 c 满足 $P\{X>c\}=a$，则 $P\{Y>c^2\}=$（　　）.

(A) a　　(B) $1-a$　　(C) $2a$　　(D) $1-2a$

解　由 $X \sim t(n)$，$Y \sim F(1,n)$，得 Y 与 X^2 同分布，于是

$$P\{Y>c^2\}=P\{X^2>c^2\}=P\{X<-c \text{ 或 } X>c\}=2a.$$

故选(C).

7. 设 X_1,X_2,X_3 为来自正态总体 $N(0,\sigma^2)$ 的样本，则统计量 $\dfrac{X_1-X_2}{\sqrt{2}\,|X_3|}$ 服从的分布为（　　）.

(A) $F(1,1)$　　(B) $F(2,1)$　　(C) $t(1)$　　(D) $t(2)$

解　$X_1-X_2 \sim N(0,2\sigma^2)$，则

$$Y_1=\frac{X_1-X_2}{\sqrt{2}\sigma} \sim N(0,1),\quad Y_2=\frac{X_3}{\sigma} \sim N(0,1),$$

即

$$Z=\frac{X_1-X_2}{\sqrt{2}\,|X_3|}=\frac{X_1-X_2}{\sqrt{2}\sigma}\Bigg/\sqrt{\frac{X_3^2}{\sigma^2}}=\frac{Y_1}{\sqrt{Y_2^2/1}} \sim t(1).$$

故选(C).

8. 设 $X_1,X_2,\cdots,X_n(n\geqslant 2)$ 为来自正态总体 $N(\mu,1)$ 的样本，$\overline{X}=\dfrac{1}{n}\sum\limits_{i=1}^{n}X_i$，则下列结论中

不正确的是(　　).

(A) $\sum_{i=1}^{n}(X_i-\mu)^2$ 服从 χ^2 分布　　(B) $2(X_n-X_1)^2$ 服从 χ^2 分布

(C) $\sum_{i=1}^{n}(X_i-\overline{X})^2$ 服从 χ^2 分布　　(D) $n(\overline{X}-\mu)^2$ 服从 χ^2 分布

解　显然 $X_i-\mu \sim N(0,1)$,且 $X_i-\mu$ 相互独立,即 $(X_i-\mu)^2 \sim \chi^2(1)$, $i=1,2,\cdots,n$,则 $\sum_{i=1}^{n}(X_i-\mu)^2$ 服从 $\chi^2(n)$ 分布,所以选项(A) 是正确的.

$\sum_{i=1}^{n}(X_i-\overline{X})^2=(n-1)S^2=\frac{(n-1)S^2}{\sigma^2}\sim\chi^2(n-1)$,所以选项(C) 也是正确的.

注意 $\overline{X}\sim N\left(\mu,\frac{1}{n}\right)$,即 $\sqrt{n}(\overline{X}-\mu)\sim N(0,1)$,则 $n(\overline{X}-\mu)^2\sim\chi^2(1)$,所以选项(D) 也是正确的.

对于选项(B),$X_n-X_1\sim N(0,2)$,则 $\frac{X_n-X_1}{\sqrt{2}}\sim N(0,1)$,即 $\frac{1}{2}(X_n-X_1)^2\sim\chi^2(1)$,所以选项(B) 是错误的. 故选(B).

§6.4　教材习题详解

1. 设总体 $X\sim N(60,15^2)$,从总体 X 中抽取一个容量为100的样本,求样本均值与总体均值之差的绝对值大于3的概率.

解　由已知 $\mu=60,\sigma^2=15^2,n=100$,则

$$Z=\frac{\overline{X}-\mu}{\sigma/\sqrt{n}}\sim N(0,1),$$

即

$$Z=\frac{\overline{X}-60}{15/10}\sim N(0,1).$$

于是

$$P\{|\overline{X}-60|>3\}=P\{|Z|>2\}=1-P\{|Z|\leqslant 2\}$$
$$=2[1-\Phi(2)]=2(1-0.977\,2)=0.045\,6.$$

2. 从正态总体 $X\sim N(4.2,5^2)$ 中抽取容量为 n 的样本,若要求其样本均值位于区间(2.2,6.2)内的概率不小于0.95,则样本容量 n 至少取多大?

解　取样本 $X_1,X_2,\cdots,X_n$,且 $X_i\sim N(4.2,5^2)(i=1,2,\cdots,n)$,则样本均值的期望和方差分别为

$$E(\overline{X})=4.2,\quad D(\overline{X})=\frac{5^2}{n},$$

那么

$$P\{2.2<\overline{X}<6.2\}=P\left\{\frac{2.2-4.2}{\sqrt{5^2/n}}<\frac{\overline{X}-4.2}{\sqrt{5^2/n}}<\frac{6.2-4.2}{\sqrt{5^2/n}}\right\}=P\left\{-\frac{2}{5}\sqrt{n}<\frac{\overline{X}-4.2}{\sqrt{5^2/n}}<\frac{2}{5}\sqrt{n}\right\}$$
$$=2\Phi\left(\frac{2}{5}\sqrt{n}\right)-1\geqslant 0.95,$$

则 $\Phi\left(\frac{2}{5}\sqrt{n}\right)\geqslant 0.975$. 查表有 $\frac{2}{5}\sqrt{n}\geqslant 1.96$,即 $n\geqslant 24.01$,所以 n 至少应取25.

3. 设某厂生产的灯泡的使用寿命 $X \sim N(1\,000,\sigma^2)$（单位：h），随机抽取一容量为 9 的样本，并测得样本均值及样本方差. 但是由于工作上的失误，事后失去了此试验的结果，只记得样本方差为 $s^2 = 100^2$，试求 $P\{\overline{X} > 1\,062\}$.

解　由已知 $\mu = 1\,000, n = 9, s^2 = 100^2$，则

$$t = \frac{\overline{X} - \mu}{S/\sqrt{n}} = \frac{\overline{X} - 1\,000}{100/3} \sim t(8),$$

那么

$$P\{\overline{X} > 1\,062\} = P\left\{\frac{\overline{X} - 1\,000}{100/3} > \frac{1\,062 - 1\,000}{100/3}\right\} = P\left\{t > \frac{1\,062 - 1\,000}{100/3}\right\}$$
$$= P\{t > 1.86\} = 0.05.$$

4. 从一正态总体 X 中抽取容量为10的样本，假定有 2% 的样本均值与总体均值之差的绝对值在 4 以上，求总体的标准差.

解　不妨假设 $E(X) = \mu, D(X) = \sigma^2$，那么 $Z = \dfrac{\overline{X} - \mu}{\sigma/\sqrt{n}} \sim N(0,1)$. 由 $P\{|\overline{X} - \mu| > 4\} = 0.02$，得

$$P\left\{\frac{|\overline{X} - \mu|}{\sigma/\sqrt{10}} > \frac{4}{\sigma/\sqrt{10}}\right\} = 0.02,$$

即

$$2\left[1 - \Phi\left(\frac{4\sqrt{10}}{\sigma}\right)\right] = 0.02, \quad 故 \quad \Phi\left(\frac{4\sqrt{10}}{\sigma}\right) = 0.99.$$

查表有 $\dfrac{4\sqrt{10}}{\sigma} = 2.33$，所以 $\sigma = \dfrac{4\sqrt{10}}{2.33} \approx 5.43$.

5. 设总体 $X \sim N(\mu,16)$，$X_1, X_2, \cdots, X_{10}$ 是来自总体 X 的一个容量为 10 的样本，S^2 为其样本方差，且 $P\{S^2 > a\} = 0.1$，求 a 的值.

解　由 $\dfrac{(n-1)S^2}{\sigma^2} \sim \chi^2(n-1)$ 知 $\chi^2 = \dfrac{9S^2}{16} \sim \chi^2(9)$，即

$$P\{S^2 > a\} = P\left\{\chi^2 > \frac{9a}{16}\right\} = 0.1.$$

查表有 $\dfrac{9a}{16} = 14.684$，则 $a = \dfrac{14.684 \times 16}{9} \approx 26.105$.

6. 设总体 X 服从标准正态分布，$X_1, X_2, \cdots, X_n$ 是来自总体 X 的一个样本，试问统计量

$$Y = \frac{\left(\frac{n}{5} - 1\right)\sum\limits_{i=1}^{5} X_i^2}{\sum\limits_{i=6}^{n} X_i^2}, \quad n > 5$$

服从何种分布？

解　$\chi_1^2 = \sum\limits_{i=1}^{5} X_i^2 \sim \chi^2(5), \chi_2^2 = \sum\limits_{i=6}^{n} X_i^2 \sim \chi^2(n-5)$，且 χ_1^2 与 χ_2^2 相互独立，所以

$$Y = \frac{\chi_1^2/5}{\chi_2^2/(n-5)} \sim F(5, n-5).$$

7. 求来自总体 $X \sim N(20,3)$ 的容量分别为 10，15 的两个独立样本平均值差的绝对值大于 0.3 的概率.

解　设 $\overline{X}$ 是容量为 10 的样本均值，$\overline{Y}$ 是容量为 15 的样本均值，

$$\overline{X} \sim N\left(20, \frac{3}{10}\right), \quad \overline{Y} \sim N\left(20, \frac{3}{15}\right),$$

且 $\overline{X}$ 与 $\overline{Y}$ 相互独立，则

$$\overline{X}-\overline{Y}\sim N\left(0,\frac{3}{10}+\frac{3}{15}\right)=N(0,0.5).$$

又 $Z=\dfrac{\overline{X}-\overline{Y}}{\sqrt{0.5}}\sim N(0,1)$，于是

$$P\{|\overline{X}-\overline{Y}|>0.3\}=P\left\{|Z|>\frac{0.3}{\sqrt{0.5}}\right\}\approx 2[1-\Phi(0.42)]$$
$$=2(1-0.6628)=0.6744.$$

8. 设总体 $X\sim N(0,\sigma^2)$，$X_1,X_2,\cdots,X_{15}$ 为来自总体的一个样本，则 $Y=\dfrac{X_1^2+X_2^2+\cdots+X_{10}^2}{2(X_{11}^2+X_{12}^2+X_{13}^2+X_{14}^2+X_{15}^2)}$ 服从________分布，参数为________.

解　由已知 $\dfrac{X_i}{\sigma}\sim N(0,1)$，$i=1,2,\cdots,15$，那么

$$\chi_1^2=\sum_{i=1}^{10}\left(\frac{X_i}{\sigma}\right)^2\sim\chi^2(10),\quad \chi_2^2=\sum_{i=11}^{15}\left(\frac{X_i}{\sigma}\right)^2\sim\chi^2(5),$$

且 χ_1^2 与 χ_2^2 相互独立，所以

$$Y=\frac{X_1^2+X_2^2+\cdots+X_{10}^2}{2(X_{11}^2+X_{12}^2+X_{13}^2+X_{14}^2+X_{15}^2)}=\frac{\chi_1^2/10}{\chi_2^2/5}\sim F(10,5).$$

9. 设总体 $X\sim N(\mu_1,\sigma^2)$，总体 $Y\sim N(\mu_2,\sigma^2)$，$X_1,X_2,\cdots,X_{n_1}$ 和 $Y_1,Y_2,\cdots,Y_{n_2}$ 分别是来自总体 X 和 Y 的样本，则 $E\left[\dfrac{\sum\limits_{i=1}^{n_1}(X_i-\overline{X})^2+\sum\limits_{j=1}^{n_2}(Y_j-\overline{Y})^2}{n_1+n_2-2}\right]=$________.

解　令 $S_1^2=\dfrac{1}{n_1-1}\sum\limits_{i=1}^{n_1}(X_i-\overline{X})^2$，$S_2^2=\dfrac{1}{n_2-1}\sum\limits_{j=1}^{n_2}(Y_j-\overline{Y})$，则

$$\sum_{i=1}^{n_1}(X_i-\overline{X})^2=(n_1-1)S_1^2,\quad \sum_{j=1}^{n_2}(Y_j-\overline{Y})^2=(n_2-1)S_2^2.$$

又 $\chi_1^2=\dfrac{(n_1-1)S_1^2}{\sigma^2}\sim\chi^2(n_1-1)$，$\chi_2^2=\dfrac{(n_2-1)S_2^2}{\sigma^2}\sim\chi^2(n_2-1)$，那么

$$E\left[\frac{\sum\limits_{i=1}^{n_1}(X_i-\overline{X})^2+\sum\limits_{j=1}^{n_2}(Y_j-\overline{Y})^2}{n_1+n_2-2}\right]=\frac{1}{n_1+n_2-2}E(\sigma^2\chi_1^2+\sigma^2\chi_2^2)$$
$$=\frac{\sigma^2}{n_1+n_2-2}[E(\chi_1^2)+E(\chi_2^2)]$$
$$=\frac{\sigma^2}{n_1+n_2-2}[(n_1-1)+(n_2-1)]=\sigma^2.$$

10. 设总体 $X\sim N(\mu,\sigma^2)$，$X_1,X_2,\cdots,X_{2n}(n\geqslant 2)$ 是来自总体 X 的一个样本，$\overline{X}=\dfrac{1}{2n}\sum\limits_{i=1}^{2n}X_i$，令 $Y=\sum\limits_{i=1}^{n}(X_i+X_{n+i}-2\overline{X})^2$，求 $E(Y)$.

解　**法一**　设 $Z_i=\dfrac{X_i+X_{n+i}}{2}$，$i=1,2,\cdots,n$，则 $Z_i\sim N\left(\mu,\dfrac{\sigma^2}{2}\right)$，且 $Z_1,Z_2,\cdots,Z_n$ 相互独立. 于是

$$\overline{Z}=\frac{1}{n}\sum_{i=1}^{n}Z_i,\quad S^2=\frac{1}{n-1}\sum_{i=1}^{n}(Z_i-\overline{Z})^2,\quad E(S^2)=\frac{\sigma^2}{2},$$

$$Y=\sum_{i=1}^{n}(X_i+X_{n+i}-2\overline{X})^2=4\sum_{i=1}^{n}(Z_i-\overline{Z})^2=4(n-1)\cdot\frac{1}{n-1}\sum_{i=1}^{n}(Z_i-\overline{Z})^2=4(n-1)S^2,$$

所以

$$E(Y)=4(n-1)E(S^2)=4(n-1)\cdot\frac{\sigma^2}{2}=2(n-1)\sigma^2.$$

法二 记 $\overline{X}_1=\frac{1}{n}\sum_{i=1}^{n}X_i,\overline{X}_2=\frac{1}{n}\sum_{i=1}^{n}X_{n+i}$，则有 $2\overline{X}=\overline{X}_1+\overline{X}_2$. 因此

$$\begin{aligned}E(Y)&=E\Big[\sum_{i=1}^{n}(X_i+X_{n+i}-2\overline{X})^2\Big]=E\Big\{\sum_{i=1}^{n}\big[(X_i-\overline{X}_1)+(X_{n+i}-\overline{X}_2)\big]^2\Big\}\\&=E\Big\{\sum_{i=1}^{n}\big[(X_i-\overline{X}_1)^2+2(X_i-\overline{X}_1)(X_{n+i}-\overline{X}_2)+(X_{n+i}-\overline{X}_2)^2\big]\Big\}\\&=E\Big[\sum_{i=1}^{n}(X_i-\overline{X}_1)^2\Big]+0+E\Big[\sum_{i=1}^{n}(X_{n+i}-\overline{X}_2)^2\Big]=(n-1)\sigma^2+(n-1)\sigma^2\\&=2(n-1)\sigma^2.\end{aligned}$$

11. 设总体 X 的概率密度为 $f(x)=\frac{1}{2}e^{-|x|}(-\infty<x<+\infty)$，$X_1,X_2,\cdots,X_n$ 为来自总体 X 的样本，其样本方差为 S^2，求 $E(S^2)$.

解 由题意得 $f(x)=\begin{cases}\frac{1}{2}e^{x}, & x<0,\\ \frac{1}{2}e^{-x}, & x\geqslant 0.\end{cases}$ 而

$$E(S^2)=D(X)=E(X^2)-[E(X)]^2,$$

于是

$$E(X)=\int_{-\infty}^{+\infty}xf(x)dx=\frac{1}{2}\int_{-\infty}^{+\infty}xe^{-|x|}dx=0,$$

$$E(X^2)=\int_{-\infty}^{+\infty}x^2f(x)dx=\frac{1}{2}\int_{-\infty}^{+\infty}x^2e^{-|x|}dx=\int_{0}^{+\infty}x^2e^{-x}dx=2,$$

所以 $E(S^2)=2$.

§6.5 同步自测题及参考答案

同步自测题

一、选择题

1. 设 X_1,X_2 是来自总体 X 的样本，a 是未知参数，则下列选项中为统计量的是(　　).

(A) X_1+aX_2　　(B) aX_1X_2

(C) $X_1^2+X_2^2$　　(D) $\sum_{i=1}^{2}(X_i-a)^2$

2. 设 $X_1,X_2,\cdots,X_n$ 是来自总体 $X\sim N(\mu,\sigma^2)$ 的样本，μ 是未知参数，则下列选项中为统计量的是(　　).

(A) $\max\{X_i\}$　　(B) $\sum_{i=1}^{n}(X_i-\mu)^2$

(C) $\overline{X}-\mu$　　(D) $(\overline{X}-\mu)^2+\sigma^2$

3. 设 $X_1,X_2,\cdots,X_6$ 是来自总体 $X\sim N(\mu,\sigma^2)$ 的样本，$S^2=\frac{1}{5}\sum_{i=1}^{6}(X_i-\overline{X})^2$，则 $D(S^2)=$

(　　).

(A) $\frac{1}{3}\sigma^4$　　(B) $\frac{2}{5}\sigma^4$　　(C) $\frac{1}{5}\sigma^4$　　(D) $\frac{2}{5}\sigma^2$

4. 设总体 $X \sim N(1,2^2)$，$X_1,X_2,\cdots,X_n$ 是来自总体 X 的样本，则(　　).

(A) $\frac{\overline{X}-1}{2} \sim N(0,1)$　　(B) $\frac{\overline{X}-1}{4} \sim N(0,1)$

(C) $\frac{\overline{X}-1}{2/\sqrt{n}} \sim N(0,1)$　　(D) $\frac{\overline{X}-1}{\sqrt{2}} \sim N(0,1)$

5. 设总体 X 服从正态分布，且 $E(X)=-1$，$E(X^2)=4$，$X_1,X_2,\cdots,X_n$ 是来自总体 X 的样本，则 $\overline{X}=\frac{1}{n}\sum_{i=1}^{n}X_i$ 服从的分布为(　　).

(A) $N\left(-1,\frac{3}{n}\right)$　　(B) $N\left(-1,\frac{4}{n}\right)$

(C) $N\left(-\frac{1}{n},4\right)$　　(D) $N\left(-\frac{1}{n},\frac{3}{n}\right)$

6. 设随机变量 $X \sim N(\mu,\sigma^2)$，$Y \sim \chi^2(n)$，且 X 与 Y 相互独立，则 $T=\frac{X-\mu}{\sigma\sqrt{Y}}\sqrt{n}$ 服从(　　).

(A) $t(n-1)$ 分布　　(B) $t(n)$ 分布

(C) $N(0,1)$ 分布　　(D) $F(1,n)$ 分布

7. 设 $X_1,X_2,\cdots,X_n$ 是来自总体 $X \sim N(0,1)$ 的样本，$\overline{X}$ 是样本均值，则(　　).

(A) $\overline{X} \sim N(0,1)$　　(B) $n\overline{X} \sim N(0,1)$

(C) $\sum_{i=1}^{n}X_i^2 \sim \chi^2(n)$　　(D) $\overline{X} \sim t(n-1)$

8. 设 $X \sim \chi^2(m)$，$Y \sim \chi^2(n)$，且 X 与 Y 相互独立，则随机变量 $F=\frac{X/m}{Y/n}$ 服从的分布为(　　).

(A) $F(n-1,m-1)$　　(B) $F(m-1,n-1)$

(C) $F(n,m)$　　(D) $F(m,n)$

9. 设 X_1,X_2,X_3,X_4 是来自正态总体 $N(0,1)$ 的一个样本，则统计量 $\frac{X_1-X_2}{\sqrt{X_3^2+X_4^2}}$ 服从的分布为(　　).

(A) $F(1,2)$　　(B) $F(2,2)$　　(C) $t(2)$　　(D) $t(3)$

10. 设 X_1,X_2,X_3,X_4 是来自正态总体 $N(0,1)$ 的一个样本，则统计量 $\frac{(X_1+X_2)^2}{(X_3-X_4)^2}$ 服从的分布为(　　).

(A) $F(2,2)$　　(B) $F(1,1)$　　(C) $t(2)$　　(D) $t(4)$

二、填空题

1. 设 $X_1,X_2,\cdots,X_n$ 是来自指数分布 $E(\lambda)$ 的样本，$\lambda>0$ 为未知参数，则 $X_1,X_2,\cdots,X_n$ 的联合概率密度为________. 设 $n=10$ 时，样本的一组观察值为 4,6,4,3,5,4,5,8,4,7，则样本均值为

________,样本方差为________.

2. 设 $X_1,X_2,\cdots,X_n$ 是来自正态总体 $N(\mu,\sigma^2)$ 的一个样本,$\overline{X}$ 和 S^2 分别为样本均值和样本方差,则 $\overline{X}\sim$ ________分布,$\dfrac{\overline{X}-\mu}{\sigma/\sqrt{n}}\sim$ ________分布,$\dfrac{\overline{X}-\mu}{S/\sqrt{n}}\sim$ ________分布.

3. 设 X 与 Y 相互独立,且 $X\sim\chi^2(m)$,$Y\sim\chi^2(n)$,则 $X+Y\sim$ ________.

4. 设 $X\sim N(\mu,\sigma^2)$,$\overline{X}$ 与 S^2 分别是容量为 n 的样本均值和样本方差,则 $\sum\limits_{i=1}^{n}\left(\dfrac{X_i-\overline{X}}{\sigma}\right)^2\sim$ ________分布.

5. 设总体 $X\sim N(\mu,4)$,$X_1,X_2,\cdots,X_n$ 是来自总体 X 的一个样本,则 $n\geqslant$ ________时才能使 $E(|\overline{X}-\mu|^2)\leqslant 0.1$.

6. 设随机变量 X 服从自由度为 k 的 t 分布,则随机变量 X^2 服从自由度为________的________分布.

7. 设随机变量 X 服从自由度为 (m,n) 的 F 分布,则随机变量 $\dfrac{1}{X}$ 服从自由度为________的________分布.

8. 设随机变量 X 与 Y 相互独立且都服从正态分布 $N(0,4^2)$,而样本 $X_1,X_2,\cdots,X_{16}$ 和 $Y_1,Y_2,\cdots,Y_{16}$ 分别来自正态总体 X 和 Y,则统计量 $U=\dfrac{X_1+X_2+\cdots+X_{16}}{\sqrt{Y_1^2+Y_2^2+\cdots+Y_{16}^2}}$ 服从________分布,参数为________.

9. 设随机变量 X 与 Y 相互独立且都服从正态分布 $N(0,3^2)$,而样本 $X_1,X_2,\cdots,X_9$ 和 $Y_1,Y_2,\cdots,Y_9$ 分别来自正态总体 X 和 Y,则统计量 $U=\dfrac{X_1+X_2+\cdots+X_9}{\sqrt{Y_1^2+Y_2^2+\cdots+Y_9^2}}$ 服从________分布,参数为________.

三、解答题

1. 设总体 $X\sim U[a,b]$,$X_1,X_2,\cdots,X_n$ 是来自总体 X 的样本,试写出样本 $X_1,X_2,\cdots,X_n$ 的联合概率密度.

2. 设从总体 $X\sim N(8,4)$ 抽取样本 $X_1,X_2,\cdots,X_{10}$,求下列概率:

(1) $P\{\max\{X_1,X_2,\cdots,X_{10}\}>10\}$;　　(2) $P\{\min\{X_1,X_2,\cdots,X_{10}\}\leqslant 5\}$.

3. 设总体 X 的概率密度为 $f(x)=\begin{cases}|x|, & -1<x<1,\\ 0, & \text{其他},\end{cases}$ $X_1,X_2,\cdots,X_{50}$ 是来自总体 X 的一个样本,试求 $E(\overline{X})$,$D(\overline{X})$,$E(S^2)$.

4. 设总体 $X\sim N(\mu,6)$,从中取出一个容量为 25 的样本,样本方差为 S^2,求 $P\{S^2>9.1\}$.

5. 设总体 $X\sim N(\mu,5^2)$. (1) 从总体 X 中抽取容量为 64 的样本,求样本均值 $\overline{X}$ 与总体均值 μ 之差的绝对值小于 1 的概率 $P\{|\overline{X}-\mu|<1\}$;(2) 抽取样本容量 n 为多大时,才能使 $P\{|\overline{X}-\mu|<1\}$ 达到 0.95?

6. 设 $X_1,X_2,\cdots,X_6$ 是来自正态总体 $N(\mu,\sigma^2)$ 的一个样本,记

$$Y_1=\frac{1}{3}(X_1+X_2+X_3),\quad Y_2=\frac{1}{3}(X_4+X_5+X_6),\quad S^2=\frac{1}{3}\sum_{i=1}^{3}(X_i-Y_1)^2,$$

试求统计量 $T=(Y_1-Y_2)/S$ 的概率分布.

7. 设总体 X 与 Y 相互独立且都服从正态分布 $N(30,3^2)$，$X_1,X_2,\cdots,X_{20}$ 和 $Y_1,Y_2,\cdots,Y_{25}$ 是分别来自总体 X 和 Y 的样本，求 $P\{|\overline{X}-\overline{Y}|>0.4\}$.

8. 设总体 $X\sim N(\mu_1,10)$，$Y\sim N(\mu_2,15)$，从总体 X 中取出容量为 25 的样本，从总体 Y 中取出容量为 31 的样本，设 X 与 Y 相互独立且样本方差分别为 S_1^2,S_2^2，求 $P\left\{\dfrac{S_1^2}{S_2^2}>1.26\right\}$.

9. 设总体 $X\sim N(\mu_1,\sigma^2)$，$Y\sim N(\mu_2,\sigma^2)$，从总体 X 和 Y 中分别抽取样本，得到下列数据：

$$n_1=7,\quad \overline{x}=54,\quad s_1^2=116.7,\quad n_2=8,\quad \overline{y}=42,\quad s_2^2=85.7,$$

求 $P\{0.8<\mu_1-\mu_2<7.5\}$.

同步自测题参考答案

一、选择题

1. C.　2. A.　3. B.　4. C.　5. A.　6. B.　7. C.　8. D.　9. C.　10. B.

二、填空题

1. $f(x_1,x_2,\cdots,x_n)=\begin{cases}\lambda^n e^{-\lambda\sum\limits_{i=1}^n x_i}, & x_i>0,\\ 0, & x_i\leqslant 0,\end{cases}$ $\overline{x}=5, s^2=\dfrac{22}{9}$.

2. $N\left(\mu,\dfrac{\sigma^2}{n}\right)$，$N(0,1)$，$t(n-1)$.

3. $\chi^2(m+n)$.

4. $\chi^2(n-1)$.

5. 40.

6. $(1,k)$，F.

7. (n,m)，F.

8. t，16.

9. t，9.

三、解答题

1. $f(x_1,x_2,\cdots,x_n)=\begin{cases}\dfrac{1}{(b-a)^n}, & a\leqslant x_1,x_2,\cdots,x_n<b,\\ 0, & \text{其他}.\end{cases}$

2. (1) 0.822 4；(2) 0.499 1.

3. $E(\overline{X})=0$，$D(\overline{X})=0.01$，$E(S^2)=0$.

4. 0.05. 提示：$\chi^2=\dfrac{(25-1)S^2}{6}\sim\chi^2(24)$，$P\{S^2>9.1\}=P\left\{\chi^2>\dfrac{(25-1)\times 9.1}{6}\right\}$.

5. (1) 0.890 4；(2) $n=96$.

6. $t(2)$.

7. 0.66. 提示：$\overline{X}\sim N(30,9/20)$，$\overline{Y}\sim N(30,9/25)$，$\overline{X}-\overline{Y}\sim N(0,0.9^2)$，

$$\begin{aligned}P\{|\overline{X}-\overline{Y}|>0.4\}&=1-P\{|\overline{X}-\overline{Y}|\leqslant 0.4\}\approx 1-P\{|\overline{X}-\overline{Y}|/0.9\leqslant 0.44\}\\&=1-[2\Phi(0.44)-1]=0.66.\end{aligned}$$

8. 0.05. 提示：$\dfrac{\sigma_2^2 S_1^2}{\sigma_1^2 S_2^2}\sim F(n_1-1,n_2-1)$.

9. 0.175. 提示：取统计量 $t=\dfrac{(\overline{X}-\overline{Y})-(\mu_1-\mu_2)}{S_w\sqrt{1/n_1+1/n_2}}\sim t(n_1+n_2-2)$.

第七章　参数估计

本章学习要点

（一）理解参数的点估计、估计量与估计值的概念.
（二）掌握矩估计法和极大似然估计法.
（三）掌握估计量的评价标准，了解估计量的无偏性、有效性和一致性的概念，并会验证估计量的无偏性、有效性和一致性.
（四）了解区间估计的概念，掌握单个正态总体的均值和方差的置信区间的求解，会求两个正态总体的均值差和方差比的置信区间.

§7.1　知识点考点精要

一、点估计

1. 点估计

设 $X_1, X_2, \cdots, X_n$ 是来自总体 X 的一个样本，$x_1, x_2, \cdots, x_n$ 为相应的样本值.如果用统计量 $\theta(X_1, X_2, \cdots, X_n)$ 的观察值 $\theta(x_1, x_2, \cdots, x_n)$ 作为参数 θ 的近似值，则称 $\theta(X_1, X_2, \cdots, X_n)$ 为参数 θ 的**估计量**，记作 $\hat{\theta}(X_1, X_2, \cdots, X_n)$，相应地，称 $\theta(x_1, x_2, \cdots, x_n)$ 为 θ 的**估计值**，记作 $\hat{\theta}(x_1, x_2, \cdots, x_n)$，估计量与估计值都简称为**估计**，简记为 $\hat{\theta}$.在几何上一个数值是数轴上的一个点，用 $\hat{\theta}$ 作为 θ 的近似值就像用一个点来估计 θ，故也称为**点估计**.

2. 矩估计量

设总体 $X \sim F(x; \theta_1, \theta_2, \cdots, \theta_l)$，其中 $\theta_1, \theta_2, \cdots, \theta_l$ 均未知，$X_1, X_2, \cdots, X_n$ 是来自总体 X 的一个样本，总体 X 的 k 阶原点矩记作 $\mu_k = E(X^k)(1 \leqslant k \leqslant l)$，样本的 k 阶原点矩记作 $A_k = \frac{1}{n}\sum_{i=1}^{n} X_i^k (1 \leqslant k \leqslant l)$，若两者均存在，令

$$\mu_k(\theta_1, \theta_2, \cdots, \theta_l) = A_k, \quad k = 1, 2, \cdots, l,$$

得其解 $\hat{\theta}_1, \hat{\theta}_2, \cdots, \hat{\theta}_l$.我们称 $\hat{\theta}_k = \hat{\theta}_k(X_1, X_2, \cdots, X_n)$ 为参数 $\theta_k (1 \leqslant k \leqslant l)$ 的**矩估计量**，$\hat{\theta}_k = \hat{\theta}_k(x_1, x_2, \cdots, x_n)$ 为参数 $\theta_k (1 \leqslant k \leqslant l)$ 的**矩估计值**.

评注　求矩估计时无须知道总体的分布，只要知道总体矩即可.但矩估计量有时不唯一，如总体 $X \sim P(\lambda)$，$\overline{X}$，B_2 都是 λ 的矩估计量.

3. 极大似然估计量

1) 似然函数

设 $X_1,X_2,\cdots,X_n$ 是来自总体 X 的一个样本，$x_1,x_2,\cdots,x_n$ 为相应的样本值，称自变量为 θ，定义域为 Θ 的非负函数

$$L(\theta)=L(x_1,x_2,\cdots,x_n;\theta)=\prod_{i=1}^{n}f(x_i;\theta),\quad \theta\in\Theta$$

为样本的**似然函数**，或关于样本值 $x_1,x_2,\cdots,x_n$ 的似然函数，其中 $f(x_i;\theta)$ 为 X 的概率分布.

2) 极大似然估计

设 $X_1,X_2,\cdots,X_n$ 是来自总体 X 的一个样本，如果存在样本值 $x_1,x_2,\cdots,x_n$ 的函数 $\hat{\theta}=\hat{\theta}(x_1,x_2,\cdots,x_n)\in\Theta$ 满足 $L(\hat{\theta})=\max\limits_{\theta\in\Theta}\{L(\theta)\}$，则称 $\hat{\theta}=\hat{\theta}(x_1,x_2,\cdots,x_n)$ 为 θ 的**极(最)大似然估计值**，其相应的统计量 $\hat{\theta}(X_1,X_2,\cdots,X_n)$ 称为 θ 的**极(最)大似然估计量**.

二、估计量的评价标准

1. 无偏性

如果未知参数 θ 的估计量 $\hat{\theta}=\hat{\theta}(X_1,X_2,\cdots,X_n)$ 的数学期望 $E(\hat{\theta})$ 存在，且对任意 $\theta\in\Theta$，都有 $E(\hat{\theta})=\theta$，则称 $\hat{\theta}$ 为 θ 的**无偏估计量**.

2. 有效性

设 $\hat{\theta}_1=\hat{\theta}_1(X_1,X_2,\cdots,X_n)$ 和 $\hat{\theta}_2=\hat{\theta}_2(X_1,X_2,\cdots,X_n)$ 都是未知参数 θ 的无偏估计量. 若对任意 $\theta\in\Theta$，都有 $D(\hat{\theta}_1)\leqslant D(\hat{\theta}_2)$，则称 $\hat{\theta}_1$ 比 $\hat{\theta}_2$ **有效**.

3. 一致性

设 $\hat{\theta}_n=\hat{\theta}(X_1,X_2,\cdots,X_n)$ 为未知参数 θ 的估计量，n 为样本容量. 如果对任意 $\theta\in\Theta$，$\hat{\theta}_n$ 依概率收敛于 θ，即对任意 $\varepsilon>0$，有 $\lim\limits_{n\to\infty}P\{|\hat{\theta}_n-\theta|<\varepsilon\}=1$，则称 $\hat{\theta}_n$ 为参数 θ 的**一致估计量**.

三、区间估计

1. 置信区间

设 $X_1,X_2,\cdots,X_n$ 是来自总体 X 的一个样本，θ 为总体分布中所含的未知参数，$\theta\in\Theta$. 对于给定的概率 $1-\alpha$，$0<\alpha<1$，若存在两个统计量 $\hat{\theta}_1=\hat{\theta}_1(X_1,X_2,\cdots,X_n)$ 和 $\hat{\theta}_2=\hat{\theta}_2(X_1,X_2,\cdots,X_n)$，使得

$$P\{\hat{\theta}_1<\theta<\hat{\theta}_2\}=1-\alpha,$$

则称随机区间 $(\hat{\theta}_1,\hat{\theta}_2)$ 为参数 θ 的置信度为 $1-\alpha$ 的**置信区间**，$\hat{\theta}_1$ 和 $\hat{\theta}_2$ 分别称为 θ 的**置信下限**和**置信上限**.

2. 单个正态总体均值和方差的置信区间

设总体 $X\sim N(\mu,\sigma^2)$，$X_1,X_2,\cdots,X_n$ 是来自总体 X 的一个样本，样本均值、样本方差依次

记为 $\overline{X}$ 和 S^2，则单个正态总体的均值和方差的置信度为 $1-\alpha$ 的置信区间如表 7.1 所示.

表 7.1

待估参数	其他参数	统计量	置信区间
μ	σ^2 已知	$Z=\dfrac{\overline{X}-\mu}{\sigma/\sqrt{n}}\sim N(0,1)$	$\left(\overline{X}-z_{\alpha/2}\dfrac{\sigma}{\sqrt{n}},\overline{X}+z_{\alpha/2}\dfrac{\sigma}{\sqrt{n}}\right)$
μ	σ^2 未知	$t=\dfrac{\overline{X}-\mu}{S/\sqrt{n}}\sim t(n-1)$	$\left(\overline{X}-t_{\alpha/2}(n-1)\dfrac{S}{\sqrt{n}},\overline{X}+t_{\alpha/2}(n-1)\dfrac{S}{\sqrt{n}}\right)$
σ^2	μ 已知	$\sum\limits_{i=1}^{n}\dfrac{(X_i-\mu)^2}{\sigma^2}\sim\chi^2(n)$	$\left[\dfrac{\sum\limits_{i=1}^{n}(X_i-\mu)^2}{\chi^2_{\alpha/2}(n)},\dfrac{\sum\limits_{i=1}^{n}(X_i-\mu)^2}{\chi^2_{1-\alpha/2}(n)}\right]$
σ^2	μ 未知	$\dfrac{(n-1)}{\sigma^2}S^2\sim\chi^2(n-1)$	$\left(\dfrac{(n-1)S^2}{\chi^2_{\alpha/2}(n-1)},\dfrac{(n-1)S^2}{\chi^2_{1-\alpha/2}(n-1)}\right)$

***3. 两个正态总体均值差和方差比的置信区间**

设总体 $X\sim N(\mu_1,\sigma_1^2)$，$Y\sim N(\mu_2,\sigma_2^2)$，分别独立地取出样本 $X_1,X_2,\cdots,X_n$ 和 $Y_1,Y_2,\cdots,Y_m$，样本均值依次记为 $\overline{X}$ 和 $\overline{Y}$，样本方差依次记为 S_1^2,S_2^2，则两个正态总体的均值差和方差比的置信度为 $1-\alpha$ 的置信区间如表 7.2 所示.

表 7.2

待估参数	其他参数	统计量	置信区间
$\mu_1-\mu_2$	σ_1^2,σ_2^2 已知	$\dfrac{\overline{X}-\overline{Y}-(\mu_1-\mu_2)}{\sqrt{\dfrac{\sigma_1^2}{n}+\dfrac{\sigma_2^2}{m}}}\sim N(0,1)$	$\left(\overline{X}-\overline{Y}-z_{\alpha/2}\sqrt{\dfrac{\sigma_1^2}{n}+\dfrac{\sigma_2^2}{m}},\overline{X}-\overline{Y}+z_{\alpha/2}\sqrt{\dfrac{\sigma_1^2}{n}+\dfrac{\sigma_2^2}{m}}\right)$
$\mu_1-\mu_2$	σ_1^2,σ_2^2 未知但相等	$\dfrac{\overline{X}-\overline{Y}-(\mu_1-\mu_2)}{S_w\sqrt{\dfrac{1}{n}+\dfrac{1}{m}}}\sim t(n+m-2)$	$\left(\overline{X}-\overline{Y}-t_{\alpha/2}(n+m-2)S_w\sqrt{\dfrac{1}{n}+\dfrac{1}{m}},\overline{X}-\overline{Y}+t_{\alpha/2}(n+m-2)S_w\sqrt{\dfrac{1}{n}+\dfrac{1}{m}}\right)$
$\dfrac{\sigma_1^2}{\sigma_2^2}$	μ_1,μ_2 已知	$\dfrac{m}{n}\cdot\dfrac{\sigma_2^2}{\sigma_1^2}\cdot\dfrac{\sum\limits_{i=1}^{n}(X_i-\mu_1)^2}{\sum\limits_{i=1}^{m}(Y_i-\mu_2)^2}\sim F(n,m)$	$\left[\dfrac{1}{F_{\alpha/2}(n,m)}\cdot\dfrac{m\sum\limits_{i=1}^{n}(X_i-\mu_1)^2}{n\sum\limits_{i=1}^{m}(Y_i-\mu_2)^2},\dfrac{1}{F_{1-\alpha/2}(n,m)}\cdot\dfrac{m\sum\limits_{i=1}^{n}(X_i-\mu_1)^2}{n\sum\limits_{i=1}^{m}(Y_i-\mu_2)^2}\right]$
$\dfrac{\sigma_1^2}{\sigma_2^2}$	μ_1,μ_2 未知	$\dfrac{S_1^2}{S_2^2}\cdot\dfrac{\sigma_2^2}{\sigma_1^2}\sim F(n-1,m-1)$	$\left(\dfrac{1}{F_{\alpha/2}(n-1,m-1)}\cdot\dfrac{S_1^2}{S_2^2},\dfrac{1}{F_{1-\alpha/2}(n-1,m-1)}\cdot\dfrac{S_1^2}{S_2^2}\right)$

§7.2　经典例题解析

基本题型Ⅰ:矩估计法

例 7.1 设总体 X 的概率密度为 $f(x;\theta)=\begin{cases}\theta x^{\theta-1}, & 0<x<1,\\ 0, & 其他\end{cases}(\theta>0)$,求未知参数 θ 的矩估计.

解 先由题设所给含有未知参数 θ 的随机变量的概率密度求出数学期望,解出未知参数 θ 与数学期望的关系,再由样本一阶原点矩替换总体期望,即得参数 θ 的矩估计.为求未知参数 θ 用总体一阶原点矩表示的式子,先求出 $E(X)$:

$$E(X)=\int_{-\infty}^{+\infty}xf(x;\theta)\mathrm{d}x=\int_0^1 x\cdot\theta x^{\theta-1}\mathrm{d}x=\frac{\theta}{\theta+1},$$

则

$$\theta=E(X)/[1-E(X)].$$

在上式中用样本一阶原点矩替换总体一阶原点矩,即得未知参数 θ 的矩估计为 $\hat{\theta}=\overline{X}/(1-\overline{X})$.

例 7.2 设总体 X 服从均匀分布 $U[a,b]$,$X_1,X_2,\cdots,X_n$ 是来自总体 X 的一个样本,求 a,b 的矩估计.

解 由于总体的分布中含有两个未知参数 a,b,故需要求出总体的两个矩.为简单起见,一般先求其一阶原点矩(总体的期望)和二阶中心矩(总体的方差),然后按矩估计法用相应的样本矩替换它们,得矩法方程组,最后求解便可得到 a,b 的矩估计.总体 X 服从均匀分布 $U[a,b]$,故总体的期望和方差分别为

$$E(X)=\frac{a+b}{2},\quad D(X)=\frac{(b-a)^2}{12}.$$

由矩估计法,用 $\overline{X}$ 替换 $E(X)$,$\frac{n-1}{n}S^2$ 替换 $D(X)$,便得矩法方程组

$$\begin{cases}\dfrac{a+b}{2}=\overline{X},\\ \dfrac{(b-a)^2}{12}=\dfrac{n-1}{n}S^2,\end{cases}\quad 即\quad \begin{cases}a+b=2\overline{X},\\ -a+b=2\sqrt{\dfrac{3(n-1)}{n}}S.\end{cases}$$

解得 a,b 的矩估计分别为 $\hat{a}=\overline{X}-\sqrt{\frac{3(n-1)}{n}}S$,$\hat{b}=\overline{X}+\sqrt{\frac{3(n-1)}{n}}S$.

例 7.3 设总体 X 的概率密度为 $f(x;\theta)=\frac{1}{2\theta}\mathrm{e}^{-\frac{|x|}{\theta}}(\theta>0,-\infty<x<+\infty)$,求 θ 的矩估计.

解 虽然总体 X 只含有一个未知参数,但 $E(X)=\int_{-\infty}^{+\infty}x\cdot\frac{1}{2\theta}\mathrm{e}^{-\frac{|x|}{\theta}}\mathrm{d}x=0$ 不含 θ,不能求解 θ.故需求二阶原点矩:

$$E(X^2)=\int_{-\infty}^{+\infty}x^2\cdot\frac{1}{2\theta}\mathrm{e}^{-\frac{|x|}{\theta}}\mathrm{d}x=2\int_0^{+\infty}x^2\cdot\frac{1}{2\theta}\mathrm{e}^{-\frac{x}{\theta}}\mathrm{d}x=\theta^2\int_0^{+\infty}\left(\frac{x}{\theta}\right)^2\mathrm{e}^{-\frac{x}{\theta}}\mathrm{d}\left(\frac{x}{\theta}\right)$$

$$= \theta^2 \Gamma(3) = 2\theta^2.$$

又 $E(X^2) = \frac{1}{n}\sum_{i=1}^{n} X_i^2$，则 θ 的矩估计为 $\hat{\theta} = \sqrt{\frac{1}{2n}\sum_{i=1}^{n} X_i^2}$.

基本题型 Ⅱ：极大似然估计法

例 7.4 设总体 X 具有概率密度 $f(x;\theta) = \begin{cases} \theta x^{\theta-1}, & 0 < x < 1, \\ 0, & \text{其他} \end{cases}$ $(\theta > 0)$，则 θ 的极大似然估计量是________.

解 设 $x_1, x_2, \cdots, x_n$ 为总体 X 的观察值，则其似然函数为 $L(\theta) = \theta^n (x_1 x_2 \cdots x_n)^{\theta-1}$，对数似然函数为 $\ln L(\theta) = n\ln\theta + (\theta - 1)\sum_{i=1}^{n}\ln x_i$. 解对数似然方程 $\frac{\mathrm{d}\ln L(\theta)}{\mathrm{d}\theta} = \frac{n}{\theta} + \sum_{i=1}^{n}\ln x_i = 0$，得 θ 的极大似然估计值为 $\hat{\theta} = -\frac{n}{\sum_{i=1}^{n}\ln x_i}$，从而得 θ 的极大似然估计量为 $\hat{\theta} = -\frac{n}{\sum_{i=1}^{n}\ln X_i}$.

例 7.5 设总体 X 的分布律如表 7.3 所示，$X_1, X_2, \cdots, X_n$ 为来自总体 X 的样本，记 n_j 表示 $X_1, X_2, \cdots, X_n$ 中取值为 $a_j (j = 1,2,3)$ 的个数，求 θ 的极大似然估计量.

表 7.3

X	a_1	a_2	a_3
p_k	θ^2	$2\theta(1-\theta)$	$(1-\theta)^2$

解 求极大似然估计量时，关键是求似然函数，它是样本观察值的函数. 设 $x_1, x_2, \cdots, x_n$ 是样本 $X_1, X_2, \cdots, X_n$ 的观察值，则参数 θ 的似然函数为

$$\begin{aligned} L(\theta) &= \prod_{i=1}^{n} p(x_i;\theta) = (P\{X = a_1\})^{n_1}(P\{X = a_2\})^{n_2}(P\{X = a_3\})^{n_3} \\ &= \theta^{2n_1}[2\theta(1-\theta)]^{n_2}(1-\theta)^{2n_3} = 2^{n_2}\theta^{2n_1+n_2}(1-\theta)^{n_2+2n_3}. \end{aligned}$$

对数似然函数为

$$\ln L(\theta) = n_2 \ln 2 + (2n_1 + n_2)\ln\theta + (n_2 + 2n_3)\ln(1-\theta),$$

从而对数似然方程为

$$\frac{\mathrm{d}\ln L(\theta)}{\mathrm{d}\theta} = \frac{2n_1 + n_2}{\theta} - \frac{n_2 + 2n_3}{1-\theta} = 0,$$

得 θ 的极大似然估计量为 $\hat{\theta} = \frac{2n_1 + n_2}{2(n_1 + n_2 + n_3)}$.

例 7.6 设 $X_1, X_2, \cdots, X_n$ 为来自总体 X 的一个样本，总体 X 的概率密度为 $f(x;\theta) = \begin{cases} \frac{1}{\theta}\mathrm{e}^{-(x-u)/\theta}, & x \geqslant u, \\ 0, & \text{其他}, \end{cases}$ 其中 θ, u 为常数且 $\theta > 0$，求 θ, u 的极大似然估计.

解 设 $x_1, x_2, \cdots, x_n$ 是样本 $X_1, X_2, \cdots, X_n$ 的观察值，则参数 θ 的似然函数为

$$L(\theta, u) = \begin{cases} \frac{1}{\theta^n}\mathrm{e}^{-\left(\sum_{i=1}^{n}(x_i - u)\right)\Big/\theta}, & x_i \geqslant u, \\ 0, & \text{其他}. \end{cases}$$

两边取对数,得

$$\ln L(\theta,u)=-n\ln\theta-\left(\sum_{i=1}^{n}(x_i-u)\right)\Big/\theta.$$

对参数 θ,u 分别求偏导数并令其为0,则

$$\begin{cases}\dfrac{\partial\ln L(\theta,u)}{\partial\theta}=-\dfrac{n}{\theta}+\left(\sum\limits_{i=1}^{n}(x_i-u)\right)\Big/\theta^2=0,\\ \dfrac{\partial\ln L(\theta,u)}{\partial u}=\dfrac{n}{\theta}=0,\end{cases}\quad \text{即}\quad \begin{cases}\theta+u=\dfrac{1}{n}\sum\limits_{i=1}^{n}x_i=\overline{x},\\ \dfrac{n}{\theta}=0.\end{cases}$$

显然,上述方程组第二个方程不能求出参数 θ,u 的关系,但由定义,当 θ 固定时,要使 $L(\theta,u)$ 最大,只需 u 最大. 因 $u\leqslant x_1,x_2,\cdots,x_n$,则参数 u 的极大似然估计值为 $\hat{u}=x_{\min}$,从而得参数 θ 的极大似然估计值为 $\hat{\theta}=\overline{x}-x_{\min}$,故 θ,u 的极大似然估计量分别为 $\hat{u}=X_{\min}$, $\hat{\theta}=\overline{X}-X_{\min}$.

基本题型 Ⅲ:评价估计量的标准(无偏性与有效性)

例 7.7 设样本 $X_1,X_2,\cdots,X_n$ 取自总体 X, $E(X)=\mu$, $D(X)=\sigma^2$,则可以作为 σ^2 的无偏估计量的是(　　).

(A) 当 μ 已知时,统计量 $\left(\sum\limits_{i=1}^{n}(X_i-\mu)^2\right)\Big/n$

(B) 当 μ 已知时,统计量 $\left(\sum\limits_{i=1}^{n}(X_i-\mu)^2\right)\Big/(n-1)$

(C) 当 μ 未知时,统计量 $\left(\sum\limits_{i=1}^{n}(X_i-\mu)^2\right)\Big/n$

(D) 当 μ 未知时,统计量 $\left(\sum\limits_{i=1}^{n}(X_i-\mu)^2\right)\Big/(n-1)$

解　当 μ 已知时, $\left(\sum\limits_{i=1}^{n}(X_i-\mu)^2\right)\Big/n$ 为统计量,利用定义有

$$D(X_i)=E[(X_i-\mu)^2]=D(X)=\sigma^2,$$

从而

$$E\left[\sum_{i=1}^{n}(X_i-\mu)^2\right]=\sum_{i=1}^{n}E[(X_i-\mu)^2]=\sum_{i=1}^{n}D(X_i)=n\sigma^2,$$

故

$$E\left[\left(\sum_{i=1}^{n}(X_i-\mu)^2\right)\Big/n\right]=E\left[\sum_{i=1}^{n}(X_i-\mu)^2\right]\Big/n=n\sigma^2/n=\sigma^2.$$

而

$$E\left[\left(\sum_{i=1}^{n}(X_i-\mu)^2\right)\Big/(n-1)\right]=E\left[\sum_{i=1}^{n}(X_i-\mu)^2\right]\Big/(n-1)=\frac{n\sigma^2}{n-1}\neq\sigma^2,$$

所以当 μ 已知时,选项(A)正确,选项(B)错误.

当 μ 未知时,样本函数 $\left(\sum\limits_{i=1}^{n}(X_i-\mu)^2\right)\Big/n$, $\left(\sum\limits_{i=1}^{n}(X_i-\mu)^2\right)\Big/(n-1)$ 均不是统计量,因而不能作为 σ^2 的估计量,更不能作为无偏估计量. 故选(A).

例 7.8 设 $X_1,X_2,\cdots,X_n$ 是来自总体 X 的样本,则下列不是总体期望 μ 的无偏估计量的是(　　).

(A) $\frac{1}{n}\sum_{i=1}^{n}X_i$ (B) $0.2X_1+0.5X_2+0.3X_n$

(C) X_1+X_2 (D) $X_1-X_2+X_3$

解 要验证统计量是否为无偏估计量,即验证 $E(\hat{\theta})=\theta$.因

$$E\left(\frac{1}{n}\sum_{i=1}^{n}X_i\right)=\frac{1}{n}\sum_{i=1}^{n}E(X_i)=\mu,$$

$$E(0.2X_1+0.5X_2+0.3X_n)=0.2E(X_1)+0.5E(X_2)+0.3E(X_n)=\mu,$$

$$E(X_1+X_2)=E(X_1)+E(X_2)=2\mu\neq\mu,$$

$$E(X_1-X_2+X_3)=E(X_1)-E(X_2)+E(X_3)=\mu-\mu+\mu=\mu,$$

故选(C).

例 7.9 证明:均匀分布 $f(x;\theta)=\begin{cases}\frac{1}{\theta}, & 0<x\leqslant\theta,\\ 0, & \text{其他}\end{cases}$ 中未知参数 θ 的极大似然估计量不是无偏估计量.

证 设 $x_1,x_2,\cdots,x_n$ 是样本 $X_1,X_2,\cdots,X_n$ 的观察值,则参数 θ 的似然函数为

$$L(\theta)=\frac{1}{\theta^n},\quad 0<x_i\leqslant\theta,i=1,2,\cdots,n.$$

它是 θ 的一个单调递减函数.由于对每一个 $x_i\leqslant\theta$,最大次序统计量的观察值 $x_{(n)}=\max\limits_{1\leqslant i\leqslant n}x_i\leqslant\theta$,在 $0<x_i\leqslant\theta(i=1,2,\cdots,n)$ 中要使 $L(\theta)=\frac{1}{\theta^n}$ 达到最大,就要使 θ 取最小.但 θ 不能小于 $x_{(n)}$,否则样本值 $x_1,x_2,\cdots,x_n$ 就不是来自这一总体,所以 $\hat{\theta}=x_{(n)}$ 是 θ 的极大似然估计值.故最大次序统计量 $\hat{\theta}=X_{(n)}$ 是参数 θ 的极大似然估计量.

为证明估计量 $\hat{\theta}=X_{(n)}$ 不是 θ 的无偏估计量,需求出 $E(X_{(n)})$,为此先求 $X_{(n)}$ 的概率密度.

因统计量 $\hat{\theta}=X_{(n)}$ 为随机样本 $X_1,X_2,\cdots,X_n$ 的最大值,而 $X_1,X_2,\cdots,X_n$ 独立同分布,故 $X_{(n)}$ 的分布函数为 $F_{\hat{\theta}}(x)=F_{X_{(n)}}(x)=[F(x)]^n$,其中 $F(x)$ 为总体 X 的分布函数.由 X 的概率密度可知

$$F(x)=\begin{cases}0, & x\leqslant 0,\\ x/\theta, & 0<x\leqslant\theta,\\ 1, & x>\theta,\end{cases}$$

因此

$$f_{\hat{\theta}}(x)=f_{X_{(n)}}(x)=[F_{\hat{\theta}}(x)]'=\{[F(x)]^n\}'=n[F(x)]^{n-1}\cdot f(x;\theta)=\begin{cases}nx^{n-1}/\theta^n, & 0<x\leqslant\theta,\\ 0, & \text{其他},\end{cases}$$

从而

$$E(\hat{\theta})=\int_{-\infty}^{+\infty}xf_{\hat{\theta}}(x)\mathrm{d}x=\int_0^{\theta}x\frac{nx^{n-1}}{\theta^n}\mathrm{d}x=\frac{n\theta}{n+1}\neq\theta,$$

即极大似然估计量 $\hat{\theta}$ 不是参数 θ 的无偏估计量.

例 7.10 设总体 $X\sim N(\mu,2^2)$,X_1,X_2,X_3 为来自总体 X 的一个样本,试证明:$\hat{\mu}_1=$

$\frac{1}{4}(X_1+2X_2+X_3)$ 和 $\hat{\mu}_2=\frac{1}{3}(X_1+X_2+X_3)$ 均为总体期望的无偏估计量，并比较哪一个更有效.

证　由于

$$E(\hat{\mu}_1)=\frac{1}{4}[E(X_1)+2E(X_2)+E(X_3)]=\frac{1}{4}[4E(X)]=\mu,$$

$$E(\hat{\mu}_2)=\frac{1}{3}[E(X_1)+E(X_2)+E(X_3)]=\frac{1}{3}[3E(X)]=\mu,$$

故 $\hat{\mu}_1,\hat{\mu}_2$ 均为总体期望 μ 的无偏估计量. 又

$$D(\hat{\mu}_1)=\frac{1}{16}[D(X_1)+4D(X_2)+D(X_3)]=\frac{3}{8}\sigma^2=\frac{3}{8}\times 2^2=\frac{3}{2},$$

$$D(\hat{\mu}_2)=\frac{1}{9}[D(X_1)+D(X_2)+D(X_3)]=\frac{3}{9}\sigma^2=\frac{1}{3}\times 2^2=\frac{4}{3},$$

由于 $D(\hat{\mu}_1)>D(\hat{\mu}_2)$，故 $\hat{\mu}_2$ 是比 $\hat{\mu}_1$ 更有效的估计量.

例 7.11　从总体 X 中抽取样本 $X_1,X_2,\cdots,X_n$，设 $C_1,C_2,\cdots,C_n$ 为常数，且 $\sum\limits_{i=1}^{n}C_i=1$，证明：

(1) $\hat{\mu}=\sum\limits_{i=1}^{n}C_iX_i$ 为总体均值 μ 的无偏估计量；

(2) 在所有这些无偏估计量 $\hat{\mu}=\sum\limits_{i=1}^{n}C_iX_i$ 中，样本均值 $\overline{X}=\frac{1}{n}\sum\limits_{i=1}^{n}X_i$ 的方差最小.

证　(1) 因为样本 $X_i(i=1,2,\cdots,n)$ 与总体 X 服从相同分布且相互独立，故

$$E(X_i)=E(X)=\mu,\quad i=1,2,\cdots,n.$$

又 $\sum\limits_{i=1}^{n}C_i=1$，则

$$E(\hat{\mu})=E\Big(\sum_{i=1}^{n}C_iX_i\Big)=\sum_{i=1}^{n}C_i[E(X_i)]=\mu,$$

从而 $\hat{\mu}=\sum\limits_{i=1}^{n}C_iX_i$ 为总体均值 μ 的无偏估计量.

(2) 设总体方差 $D(X)=\sigma^2$，则 $D(X_i)=D(X)=\sigma^2,i=1,2,\cdots,n$. 又样本 $X_1,X_2,\cdots,X_n$ 相互独立，故

$$D(\hat{\mu})=D\Big(\sum_{i=1}^{n}C_iX_i\Big)=\sum_{i=1}^{n}C_i^2D(X_i)=\Big(\sum_{i=1}^{n}C_i^2\Big)\sigma^2.$$

为确定 μ 的无偏估计量 $\hat{\mu}$ 的方差 $D(\hat{\mu})$ 在什么情况下最小，应当求 $D(\hat{\mu})$ 满足条件 $\sum\limits_{i=1}^{n}C_i=1$ 的条件极值.

为此考虑函数 $G(C_1,C_2,\cdots,C_n)=\Big(\sum\limits_{i=1}^{n}C_i^2\Big)\sigma^2+\lambda\Big(\sum\limits_{i=1}^{n}C_i-1\Big)$，其中 λ 为常数. 求偏导数 $\frac{\partial G}{\partial C_i}(i=1,2,\cdots,n)$ 并令它们等于 0，得

$$2C_i\sigma^2+\lambda=0,\quad i=1,2,\cdots,n,$$

解得 $C_i=-\dfrac{\lambda}{2\sigma^2}(i=1,2,\cdots,n)$. 代入 $\sum\limits_{i=1}^{n}C_i=1$ 得 $-\dfrac{n\lambda}{2\sigma^2}=1$,即 $\lambda=-\dfrac{2\sigma^2}{n}$,代入上述方程中,即得 $C_i=\dfrac{1}{n}(i=1,2,\cdots,n)$. 由此可知,当 $\hat{\mu}=\overline{X}=\dfrac{1}{n}\sum\limits_{i=1}^{n}X_i$ 时,方差最小.

例 7.12 设分别从总体 $N(\mu_1,\sigma^2)$ 和 $N(\mu_2,\sigma^2)$ 中抽取容量为 n_1 和 n_2 的两个相互独立的样本,其样本方差分别为 S_1^2,S_2^2,证明:对于任意常数 $a,b(a+b=1)$,$Z=aS_1^2+bS_2^2$ 都是 σ^2 的无偏估计量,并确定常数 a,b,使得 $D(Z)$ 最小.

证 由题意

$$E(Z)=aE(S_1^2)+bE(S_2^2)=(a+b)\sigma^2=\sigma^2,$$

故对于任意常数 $a,b(a+b=1)$,$Z=aS_1^2+bS_2^2$ 都是 σ^2 的无偏估计量.

由于 $\dfrac{(n-1)S^2}{\sigma^2}\sim\chi^2(n-1)$,则

$$D\left[\frac{(n-1)S^2}{\sigma^2}\right]=2(n-1),\quad 即\quad \frac{(n-1)^2}{\sigma^4}D(S^2)=2(n-1),$$

故 $D(S^2)=\dfrac{2\sigma^4}{n-1}$. 于是

$$D(Z)=a^2D(S_1^2)+b^2D(S_2^2)=a^2\frac{2\sigma^4}{n_1-1}+(1-a)^2\frac{2\sigma^4}{n_2-1}.$$

对 a 求导数,并令其等于 0,有

$$\frac{\mathrm{d}D(Z)}{\mathrm{d}a}=2a\frac{2\sigma^4}{n_1-1}-2(1-a)\frac{2\sigma^4}{n_2-1}=0,$$

解得 $a=\dfrac{n_1-1}{n_1+n_2-2}$,则 $b=1-a=\dfrac{n_2-1}{n_1+n_2-2}$. 又

$$\frac{\mathrm{d}^2D(Z)}{\mathrm{d}a^2}=\frac{4\sigma^4}{n_1-1}+\frac{4\sigma^4}{n_2-1}>0,$$

故当 $a=\dfrac{n_1-1}{n_1+n_2-2}$,$b=\dfrac{n_2-1}{n_1+n_2-2}$ 时,$D(Z)$ 取得最小值.

基本题型 Ⅳ:评价估计量的标准(一致性)

例 7.13 设总体 X 的期望 μ 和方差 σ^2 均存在,证明:

(1) 样本均值 $\overline{X}=\dfrac{1}{n}\sum\limits_{i=1}^{n}X_i$ 为期望 μ 的一致估计量;

(2) 若总体 X 服从正态分布,则样本方差 $S^2=\dfrac{1}{n-1}\sum\limits_{i=1}^{n}(X_i-\overline{X})^2$ 为 σ^2 的一致估计量.

证 (1) 由切比雪夫不等式,$\forall\varepsilon>0$,

$$1\geqslant P\left\{\left|\frac{1}{n}\sum_{i=1}^{n}X_i-\mu\right|<\varepsilon\right\}\geqslant 1-\frac{D\left(\frac{1}{n}\sum\limits_{i=1}^{n}X_i\right)}{\varepsilon^2}=1-\frac{\sigma^2}{\varepsilon^2\cdot n}\to 1\quad(n\to\infty).$$

由夹逼定理可得 $\lim\limits_{n\to\infty}P\{|\overline{X}-\mu|<\varepsilon\}=1$,即 $\overline{X}=\dfrac{1}{n}\sum\limits_{i=1}^{n}X_i$ 为期望 μ 的一致估计量.

(2) 因为

$$E(S^2)=E\left[\frac{1}{n-1}\sum_{i=1}^{n}(X_i-\overline{X})^2\right]=\frac{1}{n-1}\sum_{i=1}^{n}E(X_i-\overline{X})^2$$

$$=\frac{1}{n-1}E\left(\sum_{i=1}^{n}X_i^2-n\overline{X}^2\right)=\frac{1}{n-1}\left[\sum_{i=1}^{n}E(X_i^2)-nE(\overline{X}^2)\right]$$

$$=\frac{1}{n-1}\left[\sum_{i=1}^{n}(\sigma^2+\mu^2)-n\left(\mu^2+\frac{\sigma^2}{n}\right)\right]=\sigma^2,$$

所以 S^2 为 σ^2 的无偏估计量. 又样本来自正态总体,由抽样分布定理知 $\frac{(n-1)S^2}{\sigma^2}\sim\chi^2(n-1)$,有 $D\left[\frac{(n-1)S^2}{\sigma^2}\right]=2(n-1)$,从而

$$D(S^2)=D\left[\frac{\sigma^2}{n-1}\cdot\frac{(n-1)S^2}{\sigma^2}\right]=\frac{\sigma^4}{(n-1)^2}D\left[\frac{(n-1)S^2}{\sigma^2}\right]=\frac{\sigma^4}{(n-1)^2}2(n-1)=\frac{2\sigma^4}{n-1}.$$

由切比雪夫不等式,$\forall\varepsilon>0$,

$$1\geqslant P\{|S^2-\sigma^2|<\varepsilon\}\geqslant 1-\frac{D(S^2)}{\varepsilon^2}=1-\frac{2\sigma^4}{\varepsilon^2(n-1)}\to 1\quad(n\to\infty),$$

则 $\lim\limits_{n\to\infty}P\{|S^2-\sigma^2|<\varepsilon\}=1$,即 S^2 为 σ^2 的一致估计量.

例 7.14 设 $\hat{\theta}_n$ 为 θ 的估计量(容量为 n 的样本),已知 $\lim\limits_{n\to\infty}E(\hat{\theta}_n)=\theta$, $\lim\limits_{n\to\infty}D(\hat{\theta}_n)=0$,证明:$\hat{\theta}_n$ 为 θ 的一致估计量.

证　法一　为证 $\hat{\theta}_n$ 为 θ 的一致估计量,下证 $\lim\limits_{n\to\infty}P\{|\hat{\theta}_n-\theta|\geqslant\varepsilon\}=0$. 因

$$P\{|\hat{\theta}_n-\theta|\geqslant\varepsilon\}=\int\limits_{|\hat{\theta}_n-\theta|\geqslant\varepsilon}f_{\hat{\theta}_n}(x)\mathrm{d}x\leqslant\int_{-\infty}^{+\infty}\frac{(\hat{\theta}_n-\theta)^2}{\varepsilon^2}f_{\hat{\theta}_n}(x)\mathrm{d}x=\frac{E[(\hat{\theta}_n-\theta)^2]}{\varepsilon^2},$$

又当 $n\to\infty$ 时,

$$E[(\hat{\theta}_n-\theta)^2]=E(\hat{\theta}_n^2-2\hat{\theta}_n\theta+\theta^2)=E(\hat{\theta}_n^2)-2\theta E(\hat{\theta}_n)+\theta^2$$

$$=D(\hat{\theta}_n)+[E(\hat{\theta}_n)]^2-2\theta E(\hat{\theta}_n)+\theta^2=0,$$

故 $\lim\limits_{n\to\infty}P\{|\hat{\theta}_n-\theta|\geqslant\varepsilon\}\leqslant\lim\limits_{n\to\infty}\left\{\frac{E[(\hat{\theta}_n-\theta)^2]}{\varepsilon^2}\right\}=0$,即 $\hat{\theta}_n$ 为 θ 的一致估计量.

法二　由切比雪夫不等式有

$$P\{|\hat{\theta}_n-\theta|\geqslant\varepsilon\}\leqslant D(|\hat{\theta}_n-\theta|)/\varepsilon^2.$$

而
$$D(|\hat{\theta}_n-\theta|)=E[(\hat{\theta}_n-\theta)^2]-[E(|\hat{\theta}_n-\theta|)]^2\leqslant E[(\hat{\theta}_n-\theta)^2],$$

又

$$E[(\hat{\theta}_n-\theta)^2]=E\{[\hat{\theta}_n-E(\hat{\theta}_n)+E(\hat{\theta}_n)-\theta]^2\}$$

$$=E\{[\hat{\theta}_n-E(\hat{\theta}_n)]^2\}+2E\{[\hat{\theta}_n-E(\hat{\theta}_n)][E(\hat{\theta}_n)-\theta]\}+E\{[E(\hat{\theta}_n)-\theta]^2\}$$

$$=D(\hat{\theta}_n)+0+E[(\hat{\theta}_n-\theta)^2]=D(\hat{\theta}_n)+E[(\hat{\theta}_n)^2]-2\theta E(\hat{\theta}_n)+\theta^2$$

$$=D(\hat{\theta}_n)+D(\hat{\theta}_n)+[E(\hat{\theta}_n)]^2-2\theta E(\hat{\theta}_n)+\theta^2$$

$$=\theta^2-2\theta^2+\theta^2\to 0\quad(n\to\infty),$$

故$\lim\limits_{n\to\infty}P\{|\hat{\theta}_n-\theta|\geqslant\varepsilon\}=0$,即$\hat{\theta}_n$为$\theta$的一致估计量.

评注　用定义验证估计量是一致估计量,一般都不太容易,可利用上例中的结论证明,从而将统计量的一致性的证明转化为统计量的期望与方差的极限性质来论述,这是一个比较实用的方法.

例 7.15　设$X_1,X_2,\cdots,X_n$为来自正态总体$N(\mu,\sigma^2)$的样本,μ已知,$\hat{\sigma}_1^2=S^2$,$\hat{\sigma}_2^2=\frac{n-1}{n}S^2$,$\hat{\sigma}_3^2=\frac{1}{n+1}\sum\limits_{i=1}^{n}(X_i-\overline{X})^2$,$\hat{\sigma}_4^2=\frac{1}{n}\sum\limits_{i=1}^{n}(X_i-\mu)^2$.在$\hat{\sigma}_1^2,\hat{\sigma}_2^2,\hat{\sigma}_3^2,\hat{\sigma}_4^2$中,问:(1) 哪个是$\sigma^2$的无偏估计量;(2) 哪个比较有效;(3) 哪个方差最小;(4) 哪个是σ^2的一致估计量?

解　$\frac{(n-1)\hat{\sigma}_1^2}{\sigma^2}=\frac{n\hat{\sigma}_2^2}{\sigma^2}=\frac{(n+1)\hat{\sigma}_3^2}{\sigma^2}\sim\chi^2(n-1)$.又$\frac{X_i-\mu}{\sigma}\sim N(0,1)$,所以$\left(\frac{X_i-\mu}{\sigma}\right)^2=\frac{1}{\sigma^2}(X_i-\mu)^2\sim\chi^2(1)$,由$\chi^2$分布的性质知$\frac{n\hat{\sigma}_4^2}{\sigma^2}\sim\chi^2(n)$.于是

$$E(\hat{\sigma}_1^2)=\sigma^2,\quad E(\hat{\sigma}_2^2)=\frac{n-1}{n}\sigma^2\to\sigma^2\quad(n\to\infty),$$

$$E(\hat{\sigma}_3^2)=\frac{n-1}{n+1}\sigma^2\to\sigma^2\quad(n\to\infty),\quad E(\hat{\sigma}_4^2)=\sigma^2,$$

且

$$D(\hat{\sigma}_1^2)=\frac{2\sigma^4}{n-1}\to0\quad(n\to\infty),\quad D(\hat{\sigma}_2^2)=\frac{2(n-1)}{n^2}\sigma^4\to0\quad(n\to\infty),$$

$$D(\hat{\sigma}_3^2)=\frac{2(n-1)}{(n+1)^2}\sigma^4\to0\quad(n\to\infty),\quad D(\hat{\sigma}_4^2)=\frac{2\sigma^4}{n}\to0\quad(n\to\infty).$$

(1) $\hat{\sigma}_1^2$与$\hat{\sigma}_4^2$为σ^2的无偏估计量.

(2) $\hat{\sigma}_4^2$比$\hat{\sigma}_1^2$有效(因为$D(\hat{\sigma}_4^2)<D(\hat{\sigma}_1^2)$).

(3) $D(\hat{\sigma}_3^2)<D(\hat{\sigma}_2^2)<D(\hat{\sigma}_4^2)<D(\hat{\sigma}_1^2)$,即估计量$\hat{\sigma}_3^2$的方差最小.

(4) $\hat{\sigma}_1^2,\hat{\sigma}_2^2,\hat{\sigma}_3^2,\hat{\sigma}_4^2$均为$\sigma^2$的一致估计量.

例 7.16　设随机变量X在$[0,\theta]$上服从均匀分布,从此总体中抽取一样本X_1,证明:$\hat{\theta}_1=2X_1$,$\hat{\theta}_2=X_1$都不是θ的一致估计量.

证　因$E(\hat{\theta}_1)=E(2X_1)=2E(X_1)=2\cdot\frac{\theta}{2}=\theta$,故$\hat{\theta}_1$是$\theta$的无偏估计量.因$E(\hat{\theta}_2)=E(X_1)=\frac{\theta}{2}\neq\theta$,故$\hat{\theta}_2$不是$\theta$的无偏估计量.

为证$\hat{\theta}_1$不是θ的一致估计量,只需证明$\lim\limits_{n\to\infty}D(\hat{\theta}_1)\neq0$.因

$$\lim_{n\to\infty}D(\hat{\theta}_1)=\lim_{n\to\infty}D(2X_1)=\lim_{n\to\infty}4D(X_1)=\lim_{n\to\infty}4\cdot\frac{\theta^2}{12}=\lim_{n\to\infty}\frac{\theta^2}{3}\neq0,$$

故$\hat{\theta}_1$不是θ的一致估计量.同理可得$\hat{\theta}_2$不是θ的一致估计量.

例 7.17　设总体X服从均匀分布$U[0,\theta]$,证明:θ的极大似然估计量$X_{(n)}=\max\limits_{1\leqslant i\leqslant n}X_i$为$\theta$的一致估计量.

证　设总体 X 的概率密度为 $f(x)$，则 $f(x)=\begin{cases}\dfrac{1}{\theta}, & 0\leqslant x\leqslant\theta,\\ 0, & \text{其他}.\end{cases}$ 故最大次序统计量 $X_{(n)}$ 的概率密度为 $f_n(x)=\begin{cases}\dfrac{nx^{n-1}}{\theta^n}, & 0\leqslant x\leqslant\theta,\\ 0, & \text{其他},\end{cases}$ 从而

$$E(X_{(n)})=\int_0^\theta x\frac{nx^{n-1}}{\theta^n}\mathrm{d}x=\frac{n}{n+1}\theta\to\theta\quad(n\to\infty),$$

$$E(X_{(n)}^2)=\int_0^\theta x^2\frac{nx^{n-1}}{\theta^n}\mathrm{d}x=\frac{n}{n+2}\theta^2,$$

故

$$D(X_{(n)})=E[(X_{(n)}-\theta)^2]=E(X_{(n)}^2)-2\theta E(X_{(n)})+\theta^2$$
$$=\frac{n}{n+2}\theta^2-\frac{2n}{n+1}\theta^2+\theta^2=\frac{2}{(n+1)(n+2)}\theta^2\to0\quad(n\to\infty).$$

因此，θ 的极大似然估计量 $X_{(n)}=\max\limits_{1\leqslant i\leqslant n}X_i$ 为 θ 的一致估计量.

基本题型 Ⅴ：求置信区间

例 7.18　设 θ 是总体 X 的参数，$(\underline{\theta},\overline{\theta})$ 为 θ 的置信度为 $1-\alpha$ 的置信区间，即(　　).

(A) $(\underline{\theta},\overline{\theta})$ 以概率 $1-\alpha$ 包含 θ

(B) θ 以概率 $1-\alpha$ 落入 $(\underline{\theta},\overline{\theta})$

(C) θ 以概率 α 落在 $(\underline{\theta},\overline{\theta})$ 之外

(D) 以 $(\underline{\theta},\overline{\theta})$ 估计 θ 的范围，不正确的概率是 $1-\alpha$

解　由置信区间的定义可知，选项(A)正确.

例 7.19　设总体 $X\sim N(\mu,\sigma^2)$，σ^2 未知，若样本容量为 n，且分位点均指定为上侧分位点，则 μ 的置信度为 95% 的置信区间为(　　).

(A) $\left(\overline{X}\pm\dfrac{\sigma}{\sqrt{n}}z_{0.025}\right)$　　(B) $\left(\overline{X}\pm\dfrac{S}{\sqrt{n}}t_{0.05}(n-1)\right)$

(C) $\left(\overline{X}\pm\dfrac{S}{\sqrt{n}}t_{0.025}(n)\right)$　　(D) $\left(\overline{X}\pm\dfrac{S}{\sqrt{n}}t_{0.025}(n-1)\right)$

解　由题意，总体 $X\sim N(\mu,\sigma^2)$，且 σ^2 未知，故应构造统计量 $t=\dfrac{\overline{X}-\mu}{S/\sqrt{n}}\sim t(n-1)$，则参数 μ 的置信度为 $1-\alpha=95\%$ 的置信区间为 $\left(\overline{X}\pm\dfrac{S}{\sqrt{n}}t_{0.025}(n-1)\right)$. 故选(D).

例 7.20　假设 0.50，1.25，0.80，2.00 是总体 X 的样本值，已知 $Y=\ln X$ 服从正态分布 $N(\mu,1)$.

(1) 求 X 的数学期望 $E(X)$（记 $E(X)$ 为 b）；

(2) 求 μ 的置信度为 0.95 的置信区间；

(3) 利用上述结果求 b 的置信度为 0.95 的置信区间.

解　(1) Y 的概率密度为

$$f(y)=\frac{1}{\sqrt{2\pi}}\mathrm{e}^{-\frac{(y-\mu)^2}{2}},\quad -\infty<y<+\infty,$$

令 $t=y-\mu$,则

$$b=E(X)=E(\mathrm{e}^Y)=\frac{1}{\sqrt{2\pi}}\int_{-\infty}^{+\infty}\mathrm{e}^y\,\mathrm{e}^{-\frac{(y-\mu)^2}{2}}\mathrm{d}y=\frac{1}{\sqrt{2\pi}}\int_{-\infty}^{+\infty}\mathrm{e}^{t+\mu}\,\mathrm{e}^{-\frac{t^2}{2}}\mathrm{d}t$$

$$=\mathrm{e}^{\mu+\frac{1}{2}}\int_{-\infty}^{+\infty}\frac{1}{\sqrt{2\pi}}\mathrm{e}^{-\frac{1}{2}(t-1)^2}\mathrm{d}t=\mathrm{e}^{\mu+\frac{1}{2}}.$$

(2) 当置信度 $1-\alpha=0.95$ 时,$\alpha=0.05$. 标准正态分布的上 0.025 分位点为 $z_{0.025}=1.96$,故由 $\overline{Y}\sim N\left(\mu,\frac{1}{4}\right)$,可得

$$P\left\{\left|\frac{\overline{Y}-\mu}{1/2}\right|<1.96\right\}=P\left\{\overline{Y}-\frac{1}{2}\times1.96<\mu<\overline{Y}+\frac{1}{2}\times1.96\right\}=0.95,$$

其中

$$\overline{Y}=\frac{1}{4}(\ln 0.50+\ln 1.25+\ln 0.80+\ln 2.00)=\frac{1}{4}\ln 1=0.$$

于是

$$P\{-0.98<\mu<0.98\}=0.95,$$

从而 $(-0.98,0.98)$ 就是 μ 的置信度为 0.95 的置信区间.

(3) 由函数 e^x 单调递增,有

$$0.95=P\left\{-0.48<\mu+\frac{1}{2}<1.48\right\}=P\{\mathrm{e}^{-0.48}<\mathrm{e}^{\mu+\frac{1}{2}}<\mathrm{e}^{1.48}\},$$

因此 b 的置信度为 0.95 的置信区间为 $(\mathrm{e}^{-0.48},\mathrm{e}^{1.48})$.

例 7.21 某工厂生产滚珠,从某天生产的产品中随机抽取 9 个,测得直径(单位:mm)如下:

14.6, 14.7, 15.1, 14.9, 14.8, 15.0, 15.1, 15.2, 14.8.

设滚珠直径服从正态分布,若

(1) 已知滚珠直径的标准差为 $\sigma=0.15$,

(2) 标准差 σ 未知,

求直径均值 μ 的置信度为 0.95 的置信区间.

解 对于正态总体,若已知标准差 σ,则均值 μ 的置信度为 $1-\alpha$ 的置信区间为

$$\left(\overline{X}-z_{\alpha/2}\frac{\sigma}{\sqrt{n}},\overline{X}+z_{\alpha/2}\frac{\sigma}{\sqrt{n}}\right).$$

若标准差 σ 未知,则均值 μ 的置信度为 $1-\alpha$ 的置信区间为

$$\left(\overline{X}-t_{\alpha/2}(n-1)\frac{S}{\sqrt{n}},\overline{X}+t_{\alpha/2}(n-1)\frac{S}{\sqrt{n}}\right),$$

其中 S 为样本标准差.

(1) $z_{0.025}=1.96$,$n=9$,经计算知 $\overline{x}=14.91$,故已知滚珠直径的标准差 $\sigma=0.15$ 时,直径 μ 的置信度为 0.95 的置信区间是

$$\left(14.91-1.96\times\frac{0.15}{\sqrt{9}},14.91+1.96\times\frac{0.15}{\sqrt{9}}\right)=(14.81,15.01).$$

(2) 经计算知样本标准差 $s=0.2028$，查表可知 $t_{0.025}(8)=2.306$，于是直径 μ 的置信度为 0.95 的置信区间是

$$\left(14.91-2.306\times\frac{0.2028}{\sqrt{9}},14.91+2.306\times\frac{0.2028}{\sqrt{9}}\right)=(14.75,15.07).$$

例 7.22 设某糖厂用自动包装机装箱外运糖果，由以往经验知标准差为 1.15 kg，某日开工后在生产线上抽测 9 箱，测得数据(单位：kg) 如下：

99.3，　98.7，　100.5，　101.2，　98.3，　99.7，　99.5，　102.1，　100.5.

(1) 试求生产线上包装机装箱糖果的期望重量的区间估计($\alpha=0.05$)；

(2) 试求总体标准差 σ 的置信度为 0.95 的置信区间，并判断以往经验数据中的标准差为 1.15 kg 是否仍然合理可用.

解 (1) 由题设可知，总体标准差 $\sigma=1.15$ 为已知，根据测量数据有 $\overline{x}=\frac{1}{9}\sum_{i=1}^{9}x_i=\frac{899.8}{9}\approx 99.98$，当 $\alpha=0.05$ 时，查表可得 $z_{\frac{\alpha}{2}}=z_{0.025}=1.96$，故参数 μ 的置信度为 0.95 的置信区间为 $\left(\overline{x}-z_{0.025}\frac{\sigma}{\sqrt{n}},\overline{x}+z_{0.025}\frac{\sigma}{\sqrt{n}}\right)=(99.23,100.73)$.

(2) 由题设可知总体均值 μ 未知，根据测量数据有 $s^2=\frac{1}{8}\sum_{i=1}^{9}(x_i-\overline{x})^2=1.4694$，当 $\alpha=0.05$ 时，查表可得 $\chi_{0.975}^2(8)=2.180$，$\chi_{0.025}^2(8)=17.535$，从而参数 σ^2 的置信度为 0.95 的置信区间为 $\left(\frac{(n-1)s^2}{\chi_{0.025}^2(8)},\frac{(n-1)s^2}{\chi_{0.975}^2(8)}\right)=(0.6704,5.3923)$，故参数 σ 的置信度为 0.95 的置信区间为 $(0.8188,2.3221)$. 而以往经验数据标准差 $\sigma=1.15$ 仍然在 $(0.8188,2.3221)$ 内，故认为仍然合理可用.

例 7.23 设总体 X 服从正态分布 $N(\mu,\sigma^2)$，μ,σ^2 均为未知参数，$X_1,X_2,\cdots,X_n$ 为来自总体 X 的一个样本，求关于 μ 的置信度为 $1-\alpha$ 的置信区间的长度 l 的平方的数学期望.

解 因 σ^2 未知，选用统计量 $t=\frac{\overline{X}-\mu}{S}\sqrt{n}\sim t(n-1)$，得参数 μ 的置信度为 $1-\alpha$ 的置信区间为 $\left(\overline{X}-t_{\alpha/2}(n-1)\frac{S}{\sqrt{n}},\overline{X}+t_{\alpha/2}(n-1)\frac{S}{\sqrt{n}}\right)$，其区间长度为 $l=2t_{\alpha/2}(n-1)\frac{S}{\sqrt{n}}$，于是

$$E(l^2)=E\left[4t_{\alpha/2}^2(n-1)\frac{S^2}{n}\right]=\frac{4}{n}t_{\alpha/2}^2(n-1)E(S^2)=\frac{4}{n}t_{\alpha/2}^2(n-1)\sigma^2.$$

***例 7.24** 在甲、乙两个城市进行家庭消费调查. 在甲市抽取 500 户，平均每户每年消费支出 3 000 元，标准差 $s_1=400$ 元；在乙市抽取 1 000 户，平均每户每年消费支出 4 200 元，标准差 $s_2=500$ 元. 设两个城市每年的家庭消费支出分别服从正态分布 $N(\mu_1,\sigma_1^2)$ 和 $N(\mu_2,\sigma_2^2)$，求：

(1) 甲、乙两个城市每年的家庭平均消费支出间差异的置信区间(置信度为 0.95)；

(2) 甲、乙两个城市每年的家庭平均消费支出方差比的置信区间(置信度为 0.90).

解 (1) 在本题中虽 μ_1,σ_1^2 和 μ_2,σ_2^2 均未知，但由于抽取样本容量 $n=500$，$m=1000$ 都很大(在使用中只要大于 50 即可)，故 $Z=\frac{\overline{X}-\overline{Y}-(\mu_1-\mu_2)}{\sqrt{\frac{S_1^2}{n}+\frac{S_2^2}{m}}}\sim N(0,1)$，即 $\mu_1-\mu_2$ 的置信度为

$1-\alpha$ 的置信区间为$\left(\overline{X}-\overline{Y}-z_{\frac{\alpha}{2}}\sqrt{\frac{S_1^2}{n}+\frac{S_2^2}{m}},\overline{X}-\overline{Y}+z_{\frac{\alpha}{2}}\sqrt{\frac{S_1^2}{n}+\frac{S_2^2}{m}}\right)$. 由 $\overline{x}=3\,000,\overline{y}=4\,200$, $s_1=400,s_2=500,1-\alpha=0.95$ 即 $\alpha=0.05$,查表可得 $z_{0.025}=1.96$,因此

$$\left(\overline{x}-\overline{y}\pm z_{\frac{\alpha}{2}}\sqrt{\frac{s_1^2}{n}+\frac{s_2^2}{m}}\right)=\left(3\,000-4\,200\pm1.96\times\sqrt{\frac{400^2}{500}+\frac{500^2}{1\,000}}\right)=(-1\,200\pm46.79),$$

即甲、乙两个城市每年的家庭平均消费支出间差异的置信度为 0.95 的置信区间为 $(-1\,246.79,-1\,153.21)$. 由于置信区间的上限小于 0,在实际问题中可认为乙市每年的家庭平均消费支出要比甲市大.

(2) 由 $F=\frac{S_1^2/\sigma_1^2}{S_2^2/\sigma_2^2}\sim F(n-1,m-1)$, $n=500,m=1\,000,s_1=400,s_2=500,1-\alpha=0.90$ 即 $\alpha=0.10$,查表可得

$$F_{\frac{\alpha}{2}}(n-1,m-1)=F_{0.05}(499,999)=1.13,$$

$$F_{1-\frac{\alpha}{2}}(n-1,m-1)=F_{0.95}(499,999)=\frac{1}{F_{0.05}(999,499)}=\frac{1}{1.11},$$

且 $\frac{s_1^2}{s_2^2}=\frac{400^2}{500^2}=0.64$,于是所求的置信区间为

$$\left(\frac{s_1^2}{s_2^2}\cdot\frac{1}{F_{0.05}(499,999)},\frac{s_1^2}{s_2^2}\cdot\frac{1}{F_{0.95}(499,999)}\right)=\left(\frac{0.64}{1.13},0.64\times1.11\right)=(0.566,0.710).$$

由于置信区间上限小于 1,故可认为乙市每年的家庭平均消费支出的方差要比甲市大.

***例 7.25** 某商店销售的一种商品分别来自甲、乙两个厂家. 为考察商品性能上的差异,现从甲、乙两个厂家生产的产品中分别抽取了 8 件和 9 件产品,测其性能指标 X,得到两组样本观察值,经计算得 $\overline{x}=2.190,\overline{y}=2.238,s_1^2=0.006,s_2^2=0.008$. 假设性能指标 X 均服从正态分布 $N(\mu_i,\sigma_i^2)(i=1,2)$,试求方差比 $\frac{\sigma_1^2}{\sigma_2^2}$ 及均值差 $\mu_1-\mu_2$ 的置信度为 0.90 的置信区间.

解 先求方差比 $\frac{\sigma_1^2}{\sigma_2^2}$ 的置信度为 0.90 的置信区间. 由 $1-\alpha=0.90$ 即 $\alpha=0.10$,查 F 分布表可得

$$F_{\frac{\alpha}{2}}(n-1,m-1)=F_{0.05}(7,8)=3.50,\quad F_{1-\frac{\alpha}{2}}(n-1,m-1)=F_{0.95}(7,8)=\frac{1}{F_{0.05}(8,7)}=\frac{1}{3.73},$$

故所求的置信区间为

$$\left(\frac{s_1^2}{s_2^2}\cdot\frac{1}{F_{0.05}(7,8)},\frac{s_1^2}{s_2^2}\cdot\frac{1}{F_{0.95}(7,8)}\right)=\left(\frac{0.006}{0.008}\times\frac{1}{3.50},\frac{0.006}{0.008}\times3.73\right)=(0.214,2.798).$$

由于置信区间包含 1,故可认为 $\sigma_1^2=\sigma_2^2$.

由于 σ_1^2,σ_2^2 未知,但 $\sigma_1^2=\sigma_2^2=\sigma^2$,因此 $\mu_1-\mu_2$ 的置信度为 0.90 的置信区间为

$$\left(\overline{x}-\overline{y}\pm t_{0.05}(n+m-2)s_w\sqrt{\frac{1}{n}+\frac{1}{m}}\right),$$

其中 $t_{0.05}(15)=1.753\,1$, $s_w^2=\frac{(n-1)s_1^2+(m-1)s_2^2}{n+m-2}=0.007\,1$,则

$$\left(\overline{x}-\overline{y}\pm t_{0.05}(n+m-2)s_w\sqrt{\frac{1}{n}+\frac{1}{m}}\right)=(-0.048\pm1.753\,1\times0.084\times0.486)$$

$$= (-0.048 \pm 0.0716),$$

即$(-0.1196, 0.0236)$，两个厂家生产的产品性能上无显著性差异.

§7.3　历年考研真题评析

1. 设总体 X 的概率密度为 $f(x;\theta) = \begin{cases} e^{-(x-\theta)}, & x \geqslant \theta, \\ 0, & x < \theta, \end{cases}$ 而 $X_1, X_2, \cdots, X_n$ 是来自总体 X 的样本，则未知参数 θ 的矩估计量为________.

解　由于 $E(X) = \int_{\theta}^{+\infty} x e^{-(x-\theta)} dx = \theta + 1$，因此 $\theta = E(X) - 1$，则 θ 的矩估计量为

$$\hat{\theta} = \overline{X} - 1 = \frac{1}{n}\sum_{i=1}^{n} X_i - 1.$$

2. 设总体 X 的概率密度为 $f(x;\theta) = \begin{cases} 2e^{-2(x-\theta)}, & x > \theta, \\ 0, & x \leqslant \theta, \end{cases}$ 其中 $\theta > 0$ 为未知参数. 从总体 X 中抽取样本 $X_1, X_2, \cdots, X_n$，记 $\hat{\theta} = \min\{X_1, X_2, \cdots, X_n\}$.

(1) 求总体 X 的分布函数 $F(x)$；

(2) 求统计量 $\hat{\theta}$ 的分布函数 $F_{\hat{\theta}}(x)$；

(3) 如果用 $\hat{\theta}$ 作为 θ 的估计量，讨论它是否具有无偏性.

解　(1) $F(x) = \int_{-\infty}^{x} f(t) dt = \begin{cases} 1 - e^{-2(x-\theta)}, & x > \theta, \\ 0, & x \leqslant \theta. \end{cases}$

(2)
$$\begin{aligned} F_{\hat{\theta}}(x) &= P\{\hat{\theta} \leqslant x\} = P\{\min\{X_1, X_2, \cdots, X_n\} \leqslant x\} \\ &= 1 - P\{\min\{X_1, X_2, \cdots, X_n\} > x\} \\ &= 1 - P\{X_1 > x, X_2 > x, \cdots, X_n > x\} \\ &= 1 - [1 - F(x)]^n = \begin{cases} 1 - e^{-2n(x-\theta)}, & x > \theta, \\ 0, & x \leqslant \theta. \end{cases} \end{aligned}$$

(3) $\hat{\theta}$ 的概率密度为

$$f_{\hat{\theta}}(x) = \frac{dF_{\hat{\theta}}(x)}{dx} = \begin{cases} 2n e^{-2n(x-\theta)}, & x > \theta, \\ 0, & x \leqslant \theta. \end{cases}$$

因为

$$E(\hat{\theta}) = \int_{-\infty}^{+\infty} x f_{\hat{\theta}}(x) dx = \int_{\theta}^{+\infty} 2nx e^{-2n(x-\theta)} dx = \theta + \frac{1}{2n} \neq \theta,$$

所以 $\hat{\theta}$ 作为 θ 的估计量不具有无偏性.

3. 已知一批零件的长度 X(单位:cm) 服从正态分布 $N(\mu, 1)$，从中随机地抽取 16 个零件，得到长度的平均值为 40 cm，则 μ 的置信度为 0.95 的置信区间是________.(标准正态分布函数值 $\Phi(1.96) = 0.975, \Phi(1.645) = 0.95$)

解　这是一个正态分布方差 σ^2 已知，求期望 μ 的置信区间问题，置信区间为

$$\left(\overline{x} - \frac{\sigma}{\sqrt{n}} z_{\frac{\alpha}{2}}, \overline{x} + \frac{\sigma}{\sqrt{n}} z_{\frac{\alpha}{2}}\right),$$

其中 $z_{\frac{\alpha}{2}}$ 由 $P\{|Z|<z_{\frac{\alpha}{2}}\}=0.95$ 确定($Z\sim N(0,1)$),即 $z_{\frac{\alpha}{2}}=1.96$.将 $\overline{x}=40,\sigma=1,n=16$ 及 $z_{\frac{\alpha}{2}}=1.96$ 代入,得到 μ 的置信度为 0.95 的置信区间为(39.51,40.49).

4. 设总体 X 的分布函数为 $F(x;\beta)=\begin{cases}1-\dfrac{1}{x^{\beta}}, & x>1,\\ 0, & x\leqslant 1,\end{cases}$ 其中未知参数 $\beta>1,X_1,X_2,\cdots,X_n$ 为来自总体 X 的样本,求:

(1) β 的矩估计量;

(2) β 的极大似然估计量.

解 X 的概率密度为 $f(x;\beta)=\begin{cases}\dfrac{\beta}{x^{\beta+1}}, & x>1,\\ 0, & x\leqslant 1.\end{cases}$

(1) 由于

$$E(X)=\int_{-\infty}^{+\infty}xf(x;\beta)\mathrm{d}x=\int_{1}^{+\infty}x\frac{\beta}{x^{\beta+1}}\mathrm{d}x=\frac{\beta}{\beta-1},$$

令 $\dfrac{\beta}{\beta-1}=\overline{X}$,解得 β 的矩估计量为 $\hat{\beta}=\dfrac{\overline{X}}{\overline{X}-1}$.

(2) 似然函数为

$$L(\beta)=\prod_{i=1}^{n}f(x_i;\beta)=\begin{cases}\dfrac{\beta^n}{(x_1x_2\cdots x_n)^{\beta+1}}, & x_i>1(i=1,2,\cdots,n),\\ 0, & x\leqslant 1.\end{cases}$$

当 $x_i>1(i=1,2,\cdots,n)$ 时,$L(\beta)>0$,两边取对数,得 $\ln L(\beta)=n\ln\beta-(\beta+1)\sum\limits_{i=1}^{n}\ln x_i$,两边对 β 求导数,得

$$\frac{\mathrm{d}\ln L(\beta)}{\mathrm{d}\beta}=\frac{n}{\beta}-\sum_{i=1}^{n}\ln x_i.$$

令 $\dfrac{\mathrm{d}\ln L(\beta)}{\mathrm{d}\beta}=0$,可得 β 的极大似然估计值为 $\hat{\beta}=\dfrac{n}{\sum\limits_{i=1}^{n}\ln x_i}$,故 β 的极大似然估计量为 $\hat{\beta}=\dfrac{n}{\sum\limits_{i=1}^{n}\ln X_i}$.

5. 设 $X_1,X_2,\cdots,X_n(n>2)$ 为来自总体 $N(0,\sigma^2)$ 的样本,$\overline{X}$ 为样本均值,记 $Y_i=X_i-\overline{X}$,$i=1,2,\cdots,n$,求:

(1) Y_i 的方差 $D(Y_i),i=1,2,\cdots,n$;

(2) Y_1 与 Y_n 的协方差 $\mathrm{Cov}(Y_1,Y_n)$;

(3) 若 $c(Y_1+Y_n)^2$ 是 σ^2 的无偏估计量,求常数 c.

解 由题设,$X_1,X_2,\cdots,X_n(n>2)$ 是简单随机样本,因此 $X_1,X_2,\cdots,X_n(n>2)$ 相互独立且与总体同分布,即

$$X_i\sim N(0,\sigma^2),\quad E(X_i)=0,\quad D(X_i)=\sigma^2\quad(i=1,2,\cdots,n).$$

(1) $Y_i=X_i-\overline{X}=-\dfrac{1}{n}\sum\limits_{\substack{j=1\\j\neq i}}^{n}X_j+\left(1-\dfrac{1}{n}\right)X_i$,

$$D(Y_i)=D(X_i-\overline{X})=D\left[-\frac{1}{n}\sum_{\substack{j=1\\j\neq i}}^{n}X_j+\left(1-\frac{1}{n}\right)X_i\right]$$

$$= \left(-\frac{1}{n}\right)^2 \sum_{\substack{j=1 \\ j \neq i}}^{n} D(X_j) + \left(1-\frac{1}{n}\right)^2 D(X_i)$$

$$= \frac{1}{n^2} \sum_{\substack{j=1 \\ j \neq i}}^{n} D(X) + \frac{(n-1)^2}{n^2} D(X) = \frac{n-1}{n}\sigma^2.$$

(2) 因为 $X_1, X_2, \cdots, X_n (n > 2)$ 相互独立，所以

$$\mathrm{Cov}(X_i, X_j) = \begin{cases} D(X_i), & i = j, \\ 0, & i \neq j \end{cases} \quad (i, j = 1, 2, \cdots, n),$$

则

$$\begin{aligned} \mathrm{Cov}(Y_1, Y_n) &= \mathrm{Cov}(X_1 - \overline{X}, X_n - \overline{X}) \\ &= \mathrm{Cov}(X_1, X_n) - \mathrm{Cov}(X_1, \overline{X}) - \mathrm{Cov}(X_n, \overline{X}) + \mathrm{Cov}(\overline{X}, \overline{X}). \end{aligned}$$

而

$$\mathrm{Cov}(X_1, \overline{X}) = \mathrm{Cov}\left(X_1, \frac{1}{n}\sum_{i=1}^{n} X_i\right) = \frac{1}{n}\sum_{i=1}^{n} \mathrm{Cov}(X_1, X_i) = \frac{1}{n} D(X_1) = \frac{\sigma^2}{n},$$

类似地，

$$\mathrm{Cov}(X_n, \overline{X}) = \frac{1}{n} D(X_n) = \frac{\sigma^2}{n},$$

又 $D(\overline{X}) = \frac{\sigma^2}{n}$，故 $\mathrm{Cov}(Y_1, Y_n) = 0 - \frac{\sigma^2}{n} - \frac{\sigma^2}{n} + \frac{\sigma^2}{n} = -\frac{\sigma^2}{n}$.

(3) 首先计算 $E[(Y_1 + Y_n)^2]$. 由于 $E(Y_1 + Y_n) = E(Y_1) + E(Y_n) = 0$，所以

$$\begin{aligned} E[(Y_1 + Y_n)^2] &= D(Y_1 + Y_n) = D(Y_1) + 2\mathrm{Cov}(Y_1, Y_n) + D(Y_n) \\ &= \frac{n-1}{n}\sigma^2 - \frac{2}{n}\sigma^2 + \frac{n-1}{n}\sigma^2 = \frac{2(n-2)}{n}\sigma^2. \end{aligned}$$

若 $c(Y_1 + Y_n)^2$ 是 σ^2 的无偏估计量，则 c 应满足

$$\sigma^2 = E[c(Y_1 + Y_n)^2] = cE[(Y_1 + Y_n)^2] = \frac{2c(n-2)}{n}\sigma^2,$$

故 $c = \frac{n}{2(n-2)}$.

6. 设总体 X 的概率密度为 $f(x;\theta) = \begin{cases} \frac{2x}{3\theta^2}, & \theta < x < 2\theta, \\ 0, & \text{其他}, \end{cases}$ 其中 θ 是未知参数，$X_1, X_2, \cdots, X_n$ 是来自总体 X 的样本. 若 $c\sum_{i=1}^{n} X_i^2$ 是 θ^2 的无偏估计量，则常数 $c =$ ________.

解
$$\begin{aligned} E\left(c\sum_{i=1}^{n} X_i^2\right) &= c\sum_{i=1}^{n} E(X_i^2) = ncE(X^2) = nc\int_{\theta}^{2\theta} \frac{2x^3}{3\theta^2}\mathrm{d}x \\ &= \frac{2nc}{3\theta^2} \cdot \frac{1}{4}x^4 \Big|_{\theta}^{2\theta} = \frac{5nc}{2}\theta^2 = \theta^2, \end{aligned}$$

所以 $c = \frac{2}{5n}$.

7. 设总体 X 的概率密度为 $f(x;\theta) = \begin{cases} \frac{1}{1-\theta}, & \theta \leqslant x \leqslant 1, \\ 0, & \text{其他}, \end{cases}$ 其中 θ 为未知参数，$X_1, X_2, \cdots,$

X_n 为来自总体 X 的样本，求：

(1) θ 的矩估计量；

(2) θ 的极大似然估计量.

解 (1) 由已知

$$E(X)=\int_{-\infty}^{+\infty}xf(x;\theta)\mathrm{d}x=\int_{\theta}^{1}x\cdot\frac{1}{1-\theta}\mathrm{d}x=\frac{1+\theta}{2},$$

令 $E(X)=\overline{X}$，即 $\frac{1+\theta}{2}=\overline{X}$，解得 $\hat{\theta}=2\overline{X}-1$，则 θ 的矩估计量为 $\hat{\theta}=\frac{2}{n}\sum_{i=1}^{n}X_i-1$.

(2) 似然函数为

$$L(\theta)=\prod_{i=1}^{n}f(x_i;\theta)=\begin{cases}\left(\frac{1}{1-\theta}\right)^n, & \theta\leqslant x_i\leqslant 1(i=1,2,\cdots,n),\\ 0, & \text{其他}.\end{cases}$$

当 $\theta\leqslant x_i\leqslant 1(i=1,2,\cdots,n)$ 时，$L(\theta)=\prod_{i=1}^{n}f(x_i;\theta)=\left(\frac{1}{1-\theta}\right)^n$. 上式右端关于 θ 单调递增，所以 $\hat{\theta}=\min\{X_1,X_2,\cdots,X_n\}$ 为 θ 的极大似然估计量.

8. 设 $x_1,x_2,\cdots,x_n$ 为来自总体 $N(\mu,\sigma^2)$ 的观察值，样本均值 $\overline{x}=9.5$，参数 μ 的置信度为 0.95 的双侧置信区间的置信上限为 10.8，则 μ 的置信度为 0.95 的双侧置信区间为________.

解 μ 的置信度为 $1-\alpha$ 的置信区间是对称区间

$$\left(\overline{x}-t_{\alpha/2}(n-1)\frac{s}{\sqrt{n}},\overline{x}+t_{\alpha/2}(n-1)\frac{s}{\sqrt{n}}\right).$$

不妨设 μ 的置信度为 $1-\alpha$ 的置信区间是 $(\overline{x}-a,\overline{x}+a)$，由于 $\overline{x}=9.5$，置信上限为 10.8，则 $9.5+a=10.8$，即 $a=1.3$，那么 μ 的置信度为 0.95 的双侧置信区间为 (8.2,10.8).

9. 设随机变量 X 的概率密度为 $f(x;\theta)=\begin{cases}\frac{3x^2}{\theta^3}, & 0<x<\theta,\\ 0, & \text{其他},\end{cases}$ 其中 $\theta\in(0,+\infty)$ 为未知参数，X_1,X_2,X_3 为来自总体 X 的样本，令 $T=\max\{X_1,X_2,X_3\}$.

(1) 求 T 的概率密度；

(2) 确定 a，使得 aT 为 θ 的无偏估计量.

解 (1) 随机变量 X 的分布函数为

$$F_X(x)=P\{X\leqslant x\}=\int_{-\infty}^{x}f(x;\theta)\mathrm{d}x=\begin{cases}0, & x<0,\\ \int_0^x\frac{3x^2}{\theta^3}\mathrm{d}x, & 0\leqslant x<\theta,\\ 1, & x\geqslant\theta\end{cases}=\begin{cases}0, & x<0,\\ \frac{x^3}{\theta^3}, & 0\leqslant x<\theta,\\ 1, & x\geqslant\theta,\end{cases}$$

则

$$\begin{aligned}F_T(t)&=P\{T\leqslant t\}=P\{\max\{X_1,X_2,X_3\}\leqslant t\}=P\{X_1\leqslant t,X_2\leqslant t,X_3\leqslant t\}\\&=P\{X_1\leqslant t\}P\{X_2\leqslant t\}P\{X_3\leqslant t\}=F_X^3(t).\end{aligned}$$

所以

$$f_T(t)=\frac{\mathrm{d}F_T(t)}{\mathrm{d}t}=\frac{\mathrm{d}F_X^3(t)}{\mathrm{d}t}=3F_X^2(t)F'_X(t)=3F_X^2(t)f(t;\theta)=\begin{cases}\frac{9t^8}{\theta^9}, & 0\leqslant t<\theta,\\ 0, & \text{其他}.\end{cases}$$

(2) 因为 aT 为 θ 的无偏估计量，所以 $E(aT)=\theta$. 又

$$E(aT)=aE(T)=a\int_{-\infty}^{+\infty}tf_T(t)\mathrm{d}t=a\int_0^{\theta}\frac{9t^9}{\theta^9}\mathrm{d}t=\frac{9a\theta}{10}=\theta,$$

即 $a=\dfrac{10}{9}$.

10. 某工程师为了解一台天平的精度，用该天平对一物体的质量做了 n 次测量. 该物体的质量 μ 是已知的，设 n 次测量结果 $X_1,X_2,\cdots,X_n$ 相互独立且均服从正态分布 $N(\mu,\sigma^2)$. 该工程师记录的是 n 次测量的绝对误差 $Z_i=|X_i-\mu|(i=1,2,\cdots,n)$，利用 $Z_1,Z_2,\cdots,Z_n$ 估计参数 σ.

(1) 求 Z_i 的概率密度；

(2) 利用一阶原点矩求 σ 的矩估计量；

(3) 求参数 σ 的极大似然估计量.

解　(1) 先求 Z_i 的分布函数，有

$$F_{Z_i}(z)=P\{Z_i\leqslant z\}=P\{|X_i-\mu|\leqslant z\}=P\left\{\frac{|X_i-\mu|}{\sigma}\leqslant\frac{z}{\sigma}\right\}.$$

当 $z<0$ 时，显然 $F_{Z_i}(z)=0$；当 $z\geqslant 0$ 时，

$$F_{Z_i}(z)=P\left\{\frac{|X_i-\mu|}{\sigma}\leqslant\frac{z}{\sigma}\right\}=2\Phi\left(\frac{z}{\sigma}\right)-1,$$

则 Z_i 的概率密度为 $f_{Z_i}(z)=F'_{Z_i}(z)=\begin{cases}\dfrac{2}{\sqrt{2\pi}\sigma}\mathrm{e}^{-\frac{z^2}{2\sigma^2}}, & z\geqslant 0,\\ 0, & z<0.\end{cases}$

(2) 数学期望

$$E(Z_i)=\int_0^{+\infty}zf_{Z_i}(z)\mathrm{d}z=\int_0^{+\infty}\frac{2}{\sqrt{2\pi}\sigma}z\mathrm{e}^{-\frac{z^2}{2\sigma^2}}\mathrm{d}z=\frac{2\sigma}{\sqrt{2\pi}},$$

令 $E(Z)=\overline{Z}=\dfrac{1}{n}\sum\limits_{i=1}^{n}Z_i$，解得 σ 的矩估计量为 $\hat{\sigma}=\dfrac{\sqrt{2\pi}}{2}\overline{Z}=\dfrac{\sqrt{2\pi}}{2n}\sum\limits_{i=1}^{n}Z_i$.

(3) 设 $Z_1,Z_2,\cdots,Z_n$ 的观察值为 $z_1,z_2,\cdots,z_n$. 当 $z_i>0,i=1,2,\cdots,n$ 时，似然函数为

$$L(\sigma)=\prod_{i=1}^{n}f_{Z_i}(z_i;\sigma)=\frac{2^n}{(\sqrt{2\pi}\sigma)^n}\mathrm{e}^{-\frac{1}{2\sigma^2}\sum\limits_{i=1}^{n}z_i^2},$$

两边取对数，得

$$\ln L(\sigma)=n\ln 2-\frac{n}{2}\ln(2\pi)-n\ln\sigma-\frac{1}{2\sigma^2}\sum_{i=1}^{n}z_i^2.$$

令 $\dfrac{\mathrm{d}\ln L(\sigma)}{\mathrm{d}\sigma}=-\dfrac{n}{\sigma}+\dfrac{1}{\sigma^3}\sum\limits_{i=1}^{n}z_i^2=0$，解得 σ 的极大似然估计量为 $\hat{\sigma}=\sqrt{\dfrac{1}{n}\sum\limits_{i=1}^{n}Z_i^2}$.

11. 设总体 X 的概率密度为 $f(x;\sigma)=\dfrac{1}{2\sigma}\mathrm{e}^{-\frac{|x|}{\sigma}}$，$-\infty<x<+\infty$，其中 $\sigma\in(0,+\infty)$ 为未知参数，$X_1,X_2,\cdots,X_n$ 为来自总体 X 的样本，记 σ 的极大似然估计量为 $\hat{\sigma}$. 求：(1) $\hat{\sigma}$；(2) $E(\hat{\sigma})$ 和 $D(\hat{\sigma})$.

解　(1) 似然函数为

$$L(x_1,x_2,\cdots,x_n;\sigma)=\prod_{i=1}^{n}f(x_i;\sigma)=\frac{1}{2^n\sigma^n}e^{-\frac{1}{\sigma}\sum_{i=1}^{n}|x_i|},\quad -\infty<x_i<+\infty,$$

两边取对数,得

$$\ln L(\sigma)=-n\ln 2-n\ln\sigma-\frac{1}{\sigma}\sum_{i=1}^{n}|x_i|.$$

令

$$\frac{\mathrm{d}\ln L(\sigma)}{\mathrm{d}\sigma}=-\frac{n}{\sigma}+\frac{1}{\sigma^2}\sum_{i=1}^{n}|x_i|=0,$$

解得 σ 的极大似然估计量为 $\hat{\sigma}=\frac{1}{n}\sum_{i=1}^{n}|X_i|$.

$$(2)\ E(\hat{\sigma})=E\left(\frac{1}{n}\sum_{i=1}^{n}|X_i|\right)=\frac{1}{n}\sum_{i=1}^{n}E(|X_i|)=E(|X_i|)=E(|X|)$$

$$=\int_{-\infty}^{+\infty}|x|\frac{1}{2\sigma}e^{-\frac{|x|}{\sigma}}\mathrm{d}x=\int_{0}^{+\infty}x\frac{1}{\sigma}e^{-\frac{x}{\sigma}}\mathrm{d}x=-\int_{0}^{+\infty}x\mathrm{d}(e^{-\frac{x}{\sigma}})$$

$$=-xe^{-\frac{x}{\sigma}}\Big|_0^{+\infty}+\int_{0}^{+\infty}e^{-\frac{x}{\sigma}}\mathrm{d}x=\sigma.$$

又

$$D(\hat{\sigma})=D\left(\frac{1}{n}\sum_{i=1}^{n}|X_i|\right)=\frac{1}{n^2}\sum_{i=1}^{n}D(|X_i|)=\frac{1}{n}D(|X_i|)=\frac{1}{n}D(|X|),$$

而

$$E(X^2)=\int_{-\infty}^{+\infty}\frac{x^2}{2\sigma}e^{-\frac{|x|}{\sigma}}\mathrm{d}x=\int_{0}^{+\infty}\frac{x^2}{\sigma}e^{-\frac{x}{\sigma}}\mathrm{d}x=2\sigma^2,$$

$$D(|X|)=E(X^2)-[E(|X|)]^2=2\sigma^2-\sigma^2=\sigma^2,$$

故 $D(\hat{\sigma})=\frac{1}{n}D(|X|)=\frac{\sigma^2}{n}$.

12. 设总体 X 的概率密度为 $f(x;\sigma^2)=\begin{cases}\frac{A}{\sigma}e^{-\frac{(x-\mu)^2}{2\sigma^2}}, & x\geqslant\mu,\\ 0, & x<\mu,\end{cases}$ 其中 μ 是已知参数,$\sigma>0$ 为未知参数,$X_1,X_2,\cdots,X_n$ 为来自总体 X 的样本,求:(1) A 的值;(2) σ^2 的极大似然估计量.

解 (1) 由已知

$$\int_{-\infty}^{+\infty}f(x;\sigma^2)\mathrm{d}x=\int_{\mu}^{+\infty}\frac{A}{\sigma}e^{-\frac{(x-\mu)^2}{2\sigma^2}}\mathrm{d}x=\int_{\mu}^{+\infty}Ae^{-\frac{(x-\mu)^2}{2\sigma^2}}\mathrm{d}\left(\frac{x-\mu}{\sigma}\right)=1,$$

令 $\frac{x-\mu}{\sigma}=t$,则 $\int_{-\infty}^{+\infty}f(x;\sigma^2)\mathrm{d}x=A\int_{0}^{+\infty}e^{-\frac{t^2}{2}}\mathrm{d}t=A\frac{\sqrt{2\pi}}{2}=1$,解得 $A=\sqrt{\frac{2}{\pi}}$.

(2) 似然函数为

$$L(\sigma^2)=\prod_{i=1}^{n}f(x_i;\sigma^2)=\begin{cases}\left(\frac{2}{\pi}\right)^{\frac{n}{2}}\frac{1}{\sigma^n}e^{-\sum_{i=1}^{n}\frac{(x_i-\mu)^2}{2\sigma^2}}, & x_i\geqslant\mu(i=1,2,\cdots,n),\\ 0, & \text{其他}.\end{cases}$$

当 $x_i\geqslant\mu(i=1,2,\cdots,n)$ 时,两边取对数,得

$$\ln L(\sigma^2)=\frac{n}{2}\ln\frac{2}{\pi}-\frac{n}{2}\ln\sigma^2-\frac{1}{2\sigma^2}\sum_{i=1}^{n}(x_i-\mu)^2.$$

令$\dfrac{\mathrm{d}\ln L(\sigma^2)}{\mathrm{d}\sigma^2}=-\dfrac{n}{2\sigma^2}+\dfrac{1}{2(\sigma^2)^2}\sum\limits_{i=1}^{n}(x_i-\mu)^2=0$，解得 σ^2 的极大似然估计值为 $\hat{\sigma}^2=\dfrac{1}{n}\sum\limits_{i=1}^{n}(x_i-\mu)^2$，则 σ^2 的极大似然估计量为 $\hat{\sigma}^2=\dfrac{1}{n}\sum\limits_{i=1}^{n}(X_i-\mu)^2$.

§7.4　教材习题详解

1. 设总体 X 服从二项分布 $b(n,p)$，n 已知，$X_1,X_2,\cdots,X_n$ 为来自总体 X 的样本，求参数 p 的矩估计量.

解　由已知 $E(X)=np$，令 $E(X)=\overline{X}$，因此 $np=\overline{X}$，则 p 的矩估计量为

$$\hat{p}=\frac{\overline{X}}{n}.$$

2. 设总体 X 的概率密度为 $f(x;\theta)=\begin{cases}\dfrac{2}{\theta^2}(\theta-x), & 0<x<\theta,\\ 0, & \text{其他},\end{cases}$ $X_1,X_2,\cdots,X_n$ 为其样本，试求参数 θ 的矩估计量.

解　由已知

$$E(X)=\frac{2}{\theta^2}\int_0^\theta x(\theta-x)\,\mathrm{d}x=\frac{2}{\theta^2}\left(\theta\frac{x^2}{2}-\frac{x^3}{3}\right)\bigg|_0^\theta=\frac{\theta}{3},$$

令 $E(X)=\overline{X}$，因此$\dfrac{\theta}{3}=\overline{X}$，则 θ 的矩估计量为

$$\hat{\theta}=3\overline{X}.$$

3. 设总体 X 的概率密度为 $f(x;\theta)$，$X_1,X_2,\cdots,X_n$ 为其样本，求 θ 的极大似然估计量：

(1) $f(x;\theta)=\begin{cases}\theta\mathrm{e}^{-\theta x}, & x\geqslant 0,\\ 0, & x<0;\end{cases}$

(2) $f(x;\theta)=\begin{cases}\theta x^{\theta-1}, & 0<x<1,\\ 0, & \text{其他}.\end{cases}$

解　(1) 似然函数为 $L(\theta)=\prod\limits_{i=1}^{n}f(x_i,\theta)=\theta^n\prod\limits_{i=1}^{n}\mathrm{e}^{-\theta x_i}=\theta^n\mathrm{e}^{-\theta\sum\limits_{i=1}^{n}x_i}$. 两边取对数，得

$$\ln L(\theta)=n\ln\theta-\theta\sum_{i=1}^{n}x_i.$$

由$\dfrac{\mathrm{d}\ln L(\theta)}{\mathrm{d}\theta}=\dfrac{n}{\theta}-\sum\limits_{i=1}^{n}x_i=0$ 知

$$\hat{\theta}=\frac{n}{\sum\limits_{i=1}^{n}x_i},$$

所以 θ 的极大似然估计量为$\hat{\theta}=\dfrac{1}{\overline{X}}$.

(2) 似然函数为 $L(\theta)=\theta^n\prod\limits_{i=1}^{n}x_i^{\theta-1}$，$0<x_i<1$，$i=1,2,\cdots,n$. 两边取对数，得

$$\ln L(\theta)=n\ln\theta+(\theta-1)\ln\prod_{i=1}^{n}x_i.$$

由$\dfrac{\mathrm{d}\ln L(\theta)}{\mathrm{d}\theta}=\dfrac{n}{\theta}+\ln\prod\limits_{i=1}^{n}x_i=0$ 知

$$\hat{\theta} = -\frac{n}{\ln \prod_{i=1}^{n} x_i} = -\frac{n}{\sum_{i=1}^{n} \ln x_i},$$

所以 θ 的极大似然估计量为 $\hat{\theta} = -\dfrac{n}{\sum_{i=1}^{n} \ln X_i}$.

4. 从一批炒股票的股民一年收益率的数据中随机抽取 10 人的收益率数据，结果如表 7.4 所示，求这批股民的平均收益率及收益率的标准差的矩估计值.

表 7.4

序号	1	2	3	4	5	6	7	8	9	10
收益率	0.01	−0.11	−0.12	−0.09	−0.13	−0.3	0.1	−0.09	−0.1	−0.11

解　由已知 $\overline{x} = -0.094, s = 0.101\,893, n = 10$，则

$$E(\hat{X}) = \overline{x} = -0.094.$$

由 $E(X^2) = D(X) + [E(X)]^2, E(X^2) = A_2 = \sum_{i=1}^{n} \frac{x_i^2}{n}$ 知 $\hat{\sigma}^2 + [E(\hat{X})]^2 = A_2$，即

$$\hat{\sigma} = \sqrt{A_2 - [E(\hat{X})]^2} = \sqrt{\frac{1}{10}\left(\sum_{i=1}^{10} x_i^2 - 10\overline{x}^2\right)},$$

于是

$$\hat{\sigma} = \sqrt{\frac{9}{10}}s = \sqrt{0.9} \times 0.101\,893 = 0.096\,7.$$

所以这批股民的平均收益率及收益率的标准差的矩估计值分别为 -0.094 和 $0.096\,7$.

5. 随机变量 X 服从 $[0,\theta]$ 上的均匀分布，今得 X 的样本观察值：0.9，0.8，0.2，0.8，0.4，0.4，0.7，0.6，求 θ 的矩估计值和极大似然估计值，它们是否为 θ 的无偏估计？

解　$E(X) = \dfrac{\theta}{2}$，令 $E(X) = \overline{X}$，则

$$\hat{\theta} = 2\overline{X}, \quad 且 \quad E(\hat{\theta}) = 2E(\overline{X}) = 2E(X) = \theta,$$

所以 θ 的矩估计值为 $\hat{\theta} = 2\overline{x} = 2 \times 0.6 = 1.2$，且 $\hat{\theta} = 2\overline{X}$ 是 θ 的无偏估计. 似然函数为

$$L = \prod_{i=1}^{8} f(x_i;\theta) = \left(\frac{1}{\theta}\right)^8, \quad i = 1,2,\cdots,8.$$

显然 $L = L(\theta)$ 单调递减 $(\theta > 0)$，则 $\theta = \max\limits_{1 \leqslant i \leqslant 8}\{x_i\}$ 时，$L = L(\theta)$ 最大，所以 θ 的极大似然估计值为 $\hat{\theta} = 0.9$. 因为 $E(\hat{\theta}) = E(\max\limits_{1 \leqslant i \leqslant 8}\{x_i\}) \neq \theta$，所以 $\hat{\theta} = \max\limits_{1 \leqslant i \leqslant 8}\{x_i\}$ 不是 θ 的无偏估计.

6. 设 $X_1, X_2, \cdots, X_n$ 为来自总体 X 的样本，$E(X) = \mu, D(X) = \sigma^2, \hat{\sigma}^2 = k\sum_{i=1}^{n-1}(X_{i+1} - X_i)^2$，问 k 为何值时，$\hat{\sigma}^2$ 为 σ^2 的无偏估计量？

解　令 $Y_i = X_{i+1} - X_i, i = 1,2,\cdots,n-1$，则

$$E(Y_i) = E(X_{i+1}) - E(X_i) = \mu - \mu = 0, \quad D(Y_i) = 2\sigma^2,$$

于是

$$E(\hat{\sigma}^2) = E\left[k\left(\sum_{i=1}^{n-1} Y_i^2\right)\right] = k(n-1)E(Y_1^2) = 2\sigma^2(n-1)k.$$

那么当 $E(\hat{\sigma}^2) = \sigma^2$，即 $2\sigma^2(n-1)k = \sigma^2$ 时，解得

$$k = \frac{1}{2(n-1)}.$$

7. 设 X_1, X_2 是从正态总体 $N(\mu,\sigma^2)$ 中抽取的样本，

$$\hat{\mu}_1=\frac{2}{3}X_1+\frac{1}{3}X_2,\quad \hat{\mu}_2=\frac{1}{4}X_1+\frac{3}{4}X_2,\quad \hat{\mu}_3=\frac{1}{2}X_1+\frac{1}{2}X_2,$$

试证：$\hat{\mu}_1, \hat{\mu}_2, \hat{\mu}_3$ 都是 μ 的无偏估计量，并求出每个估计量的方差.

证　由已知

$$E(\hat{\mu}_1)=E\left(\frac{2}{3}X_1+\frac{1}{3}X_2\right)=\frac{2}{3}E(X_1)+\frac{1}{3}E(X_2)=\frac{2}{3}\mu+\frac{1}{3}\mu=\mu,$$

$$E(\hat{\mu}_2)=E\left(\frac{1}{4}X_1+\frac{3}{4}X_2\right)=\frac{1}{4}E(X_1)+\frac{3}{4}E(X_2)=\frac{1}{4}\mu+\frac{3}{4}\mu=\mu,$$

$$E(\hat{\mu}_3)=E\left(\frac{1}{2}X_1+\frac{1}{2}X_2\right)=\frac{1}{2}E(X_1)+\frac{1}{2}E(X_2)=\frac{1}{2}\mu+\frac{1}{2}\mu=\mu,$$

所以 $\hat{\mu}_1, \hat{\mu}_2, \hat{\mu}_3$ 均是 μ 的无偏估计量.

显然 X_1, X_2 是相互独立的，则

$$D(\hat{\mu}_1)=\left(\frac{2}{3}\right)^2D(X_1)+\left(\frac{1}{3}\right)^2D(X_2)=\frac{4}{9}\sigma^2+\frac{1}{9}\sigma^2=\frac{5}{9}\sigma^2,$$

$$D(\hat{\mu}_2)=\left(\frac{1}{4}\right)^2D(X_1)+\left(\frac{3}{4}\right)^2D(X_2)=\frac{5}{8}\sigma^2,$$

$$D(\hat{\mu}_3)=\left(\frac{1}{2}\right)^2[D(X_1)+D(X_2)]=\frac{1}{2}\sigma^2.$$

8. 某车间生产的螺钉，其直径(单位：mm) $X\sim N(\mu,\sigma^2)$，由过去的经验知道 $\sigma^2=0.06$，今随机抽取6枚，测得其长度如下：

14.7，　15.0，　14.8，　14.9，　15.1，　15.2，

试求 μ 的置信度为 0.95 的置信区间.

解　由已知 $n=6$，$\sigma^2=0.06$，$\alpha=1-0.95=0.05$，又 $\bar{x}=14.95$，$z_{\frac{\alpha}{2}}=z_{0.025}=1.96$，则 μ 的置信度为 0.95 的置信区间为

$$\left(\bar{x}\pm z_{\frac{\alpha}{2}}\frac{\sigma}{\sqrt{n}}\right)=(14.95\pm1.96\times0.1)=(14.754,15.146).$$

9. 总体 $X\sim N(\mu,\sigma^2)$，σ^2 已知，问需抽取容量 n 为多大的样本，才能使 μ 的置信度为 $1-\alpha$，且置信区间的长度不大于 L？

解　由于 $X\sim N(\mu,\sigma^2)$，且 σ^2 为已知，因此当置信度为 $1-\alpha$ 时，均值 μ 的置信区间为 $\left(\overline{X}-\frac{\sigma}{\sqrt{n}}z_{\frac{\alpha}{2}},\overline{X}+\frac{\sigma}{\sqrt{n}}z_{\frac{\alpha}{2}}\right)$，其区间长度为 $2\frac{\sigma}{\sqrt{n}}z_{\frac{\alpha}{2}}$，于是有 $2\frac{\sigma}{\sqrt{n}}z_{\frac{\alpha}{2}}\leqslant L$，即可得 $n\geqslant\frac{4\sigma^2}{L^2}z_{\frac{\alpha}{2}}^2$.

10. 设某种砖头的抗压强度(单位：$\mathrm{kg\cdot cm^{-2}}$) $X\sim N(\mu,\sigma^2)$，今随机抽取 20 块砖头，测得抗压强度数据如下：

64，　69，　49，　92，　55，　97，　41，　84，　88，　99，
84，　66，　100，　98，　72，　74，　87，　84，　48，　81，

求：

(1) μ 的置信度为 0.95 的置信区间；

(2) σ^2 的置信度为 0.95 的置信区间.

解　由已知，有 $\bar{x}=76.6$，$s=18.14$，$\alpha=1-0.95=0.05$，$n=20$，则

$$t_{\alpha/2}(n-1)=t_{0.025}(19)=2.093,$$

$$\chi^2_{\alpha/2}(n-1)=\chi^2_{0.025}(19)=32.852,\quad \chi^2_{0.975}(19)=8.907.$$

(1) μ 的置信度为 0.95 的置信区间为

$$\left(\overline{x} \pm \frac{s}{\sqrt{n}} t_{\alpha/2}(n-1)\right) = \left(76.6 \pm \frac{18.14}{\sqrt{20}} \times 2.093\right) = (68.11, 85.09).$$

(2) σ^2 的置信度为 0.95 的置信区间为

$$\left(\frac{(n-1)s^2}{\chi^2_{\alpha/2}(n-1)}, \frac{(n-1)s^2}{\chi^2_{1-\alpha/2}(n-1)}\right) = \left(\frac{19}{32.852} \times 18.14^2, \frac{19}{8.907} \times 18.14^2\right) = (190.31, 701.93).$$

11. 设总体 $X \sim f(x) = \begin{cases} (\theta+1)x^{\theta}, & 0 < x < 1, \\ 0, & \text{其他}, \end{cases}$ 其中 $\theta > -1$，$X_1, X_2, \cdots, X_n$ 是来自总体 X 的一个样本，求 θ 的矩估计量及极大似然估计量.

解　$E(X) = \int_{-\infty}^{+\infty} x f(x) \mathrm{d}x = \int_0^1 (\theta+1) x^{\theta+1} \mathrm{d}x = \dfrac{\theta+1}{\theta+2}$，又

$$E(X) = \overline{X} = \frac{\theta+1}{\theta+2},$$

则

$$\hat{\theta} = \frac{2\overline{X}-1}{1-\overline{X}}.$$

所以 θ 的矩估计量为 $\hat{\theta} = \dfrac{2\overline{X}-1}{1-\overline{X}}$.

似然函数为

$$L = L(\theta) = \prod_{i=1}^{n} f(x_i) = \begin{cases} (\theta+1)^n \prod\limits_{i=1}^{n} x_i^{\theta}, & 0 < x_i < 1 (i = 1, 2, \cdots, n), \\ 0, & \text{其他}. \end{cases}$$

当 $0 < x_i < 1 (i = 1, 2, \cdots, n)$ 时，两边取对数，得

$$\ln L = n\ln(\theta+1) + \theta \sum_{i=1}^{n} \ln x_i.$$

令 $\dfrac{\mathrm{d}\ln L}{\mathrm{d}\theta} = \dfrac{n}{\theta+1} + \sum\limits_{i=1}^{n} \ln x_i = 0$，得 θ 的极大似然估计量为 $\hat{\theta} = -1 - \dfrac{n}{\sum\limits_{i=1}^{n} \ln X_i}$.

12. 设总体 $X \sim f(x) = \begin{cases} \dfrac{6x}{\theta^3}(\theta - x), & 0 < x < \theta, \\ 0, & \text{其他}, \end{cases}$ $X_1, X_2, \cdots, X_n$ 为来自总体 X 的一个样本，求：

(1) θ 的矩估计量 $\hat{\theta}$；

(2) $D(\hat{\theta})$.

解　(1) $E(X) = \int_{-\infty}^{+\infty} x f(x) \mathrm{d}x = \int_0^{\theta} \dfrac{6x^2}{\theta^3}(\theta - x) \mathrm{d}x = \dfrac{\theta}{2}$，又

$$E(X) = \overline{X} = \frac{\theta}{2},$$

所以 θ 的矩估计量为 $\hat{\theta} = 2\overline{X}$.

(2) $D(\hat{\theta}) = D(2\overline{X}) = 4D(\overline{X}) = \dfrac{4}{n} D(X)$，又

$$E(X^2) = \int_0^{\theta} \frac{6x^3(\theta - x)}{\theta^3} \mathrm{d}x = \frac{3\theta^2}{10},$$

于是

$$D(X) = E(X^2) - [E(X)]^2 = \frac{3\theta^2}{10} - \frac{\theta^2}{4} = \frac{\theta^2}{20},$$

所以 $D(\hat{\theta})=\dfrac{\theta^2}{5n}$.

13. 设某种电子元件的使用寿命 X 的概率密度为 $f(x;\theta)=\begin{cases}2\mathrm{e}^{-2(x-\theta)}, & x>\theta,\\ 0, & x\leqslant\theta,\end{cases}$ 其中 $\theta(\theta>0)$ 为未知参数，又 $x_1,x_2,\cdots,x_n$ 是总体 X 的一组样本值，求 θ 的极大似然估计值.

解　似然函数为

$$L=L(\theta)=\begin{cases}2^n\mathrm{e}^{-2\sum\limits_{i=1}^{n}(x_i-\theta)}, & x_i\geqslant\theta(i=1,2,\cdots,n),\\ 0, & \text{其他}.\end{cases}$$

当 $x_i\geqslant\theta(i=1,2,\cdots,n)$ 时，两边取对数，得

$$\ln L=n\ln 2-2\sum_{i=1}^{n}(x_i-\theta).$$

由 $\dfrac{\mathrm{d}\ln L}{\mathrm{d}\theta}=2n>0$ 知 $\ln L(\theta)$ 单调递增，则当 $\hat{\theta}=\min\limits_{1\leqslant i\leqslant n}\{x_i\}$ 时，$\ln L(\hat{\theta})=\max\limits_{\theta>0}\ln L(\theta)$. 所以 θ 的极大似然估计值为 $\hat{\theta}=\min\limits_{1\leqslant i\leqslant n}\{x_i\}$.

14. 设总体 X 的概率分布如表 7.5 所示，其中 $\theta\left(0<\theta<\dfrac{1}{2}\right)$ 是未知参数，利用总体的如下样本值 3,1,3,0,3,1,2,3，求 θ 的矩估计值和极大似然估计值.

表 7.5

X	0	1	2	3
p_k	θ^2	$2\theta(1-\theta)$	θ^2	$1-2\theta$

解　$E(X)=3-4\theta$，令 $E(X)=\overline{X}$ 得 $\hat{\theta}=\dfrac{3-\overline{X}}{4}$. 又 $\overline{x}=\sum\limits_{i=1}^{8}\dfrac{x_i}{8}=2$，所以 θ 的矩估计值为

$$\hat{\theta}=\frac{3-\overline{x}}{4}=\frac{1}{4}.$$

似然函数为 $L(\theta)=\prod\limits_{i=1}^{8}p(x_i;\theta)=4\theta^6(1-\theta)^2(1-2\theta)^4$. 两边取对数，得

$$\ln L(\theta)=\ln 4+6\ln\theta+2\ln(1-\theta)+4\ln(1-2\theta).$$

令

$$\frac{\mathrm{d}\ln L(\theta)}{\mathrm{d}\theta}=\frac{6}{\theta}-\frac{2}{1-\theta}-\frac{8}{1-2\theta}=\frac{6-28\theta+24\theta^2}{\theta(1-\theta)(1-2\theta)}=0,$$

解方程 $6-28\theta+24\theta^2=0$ 得 $\hat{\theta}_{1,2}=\dfrac{7\pm\sqrt{13}}{12}$. 由于 $\dfrac{7+\sqrt{13}}{12}>\dfrac{1}{2}$，所以 θ 的极大似然估计值为 $\hat{\theta}=\dfrac{7-\sqrt{13}}{12}$.

15. 设总体 X 的分布函数为 $F(x;\alpha,\beta)=\begin{cases}1-\left(\dfrac{\alpha}{x}\right)^{\beta}, & x>\alpha,\\ 0, & x\leqslant\alpha,\end{cases}$ 其中未知参数 $\alpha>0,\beta>1$，$X_1,X_2,\cdots,X_n$ 为来自总体 X 的样本.

(1) 当 $\alpha=1$ 时，求 β 的矩估计量；

(2) 当 $\alpha=1$ 时，求 β 的极大似然估计量；

(3) 当 $\beta=2$ 时，求 α 的极大似然估计量.

解　(1) 当 $\alpha=1$ 时，X 的概率密度为 $f(x;\beta)=\begin{cases}\dfrac{\beta}{x^{\beta+1}}, & x>1,\\ 0, & x\leqslant 1.\end{cases}$ 由于

$$E(X)=\int_{-\infty}^{+\infty}xf(x;\beta)\mathrm{d}x=\int_{1}^{+\infty}x\cdot\frac{\beta}{x^{\beta+1}}\mathrm{d}x=\frac{\beta}{\beta-1},$$

由$\frac{\beta}{\beta-1}=\overline{X}$,解得$\beta$的矩估计量为 $\hat{\beta}=\frac{\overline{X}}{\overline{X}-1}$.

(2) 对于总体 X 的样本值$x_1,x_2,\cdots,x_n$,当$\alpha=1$时,似然函数为

$$L(\beta)=\prod_{i=1}^{n}f(x_i;\beta)=\begin{cases}\dfrac{\beta^n}{(x_1x_2\cdots x_n)^{\beta+1}}, & x_i>1(i=1,2,\cdots,n),\\ 0, & \text{其他}.\end{cases}$$

当$x_i>1(i=1,2,\cdots,n)$时,两边取对数,得

$$\ln L(\beta)=n\ln\beta-(\beta+1)\sum_{i=1}^{n}\ln x_i.$$

对β求导数,得对数似然方程

$$\frac{\mathrm{d}\ln L(\beta)}{\mathrm{d}\beta}=\frac{n}{\beta}-\sum_{i=1}^{n}\ln x_i=0.$$

解得β的极大似然估计值为 $\hat{\beta}=\dfrac{n}{\sum\limits_{i=1}^{n}\ln x_i}$,于是$\beta$的极大似然估计量为 $\hat{\beta}=\dfrac{n}{\sum\limits_{i=1}^{n}\ln X_i}$.

(3) 当$\beta=2$时,X的概率密度为

$$f(x;\alpha)=\begin{cases}\dfrac{2\alpha^2}{x^3}, & x>\alpha,\\ 0, & x\leqslant\alpha.\end{cases}$$

对于总体 X 的样本值$x_1,x_2,\cdots,x_n$,似然函数为

$$L(\alpha)=\prod_{i=1}^{n}f(x_i;\alpha)=\begin{cases}\dfrac{2^n\alpha^{2n}}{(x_1x_2\cdots x_n)^3}, & x_i>\alpha(i=1,2,\cdots,n),\\ 0, & \text{其他}.\end{cases}$$

当$x_i>\alpha(i=1,2,\cdots,n)$时,$\alpha$越大,$L(\alpha)$越大,即$\alpha$的极大似然估计值为 $\hat{\alpha}=\min\{x_1,x_2,\cdots,x_n\}$,于是$\alpha$的极大似然估计量为 $\hat{\alpha}=\min\{X_1,X_2,\cdots,X_n\}$.

16. 从正态总体 $X\sim N(3.4,6^2)$ 中抽取容量为n的样本,如果其样本均值位于区间$(1.4,5.4)$内的概率不小于0.95,问n至少应取多大?(表7.6为部分标准正态分布表数值)

表 7.6

z	1.28	1.645	1.96	2.33
$\Phi(z)$	0.9	0.95	0.975	0.99

解 由已知 $\overline{X}\sim N\left(3.4,\frac{6^2}{n}\right)$,则 $Z=\frac{\overline{X}-3.4}{6/\sqrt{n}}\sim N(0,1)$,

$$P\{1.4<\overline{X}<5.4\}=P\left\{\frac{1.4-3.4}{6/\sqrt{n}}<Z<\frac{5.4-3.4}{6/\sqrt{n}}\right\}=P\left\{-\frac{\sqrt{n}}{3}<Z<\frac{\sqrt{n}}{3}\right\}$$

$$=\Phi\left(\frac{\sqrt{n}}{3}\right)-\Phi\left(-\frac{\sqrt{n}}{3}\right)=2\Phi\left(\frac{\sqrt{n}}{3}\right)-1\geqslant0.95.$$

于是 $\Phi\left(\frac{\sqrt{n}}{3}\right)\geqslant0.975$,则$\frac{\sqrt{n}}{3}\geqslant1.96$,解得$n\geqslant34.5744$,则$n$至少取35.

17. 设总体 X 的概率密度为$f(x;\theta)=\begin{cases}\theta, & 0<x<1,\\ 1-\theta, & 1\leqslant x<2,\\ 0, & \text{其他},\end{cases}$其中$\theta(0<\theta<1)$是未知参数,$X_1,X_2,\cdots,X_n$

为来自总体 X 的样本,记 N 为样本值 $x_1,x_2,\cdots,x_n$ 中小于 1 的个数.求:(1) θ 的矩估计量;(2) θ 的极大似然估计量.

解　(1) 由于

$$E(X)=\int_{-\infty}^{+\infty}xf(x;\theta)\mathrm{d}x=\int_0^1\theta x\,\mathrm{d}x+\int_1^2(1-\theta)x\mathrm{d}x=\frac{1}{2}\theta+\frac{3}{2}(1-\theta)=\frac{3}{2}-\theta,$$

由 $\frac{3}{2}-\theta=\overline{X}$,解得 $\hat{\theta}=\frac{3}{2}-\overline{X}$,所以 θ 的矩估计量为 $\hat{\theta}=\frac{3}{2}-\overline{X}$.

(2) 由题意,设样本值 $x_1,x_2,\cdots,x_n$ 按照从小到大的顺序(顺序统计量的观察值)有如下关系:$0<x_{(1)}\leqslant x_{(2)}\leqslant\cdots\leqslant x_{(N)}\leqslant 1\leqslant x_{(N+1)}\leqslant\cdots\leqslant x_{(n)}<2$,则似然函数为

$$L(\theta)=\begin{cases}\theta^N(1-\theta)^{n-N}, & 0<x_{(1)}\leqslant x_{(2)}\leqslant\cdots\leqslant x_{(N)}\leqslant 1\leqslant x_{(N+1)}\leqslant\cdots\leqslant x_{(n)}<2,\\ 0, & \text{其他}.\end{cases}$$

两边取对数,得

$$\ln L(\theta)=N\ln\theta+(n-N)\ln(1-\theta).$$

由 $\frac{\mathrm{d}\ln L(\theta)}{\mathrm{d}\theta}=\frac{N}{\theta}-\frac{n-N}{1-\theta}=0$,解得 θ 的极大似然估计量为 $\hat{\theta}=\frac{N}{n}$.

18. 设总体 X 的概率密度为 $f(x;\theta)=\begin{cases}\frac{1}{2\theta}, & 0<x<\theta,\\ \frac{1}{2(1-\theta)}, & \theta\leqslant x\leqslant 1,\\ 0, & \text{其他},\end{cases}$ 其中 $\theta(0<\theta<1)$ 是未知参数,$X_1,X_2,\cdots,X_n$ 为来自总体 X 的样本,$\overline{X}$ 是样本均值.

(1) 求参数 θ 的矩估计量 $\hat{\theta}$;

(2) 判断 $4\overline{X}^2$ 是否为 θ^2 的无偏估计量,并说明理由.

解　(1) $E(X)=\int_{-\infty}^{+\infty}xf(x;\theta)\mathrm{d}x=\int_0^\theta\frac{x}{2\theta}\mathrm{d}x+\int_\theta^1\frac{x}{2(1-\theta)}\mathrm{d}x=\frac{\theta}{4}+\frac{1}{4}(1+\theta)=\frac{\theta}{2}+\frac{1}{4}$,

由 $\frac{\theta}{2}+\frac{1}{4}=\overline{X}$,得 θ 的矩估计量为 $\hat{\theta}=2\overline{X}-\frac{1}{2}$.

(2) $E(4\overline{X}^2)=4E(\overline{X}^2)=4\{D(\overline{X})+[E(\overline{X})]^2\}=4\left\{\frac{D(X)}{n}+[E(X)]^2\right\}$,而

$$E(X^2)=\int_{-\infty}^{+\infty}x^2f(x;\theta)\mathrm{d}x=\int_0^\theta\frac{x^2}{2\theta}\mathrm{d}x+\int_\theta^1\frac{x^2}{2(1-\theta)}\mathrm{d}x=\frac{\theta^2}{3}+\frac{\theta}{6}+\frac{1}{6},$$

$$D(X)=E(X^2)-[E(X)]^2=\frac{\theta^2}{3}+\frac{\theta}{6}+\frac{1}{6}-\left(\frac{\theta}{2}+\frac{1}{4}\right)^2=\frac{\theta^2}{12}-\frac{\theta}{12}+\frac{5}{48}.$$

故

$$E(4\overline{X}^2)=4\left\{\frac{D(X)}{n}+[E(X)]^2\right\}=\frac{3n+1}{3n}\theta^2+\frac{3n-1}{3n}\theta+\frac{3n+5}{12n}\neq\theta^2,$$

所以 $4\overline{X}^2$ 不是 θ^2 的无偏估计量.

19. 设 $X_1,X_2,\cdots,X_n$ 是来自总体 $N(\mu,\sigma^2)$ 的样本,记

$$\overline{X}=\frac{1}{n}\sum_{i=1}^nX_i,\quad S^2=\frac{1}{n-1}\sum_{i=1}^n(X_i-\overline{X})^2,\quad T=\overline{X}^2-\frac{1}{n}S^2.$$

(1) 证明:T 是 μ^2 的无偏估计量;

(2) 当 $\mu=0,\sigma=1$ 时,求 $D(T)$.

证　(1) 由已知

$$E(T)=E\left(\overline{X}^2-\frac{1}{n}S^2\right)=E(\overline{X}^2)-\frac{1}{n}E(S^2)=D(\overline{X})+[E(\overline{X})]^2-\frac{1}{n}E(S^2)$$

$$= \frac{1}{n}\sigma^2 + \mu^2 - \frac{1}{n}\sigma^2 = \mu^2,$$

所以 T 是 μ^2 的无偏估计量.

(2) 当 $\mu = 0, \sigma = 1$ 时, $X \sim N(0,1), \overline{X} \sim N\left(0, \frac{1}{n}\right), E(T) = 0$, 则 $\sqrt{n}\,\overline{X} \sim N(0,1)$, 即 $n\overline{X}^2 \sim \chi^2(1)$, $(n-1)S^2 \sim \chi^2(n-1)$. 又 $\overline{X}^2$ 与 S^2 相互独立, 则

$$D(T) = D\left(\overline{X}^2 - \frac{1}{n}S^2\right) = D(\overline{X}^2) + \frac{1}{n^2}D(S^2) = \frac{1}{n^2}D(n\overline{X}^2) + \frac{1}{n^2} \cdot \frac{1}{(n-1)^2}D[(n-1)S^2]$$

$$= \frac{2}{n^2} + \frac{1}{n^2} \cdot \frac{1}{(n-1)^2} \cdot 2(n-1) = \frac{2}{n(n-1)}.$$

20. 设总体 X 的概率密度为 $f(x;\lambda) = \begin{cases} \lambda^2 x e^{-\lambda x}, & x > 0, \\ 0, & 其他, \end{cases}$ 其中参数 $\lambda(\lambda > 0)$ 未知, $X_1, X_2, \cdots, X_n$ 是来自总体 X 的样本, 求:

(1) 参数 λ 的矩估计量;

(2) 参数 λ 的极大似然估计量.

解　(1) $E(X) = \int_0^{+\infty} \lambda^2 x^2 e^{-\lambda x}\,dx = \frac{2}{\lambda} = \overline{X}$, 得 λ 的矩估计量为 $\hat{\lambda} = \frac{2}{\overline{X}}$.

(2) 似然函数为 $L(\lambda) = L(x_1, x_2, \cdots, x_n; \lambda) = \prod_{i=1}^{n} f(x_i;\lambda) = \lambda^{2n} \prod_{i=1}^{n} x_i e^{-\lambda \sum_{i=1}^{n} x_i}$. 两边取对数, 得

$$\ln L(\lambda) = 2n\ln\lambda + \sum_{i=1}^{n} \ln x_i - \lambda \sum_{i=1}^{n} x_i.$$

由 $\frac{d\ln L(\lambda)}{d\lambda} = 0$, 有 $\frac{2n}{\lambda} - \sum_{i=1}^{n} x_i = 0$, 故 λ 的极大似然估计值为 $\hat{\lambda} = \frac{2n}{\sum_{i=1}^{n} x_i} = \frac{2}{\frac{1}{n}\sum_{i=1}^{n} x_i}$, 其极大似然估计量为

$$\hat{\lambda} = \frac{2}{\frac{1}{n}\sum_{i=1}^{n} X_i} = \frac{2}{\overline{X}}.$$

21. 设总体 X 的概率分布如表 7.7 所示, 其中参数 $\theta \in (0,1)$ 未知, 以 N_i 表示来自总体 X 的样本(样本容量为 n) 中等于 i 的个数 $(i = 1,2,3)$, 试求常数 a_1, a_2, a_3, 使 $T = \sum_{i=1}^{3} a_i N_i$ 为 θ 的无偏估计量, 并求 T 的方差.

表 7.7

X	1	2	3
p_k	$1-\theta$	$\theta-\theta^2$	θ^2

解　由已知 $N_1 \sim b(n, 1-\theta), N_2 \sim b(n, \theta-\theta^2), N_3 \sim b(n, \theta^2)$, 则

$$E(T) = E\left(\sum_{i=1}^{3} a_i N_i\right) = a_1 E(N_1) + a_2 E(N_2) + a_3 E(N_3)$$

$$= a_1 n(1-\theta) + a_2 n(\theta - \theta^2) + a_3 n\theta^2$$

$$= na_1 + n(a_2 - a_1)\theta + n(a_3 - a_2)\theta^2.$$

因为 T 是 θ 的无偏估计量, 所以 $E(T) = \theta$, 即得 $\begin{cases} na_1 = 0, \\ n(a_2 - a_1) = 1, \\ n(a_3 - a_2) = 0, \end{cases}$ 整理得 $a_1 = 0, a_2 = \frac{1}{n}, a_3 = \frac{1}{n}$. 于是统计量

$$T = 0 \times N_1 + \frac{1}{n} \times N_2 + \frac{1}{n} \times N_3 = \frac{1}{n}(N_2 + N_3) = \frac{1}{n}(n - N_1).$$

由于 $N_1 \sim b(n, 1-\theta)$, 故

$$D(T)=D\left[\frac{1}{n}(n-N_1)\right]=\frac{1}{n^2}D(N_1)=\frac{1}{n}\theta(1-\theta).$$

22. 设 $X_1,X_2,\cdots,X_n$ 为来自正态总体 $N(\mu_0,\sigma^2)$ 的样本,其中 μ_0 已知,$\sigma^2>0$ 未知,$\overline{X}$ 和 S^2 分别表示样本均值和样本方差.

(1) 求参数 σ^2 的极大似然估计量 $\hat{\sigma}^2$;

(2) 求 $E(\hat{\sigma}^2)$ 和 $D(\hat{\sigma}^2)$.

解　因为总体 X 服从正态分布,所以 X 的概率密度为 $f(x)=\frac{1}{\sqrt{2\pi}\sigma}e^{-\frac{(x-\mu_0)^2}{2\sigma^2}}$,$-\infty<x<+\infty$.

(1) 似然函数为

$$L(\sigma^2)=\prod_{i=1}^{n}f(x_i;\sigma^2)=\prod_{i=1}^{n}\left[\frac{1}{\sqrt{2\pi}\sigma}e^{-\frac{(x_i-\mu_0)^2}{2\sigma^2}}\right]=(2\pi\sigma^2)^{-\frac{n}{2}}\cdot e^{-\frac{1}{2\sigma^2}\sum\limits_{i=1}^{n}(x_i-\mu_0)^2}.$$

两边取对数,得

$$\ln L(\sigma^2)=-\frac{n}{2}\ln(2\pi\sigma^2)-\sum_{i=1}^{n}\frac{(x_i-\mu_0)^2}{2\sigma^2}.$$

由

$$\frac{\mathrm{d}\ln L(\sigma^2)}{\mathrm{d}(\sigma^2)}=-\frac{n}{2\sigma^2}+\sum_{i=1}^{n}\frac{(x_i-\mu_0)^2}{2(\sigma^2)^2}=0,$$

解得 σ^2 的极大似然估计值为 $\hat{\sigma}^2=\frac{1}{n}\sum\limits_{i=1}^{n}(x_i-\mu_0)^2$,故 σ^2 的极大似然估计量为 $\hat{\sigma}^2=\frac{1}{n}\sum\limits_{i=1}^{n}(X_i-\mu_0)^2$.

(2) **法一**　$X_i\sim N(\mu_0,\sigma^2)$,令 $Y_i=X_i-\mu_0\sim N(0,\sigma^2)$,则 $\hat{\sigma}^2=\frac{1}{n}\sum\limits_{i=1}^{n}Y_i^2$.因此

$$E(\hat{\sigma}^2)=E\left(\frac{1}{n}\sum_{i=1}^{n}Y_i^2\right)=E(Y_i^2)=D(Y_i)+[E(Y_i)]^2=\sigma^2,$$

$$D(\hat{\sigma}^2)=D\left(\frac{1}{n}\sum_{i=1}^{n}Y_i^2\right)=\frac{1}{n^2}D(Y_1^2+Y_2^2+\cdots+Y_n^2)=\frac{1}{n}D(Y_i^2)$$

$$=\frac{1}{n}\{E(Y_i^4)-[E(Y_i^2)]^2\}=\frac{1}{n}(3\sigma^4-\sigma^4)=\frac{2\sigma^4}{n}.$$

法二　$X_i\sim N(\mu_0,\sigma^2)$,则 $\frac{X_i-\mu_0}{\sigma}\sim N(0,1)$,得到 $Y=\sum\limits_{i=1}^{n}\left(\frac{X_i-\mu_0}{\sigma}\right)^2\sim\chi^2(n)$,即 $\sigma^2Y=\sum\limits_{i=1}^{n}(X_i-\mu_0)^2$.因此

$$E(\hat{\sigma}^2)=\frac{1}{n}E\left[\sum_{i=1}^{n}(X_i-\mu_0)^2\right]=\frac{1}{n}E(\sigma^2Y)=\frac{1}{n}\sigma^2E(Y)=\frac{1}{n}\sigma^2\cdot n=\sigma^2,$$

$$D(\hat{\sigma}^2)=\frac{1}{n^2}D\left[\sum_{i=1}^{n}(X_i-\mu_0)^2\right]=\frac{1}{n^2}D(\sigma^2Y)=\frac{1}{n^2}\sigma^4D(Y)=\frac{1}{n^2}\sigma^4\cdot 2n=\frac{2}{n}\sigma^4.$$

23. 设随机变量 X 与 Y 相互独立且分别服从正态分布 $N(\mu,\sigma^2)$ 和 $N(\mu,2\sigma^2)$,其中 σ 是未知参数且 $\sigma>0$,记 $Z=X-Y$.

(1) 求 Z 的概率密度 $f(z;\sigma^2)$;

(2) 设 $Z_1,Z_2,\cdots,Z_n$ 为来自总体 Z 的样本,求 σ^2 的极大似然估计量 $\hat{\sigma}^2$.

(3) 证明:$\hat{\sigma}^2$ 为 σ^2 的无偏估计量.

解　(1) 因为 $X\sim N(\mu,\sigma^2)$,$Y\sim N(\mu,2\sigma^2)$,且 X 与 Y 相互独立,所以 $Z=X-Y\sim N(0,3\sigma^2)$,于是 Z 的概率密度为 $f(z;\sigma^2)=\frac{1}{\sqrt{6\pi}\sigma}e^{-\frac{z^2}{6\sigma^2}}(-\infty<z<+\infty)$.

(2) 似然函数为

$$L(\sigma^2)=\prod_{i=1}^{n}f(z_i;\sigma^2)=\frac{1}{(6\pi)^{\frac{n}{2}}(\sigma^2)^{\frac{n}{2}}}e^{-\frac{1}{6\sigma^2}\sum_{i=1}^{n}z_i^2}=(6\pi)^{-\frac{n}{2}}(\sigma^2)^{-\frac{n}{2}}e^{-\frac{1}{6\sigma^2}\sum_{i=1}^{n}z_i^2}.$$

两边取对数,得

$$\ln L(\sigma^2)=-\frac{n}{2}\ln(6\pi)-\frac{n}{2}\ln(\sigma^2)-\frac{1}{6\sigma^2}\sum_{i=1}^{n}z_i^2.$$

由

$$\frac{\mathrm{d}\ln L(\sigma^2)}{\mathrm{d}(\sigma^2)}=-\frac{n}{2\sigma^2}+\frac{1}{6(\sigma^2)^2}\sum_{i=1}^{n}z_i^2=0,$$

解得 σ^2 的极大似然估计值为 $\hat{\sigma}^2=\frac{1}{3n}\sum_{i=1}^{n}z_i^2$,则 σ^2 的极大似然估计量为 $\hat{\sigma}^2=\frac{1}{3n}\sum_{i=1}^{n}Z_i^2$.

(3) $E(\hat{\sigma}^2)=E\left(\frac{1}{3n}\sum_{i=1}^{n}Z_i^2\right)=\frac{1}{3n}\sum_{i=1}^{n}E(Z_i^2)=\frac{1}{3n}\sum_{i=1}^{n}\{[E(Z_i)]^2+D(Z_i)\}=\frac{1}{3n}\sum_{i=1}^{n}3\sigma^2=\sigma^2$,故 $\hat{\sigma}^2$ 为 σ^2 的无偏估计量.

24. 设总体 X 的概率密度为 $f(x)=\begin{cases}\frac{\theta^2}{x^3}e^{-\frac{\theta}{x}}, & x>0,\\ 0, & 其他,\end{cases}$ 其中 θ 为未知参数且大于 0,$X_1,X_2,\cdots,X_n$ 为来自总体 X 的样本,求:

(1) θ 的矩估计量;

(2) θ 的极大似然估计量.

解 (1) $E(X)=\int_{-\infty}^{+\infty}xf(x)\mathrm{d}x=\int_{0}^{+\infty}x\frac{\theta^2}{x^3}e^{-\frac{\theta}{x}}\mathrm{d}x=\theta\int_{0}^{+\infty}e^{-\frac{\theta}{x}}\mathrm{d}\left(-\frac{\theta}{x}\right)=\theta$,由 $E(X)=\overline{X}$,故 θ 的矩估计量为 $\hat{\theta}=\overline{X}$.

(2) 似然函数为 $L(\theta)=\prod_{i=1}^{n}f(x_i;\theta)=\begin{cases}\prod_{i=1}^{n}\frac{\theta^2}{x_i^3}e^{-\frac{\theta}{x_i}}, & x_i>0,\\ 0, & 其他\end{cases}=\begin{cases}\theta^{2n}\prod_{i=1}^{n}\frac{1}{x_i^3}e^{-\frac{\theta}{x_i}}, & x_i>0,\\ 0, & 其他.\end{cases}$ 当 $x_i>0(i=1,2,\cdots,n)$ 时,两边取对数,得

$$\ln L(\theta)=2n\ln\theta-3\sum_{i=1}^{n}\ln x_i-\theta\sum_{i=1}^{n}\frac{1}{x_i}.$$

由 $\frac{\mathrm{d}\ln L(\theta)}{\mathrm{d}\theta}=\frac{2n}{\theta}-\sum_{i=1}^{n}\frac{1}{x_i}=0$,解得 θ 的极大似然估计值为 $\hat{\theta}=\frac{2n}{\sum_{i=1}^{n}\frac{1}{x_i}}$,则 θ 的极大似然估计量为 $\hat{\theta}=\frac{2n}{\sum_{i=1}^{n}\frac{1}{X_i}}$.

25. 设总体 X 的分布函数为 $F(x;\theta)=\begin{cases}1-e^{-\frac{x^2}{\theta}}, & x\geqslant 0,\\ \theta, & x<0,\end{cases}$ 其中 θ 是未知的大于 0 的参数,$X_1,X_2,\cdots,X_n$ 是来自总体 X 的样本.

(1) 求 $E(X)$ 与 $E(X^2)$;

(2) 求 θ 的极大似然估计量 $\hat{\theta}_n$;

(3) 是否存在常数 a,使得对任意的 $\varepsilon>0$,都有 $\lim_{n\to\infty}P\{|\hat{\theta}_n-a|\geqslant\varepsilon\}=0$?

解 (1) 由分布函数 $F(x;\theta)=\begin{cases}1-e^{-\frac{x^2}{\theta}}, & x\geqslant 0,\\ \theta, & x<0,\end{cases}$ 可得概率密度

$$f(x;\theta)=\begin{cases}\frac{2x}{\theta}e^{-\frac{x^2}{\theta}}, & x\geqslant 0,\\ 0, & x<0,\end{cases}$$

则

$$E(X)=\int_{-\infty}^{+\infty}xf(x;\theta)\mathrm{d}x=\int_{0}^{+\infty}x\frac{2x}{\theta}\mathrm{e}^{-\frac{x^2}{\theta}}\mathrm{d}x=\frac{\sqrt{\pi\theta}}{2},$$

$$E(X^2)=\int_{-\infty}^{+\infty}x^2f(x;\theta)\mathrm{d}x=\int_{0}^{+\infty}x^2\frac{2x}{\theta}\mathrm{e}^{-\frac{x^2}{\theta}}\mathrm{d}x=\theta.$$

(2) 设 $x_1,x_2,\cdots,x_n$ 为样本观察值,则似然函数为

$$L(\theta)=\prod_{i=1}^{n}f(x_i;\theta)=\begin{cases}\dfrac{2^n\prod\limits_{i=1}^{n}x_i}{\theta^n}\mathrm{e}^{-\sum\limits_{i=1}^{n}\frac{x_i^2}{\theta}}, & x_i\geqslant 0(i=1,2,\cdots,n),\\ 0, & \text{其他}.\end{cases}$$

当 $x_i\geqslant 0(i=1,2,\cdots,n)$ 时,两边取对数,得

$$\ln L(\theta)=\ln\prod_{i=1}^{n}f(x_i;\theta)=n\ln 2+\sum_{i=1}^{n}\ln x_i-\frac{1}{\theta}\sum_{i=1}^{n}x_i^2-n\ln\theta.$$

由 $\dfrac{\mathrm{d}\ln L(\theta)}{\mathrm{d}\theta}=\dfrac{1}{\theta^2}\sum\limits_{i=1}^{n}x_i^2-\dfrac{n}{\theta}=0$,解得 θ 的极大似然估计值为 $\hat{\theta}_n=\dfrac{1}{n}\sum\limits_{i=1}^{n}x_i^2$,则 θ 的极大似然估计量为 $\hat{\theta}_n=\dfrac{1}{n}\sum\limits_{i=1}^{n}X_i^2$.

(3) 由于 $X_1,X_2,\cdots,X_n$ 独立同分布,则 $X_1^2,X_2^2,\cdots,X_n^2$ 独立同分布. 又 $E(X_i^2)=\theta$,由辛钦大数定律知,对于任意 $\varepsilon>0$,有

$$\lim_{n\to\infty}P\left\{\left|\frac{1}{n}\sum_{i=1}^{n}X_i^2-\theta\right|<\varepsilon\right\}=1,$$

所以存在 $a=\theta$,使得对任意 $\varepsilon>0$,$\lim\limits_{n\to\infty}P\{|\hat{\theta}_n-a|\geqslant\varepsilon\}=0$.

§7.5 同步自测题及参考答案

同步自测题

一、选择题

1. 设 n 个随机变量 $X_1,X_2,\cdots,X_n$ 独立同分布,$D(X_i)=\sigma^2$,$\overline{X}=\dfrac{1}{n}\sum\limits_{i=1}^{n}X_i$,$S^2=\dfrac{1}{n-1}\sum\limits_{i=1}^{n}(X_i-\overline{X})^2$,则( ).

(A) S 为 σ 的无偏估计量　　(B) S 为 σ 的极大似然估计量

(C) S 为 σ 的一致估计量　　(D) S 与 $\overline{X}$ 相互独立

2. 设 $X_1,X_2,\cdots,X_n$ 为来自总体 X 的样本,$E(X)=\mu$,$D(X)=\sigma^2$,为使 $\hat{\theta}^2=c\sum\limits_{i=1}^{n-1}(X_{i+1}-X_i)^2$ 为 σ^2 的无偏估计量,c 应为( ).

(A) $\dfrac{1}{n}$　　(B) $\dfrac{1}{n-1}$　　(C) $\dfrac{1}{2(n-1)}$　　(D) $\dfrac{1}{n-2}$

3. 设总体 $X\sim N(\mu,\sigma^2)$,其中 σ^2 已知,则总体均值 μ 的置信区间长度 l 与置信度 $1-\alpha$ 的关系是( ).

(A) 当 $1-\alpha$ 缩小时,l 变短　　(B) 当 $1-\alpha$ 缩小时,l 变长

(C) 当 $1-\alpha$ 缩小时,l 不变　　(D) 以上说法均错

4. 设总体 $X \sim N(\mu, 1)$，其中 μ 未知，做 20 次独立重复试验，记录其出现负值的次数，设事件 $\{X < 0\}$ 出现次数为 14 次，用频率估计概率原理，μ 的估计值为(　　).

(A) 0.525　　(B) -0.525　　(C) 0.435　　(D) -0.435

5. 设 $X \sim N(\mu_1, \sigma_1^2)$，$Y \sim N(\mu_2, \sigma_2^2)$，$X$ 与 Y 相互独立，$X_1, X_2, \cdots, X_{n_1}$ 为来自总体 X 的样本，$Y_1, Y_2, \cdots, Y_{n_2}$ 为来自总体 Y 的样本，则有(　　).

(A) $\overline{X} - \overline{Y} \sim N(\mu_1 + \mu_2, \sigma_1^2 + \sigma_2^2)$　　(B) $\overline{X} - \overline{Y} \sim N\left(\mu_1 - \mu_2, \dfrac{\sigma_1^2}{n_1} + \dfrac{\sigma_2^2}{n_2}\right)$

(C) $\overline{X} - \overline{Y} \sim N\left(\mu_1 - \mu_2, \dfrac{\sigma_1^2}{n_1} - \dfrac{\sigma_2^2}{n_2}\right)$　　(D) $\overline{X} - \overline{Y} \sim N\left(\mu_1 - \mu_2, \sqrt{\dfrac{\sigma_1^2}{n_1} + \dfrac{\sigma_2^2}{n_2}}\right)$

二、填空题

1. 随机取 8 只活塞环，测得它们的直径(单位：mm) 如下：

74.001，　74.005，　74.003，　74.001，　73.998，　74.000，　74.006，　74.002，

则均值 μ 的矩估计值为________，方差 σ^2 的矩估计值为________.

2. 设随机变量 X 的概率密度为 $f(x;\theta) = \begin{cases} 5e^{-5(x-\theta)}, & x \geqslant \theta, \\ 0, & x < \theta, \end{cases}$ $X_1, X_2, \cdots, X_n$ 为来自总体 X 的样本，则参数 θ 的极大似然估计量为________.

3. 设 $X_1, X_2, \cdots, X_n$ 为来自正态总体 $N(\mu, \sigma^2)$ 的样本，a, b 为常数且 $0 < a < b$，则随机区间 $\left(\sum\limits_{i=1}^{n} \dfrac{(X_i - \mu)^2}{b}, \sum\limits_{i=1}^{n} \dfrac{(X_i - \mu)^2}{a}\right)$ 的长度 L 的期望为________，方差为________.

4. 设电池寿命(单位：年) $X \sim N(\mu, \sigma^2)$，随机取 5 节电池，其使用寿命如下：

1.9，　2.4，　3.0，　3.5，　4.2，

则 σ^2 的置信度为 0.95 的置信区间为________.

5. 设总体 X 的方差为 1，取容量为 100 的样本，测得样本均值 $\overline{x} = 5$，则总体均值 μ 的置信度为 0.95 的置信区间为________.

三、解答题

1. 设总体 X 的概率密度为 $f(x;\theta) = \begin{cases} \dfrac{1}{\theta} e^{-\frac{x}{\theta}}, & x > 0, \\ 0, & \text{其他}, \end{cases}$ 其中 $\theta > 0$ 为未知参数，求：

(1) θ 的极大似然估计量 $\hat{\theta}$；

(2) 判断极大似然估计量 $\hat{\theta}$ 是否为 θ 的无偏估计量.

2. 一批产品中含有废品，从这批产品中随机抽取 75 件，发现废品 10 件，试估计这批产品的废品率.

3. 设 $X_1, X_2, \cdots, X_n$ 为来自总体 X 的样本，X 的概率密度为

$$f(x) = \begin{cases} -\theta^x \ln \theta, & x \geqslant 0, \\ 0, & x < 0 \end{cases} \quad (0 < \theta < 1).$$

(1) 求未知参数 θ 的矩估计量；

(2) 若样本容量 $n = 400$，求 θ 的置信度为 0.95 的置信区间.

4. 假设总体 X 在 $\left[\theta - \dfrac{1}{2}, \theta + \dfrac{1}{2}\right]$ 上服从均匀分布，$X_1, X_2, \cdots, X_n$ 为来自总体 X 的样本，记

$\hat{\theta}_{(1)} = \min\limits_{1 \leqslant i \leqslant n} X_i, \hat{\theta}_{(n)} = \max\limits_{1 \leqslant i \leqslant n} X_i$.

(1) 求 α 使 $\hat{\theta} = \alpha \hat{\theta}_{(1)} + (1-\alpha) \hat{\theta}_{(n)}$ 为 θ 的无偏估计量；

(2) 计算极限 $\lim\limits_{n \to \infty} E[(\hat{\theta}_{(n)} - \theta)^2]$.

5. 已知某种木材横纹抗压力的试验值服从正态分布，随机抽取 10 根木材做横纹抗压力试验，数据(单位：$\mathrm{kg/cm^2}$) 如下：

482，　493，　457，　471，　510，　446，　435，　418，　394，　496，

试以 95% 的可靠性估计该木材的平均横纹抗压力，并指出估计误差限.

6. 随机地从 A 批导线中抽取 4 根，从 B 批导线中抽取 5 根，测得其电阻(单位：Ω) 如下：

A 批导线：0.143，0.142，0.143，0.137；

B 批导线：0.140，0.142，0.136，0.138，0.140.

设测试数据分别服从正态分布 $N(\mu_1, \sigma^2)$ 和 $N(\mu_2, \sigma^2)$，并且它们相互独立，又 μ_1, μ_2 及 σ^2 均未知，试求 $\mu_1 - \mu_2$ 的置信度为 0.95 的置信区间.

同步自测题参考答案

一、选择题

1. C.　2. C.　3. A.　4. B.　5. B.

二、填空题

1. 74.002，6×10^{-6}.

2. $\hat{\theta} = \min\limits_{1 \leqslant i \leqslant n} X_i$.

3. $n\left(\frac{1}{a} - \frac{1}{b}\right)\sigma^2, 2n\left(\frac{1}{a} - \frac{1}{b}\right)\sigma^4$.

4. (0.293，6.736).

5. (4.422，5.578).

三、解答题

1. (1) $\hat{\theta} = \overline{X}$；(2) $\hat{\theta}$ 为 θ 的无偏估计量.

2. $\frac{2}{15}$.

3. (1) $\hat{\theta} = \mathrm{e}^{-\frac{1}{\overline{X}}}$；(2) $\left(\mathrm{e}^{-\frac{1}{\overline{X} - 0.098S}}, \mathrm{e}^{-\frac{1}{\overline{X} + 0.098S}}\right)$.

4. (1) $\alpha = \frac{1}{2}$；(2) $\lim\limits_{n \to \infty} E[(\hat{\theta}_{(n)} - \theta)^2] = \frac{1}{4}$.

5. $\left(457.5 \pm 2.26 \times \frac{35.2}{\sqrt{10}}\right) = (431, 484)$.

6. $(0.141\,25 - 0.139\,2 \pm 0.003\,95) = (-0.001\,9, 0.006)$.

第八章　假设检验

本章学习要点

(一) 理解假设检验的基本思想,掌握假设检验的基本步骤.
(二) 理解假设检验可能产生的两类错误.
(三) 掌握单个及两个正态总体的均值和方差的假设检验.

§8.1　知识点考点精要

一、假设检验的基本概念

1. 基本原理(小概率事件原理)

在概率论中,把概率很小的事件(一般指概率在 0.05 以下的事件)称为小概率事件.所谓小概率事件原理也称为实际推断原理,即小概率事件在一次实际试验中通常不发生.

2. 假设检验的两类错误

1) 第一类错误

当原假设 H_0 客观上是真的,而做出拒绝 H_0 的判断,这种错误称为**第一类错误**,也称**弃真错误**.

2) 第二类错误

当原假设 H_0 客观上是假的,而做出接受 H_0 的判断,这种错误称为**第二类错误**,也称**取伪错误**.

假设检验的两类错误的各种情况如表 8.1 所示.

表 8.1

判断	真实情况	
	H_0 成立	H_0 不成立
拒绝 H_0	犯第一类错误	判断正确
接受 H_0	判断正确	犯第二类错误

3. 假设检验的一般步骤

(1) 根据实际问题提出原假设 H_0 和备择假设 H_1;

(2) 确定检验统计量 Z;

(3) 对于给定的显著性水平 α,由 $P\{拒绝 H_0 \mid H_0 为真\}=\alpha$ 确定拒绝域 W;

(4) 由样本值算出检验统计量的观察值 z_0,当 $z_0 \in W$ 时,拒绝 H_0;当 $z_0 \notin W$ 时,接受 H_0.

二、单个正态总体的假设检验

设 $X_1, X_2, \cdots, X_n$ 是来自正态总体 $N(\mu, \sigma^2)$ 的一个样本,样本均值为 $\overline{X}$,样本方差为 S^2.

1. 单个正态总体数学期望的假设检验

1) σ^2 已知时,关于 μ 的假设检验(Z 检验法)

(1) 双边检验. 为检验假设 $H_0:\mu=\mu_0$;$H_1:\mu\neq\mu_0$,选取检验统计量

$$Z=\frac{\overline{X}-\mu_0}{\sigma/\sqrt{n}}\overset{H_0\text{为真}}{\sim}N(0,1).$$

对于给定的显著性水平 α,令

$$P\left\{\frac{|\overline{X}-\mu_0|}{\sigma/\sqrt{n}}\geqslant k\right\}=\alpha,$$

得 $k=z_{\alpha/2}$,从而检验的拒绝域为 $W=\{|Z|\geqslant z_{\alpha/2}\}$,即当 Z 的观察值 z_0 满足 $|z_0|\geqslant z_{\alpha/2}$ 时,则拒绝 H_0,认为均值 μ 与 μ_0 有显著性差异,否则,接受 H_0,认为 μ 与 μ_0 无显著性差异.

(2) 单边检验. 为检验假设 $H_0:\mu\leqslant\mu_0$;$H_1:\mu>\mu_0$,选取检验统计量 $Z=\dfrac{\overline{X}-\mu_0}{\sigma/\sqrt{n}}$,从而右边检验的拒绝域为 $W=\{Z\geqslant z_\alpha\}$,而左边检验 $H_0:\mu\geqslant\mu_0$;$H_1:\mu<\mu_0$ 的拒绝域为 $W=\{Z\leqslant -z_\alpha\}$.

2) σ^2 未知时,关于 μ 的假设检验(t 检验法)

(1) 双边检验. 为检验假设 $H_0:\mu=\mu_0$;$H_1:\mu\neq\mu_0$,选取检验统计量

$$t=\frac{\overline{X}-\mu_0}{S/\sqrt{n}}\overset{H_0\text{为真}}{\sim}t(n-1).$$

对于给定的显著性水平 α,令

$$P\left\{\left|\frac{\overline{X}-\mu_0}{S/\sqrt{n}}\right|\geqslant t_{\alpha/2}(n-1)\right\}=\alpha,$$

从而检验的拒绝域为 $W=\{|t|\geqslant t_{\alpha/2}(n-1)\}$,即当 t 的观察值 t_0 满足 $|t_0|\geqslant t_{\alpha/2}(n-1)$ 时,则拒绝 H_0,认为均值 μ 与 μ_0 有显著性差异,否则,接受 H_0,认为 μ 与 μ_0 无显著性差异.

(2) 单边检验. 右边检验 $H_0:\mu\leqslant\mu_0$;$H_1:\mu>\mu_0$ 的拒绝域为 $W=\{t\geqslant t_\alpha(n-1)\}$,左边检验 $H_0:\mu\geqslant\mu_0$;$H_1:\mu<\mu_0$ 的拒绝域为 $W=\{t\leqslant -t_\alpha(n-1)\}$.

2. 单个正态总体方差的假设检验(χ^2 检验法)

1) μ 已知时,关于 σ^2 的假设检验

为检验假设 $H_0:\sigma^2=\sigma_0^2$;$H_1:\sigma^2\neq\sigma_0^2$,选取检验统计量

$$\chi^2=\frac{\sum\limits_{i=1}^{n}(X_i-\mu)^2}{\sigma_0^2}\overset{H_0\text{为真}}{\sim}\chi^2(n).$$

对于给定的显著性水平 α,令 $P\{(\chi^2\leqslant k_1)\cup(\chi^2\geqslant k_2)\}=\alpha$,从而检验的拒绝域为

$$W=\{\chi^2\leqslant\chi^2_{1-\alpha/2}(n)\text{ 或 }\chi^2\geqslant\chi^2_{\alpha/2}(n)\}.$$

2) μ 未知时,关于 σ^2 的假设检验

为检验假设 $H_0:\sigma^2=\sigma_0^2$;$H_1:\sigma^2\neq\sigma_0^2$,选取检验统计量

$$\chi^2=\frac{(n-1)S^2}{\sigma_0^2}\overset{H_0\text{为真}}{\sim}\chi^2(n-1).$$

对于给定的显著性水平 α，令 $P\{(\chi^2 \leqslant k_1) \cup (\chi^2 \geqslant k_2)\} = \alpha$，从而检验的拒绝域为

$$W = \{\chi^2 \leqslant \chi^2_{1-\alpha/2}(n-1) \text{ 或 } \chi^2 \geqslant \chi^2_{\alpha/2}(n-1)\}.$$

三、两个正态总体的假设检验

设 $X_1, X_2, \cdots, X_n$ 是来自正态总体 $N(\mu_1, \sigma_1^2)$ 的一个样本，样本均值为 $\overline{X}$，样本方差为 S_1^2；$Y_1, Y_2, \cdots, Y_m$ 是来自正态总体 $N(\mu_2, \sigma_2^2)$ 的一个样本，样本均值为 $\overline{Y}$，样本方差为 S_2^2.

1. 两个正态总体均值差的假设检验

1) σ_1^2 与 σ_2^2 已知时，关于 $\mu_1 - \mu_2$ 的假设检验

为检验假设 $H_0: \mu_1 - \mu_2 = \delta; H_1: \mu_1 - \mu_2 \neq \delta$，在 H_0 成立的条件下，选取检验统计量

$$Z = \frac{\overline{X} - \overline{Y} - \delta}{\sqrt{\sigma_1^2/n + \sigma_2^2/m}} \sim N(0,1).$$

对于给定的显著性水平 α，令 $P\left\{\frac{|\overline{X} - \overline{Y} - \delta|}{\sqrt{\sigma_1^2/n + \sigma_2^2/m}} \geqslant z_{\alpha/2}\right\} = \alpha$，从而检验的拒绝域为

$$W = \{|Z| \geqslant z_{\alpha/2}\}.$$

2) σ_1^2 与 σ_2^2 未知但 $\sigma_1^2 = \sigma_2^2 = \sigma^2$ 时，关于 $\mu_1 - \mu_2$ 的假设检验

为检验假设 $H_0: \mu_1 - \mu_2 = \delta; H_1: \mu_1 - \mu_2 \neq \delta$，在 H_0 成立的条件下，选取检验统计量

$$t = \frac{\overline{X} - \overline{Y} - \delta}{S_w \sqrt{1/n + 1/m}} \sim t(n+m-2),$$

其中 $S_w^2 = \frac{(n-1)S_1^2 + (m-1)S_2^2}{n+m-2}$. 对于给定的显著性水平 α，令 $P\{|t| \geqslant t_{\alpha/2}(n+m-2)\} = \alpha$，从而检验的拒绝域为

$$W = \{|t| \geqslant t_{\alpha/2}(n+m-2)\}.$$

2. 两个正态总体方差比的假设检验（F 检验法）

1) μ_1 与 μ_2 已知时，关于 $\frac{\sigma_1^2}{\sigma_2^2}$ 的假设检验

为检验假设 $H_0: \sigma_1^2 = \sigma_2^2; H_1: \sigma_1^2 \neq \sigma_2^2$，在 H_0 成立的条件下，选取检验统计量

$$F = \frac{m\sum_{i=1}^{n}(X_i - \mu_1)^2}{n\sum_{i=1}^{m}(Y_i - \mu_2)^2} \sim F(n,m).$$

对于给定的显著性水平 α，令 $P\{(F \leqslant k_1) \cup (F \geqslant k_2)\} = \alpha$，从而检验的拒绝域为

$$W = \left\{F \leqslant \frac{1}{F_{\alpha/2}(m,n)} \text{ 或 } F \geqslant F_{\alpha/2}(n,m)\right\}.$$

2) μ_1 与 μ_2 未知时，关于 $\frac{\sigma_1^2}{\sigma_2^2}$ 的假设检验

为检验假设 $H_0: \sigma_1^2 = \sigma_2^2; H_1: \sigma_1^2 \neq \sigma_2^2$，在 H_0 成立的条件下，选取检验统计量

$$F = \frac{S_1^2}{S_2^2} \sim F(n-1, m-1).$$

对于给定的显著性水平 α，令 $P\{(F \leqslant k_1) \cup (F \geqslant k_2)\} = \alpha$，从而检验的拒绝域为

$$W = \left\{ F \leqslant \frac{1}{F_{\alpha/2}(m-1,n-1)} \text{ 或 } F \geqslant F_{\alpha/2}(n-1,m-1) \right\}.$$

关于正态总体参数的显著性检验的汇总如下(见表 8.2).

表 8.2

		原假设 H_0	备择假设 H_1	检验统计量	拒绝域
单个正态总体	σ^2 已知	$\mu \leqslant \mu_0$ $\mu \geqslant \mu_0$ $\mu = \mu_0$	$\mu > \mu_0$ $\mu < \mu_0$ $\mu \neq \mu_0$	$Z = \dfrac{\overline{X}-\mu_0}{\sigma/\sqrt{n}}$	$Z \geqslant z_\alpha$ $Z \leqslant -z_\alpha$ $\lvert Z \rvert \geqslant z_{\alpha/2}$
	σ^2 未知	$\mu \leqslant \mu_0$ $\mu \geqslant \mu_0$ $\mu = \mu_0$	$\mu > \mu_0$ $\mu < \mu_0$ $\mu \neq \mu_0$	$t = \dfrac{\overline{X}-\mu_0}{S/\sqrt{n}}$	$t \geqslant t_\alpha(n-1)$ $t \leqslant -t_\alpha(n-1)$ $\lvert t \rvert \geqslant t_{\alpha/2}(n-1)$
	μ 已知	$\sigma^2 \leqslant \sigma_0^2$ $\sigma^2 \geqslant \sigma_0^2$ $\sigma^2 = \sigma_0^2$	$\sigma^2 > \sigma_0^2$ $\sigma^2 < \sigma_0^2$ $\sigma^2 \neq \sigma_0^2$	$\chi^2 = \dfrac{\sum\limits_{i=1}^{n}(X_i-\mu)}{\sigma_0^2}$	$\chi^2 \geqslant \chi_\alpha^2(n)$ $\chi^2 \leqslant \chi_{1-\alpha}^2(n)$ $\chi^2 \leqslant \chi_{1-\alpha/2}^2(n)$ 或 $\chi^2 \geqslant \chi_{\alpha/2}^2(n)$
	μ 未知	$\sigma^2 \leqslant \sigma_0^2$ $\sigma^2 \geqslant \sigma_0^2$ $\sigma^2 = \sigma_0^2$	$\sigma^2 > \sigma_0^2$ $\sigma^2 < \sigma_0^2$ $\sigma^2 \neq \sigma_0^2$	$\chi^2 = \dfrac{(n-1)S^2}{\sigma_0^2}$	$\chi^2 \geqslant \chi_\alpha^2(n-1)$ $\chi^2 \leqslant \chi_{1-\alpha}^2(n-1)$ $\chi^2 \leqslant \chi_{1-\alpha/2}^2(n-1)$ 或 $\chi^2 \geqslant \chi_{\alpha/2}^2(n-1)$
两个正态总体	σ_1^2, σ_2^2 已知	$\mu_1-\mu_2 \leqslant \delta$ $\mu_1-\mu_2 \geqslant \delta$ $\mu_1-\mu_2 = \delta$	$\mu_1-\mu_2 > \delta$ $\mu_1-\mu_2 < \delta$ $\mu_1-\mu_2 \neq \delta$	$Z = \dfrac{\overline{X}-\overline{Y}-\delta}{\sqrt{\dfrac{\sigma_1^2}{n}+\dfrac{\sigma_2^2}{m}}}$	$Z \geqslant z_\alpha$ $Z \leqslant -z_\alpha$ $\lvert Z \rvert \geqslant z_{\alpha/2}$
	σ_1^2, σ_2^2 未知但相等	$\mu_1-\mu_2 \leqslant \delta$ $\mu_1-\mu_2 \geqslant \delta$ $\mu_1-\mu_2 = \delta$	$\mu_1-\mu_2 > \delta$ $\mu_1-\mu_2 < \delta$ $\mu_1-\mu_2 \neq \delta$	$t = \dfrac{\overline{X}-\overline{Y}-\delta}{S_w\sqrt{\dfrac{1}{n}+\dfrac{1}{m}}}$	$t \geqslant t_\alpha(n+m-2)$ $t \leqslant -t_\alpha(n+m-2)$ $\lvert t \rvert \geqslant t_{\alpha/2}(n+m-2)$
	μ_1, μ_2 已知	$\sigma_1^2 \leqslant \sigma_2^2$ $\sigma_1^2 \geqslant \sigma_2^2$ $\sigma_1^2 = \sigma_2^2$	$\sigma_1^2 > \sigma_2^2$ $\sigma_1^2 < \sigma_2^2$ $\sigma_1^2 \neq \sigma_2^2$	$F = \dfrac{m\sum\limits_{i=1}^{n}(X_i-\mu_1)^2}{n\sum\limits_{i=1}^{m}(Y_i-\mu_2)^2}$	$F \geqslant F_\alpha(n,m)$ $F \leqslant F_{1-\alpha}(n,m)$ $F \leqslant F_{1-\alpha/2}(n,m)$ 或 $F \geqslant F_{\alpha/2}(n,m)$
	μ_1, μ_2 未知	$\sigma_1^2 \leqslant \sigma_2^2$ $\sigma_1^2 \geqslant \sigma_2^2$ $\sigma_1^2 = \sigma_2^2$	$\sigma_1^2 > \sigma_2^2$ $\sigma_1^2 < \sigma_2^2$ $\sigma_1^2 \neq \sigma_2^2$	$F = \dfrac{S_1^2}{S_2^2}$	$F \geqslant F_\alpha(n-1,m-1)$ $F \leqslant F_{1-\alpha}(n-1,m-1)$ $F \leqslant F_{1-\alpha/2}(n-1,m-1)$ 或 $F \geqslant F_{\alpha/2}(n-1,m-1)$

§8.2 经典例题解析

基本题型 Ⅰ:检验统计量和两类错误

例 8.1 某工人以往的记录是:平均每加工 100 个零件,有 60 个是一等品,今年考核他,在他加工的零件中随机抽取 100 个,发现有 70 个是一等品,这个成绩是否说明该工人的技术水平有了显著性提高(取 $\alpha = 0.05$)?对此问题,假设检验问题应设为(　　).

(A) $H_0: p \geqslant 0.6; H_1: p < 0.6$　　(B) $H_0: p \leqslant 0.6; H_1: p > 0.6$

(C) $H_0: p = 0.6; H_1: p \neq 0.6$　　(D) $H_0: p \neq 0.6; H_1: p = 0.6$

解 一般地,选取问题的对立事件为原假设.在本题中,需考察工人的技术水平是否有了显著性提高,故选取原假设为 $H_0: p \leqslant 0.6$,相应地,备择假设为 $H_1: p > 0.6$.故选(B).

例 8.2 某工厂生产一种螺钉,标准要求长度为 68 mm.实际生产的产品,其长度服从正态分布 $N(\mu, 3.6^2)$,考察假设检验问题 $H_0: \mu = 68; H_1: \mu \neq 68$.设 $\overline{X}$ 为样本均值,按下列方式进行假设检验:当 $|\overline{X} - 68| > 1$ 时,拒绝原假设 H_0;当 $|\overline{X} - 68| \leqslant 1$ 时,接受原假设 H_0.

(1) 当样本容量 $n = 36$ 时,求犯第一类错误的概率 α;

(2) 当样本容量 $n = 64$ 时,求犯第一类错误的概率 α;

(3) 当 H_0 不成立(设 $\mu = 70$),且 $n = 64$ 时,按上述检验法,求犯第二类错误的概率 β.

解 (1) 当 $n = 36$ 时,$\overline{X} \sim N\left(\mu, \frac{3.6^2}{36}\right) = N(\mu, 0.6^2)$,则

$$\begin{aligned}\alpha &= P\{|\overline{X} - 68| > 1 \mid H_0 \text{ 成立}\} = P\{\overline{X} < 67 \mid H_0 \text{ 成立}\} + P\{\overline{X} > 69 \mid H_0 \text{ 成立}\} \\ &= \Phi\left(\frac{67-68}{0.6}\right) + \left[1 - \Phi\left(\frac{69-68}{0.6}\right)\right] \approx \Phi(-1.67) + [1 - \Phi(1.67)] \\ &= 2[1 - \Phi(1.67)] = 2(1 - 0.9525) = 0.095.\end{aligned}$$

(2) 当 $n = 64$ 时,$\overline{X} \sim N\left(\mu, \frac{3.6^2}{64}\right) = N(\mu, 0.45^2)$,则

$$\begin{aligned}\alpha &= P\{|\overline{X} - 68| > 1 \mid H_0 \text{ 成立}\} = P\{\overline{X} < 67 \mid H_0 \text{ 成立}\} + P\{\overline{X} > 69 \mid H_0 \text{ 成立}\} \\ &= \Phi\left(\frac{67-68}{0.45}\right) + \left[1 - \Phi\left(\frac{69-68}{0.45}\right)\right] \approx 2[1 - \Phi(2.22)] \\ &= 2(1 - 0.9868) = 0.0264.\end{aligned}$$

(3) 当 $n = 64, \mu = 70$ 时,$\overline{X} \sim N(70, 0.45^2)$,这时犯第二类错误的概率

$$\begin{aligned}\beta(70) &= P\{|\overline{X} - 68| \leqslant 1 \mid \mu = 70\} = P\{67 \leqslant \overline{X} \leqslant 69 \mid \mu = 70\} \\ &= \Phi\left(\frac{69-70}{0.45}\right) - \Phi\left(\frac{67-70}{0.45}\right) \approx \Phi(-2.22) - \Phi(-6.67) \\ &= \Phi(6.67) - \Phi(2.22) = 1 - 0.9868 = 0.0132.\end{aligned}$$

评注 (1) 由(1)和(2)的计算结果可知:当 n 增大时,可减小犯第一类错误的概率 α.

(2) 当 $n = 64, \mu = 66$ 时,同样可计算得到 $\beta(66) = 0.0132$.

(3) 当 $n = 64, \mu = 68.5$ 时,$\overline{X} \sim N(68.5, 0.45^2)$,则

$$\beta(68.5) = P\{67 \leqslant \overline{X} \leqslant 69 \mid \mu = 68.5\} = \Phi\left(\frac{69-68.5}{0.45}\right) - \Phi\left(\frac{67-68.5}{0.45}\right)$$
$$\approx \Phi(1.11) - \Phi(-3.33) = 0.8665 - (1-0.9995) = 0.866.$$

这表明:当原假设 H_0 不成立时,参数真值越接近于原假设的值,β 的值就越大.

例 8.3 设总体 $X \sim N(\mu,1)$,$X_1,X_2,\cdots,X_n$ 是来自该总体的样本,对于假设检验问题 $H_0:\mu \leqslant 0$;$H_1:\mu > 0$,取显著性水平 α,拒绝域为 $W=\{Z>z_\alpha\}$,其中 $Z=\sqrt{n}\overline{X}$.求:

(1) 当 H_0 成立时,犯第一类错误的概率 $\alpha(\mu)$;

(2) 当 H_0 不成立时,犯第二类错误的概率 $\beta(\mu)$.

解 (1) 当 H_0 成立时,$\mu \leqslant 0$,则

$$\begin{aligned}\alpha(\mu) &= P\{Z > z_\alpha \mid \mu \leqslant 0\} = P\{\sqrt{n}\overline{X} > z_\alpha \mid \mu \leqslant 0\} \\ &= P\{\sqrt{n}(\overline{X}-\mu) > z_\alpha - \sqrt{n}\mu \mid \mu \leqslant 0\} \\ &= 1-\Phi(z_\alpha - \sqrt{n}\mu) \quad (\mu \leqslant 0).\end{aligned}$$

因 $\mu \leqslant 0$,故 $\Phi(z_\alpha - \sqrt{n}\mu) \geqslant \Phi(z_\alpha) = 1-\alpha$,从而 $\alpha(\mu) \leqslant 1-\Phi(z_\alpha) = 1-(1-\alpha) = \alpha$,即犯第一类错误的概率不大于 α.

(2) 当 H_0 不成立时,$\mu > 0$,则

$$\begin{aligned}\beta(\mu) &= P\{Z \leqslant z_\alpha \mid \mu > 0\} = P\{\sqrt{n}(\overline{X}-\mu) \leqslant z_\alpha - \sqrt{n}\mu \mid \mu > 0\} \\ &= \Phi(z_\alpha - \sqrt{n}\mu) \quad (\mu > 0).\end{aligned}$$

因 $\mu > 0$,故当 $\mu \to +\infty$ 时,$\beta(\mu) \to 0$,即 μ 与假设 H_0 偏离越大,犯第二类错误的概率越小;而当 $\mu \to 0^+$ 时,$\beta(\mu) \to 1-\alpha$,即当 μ 为正值且接近于 0 时,犯第二类错误的概率接近于 $1-\alpha$.

例 8.4 Z 检验法和 t 检验法都是关于________的假设检验.当________已知时,用 Z 检验法;当________未知时,用 t 检验法.

解 由 Z 检验法和 t 检验法的概念可知,Z 检验法和 t 检验法都是关于数学期望的假设检验.当方差 σ^2 已知时,用 Z 检验法;当方差 σ^2 未知时,用 t 检验法.

例 8.5 设总体 $X \sim N(\mu,\sigma^2)$,μ,σ^2 未知,$X_1,X_2,\cdots,X_n$ 是来自该总体的样本,记 $\overline{X} = \frac{1}{n}\sum_{i=1}^{n} X_i$,$Q = \sum_{i=1}^{n}(X_i - \overline{X})^2$,则对假设检验 $H_0:\mu=\mu_0$;$H_1:\mu \neq \mu_0$,使用的 t 统计量 $t=$________(用 $\overline{X}$,Q 表示),其拒绝域 $W=$________.

解 σ^2 未知,对 μ 的检验使用 t 检验法,检验统计量为

$$t = \frac{\overline{X}-\mu_0}{S}\sqrt{n} = \frac{(\overline{X}-\mu_0)\sqrt{n(n-1)}}{\sqrt{Q}} \sim t(n-1).$$

对双边检验 $H_0:\mu=\mu_0$;$H_1:\mu \neq \mu_0$,其拒绝域为 $W=\{|t|>t_{\frac{\alpha}{2}}(n-1)\}$.

例 8.6 设总体 $X \sim N(\mu_1,\sigma_1^2)$,总体 $Y \sim N(\mu_2,\sigma_2^2)$,其中 σ_1^2,σ_2^2 未知,$X_1,X_2,\cdots,X_{n_1}$ 是来自总体 X 的样本,$Y_1,Y_2,\cdots,Y_{n_2}$ 是来自总体 Y 的样本,两样本相互独立,则对于假设检验 $H_0:\mu_1=\mu_2$;$H_1:\mu_1 \neq \mu_2$,使用的检验统计量为________,它服从的分布为________.

解 记 $\overline{X} = \frac{1}{n_1}\sum_{i=1}^{n_1} X_i$,$\overline{Y} = \frac{1}{n_2}\sum_{i=1}^{n_2} Y_i$,因两样本相互独立,故 $\overline{X}$ 与 $\overline{Y}$ 相互独立,从而在 H_0 成

立时，$E(\overline{X}-\overline{Y})=0$，$D(\overline{X}+\overline{Y})=D(\overline{X})+D(\overline{Y})=\dfrac{\sigma_1^2}{n_1}+\dfrac{\sigma_2^2}{n_2}$，选取检验统计量

$$Z=\frac{\overline{X}-\overline{Y}}{\sqrt{\dfrac{\sigma_1^2}{n_1}+\dfrac{\sigma_2^2}{n_2}}}\sim N(0,1).$$

例 8.7 设总体 $X\sim N(\mu,\sigma^2)$，μ 未知，$X_1,X_2,\cdots,X_n$ 是来自该总体的样本，样本方差为 S^2，对假设检验 $H_0:\sigma^2\geqslant 16$；$H_1:\sigma^2<16$，其检验统计量为________，拒绝域为________.

解 μ 未知，对 σ^2 的检验使用 χ^2 检验法. 又由题设知，假设为单边检验，故检验统计量为 $\chi^2=\dfrac{(n-1)S^2}{16}\sim\chi^2(n-1)$，从而拒绝域为 $\{\chi^2<\chi^2_{1-\alpha}(n-1)\}$.

基本题型 Ⅱ：单个正态总体的假设检验

例 8.8 某天开工时，需检验自动包装机工作是否正常. 根据以往的经验，其包装的质量(单位：kg) 在正常情况下服从正态分布 $N(100,1.5^2)$，先抽测了 9 包，其质量为

99.3，　98.7，　100.5，　101.2，　98.3，　99.7，　99.5，　102.0，　100.5，

问这天自动包装机工作是否正常？

解 关键是将这一问题转化为假设检验问题. 因检验自动包装机工作是否正常，转化为数学问题就是双边检验 $H_0:\mu=\mu_0=100$；$H_1:\mu\neq\mu_0$. 因 σ^2 已知，选取检验统计量

$$Z=\frac{\overline{X}-\mu_0}{\sigma}\sqrt{n}\sim N(0,1).$$

当 $\alpha=0.05$ 时，$z_{\frac{\alpha}{2}}=z_{0.025}=1.96$，又 $|z_0|=\left|\dfrac{99.97-100}{1.5}\sqrt{9}\right|=0.06<z_{\frac{\alpha}{2}}=1.96$，故接受原假设 H_0，认为自动包装机工作正常.

例 8.9 已知某种元件的寿命服从正态分布，要求该种元件的平均寿命不低于 1 000 h. 现从一批元件中随机抽取 25 个，测得平均寿命 $\overline{x}=980$ h，标准差 $s=65$ h，试在显著性水平 $\alpha=0.05$ 下，确定这批元件是否合格.

解 由题意，σ^2 未知，在显著性水平 $\alpha=0.05$ 下检验假设

$$H_0:\mu\geqslant\mu_0=1\,000;\quad H_1:\mu<\mu_0$$

属于单边(左边) 检验.

选取检验统计量 $t=\dfrac{\overline{X}-\mu_0}{S}\sqrt{n}\sim t(n-1)$，其中 $n=25$，$s=65$，$\overline{x}=980$. 查 t 分布表可得 $t_\alpha(n-1)=t_{0.05}(25-1)=1.710\,9$，又

$$|t_0|=\frac{|\overline{x}-\mu_0|}{s}\sqrt{n}=\frac{|980-1\,000|}{65}\sqrt{25}\approx 1.538<t_{0.05}(24)=1.710\,9,$$

故接受原假设 H_0，认为这批元件是合格的.

例 8.10 某厂生产的某种型号的电池，其寿命(单位：h) 长期以来服从方差 $\sigma^2=5\,000$ 的正态分布. 现有一批这种电池，从生产的情况来看，寿命的波动性有所改变. 现随机地抽取 26 节电池，测得寿命的样本方差 $s^2=9\,200$. 根据这一数据能否推断这批电池寿命的波动性较以往有显著性的变化(取 $\alpha=0.02$)？

解　检验假设 $H_0:\sigma^2=\sigma_0^2=5\,000$；$H_1:\sigma^2\neq\sigma_0^2$，由于 μ 未知，选取检验统计量

$$\chi^2=\frac{(n-1)S^2}{\sigma_0^2}\sim\chi^2(n-1).$$

由 $\alpha=0.02,n=26$，查 χ^2 分布表可得

$$\chi^2_{\frac{\alpha}{2}}(n-1)=\chi^2_{0.01}(25)=44.314,\quad \chi^2_{1-\frac{\alpha}{2}}(n-1)=\chi^2_{0.99}(25)=11.524,$$

又统计量的观察值 $\chi_0^2=\dfrac{(n-1)s^2}{\sigma_0^2}=46>\chi^2_{0.01}(25)=44.314$，故拒绝原假设 H_0，即认为这批电池寿命的波动性较以往有显著性的变化.

例 8.11　某种导线，要求其电阻(单位：Ω)的标准差不得超过 0.005. 今在生产的一批导线中取样品 9 根，测得 $s=0.007$. 设总体服从正态分布，问在显著性水平 $\alpha=0.05$ 下，能否认为这批导线的标准差显著性地偏大？

解　本题属于总体均值未知，正态总体方差的单边检验问题：

$$H_0:\sigma\leqslant\sigma_0=0.005;\quad H_1:\sigma>\sigma_0,$$

选取检验统计量 $\chi^2=\dfrac{(n-1)S^2}{\sigma_0^2}\sim\chi^2(n-1)$.

当 $\alpha=0.05,n=9$ 时，查 χ^2 分布表可得 $\chi^2_\alpha(n-1)=\chi^2_{0.05}(8)=15.507$，则统计量的观察值

$$\chi_0^2=\frac{(n-1)s^2}{\sigma_0^2}=\frac{8\times0.007^2}{0.005^2}=15.68>\chi^2_{0.05}(8)=15.507,$$

故拒绝原假设 H_0，认为这批导线的标准差显著性地偏大.

例 8.12　某台机器自动包装某种食盐，设每袋食盐的净重(单位：g)服从正态分布，规定每袋食盐的标准重量为 500 g，标准差不超过 10 g. 某天开工以后，为了检查机器工作是否正常，从已包装好的食盐中随机抽取 9 袋，测得其重量为

497，　507，　510，　475，　484，　488，　524，　491，　515，

问这天该台机器工作是否正常(取 $\alpha=0.05$)？

解　设每袋食盐的重量为随机变量 X，则 $X\sim N(\mu,\sigma^2)$. 为了检查机器是否工作正常，需检验假设 $H_{01}:\mu=\mu_0=500$ 及 $H_{02}:\sigma^2\leqslant\sigma_0^2=100$.

下面先检验假设 $H_{01}:\mu=\mu_0=500$；$H_{11}:\mu\neq\mu_0$. 由于 σ^2 未知，选取检验统计量

$$t=\frac{\overline{X}-\mu_0}{S}\sqrt{n}\sim t(n-1).$$

又 $\alpha=0.05$，查 t 分布表可得 $t_{\frac{\alpha}{2}}(n-1)=t_{0.025}(8)=2.306$，由题设计算可得 $\overline{x}=499,s\approx16.03$，则统计量的观察值

$$|t_0|=\frac{|\overline{x}-\mu_0|}{s}\sqrt{n}=\frac{|499-500|}{16.03}\sqrt{9}\approx0.187<t_{0.025}(8)=2.306,$$

即接受原假设 H_{01}，认为机器包装食盐的均值为 500 g，没产生系统误差.

下面再检验假设 $H_{02}:\sigma^2\leqslant\sigma_0^2=100$；$H_{12}:\sigma^2>\sigma_0^2$. 选取检验统计量 $\chi^2=\dfrac{(n-1)S^2}{\sigma_0^2}\sim\chi^2(n-1)$. 又 $\alpha=0.05$，查 χ^2 分布表可得 $\chi^2_\alpha(n-1)=\chi^2_{0.05}(8)=15.507$，而统计量的观察值

$$\chi_0^2=\frac{(n-1)s^2}{\sigma_0^2}=20.56>\chi^2_{0.05}(8)=15.507,$$

故拒绝原假设 H_{02}，接受 H_{12}，即认为其标准差超过了 10 g.

由此可知，这天机器自动包装食盐，虽没有产生系统误差，但生产不够稳定（方差偏大），从而认为这天机器工作不正常.

基本题型 Ⅲ：两个正态总体的假设检验

例 8.13 下面给出了两个作家马克·吐温（Mark Twain）的 8 篇小品文以及斯诺德格拉斯（Snodgrass）的 10 篇小品文中由 3 个字母组成的词的比例：

马克·吐温　0.225，0.262，0.217，0.240，0.230，0.229，0.235，0.217，

斯诺德格拉斯　0.209，0.205，0.196，0.210，0.202，0.207，0.224，0.223，0.220，0.201.

设两组数据分别来自两正态总体，且两总体方差相等，两样本相互独立，问两个作家所写的小品文中由 3 个字母组成的词的比例是否有显著性的差异（取 $\alpha = 0.05$）？

解　首先应注意题中的比例即均值的含义，因而本题属于方差未知但相等的两正态总体，考虑它们的均值是否相等的问题. 设题中两正态总体分别记为 X, Y，其均值分别为 μ_1, μ_2，因而检验假设

$$H_0: \mu_1 = \mu_2; \quad H_1: \mu_1 \neq \mu_2.$$

选取检验统计量

$$t = \frac{\overline{X} - \overline{Y}}{S_w \sqrt{\dfrac{1}{n} + \dfrac{1}{m}}} \sim t(n+m-2),$$

其中 $n = 8, m = 10, S_w^2 = \dfrac{(n-1)S_1^2 + (m-1)S_2^2}{n+m-2}$.

在 $\alpha = 0.05$ 时，查 t 分布表可得 $t_{\alpha/2}(n+m-2) = t_{0.025}(16) = 2.1199$，由题设样本数据计算可得 $\overline{x} = 0.2319, \overline{y} = 0.2097, s_1^2 = 0.00021, s_2^2 = 0.00009$，即

$$s_w = \sqrt{s_w^2} = \sqrt{\frac{(8-1) \times 0.00021 + (10-1) \times 0.00009}{8+10-2}} \approx 0.0119,$$

则统计量的观察值

$$|t_0| = \frac{|\overline{x} - \overline{y}|}{s_w \sqrt{\dfrac{1}{n} + \dfrac{1}{m}}} = \frac{|0.2319 - 0.2097|}{0.0119 \sqrt{\dfrac{1}{8} + \dfrac{1}{10}}} \approx 3.9329 > t_{0.025}(16) = 2.1199.$$

因而拒绝原假设 H_0，认为两个作家所写的小品文中由 3 个字母组成的词的比例有显著性的差异.

例 8.14 据专家推测：矮个子的人比高个子的人的寿命要长一些. 下面给出了某国 31 个自然死亡的人的身高和寿命，如表 8.3 和表 8.4 所示. 设两个寿命总体均服从正态分布且方差相等，试问以下数据是否符合上述推测（取 $\alpha = 0.05$）？

表 8.3　矮个子（身高小于 5 英尺 8 英寸（1 英尺 = 0.304 8 m，1 英寸 = 0.025 4 m））

序号	1	2	3	4	5
身高	5′4″	5′6″	5′6″	5′7″	5′7″
寿命	85	79	67	90	80

表 8.4　高个子(身高大于 5 英尺 8 英寸)

序号	6	7	8	9	10	11	12	13	14
身高	5′8″	5′8″	5′8″	5′8.5″	5′8.5″	5′9″	5′9″	5′10″	5′10″
寿命	68	53	65	63	70	88	74	64	66
序号	15	16	17	18	19	20	21	22	23
身高	5′10″	5′10″	5′10″	5′11″	5′11″	5′11″	6′	6′	6′
寿命	60	60	78	71	67	90	73	71	77
序号	24	25	26	27	28	29	30	31	
身高	6′	6′	6′1″	6′2″	6′2″	6′2″	6′2″	6′25″	
寿命	72	57	78	67	56	63	64	83	

解　设矮个子的人的寿命为 X,高个子的人的寿命为 Y,需检验假设 $H_0:\mu_1 \leqslant \mu_2;H_1:\mu_1 > \mu_2$. 由于 $\sigma_1^2 = \sigma_2^2 = \sigma^2$ 未知,选取检验统计量 $t = \dfrac{\overline{X} - \overline{Y}}{S_w\sqrt{\dfrac{1}{n} + \dfrac{1}{m}}} \sim t(n+m-2)$,其中 $n = 5, m = 26$, $S_w^2 = \dfrac{(n-1)S_1^2 + (m-1)S_2^2}{n+m-2}$. 由题设样本数据可得 $\overline{x} = 80.2, \overline{y} = 69.15, 4s_1^2 = 294.8, 25s_2^2 = 2\,169.385$,故 $s_w^2 = \dfrac{(n-1)s_1^2 + (m-1)s_2^2}{n+m-2} \approx 84.972$,从而统计量的观察值

$$|t_0| = \frac{|\overline{x} - \overline{y}|}{s_w\sqrt{\dfrac{1}{n} + \dfrac{1}{m}}} \approx 2.455.$$

又当 $\alpha = 0.05$ 时,查 t 分布表可得 $t_\alpha(n+m-2) = t_{0.05}(29) = 1.699\,1$,即 $|t_0| = 2.455 > t_{0.05}(29) = 1.699\,1$,故拒绝原假设 H_0,即推测是正确的,认为矮个子的人比高个子的人的寿命要长一些.

例 8.15　从相邻的甲、乙两地段分别取了 50 块和 52 块岩心进行磁化率测定,计算出两样本方差分别是 $s_1^2 = 0.013\,9$ 和 $s_2^2 = 0.005\,3$. 已知甲、乙两地段岩心磁化率服从正态分布,问甲、乙两地段岩心磁化率的标准差是否有显著性差异(取 $\alpha = 0.05$)?

解　检验假设 $H_0:\sigma_1 = \sigma_2;H_1:\sigma_1 \neq \sigma_2$,选取检验统计量 $F = \dfrac{S_1^2}{S_2^2} \sim F(n-1, m-1)$,从而统计量的观察值 $F_0 = \dfrac{s_1^2}{s_2^2} = \dfrac{0.013\,9}{0.005\,3} \approx 2.62$. 当 $\alpha = 0.05$ 时,查 F 分布表可得

$$F_{\frac{\alpha}{2}}(50-1, 52-1) = F_{0.025}(49, 51) = 1.749\,4,$$

$$F_{1-\frac{\alpha}{2}}(50-1, 52-1) = F_{0.975}(49, 51) = 0.569\,8.$$

因为 $F_0 = 2.62 > F_{0.025}(49, 51) = 1.749\,4$,所以拒绝原假设 H_0,即认为甲、乙两地段岩心磁化率的标准差有显著性差异.

例 8.16　在集中教育开课前对学员进行了一次测试,过一段时间后,又对学员进行了与前一次同样程度的测试,其目的是了解学员考试成绩是否有显著性差异(取 $\alpha = 0.05$). 已知学员考试成绩服从正态分布,从两次考试成绩中各随机抽取 12 份,结果如表 8.5 所示.

表 8.5

考试批次	考试成绩						合计	平均分
(一)	80.5	91.0	81.0	85.0	70.0	86.0	940	78.3
	69.5	74.0	72.5	83.0	69.0	78.5		
(二)	76.0	90.0	91.5	73.0	64.5	77.5	960	80.0
	81.0	83.5	86.0	78.5	85.0	73.5		

解　此为两个正态总体的假设检验，两总体均值未知，先检验假设

$$H_{01}:\sigma_1^2=\sigma_2^2;\quad H_{11}:\sigma_1^2\neq\sigma_2^2.$$

选取检验统计量 $F=\dfrac{S_1^2}{S_2^2}\sim F(n_1-1,n_2-1)$，由题设可算得 $s_1^2=53.15,s_2^2=60.23$，则统计量的观察值 $F_0=\dfrac{s_1^2}{s_2^2}=\dfrac{53.15}{60.23}\approx0.8825$. 当 $\alpha=0.05$ 时，查 F 分布表可得

$$F_{\frac{\alpha}{2}}(11,11)=F_{0.025}(11,11)=3.43,$$

$$F_{1-\frac{\alpha}{2}}(11,11)=F_{0.975}(11,11)=\frac{1}{F_{0.025}(11,11)}\approx0.2915.$$

由于 $F_{1-\frac{\alpha}{2}}(11,11)<F_0=0.8825<F_{\frac{\alpha}{2}}(11,11)=3.43$，故接受 H_{01}，即认为两次考试中学员的考试成绩方差相等.

再检验假设 $H_{02}:\mu_1=\mu_2;H_{12}:\mu_1\neq\mu_2$. 选取检验统计量

$$t=\frac{\overline{X}-\overline{Y}}{S_w\sqrt{\dfrac{1}{n_1}+\dfrac{1}{n_2}}}\sim t(n_1+n_2-2),$$

其中 $S_w^2=\dfrac{(n_1-1)S_1^2+(n_2-1)S_2^2}{n_1+n_2-2}$，$n_1=12,n_2=12$. 由样本数据可得 $\overline{x}=78.3,\overline{y}=80.0$，$s_1^2=53.15,s_2^2=60.23$，故 $s_w^2=\dfrac{(n_1-1)s_1^2+(n_2-1)s_2^2}{n_1+n_2-2}=56.69$，从而统计量的观察值

$$|t_0|=\frac{|\overline{x}-\overline{y}|}{s_w\sqrt{\dfrac{1}{n_1}+\dfrac{1}{n_2}}}\approx0.5531.$$

当 $\alpha=0.05$ 时，查 t 分布表可得

$$t_{\frac{\alpha}{2}}(n_1+n_2-2)=t_{0.025}(22)=2.0739.$$

由于 $|t_0|=0.5531<t_{0.025}(22)=2.0739$，因此接受 H_{02}，即认为两次考试中学员的平均成绩相等，从而认为两次考试中学员的考试成绩无显著性差异.

基本题型 Ⅳ：非正态总体参数假设检验

例 8.17　某产品的次品率为 0.17. 现对此产品进行了新工艺试验，并从中抽取 400 件检查，发现 56 件次品，能否认为这项新工艺显著性地影响产品质量(取 $\alpha=0.05$)?

解　检验假设 $H_0:p=0.17;H_1:p\neq0.17$. 由题设可知 $\hat{p}=\dfrac{m}{n}=\dfrac{56}{400}=0.14$，选取检验统计量

$$Z=\frac{\hat{p}-p}{\sqrt{pq}}\sqrt{n}\sim N(0,1).$$

统计量的观察值

$$z_0=\frac{0.14-0.17}{\sqrt{0.17\times0.83}}\times\sqrt{400}\approx-1.597.$$

当 $\alpha=0.05$ 时,查标准正态分布表可得 $z_{0.025}=1.96$,因为 $|z_0|<z_{0.025}=1.96$,所以接受原假设 H_0,认为新工艺没有显著性地影响产品质量.

评注　本题的理论依据是中心极限定理:当 n 充分大,H_0 成立时,$Z=\frac{\hat{p}-p_0}{\sqrt{p_0q_0}}\sqrt{n}$ 近似服从标准正态分布 $N(0,1)$.

例 8.18　已知某种电子元件的使用寿命(单位:h)X 服从指数分布 $E(\lambda)$,现抽查 100 个元件,得样本均值 $\bar{x}=950$,能否认为参数 $\lambda=0.001$(取 $\alpha=0.05$)?

解　由题设 $X\sim E(\lambda)$,故 $E(X)=\frac{1}{\lambda}$,$D(X)=\frac{1}{\lambda^2}$,当 n 充分大时,选取检验统计量

$$Z=\frac{\overline{X}-\frac{1}{\lambda}}{\frac{1}{\sqrt{n}\lambda}}=(\lambda\overline{X}-1)\sqrt{n}\sim N(0,1).$$

现在检验假设 $H_0:\lambda=0.001$;$H_1:\lambda\neq0.001$,统计量的观察值

$$z_0=(\lambda\bar{x}-1)\sqrt{n}=(0.001\times950-1)\times\sqrt{100}=-0.5.$$

当 $\alpha=0.05$ 时,查标准正态分布表可得 $z_{0.025}=1.96$,因为 $|z_0|<z_{0.025}=1.96$,所以接受原假设 H_0,认为参数 $\lambda=0.001$.

评注　若总体 $X\sim F(x)$,且 $E(X)=\mu$,$D(X)=\sigma^2$,则当 n 充分大时,$Z=\frac{\overline{X}-\mu}{\sigma}\sqrt{n}$ 近似服从标准正态分布 $N(0,1)$.

例 8.19　对某干洗公司去除污点的比例做假设检验 $H_0:p=0.7$;$H_1:p=0.9$. 选出 100 个污点,设其中去除的污点数为 X,拒绝域为 $W=\{X>82\}$.

(1) 当 $p=0.7$ 时,求犯第一类错误的概率 α;

(2) 当 $p=0.9$ 时,求犯第二类错误的概率 β.

解　(1) 由题设有

$$\alpha=P\{X>82\mid p=0.7\}=1-\Phi\left(\frac{82-100\times0.7}{\sqrt{100\times0.7\times0.3}}\right)$$

$$\approx1-\Phi(2.62)=1-0.9956=0.0044.$$

(2) $$\beta=P\{X\leqslant82\mid p=0.9\}=\Phi\left(\frac{82-100\times0.9}{\sqrt{100\times0.9\times0.1}}\right)$$

$$\approx\Phi(-2.67)=1-\Phi(2.67)=1-0.9962=0.0038.$$

评注　从计算分析,这一检验法的 α,β 皆很小,是较好的检验.

§8.3 历年考研真题评析

1. 设某次考试的考生成绩服从正态分布,从中随机地抽取36位考生的成绩,计算得到平均成绩为66.5分,标准差为15分,问在显著性水平0.05下,是否可以认为这次考试全体考生的平均成绩为70分?

解 设这次考试的考生成绩为X,则$X \sim N(\mu,\sigma^2)$. $\overline{X}$为从总体X抽取的样本容量为n的样本均值,S为样本标准差,根据题意建立假设$H_0:\mu=\mu_0=70$;$H_1:\mu\neq\mu_0$. 选取检验统计量

$$t=\frac{\overline{X}-\mu_0}{S}\sqrt{n}=\frac{\overline{X}-70}{S}\sqrt{36}\sim t(35).$$

当$\alpha=0.05$时,查t分布表可得$t_{0.025}(35)=2.0301$,又由$\overline{x}=66.5$,$s=15$计算得统计量的观察值

$$|t_0|=\frac{|66.5-70|}{15}\sqrt{36}=1.4<2.0301,$$

因此接受H_0,即可以认为全体考生的平均成绩为70分.

2. 设总体X服从正态分布$N(\mu,\sigma^2)$,σ^2已知,$X_1,X_2,\cdots,X_n$是来自总体X的样本,据此样本检验假设$H_0:\mu=\mu_0$;$H_1:\mu\neq\mu_0$,则( ).

(A) 如果在显著性水平$\alpha=0.05$下拒绝H_0,那么在显著性水平$\alpha=0.01$下必拒绝H_0

(B) 如果在显著性水平$\alpha=0.05$下拒绝H_0,那么在显著性水平$\alpha=0.01$下必接受H_0

(C) 如果在显著性水平$\alpha=0.05$下接受H_0,那么在显著性水平$\alpha=0.01$下必拒绝H_0

(D) 如果在显著性水平$\alpha=0.05$下接受H_0,那么在显著性水平$\alpha=0.01$下必接受H_0

解 正确解答该题,应深刻理解"显著性水平"的含义. 统计量$\frac{\overline{X}-\mu_0}{\sigma/\sqrt{n}}\sim N(0,1)$,在显著性水平$\alpha=0.05$下的接受域为$\left|\frac{\overline{X}-\mu_0}{\sigma/\sqrt{n}}\right|<z_{0.025}$,解得接受域的区间为$\left(\overline{X}-z_{0.025}\frac{\sigma}{\sqrt{n}},\overline{X}+z_{0.025}\frac{\sigma}{\sqrt{n}}\right)$.
同样,在显著性水平$\alpha=0.01$下接受域的区间为$\left(\overline{X}-z_{0.005}\frac{\sigma}{\sqrt{n}},\overline{X}+z_{0.005}\frac{\sigma}{\sqrt{n}}\right)$.

由于$z_{0.025}<z_{0.005}$,$\alpha=0.01$下接受域的区间包含了$\alpha=0.05$下接受域的区间,故选(D).

§8.4 教材习题详解

1. 已知某炼铁厂的铁水含碳量(单位:%)在正常情况下服从正态分布$(4.55,0.108^2)$,现在测了5炉铁水,其含碳量分别为4.28,4.40,4.42,4.35,4.37,问若标准差不改变,总体均值有无显著性变化(取$\alpha=0.05$)?

解 检验假设

$$H_0:\mu=\mu_0=4.55;\quad H_1:\mu\neq\mu_0.$$

选取检验统计量

$$Z=\frac{\overline{X}-\mu_0}{\sigma/\sqrt{n}}.$$

经计算得$\overline{x}=4.364$,又$n=5$,$\alpha=0.05$,$\sigma=0.108$,查标准正态分布表得$z_{\alpha/2}=z_{0.025}=1.96$,则统计量的观察值

$$z_0=\frac{\overline{x}-\mu_0}{\sigma/\sqrt{n}}=\frac{4.364-4.55}{0.108}\times\sqrt{5}\approx-3.851.$$

由于$|z_0|=3.851>z_{0.025}=1.96$,所以拒绝$H_0$,认为总体均值有显著性变化.

2. 某种矿砂的5个样品中的含镍量(单位:%)经测定为

$$3.24,\quad 3.26,\quad 3.24,\quad 3.27,\quad 3.25,$$

设含镍量服从正态分布,问在$\alpha=0.01$下能否接受假设:这批矿砂的含镍量为3.25%?

解　检验假设

$$H_0:\mu=\mu_0=3.25;\quad H_1:\mu\neq\mu_0.$$

选取检验统计量

$$t=\frac{\overline{X}-\mu_0}{S/\sqrt{n}}.$$

经计算得$\overline{x}=3.252$,$s=0.013$,又$n=5$,$\alpha=0.01$,查t分布表得$t_{\alpha/2}(n-1)=t_{0.005}(4)=4.6041$,则统计量的观察值

$$t_0=\frac{\overline{x}-\mu_0}{s/\sqrt{n}}=\frac{3.252-3.25}{0.013}\times\sqrt{5}\approx0.344.$$

由于$|t_0|=0.344<t_{0.005}(4)=4.6041$,所以接受$H_0$,认为这批矿砂的含镍量为3.25%.

3. 在正常状态下,某种牌子的香烟一支平均1.1 g,若从这种香烟堆中任取36支作为样本,测得样本均值为1.008 g,样本方差为0.1 g^2.问这堆香烟是否处于正常状态?已知香烟(单位:支)的重量(单位:g)近似服从正态分布(取$\alpha=0.05$).

解　检验假设

$$H_0:\mu=\mu_0=1.1;\quad H_1:\mu\neq\mu_0.$$

选取检验统计量

$$t=\frac{\overline{X}-\mu_0}{S/\sqrt{n}}.$$

又$\overline{x}=1.008$,$s^2=0.1$,$n=36$,$\alpha=0.05$,查t分布表得$t_{\alpha/2}(n-1)=t_{0.025}(35)=2.0301$,则统计量的观察值

$$t_0=\frac{\overline{x}-\mu_0}{s/\sqrt{n}}=\frac{1.008-1.1}{\sqrt{0.1}}\times6\approx-1.7456.$$

由于$|t_0|=1.7456<t_{0.025}(35)=2.0301$,所以接受$H_0$,认为这堆香烟处于正常状态.

4. 某公司宣称由他们生产的某种型号的电池的平均寿命为21.5 h,标准差为2.9 h.在实验室测试了该公司生产的6节电池,得到它们的寿命(单位:h)分别为19,18,20,22,16,25,问这些结果是否表明这种电池的平均寿命比该公司宣称的平均寿命要短?设电池寿命近似服从正态分布(取$\alpha=0.05$).

解　检验假设

$$H_0:\mu\geqslant\mu_0=21.5;\quad H_1:\mu<\mu_0.$$

选取检验统计量

$$Z=\frac{\overline{X}-\mu_0}{\sigma/\sqrt{n}}.$$

又$\mu_0=21.5$,$n=6$,$\sigma=2.9$,$\overline{x}=20$,$\alpha=0.05$,查标准正态分布表得$z_{0.05}=1.65$,则统计量的观察值

$$z_0=\frac{\overline{x}-\mu_0}{\sigma/\sqrt{n}}=\frac{20-21.5}{2.9}\times\sqrt{6}\approx-1.267.$$

由于$z_0=-1.267>-z_{0.05}=-1.65$,所以接受$H_0$,认为电池的平均寿命不比该公司宣称的短.

5. 测量某种溶液中的水分,从它的10个测定值得出$\overline{x}=0.452(\%)$,$s=0.037(\%)$.设测定值总体服从正态分布,μ为总体均值,σ为总体标准差,试在显著性水平$\alpha=0.05$下检验假设:

(1) $H_0:\mu=\mu_0=0.5(\%)$；$H_1:\mu<\mu_0$.

(2) $H'_0:\sigma=\sigma_0=0.04(\%)$；$H'_1:\sigma<\sigma_0$.

解　(1) 选取检验统计量 $t=\dfrac{\overline{X}-\mu_0}{S/\sqrt{n}}$. 又 $\overline{x}=0.452, s=0.037, \mu_0=0.5, n=10, \alpha=0.05$，查 t 分布表得 $t_\alpha(n-1)=t_{0.05}(9)=1.8331$，则统计量的观察值

$$t_0=\frac{\overline{x}-\mu_0}{s/\sqrt{n}}=\frac{0.452-0.5}{0.037}\times\sqrt{10}\approx-4.1024.$$

由于 $t_0=-4.1024<-t_{0.05}(9)=-1.8331$，所以拒绝 H_0，接受 H_1.

(2) 选取检验统计量 $\chi^2=\dfrac{(n-1)S^2}{\sigma_0^2}$. 又 $\overline{x}=0.452, s=0.037, \sigma_0^2=0.04^2, n=10, \alpha=0.05$，查 χ^2 分布表得 $\chi^2_{1-\alpha}(n-1)=\chi^2_{0.95}(9)=3.325$，则统计量的观察值

$$\chi_0^2=\frac{(n-1)s^2}{\sigma_0^2}=\frac{9\times0.037^2}{0.04^2}\approx7.7006.$$

由于 $\chi_0^2=7.7006>\chi^2_{0.95}(9)=3.325$，所以接受 H'_0，拒绝 H'_1.

6. 某种导线的电阻(单位:Ω)服从正态分布 $N(\mu,0.005^2)$. 今从新生产的一批导线中抽取 9 根，测其电阻，得 $s=0.008$. 对于 $\alpha=0.05$，能否认为这批导线电阻的标准差仍为 0.005 Ω?

解　检验假设

$$H_0:\sigma=\sigma_0=0.005;\quad H_1:\sigma\neq\sigma_0.$$

选取检验统计量

$$\chi^2=\frac{(n-1)S^2}{\sigma_0^2}.$$

又 $n=9, \alpha=0.05, s=0.008$，查 χ^2 分布表得 $\chi^2_{\alpha/2}(n-1)=\chi^2_{0.025}(8)=17.535$，$\chi^2_{1-\alpha/2}(n-1)=\chi^2_{0.975}(8)=2.180$，则统计量的观察值

$$\chi_0^2=\frac{(n-1)s^2}{\sigma_0^2}=\frac{8\times0.008^2}{(0.005)^2}=20.48.$$

由于 $\chi_0^2=20.48>\chi^2_{0.025}(8)=17.535$，故应拒绝 H_0，不能认为这批导线电阻的标准差仍为 0.005 Ω.

7. 有两批棉纱，为比较其断裂强度(单位:kg)，从中各取一个样本，测试得到：

第一批棉纱样本：$n_1=200$，　$\overline{x}=0.532$，　$s_1=0.218$；

第二批棉纱样本：$n_2=200$，　$\overline{y}=0.57$，　$s_2=0.176$.

设两强度总体服从正态分布，方差未知但相等，两批强度均值有无显著性差异(取 $\alpha=0.05$)?

解　检验假设

$$H_0:\mu_1=\mu_2;\quad H_1:\mu_1\neq\mu_2.$$

选取检验统计量

$$t=\frac{\overline{X}-\overline{Y}}{S_w\sqrt{\dfrac{1}{n_1}+\dfrac{1}{n_2}}}.$$

又 $n_1=n_2=200, \alpha=0.05$，查 t 分布表得 $t_{\alpha/2}(n_1+n_2-2)=t_{0.025}(398)\approx z_{0.025}=1.96$，则

$$s_w=\sqrt{\frac{(n_1-1)s_1^2+(n_2-1)s_2^2}{n_1+n_2-2}}=\sqrt{\frac{199\times(0.218^2+0.176^2)}{398}}\approx0.1981,$$

$$t_0=\frac{\overline{x}-\overline{y}}{s_w\sqrt{\dfrac{1}{n_1}+\dfrac{1}{n_2}}}=\frac{0.532-0.57}{0.1981\times\sqrt{\dfrac{1}{200}+\dfrac{1}{200}}}\approx-1.918.$$

由于 $|t_0|=1.918<t_{0.025}(398)=1.96$，所以接受 H_0，认为两批强度均值无显著性差异.

8. 两位化验员 A,B 对一种矿砂的含铁量(单位:%)各自独立地用同一方法做了 5 次分析,得到样本方差分别为 0.432 2 与 0.500 6. 若 A,B 所得的测定值的总体都服从正态分布,其方差分别为 σ_A^2,σ_B^2,试在显著性水平 $\alpha = 0.05$ 下检验假设

$$H_0: \sigma_A^2 = \sigma_B^2; \quad H_1: \sigma_A^2 \neq \sigma_B^2.$$

解　选取检验统计量 $F = \frac{S_1^2}{S_2^2}$. 又 $n_1 = n_2 = 5, \alpha = 0.05, s_1^2 = 0.4322, s_2^2 = 0.5006$,查 F 分布表得 $F_{\alpha/2}(n_1 - 1, n_2 - 1) = F_{0.025}(4,4) = 9.6, F_{0.975}(4,4) = \frac{1}{F_{0.025}(4,4)} = \frac{1}{9.6} \approx 0.1042$,则统计量的观察值

$$F_0 = \frac{s_1^2}{s_2^2} = \frac{0.4322}{0.5006} \approx 0.8634.$$

由于 $F_{0.975}(4,4) < F_0 < F_{0.025}(4,4)$,所以接受 H_0,拒绝 H_1.

9. 在 π 的前 800 位小数的数字中,0,1,2,…,9 相应地出现了 74,92,83,79,80,73,77,75,76,91 次. 试用 χ^2 检验法检验假设

$$H_0: P\{X = 0\} = P\{X = 1\} = P\{X = 2\} = \cdots = P\{X = 9\} = \frac{1}{10},$$

其中 X 为 π 的小数中所出现的数字,取 $\alpha = 0.10$.

解　统计量 $\chi^2 = \sum_{i=1}^{n} \frac{(f_i - np_i)^2}{np_i}$ 近似服从 $\chi^2(k - r - 1)$,其中 f_i 为实际频数,np_i 为待检验分布的期望频数,r 为待检验分布的未知参数的个数. 而

$$\frac{(74 - 80)^2}{80} + \frac{(92 - 80)^2}{80} + \cdots + \frac{(91 - 80)^2}{80} = 5.125,$$

查 χ^2 分布表得 $\chi_{0.1}^2(9) = 14.684$,又 $5.125 < 14.684$,所以接受假设 H_0.

10. 在一副扑克牌(52 张)中任意抽 3 张,记录 3 张牌中含红桃的张数,放回,然后再任意抽 3 张,如此重复 64 次,得到如表 8.6 所示的结果,试在显著性水平 $\alpha = 0.01$ 下检验假设 H_0:Y 服从二项分布,其分布律为

$$P\{Y = i\} = C_3^i \left(\frac{1}{4}\right)^i \left(\frac{3}{4}\right)^{3-i}, \quad i = 0,1,2,3.$$

表 8.6

含红桃张数 Y	0	1	2	3
出现次数	21	31	12	0

解　若 Y 服从二项分布,则

$$P\{Y = 0\} = 0.75^3, \quad P\{Y = 1\} = 0.75^3,$$
$$P\{Y = 2\} = 0.25 \cdot 0.75^2, \quad P\{Y = 3\} = 0.25^3,$$

故对应的期望频数分别为 27,27,9,1,于是

$$\frac{(21 - 27)^2}{27} + \frac{(31 - 27)^2}{27} + \frac{(12 - 9)^2}{9} + \frac{(0 - 1)^2}{1} \approx 3.926.$$

查 χ^2 分布表得 $\chi_{0.01}^2(3) = 11.345$,而 $3.926 < 11.345$,所以接受假设 H_0.

11. 在某公路上,50 min 之间,观察每 15 s 内路过的汽车的辆数,得到频数分布如表 8.7 所示,问这个分布能否认为是泊松分布(取 $\alpha = 0.10$)?

表 8.7

路过的车辆数 X	0	1	2	3	4	5
次数 f_i	92	68	28	11	1	0

解　原假设中有未知参数 λ,先估计参数值,由泊松分布的参数估计知

$$\hat{\lambda}=\overline{x}=\frac{0\times 92+1\times 68+\cdots+5\times 0}{92+68+\cdots+0}=\frac{161}{200}=0.805,$$

故期望频数分别为89,72,29,8,2,0,则

$$\frac{(92-89)^2}{89}+\frac{(68-72)^2}{72}+\frac{(28-29)^2}{29}+\frac{(11-8)^2}{8}+\frac{(1-2)^2}{2}\approx 1.98.$$

查 χ^2 分布表得 $\chi^2_{0.10}(4)=7.779$,而 $1.98<7.779$,所以认为该分布是泊松分布.

12. 测得300个电子管的寿命(单位:h)如表8.8所示,试在显著性水平 $\alpha=0.05$ 下检验假设 H_0:寿命 X 服从指数分布,其概率密度为 $f(t)=\begin{cases}\dfrac{1}{200}e^{-\frac{t}{200}}, & t>0,\\ 0, & 其他.\end{cases}$

表 8.8

寿命	个数
$0<t\leqslant 100$	121
$100<t\leqslant 200$	78
$200<t\leqslant 300$	43
$t>300$	58

解 由原假设有

$$P\{0<t\leqslant 100\}=\int_0^{100}\frac{1}{200}e^{-\frac{t}{200}}dt=1-e^{-0.5}\approx 0.3935,$$

$$P\{100<t\leqslant 200\}=e^{-0.5}-e^{-1}\approx 0.2387,$$

$$P\{200<t\leqslant 300\}=e^{-1}-e^{-1.5}\approx 0.1447,$$

$$P\{t>300\}=e^{-1.5}\approx 0.2231,$$

故期望频数分别为118,72,43,67,则

$$\frac{(121-118)^2}{118}+\frac{(78-72)^2}{72}+\frac{(43-43)^2}{43}+\frac{(58-67)^2}{67}\approx 1.785.$$

查 χ^2 分布表得 $\chi^2_{0.05}(3)=7.815$,而 $1.785<7.815$,所以接受假设 H_0.

§8.5 同步自测题及参考答案

同步自测题

一、选择题

1. 关于显著性水平 α 的设定,下列叙述错误的是(　　).

(A) α 的选取本质上是个实际问题,而非数学问题

(B) α 应是事先给定的,不可擅自改动

(C) α 即为检验结果犯第一类错误的最大概率

(D) 为了得到所希望的结论,可随时对 α 的值进行修正

2. 关于检验的拒绝域 W,置信水平 α,以及所谓的“小概率事件”,下列叙述错误的是(　　).

(A) α 的值即是对究竟多大概率才算“小”概率的量化描述

(B) 事件$\{(X_1,X_2,\cdots,X_n)\in W \mid H_0$ 为真$\}$即为一个小概率事件

(C) 设 W 是样本空间的某个子集,指事件$\{(X_1,X_2,\cdots,X_n)\in W \mid H_0$ 为真$\}$

(D) 确定恰当的 W 是任何检验的本质问题

3. 设总体 $X\sim N(\mu,\sigma^2)$,σ^2 未知,通过样本 $X_1,X_2,\cdots,X_n$ 检验假设 $H_0:\mu=\mu_0$,此问题拒绝域的形式为(　　).

(A) $\left\{\dfrac{\overline{X}-\mu_0}{S/\sqrt{n}}>C\right\}$　　(B) $\left\{\dfrac{\overline{X}-\mu_0}{S/\sqrt{n}}<C\right\}$

(C) $\left\{\left|\dfrac{\overline{X}-\mu_0}{S/\sqrt{n}}\right|>C\right\}$　　(D) $\{\overline{X}>C\}$

4. 设 $X_1,X_2,\cdots,X_n$ 为来自正态总体 $N(\mu,\sigma^2)$ 的样本,若 μ 未知,关于假设检验 $H_0:\sigma^2\leqslant 100$;$H_1:\sigma^2>100$,$\alpha=0.05$,下列叙述不正确的是(　　).

(A) 检验统计量为$\dfrac{\sum\limits_{i=1}^{n}(X_i-\overline{X})^2}{100}$

(B) 在 H_0 成立时,$\dfrac{(n-1)S^2}{100}\sim\chi^2(n-1)$

(C) 拒绝域不是双边的

(D) 拒绝域可以形如$\left\{\sum\limits_{i=1}^{n}(X_i-\overline{X})^2>k\right\}$

5. 设总体 X 服从正态分布 $N(\mu,3^2)$,$X_1,X_2,\cdots,X_n$ 是来自总体 X 的一个样本,在显著性水平 $\alpha=0.05$ 下,假设“总体均值等于75”的拒绝域为 $W=\{X_1,X_2,\cdots,X_n \mid \overline{X}<74.02 \cup \overline{X}>75.98\}$,则样本容量 $n=$(　　).

(A) 36　　(B) 64　　(C) 25　　(D) 81

二、填空题

1. 为了校正试用的普通天平,把在该天平上称量为100 g的10个试样在标准天平上进行称量,得如下结果:

99.3,　98.7,　100.5,　101.2,　98.3,
99.7,　99.5,　102.1,　100.5,　99.2,

假设在天平上称量的结果服从正态分布,为检验普通天平与标准天平有无显著性差异,H_0 为________.

2. 设 $X_1,X_2,\cdots,X_{25}$ 是来自总体 $N(\mu,9)$ 的样本,μ 未知,对于假设检验 $H_0:\mu=\mu_0$;$H_1:\mu\neq\mu_0$,其拒绝域形如 $|\overline{X}-\mu_0|\geqslant k$. 若取 $\alpha=0.05$,则 k 的值为________.

3. 设 $X_1,X_2,\cdots,X_n$ 是来自正态总体 $X\sim N(\mu,\sigma^2)$ 的一个样本. 现在需要在显著性水平 $\alpha=0.05$ 下检验假设 $H_0:\sigma^2=\sigma_0^2$,如果常数 μ 已知,则 H_0 的拒绝域 $W_1=$________;如果常数 μ 未知,则 H_0 的拒绝域 $W_2=$________.

4. 在一个假设检验问题中令 H_0 是原假设,H_1 是备择假设,则犯第一类错误的概率 $\alpha=P\{$________$\}$,犯第二类错误的概率 $\beta=P\{$________$\}$.

三、解答题

1. 已知使用精料饲养鸡时,经若干天鸡的平均重量为 4 kg. 今对一批鸡改用粗料饲养,同

时改善饲养方法,经同样长的饲养期后随机抽取 10 只,测得其重量数据(单位:kg) 如下:

3.7, 3.8, 4.1, 3.9, 4.6, 4.7, 5.0, 4.5, 4.3, 3.8.

已知同一批鸡的重量 X 服从正态分布,试推断:这一批鸡的平均重量是否有显著性提高.试就 $\alpha = 0.01$ 和 $\alpha = 0.05$ 分别推断.

2. 在 20 世纪 70 年代后期,人们发现在酿造啤酒时,在麦芽干燥过程中会形成致癌物质亚硝基二甲胺.到了20世纪80年代初期开发了一种新的麦芽干燥过程,下面给出了在新老两种干燥过程中形成的亚硝基二甲胺的含量(以 10 亿份中的份数计):

老过程:6, 4, 5, 5, 6, 5, 5, 6, 4, 6, 7, 4,

新过程:2, 1, 2, 2, 1, 0, 3, 2, 1, 0, 1, 3,

设两样本分别来自正态总体,且两总体的方差相等,两样本相互独立,分别以 μ_1,μ_2 记对应于老、新过程的总体均值,试检验假设 $H_0:\mu_1-\mu_2=2;H_1:\mu_1-\mu_2>2$(取 $\alpha=0.05$).

3. 某机构检验了 26 匹马,测得每 100 mL 的血清中,所含的无机磷平均值为 3.29 mL,标准差为 0.27 mL,又检验了 18 只羊,测得每 100 mL 血清中所含无机磷平均值为 3.96 mL,标准差为 0.40 mL.设马和羊的血清中含无机磷的量均服从正态分布,试问在显著性水平 $\alpha=0.05$ 下,马和羊的血清中无机磷的含量是否有显著性差异?

4. 某种产品的次品率原为 0.1,对这种产品进行新工艺试验,抽取 200 件发现了 13 件次品,能否认为这项新工艺显著性地降低了产品的次品率(取 $\alpha=0.05$)?

5. 设 $X_1,X_2,\cdots,X_n$ 为来自正态总体 $X\sim N(\mu,4)$ 的样本,已知关于假设检验 $H_0:\mu=1$;$H_1:\mu=2.5$ 的拒绝域为 $W=\{\overline{X}>2\}$.

(1) 当 $n=9$ 时,求犯两类错误的概率 α 和 β;

(2) 证明:当 $n\to\infty$ 时,$\alpha\to 0,\beta\to 0$.

同步自测题参考答案

一、选择题

1. D. 2. C. 3. C. 4. B. 5. A.

二、填空题

1. $\mu=100$.   2. 1.176.

3. $\left\{\dfrac{1}{\sigma_0^2}\sum\limits_{i=1}^{n}(X_i-\mu)^2>\chi^2_{0.025}(n)\cup\dfrac{1}{\sigma_0^2}\sum\limits_{i=1}^{n}(X_i-\mu)^2<\chi^2_{0.975}(n)\right\}$,

$\left\{\dfrac{(n-1)S^2}{\sigma_0^2}>\chi^2_{0.025}(n-1)\cup\dfrac{(n-1)S^2}{\sigma_0^2}<\chi^2_{0.975}(n-1)\right\}$.

4. 接受 $H_1\mid H_0$ 成立,接受 $H_0\mid H_1$ 成立.

三、解答题

1. $\alpha=0.01$ 时,有显著性提高;$\alpha=0.05$ 时,没有显著性提高.

2. 拒绝 H_0,接受 H_1.

3. 方差无显著性差异,均值有显著性差异,故有显著性差异.

4. 不能认为.

5. (1) $\alpha=0.066\ 8,\beta=0.226\ 6$;

(2) $\alpha=1-\Phi\left(\dfrac{\sqrt{n}}{2}\right)\to 0,\beta=\Phi\left(-\dfrac{\sqrt{n}}{4}\right)\to 0(n\to\infty)$.

第九章　方 差 分 析

本章学习要点

(一) 熟悉单因素试验的方差分析.
(二) 熟悉双因素试验的方差分析.
(三) 了解正交试验设计及其方差分析.

§9.1　知识点考点精要

一、单因素试验方差分析基本步骤

1. 数学模型

设因素 A 有 r 个水平 $A_1,A_2,\cdots,A_r$,在每一个水平下各做 m 次独立重复试验,若记第 i 个水平下第 j 次试验的试验数据为 X_{ij},所有试验的试验数据如表 9.1 所示.

表 9.1

因素水平	试验数据				样本总和	样本均值
A_1	X_{11}	X_{12}	$\cdots$	X_{1m}	$T_{1\cdot}$	$\overline{X}_{1\cdot}$
A_2	X_{21}	X_{22}	$\cdots$	X_{2m}	$T_{2\cdot}$	$\overline{X}_{2\cdot}$
$\vdots$	$\vdots$	$\vdots$		$\vdots$	$\vdots$	$\vdots$
A_r	X_{r1}	X_{r2}	$\cdots$	X_{rm}	$T_{r\cdot}$	$\overline{X}_{r\cdot}$

对这个试验要研究的问题是:r 个水平 $A_1,A_2,\cdots,A_r$ 间有无显著性差异.

2. 基本假设

(1) 第 i 个水平下的数据 $X_{i1},X_{i2},\cdots,X_{im}$ 是来自正态总体 $N(\mu_i,\sigma_i^2)(i=1,2,\cdots,r)$ 的一个样本;

(2) r 个方差相同,即 $\sigma_1^2=\sigma_2^2=\cdots=\sigma_r^2=\sigma^2$;

(3) $X_{ij}(i=1,2,\cdots,r;j=1,2,\cdots,m)$ 相互独立.

在这三个基本假设下,要检验的假设是

$$H_0:\mu_1=\mu_2=\cdots=\mu_r;\quad H_1:\mu_1,\mu_2,\cdots,\mu_r\text{ 不全相等}.$$

方差分析就是在方差相等的条件下,对若干个正态总体均值是否相等的假设检验.

3. 平方和分解

记

$$S_T=S_A+S_E,\quad f_T=f_A+f_E,\quad n=rm,$$

其中 $S_T=\sum_{i=1}^{r}\sum_{j=1}^{m}(X_{ij}-\overline{X})^2$ 称为**总变差**，其自由度 $f_T=n-1$，$S_A=m\sum_{i=1}^{r}(\overline{X}_{i\cdot}-\overline{X})^2$ 称为因素 A 的**效应平方和**，其自由度 $f_A=r-1$，$S_E=\sum_{i=1}^{r}\sum_{j=1}^{m}(X_{ij}-\overline{X}_{i\cdot})^2$ 称为**误差平方和**，其自由度 $f_E=n-r$，$\overline{X}_{i\cdot}=\frac{1}{m}\sum_{j=1}^{m}X_{ij}$，$\overline{X}=\frac{1}{rm}\sum_{i=1}^{r}\sum_{j=1}^{m}X_{ij}=\frac{1}{r}\sum_{i=1}^{r}\overline{X}_{i\cdot}$.

4. 方差分析表

这些分析结果排成表 9.2 的形式，称为单因素试验的**方差分析表**.

表 9.2

方差来源	平方和	自由度	均方和	F 比
因素 A	$S_A=\frac{1}{m}\sum_{i=1}^{r}T_{i\cdot}^2-\frac{T^2}{n}$	$f_A=r-1$	$\overline{S}_A=S_A/f_A$	$F=\frac{\overline{S}_A}{\overline{S}_E}$
误差	$S_E=S_T-S_A$	$f_E=n-r$	$\overline{S}_E=S_E/f_E$	
总和	$S_T=\sum_{i=1}^{r}\sum_{j=1}^{m}X_{ij}^2-\frac{T^2}{n}$	$f_T=n-1$		

注：$T=\sum_{i=1}^{r}\sum_{j=1}^{m}X_{ij}$，$T_{i\cdot}=\sum_{j=1}^{m}X_{ij}$.

5. 判断

在 H_0 成立的条件下，$F=\frac{\overline{S}_A}{\overline{S}_E}\sim F(r-1,n-r)$，对于给定的显著性水平 $\alpha(0<\alpha<1)$，其拒绝域为 $W=\{F\geqslant F_\alpha(r-1,n-r)\}$，其中 $F_\alpha(r-1,n-r)$ 可通过查 F 分布表得到.

若 $F>F_\alpha(r-1,n-r)$，则认为因素 A 显著，即各正态总体均值间有显著性差异；

若 $F\leqslant F_\alpha(r-1,n-r)$，则认为因素 A 不显著，即接受原假设 H_0.

二、数据结构式及其参数估计

1. 数据结构式

记

$$X_{ij}=\mu+a_i+\varepsilon_{ij},\quad i=1,2,\cdots,r;j=1,2,\cdots,m,$$

其中 $\mu=\frac{m}{n}\sum_{i=1}^{r}\mu_i$ 为总均值，$a_i=\mu_i-\mu$ 为第 i 个水平的效应，且 $\sum_{i=1}^{r}a_i=0$，ε_{ij} 为试验误差，所有 ε_{ij} 可作为来自总体 $N(0,\sigma^2)$ 的一个样本. 在上述数据结构式下，$X_{ij}\sim N(\mu+a_i,\sigma^2)$，检验的假设为

$$H_0:a_1=a_2=\cdots=a_r=0;\quad H_1:a_1,a_2,\cdots,a_r\text{ 不全为 }0.$$

2. 点估计

总均值 μ 的估计为 $\hat{\mu}=\overline{X}$，水平均值 μ_i 的估计为 $\hat{\mu}_i=\overline{X}_{i\cdot}$，$i=1,2,\cdots,r$，水平效应 a_i 的估计为 $\hat{a}_i=\overline{X}_{i\cdot}-\overline{X}$，$i=1,2,\cdots,r$，误差方差 σ^2 的估计为 $\hat{\sigma}^2=\overline{S}_E=S_E/f_E$.

3. 区间估计

水平均值 μ_i 的置信度为 $1-\alpha$ 的置信区间是 $\overline{X}_{i\cdot} \pm \hat{\sigma} \cdot t_{1-\alpha/2} \cdot f_e / \sqrt{m}, i=1,2,\cdots,r.$

4. 结果分析

结果分析包括:因素 A 是否显著;试验误差方差 σ^2 的估计;各水平均值 μ_i 的点估计与区间估计(此项在因素 A 不显著时无须进行).

三、重复数不等情形下的方差分析

1. 数学模型

设因素 A 有 r 个水平 $A_1, A_2, \cdots, A_r$,并且在第 i 个水平 A_i 下重复进行 m_i 次试验,得到数据如表 9.3 所示.

表 9.3

因素水平	重复数	试验数据				样本总和	样本均值
A_1	m_1	X_{11}	X_{12}	$\cdots$	X_{1m_1}	$T_{1\cdot}$	$\overline{X}_{1\cdot}$
A_2	m_2	X_{21}	X_{22}	$\cdots$	X_{2m_2}	$T_{2\cdot}$	$\overline{X}_{2\cdot}$
$\vdots$	$\vdots$	$\vdots$	$\vdots$		$\vdots$	$\vdots$	$\vdots$
A_r	m_r	X_{r1}	X_{r2}	$\cdots$	X_{rm_r}	$T_{r\cdot}$	$\overline{X}_{r\cdot}$

2. 平方和计算

基本假设、平方和分解、方差分析和判断准则都和前面一样,只是因素 A 的效应平方和 S_A 的计算公式不同. 记 $n=\sum_{i=1}^{r} m_i$,则

$$S_A = \sum_{i=1}^{r} \frac{T_{i\cdot}^2}{m_i} - \frac{T^2}{n}.$$

3. 数据结构式及参数估计式

数据结构式、点估计、区间估计和结果分析也和前面一样,只是总均值和效应约束条件的计算公式不同. 总均值 $\mu = \frac{1}{n}\sum_{i=1}^{r} m_i\mu_i$,效应约束条件为 $\sum_{i=1}^{r} m_i a_i = 0$.

四、双因素等重复试验的方差分析

1. 数学模型

设有两个因素 A, B 作用于试验的指标,因素 A 有 r 个水平 $A_1, A_2, \cdots, A_r$,因素 B 有 s 个水平 $B_1, B_2, \cdots, B_s$,对因素 A, B 的水平的每对组合 (A_i, B_j), $i=1,2,\cdots,r$; $j=1,2,\cdots,s$ 都做 $t(t\geqslant 2)$ 次试验(称为等重复试验),得到如表 9.4 所示的结果.

表 9.4

因素 A	因素 B			
	B_1	B_2	…	B_s
A_1	$X_{111}, X_{112}, \cdots, X_{11t}$	$X_{121}, X_{122}, \cdots, X_{12t}$	…	$X_{1s1}, X_{1s2}, \cdots, X_{1st}$
A_2	$X_{211}, X_{212}, \cdots, X_{21t}$	$X_{221}, X_{222}, \cdots, X_{22t}$	…	$X_{2s1}, X_{2s2}, \cdots, X_{2st}$
⋮	⋮	⋮		⋮
A_r	$X_{r11}, X_{r12}, \cdots, X_{r1t}$	$X_{r21}, X_{r22}, \cdots, X_{r2t}$	…	$X_{rs1}, X_{rs2}, \cdots, X_{rst}$

2. 基本假设

在 $X_{ijk} = \mu + \alpha_i + \beta_j + \gamma_{ij} + \varepsilon_{ijk}, \sum_{i=1}^{r} \alpha_i = 0, \sum_{j=1}^{s} \beta_j = 0, \sum_{i=1}^{r} \gamma_{ij} = 0, \sum_{j=1}^{s} \gamma_{ij} = 0, \varepsilon_{ijk} \sim N(0, \sigma^2)$, $i = 1, 2, \cdots, r; j = 1, 2, \cdots, s; k = 1, 2, \cdots, t$ 且 ε_{ijk} 相互独立的条件下,检验因素 A,B 及交互作用 $A \times B$ 是否显著,要检验以下三个假设:

(1) $H_{01}: \alpha_1 = \alpha_2 = \cdots = \alpha_r = 0$;$H_{11}: \alpha_1, \alpha_2, \cdots, \alpha_r$ 不全为 0.

(2) $H_{02}: \beta_1 = \beta_2 = \cdots = \beta_s = 0$;$H_{12}: \beta_1, \beta_2, \cdots, \beta_s$ 不全为 0.

(3) $H_{03}: \gamma_{11} = \gamma_{12} = \cdots = \gamma_{rs} = 0$;$H_{13}: \gamma_{11}, \gamma_{12}, \cdots, \gamma_{rs}$ 不全为 0.

3. 平方和分解

记

$$\overline{X} = \frac{1}{rst} \sum_{i=1}^{r} \sum_{j=1}^{s} \sum_{k=1}^{t} X_{ijk},$$

$$\overline{X}_{ij\cdot} = \frac{1}{t} \sum_{k=1}^{t} X_{ijk}, \quad i = 1, 2, \cdots, r; j = 1, 2, \cdots, s,$$

$$\overline{X}_{i\cdot\cdot} = \frac{1}{st} \sum_{j=1}^{s} \sum_{k=1}^{t} X_{ijk}, \quad i = 1, 2, \cdots, r,$$

$$\overline{X}_{\cdot j\cdot} = \frac{1}{rt} \sum_{i=1}^{r} \sum_{k=1}^{t} X_{ijk}, \quad j = 1, 2, \cdots, s,$$

$$S_T = \sum_{i=1}^{r} \sum_{j=1}^{s} \sum_{k=1}^{t} (X_{ijk} - \overline{X})^2.$$

平方和分解式为 $S_T = S_E + S_A + S_B + S_{A\times B}$,其中

$$S_E = \sum_{i=1}^{r} \sum_{j=1}^{s} \sum_{k=1}^{t} (X_{ijk} - \overline{X}_{ij\cdot})^2, \quad S_A = st \sum_{i=1}^{r} (\overline{X}_{i\cdot\cdot} - \overline{X})^2, \quad S_B = rt \sum_{j=1}^{s} (\overline{X}_{\cdot j\cdot} - \overline{X})^2,$$

$$S_{A\times B} = t \sum_{i=1}^{r} \sum_{j=1}^{s} (\overline{X}_{ij\cdot} - \overline{X}_{i\cdot\cdot} - \overline{X}_{\cdot j\cdot} + \overline{X})^2.$$

S_E 称为**误差平方和**,S_A,S_B 分别称为因素 A,B 的**效应平方和**,$S_{A\times B}$ 称为因素 A,B 的**交互效应平方和**.

4. 方差分析表

这些分析结果排成表 9.5 的形式,称为双因素等重复试验的**方差分析表**.

表 9.5

方差来源	平方和	自由度	均方和	F 比
因素 A	S_A	$r-1$	$\overline{S}_A=\dfrac{S_A}{r-1}$	$F_A=\dfrac{\overline{S}_A}{\overline{S}_E}$
因素 B	S_B	$s-1$	$\overline{S}_B=\dfrac{S_B}{s-1}$	$F_B=\dfrac{\overline{S}_B}{\overline{S}_E}$
交互作用	$S_{A\times B}$	$(r-1)(s-1)$	$\overline{S}_{A\times B}=\dfrac{S_{A\times B}}{(r-1)(s-1)}$	$F_{A\times B}=\dfrac{\overline{S}_{A\times B}}{\overline{S}_E}$
误差	S_E	$rs(t-1)$	$\overline{S}_E=\dfrac{S_E}{rs(t-1)}$	
总和	S_T	$rst-1$		

评注　在实际应用中，与单因素方差分析类似，可按以下较简便的公式来计算 $S_T,S_A,S_B,S_{A\times B},S_E$. 记

$$T_{\cdots}=\sum_{i=1}^{r}\sum_{j=1}^{s}\sum_{k=1}^{t}X_{ijk},$$

$$T_{ij\cdot}=\sum_{k=1}^{t}X_{ijk},\quad i=1,2,\cdots,r;j=1,2,\cdots,s,$$

$$T_{i\cdot\cdot}=\sum_{j=1}^{s}\sum_{k=1}^{t}X_{ijk},\quad i=1,2,\cdots,r,$$

$$T_{\cdot j\cdot}=\sum_{i=1}^{r}\sum_{k=1}^{t}X_{ijk},\quad j=1,2,\cdots,s,$$

即有

$$\begin{cases} S_T=\displaystyle\sum_{i=1}^{r}\sum_{j=1}^{s}\sum_{k=1}^{t}X_{ijk}^2-\frac{T_{\cdots}^2}{rst}, \\ S_A=\displaystyle\frac{1}{st}\sum_{i=1}^{r}T_{i\cdot\cdot}^2-\frac{T_{\cdots}^2}{rst}, \\ S_B=\displaystyle\frac{1}{rt}\sum_{j=1}^{s}T_{\cdot j\cdot}^2-\frac{T_{\cdots}^2}{rst}, \\ S_{A\times B}=\displaystyle\frac{1}{t}\sum_{i=1}^{r}\sum_{j=1}^{s}T_{ij\cdot}^2-\frac{T_{\cdots}^2}{rst}-S_A-S_B, \\ S_E=S_T-S_A-S_B-S_{A\times B}. \end{cases}$$

5. 判断

当假设 H_{01} 为真时，

$$F_A=\frac{S_A}{r-1}\bigg/\frac{S_E}{rs(t-1)}\sim F(r-1,rs(t-1));$$

当假设 H_{02} 为真时，

$$F_B=\frac{S_B}{s-1}\bigg/\frac{S_E}{rs(t-1)}\sim F(s-1,rs(t-1));$$

当假设 H_{03} 为真时，

$$F_{A\times B}=\frac{S_{A\times B}}{(r-1)(s-1)}\bigg/\frac{S_E}{rs(t-1)}\sim F((r-1)(s-1),rs(t-1)).$$

当给定显著性水平 α 后,假设 H_{01},H_{02},H_{03} 的拒绝域分别为

$$F_A\geqslant F_\alpha(r-1,rs(t-1));$$
$$F_B\geqslant F_\alpha(s-1,rs(t-1));$$
$$F_{A\times B}\geqslant F_\alpha((r-1)(s-1),rs(t-1)).$$

五、双因素无重复试验的方差分析

1. 数学模型

在双因素试验中,如果对每一对水平的组合(A_i,B_j)只做一次试验,即不重复试验,所得结果如表 9.6 所示.

表 9.6

因素 A	因素 B			
	B_1	B_2	$\cdots$	B_s
A_1	X_{11}	X_{12}	$\cdots$	X_{1s}
A_2	X_{21}	X_{22}	$\cdots$	X_{2s}
$\vdots$	$\vdots$	$\vdots$		$\vdots$
A_r	X_{r1}	X_{r2}	$\cdots$	X_{rs}

2. 基本假设

在 $X_{ij}=\mu+\alpha_i+\beta_j+\varepsilon_{ij},\sum\limits_{i=1}^{r}\alpha_i=0,\sum\limits_{j=1}^{s}\beta_j=0,\varepsilon_{ij}\sim N(0,\sigma^2),i=1,2,\cdots,r;j=1,2,\cdots,s$ 且 ε_{ij} 相互独立的条件下,要检验的假设有以下两个:

(1) $H_{01}:\alpha_1=\alpha_2=\cdots=\alpha_r=0;H_{11}:\alpha_1,\alpha_2,\cdots,\alpha_r$ 不全为 0.

(2) $H_{02}:\beta_1=\beta_2=\cdots=\beta_s=0;H_{12}:\beta_1,\beta_2,\cdots,\beta_s$ 不全为 0.

3. 平方和分解

记

$$\overline{X}=\frac{1}{rs}\sum_{i=1}^{r}\sum_{j=1}^{s}X_{ij},\quad \overline{X}_{i\cdot}=\frac{1}{s}\sum_{j=1}^{s}X_{ij},\quad \overline{X}_{\cdot j}=\frac{1}{r}\sum_{i=1}^{r}X_{ij},$$

平方和分解式为 $S_T=S_A+S_B+S_E$,其中

$$S_T=\sum_{i=1}^{r}\sum_{j=1}^{s}(X_{ij}-\overline{X})^2,\quad S_A=s\sum_{i=1}^{r}(\overline{X}_{i\cdot}-\overline{X})^2,$$

$$S_B=r\sum_{j=1}^{s}(\overline{X}_{\cdot j}-\overline{X})^2,\quad S_E=\sum_{i=1}^{r}\sum_{j=1}^{s}(X_{ij}-\overline{X}_{i\cdot}-\overline{X}_{\cdot j}+\overline{X})^2$$

分别为总平方和,因素 A,B 的效应平方和与误差平方和.

4. 方差分析表

这些结果排成表 9.7 的形式,称为双因素无重复试验的**方差分析表**.

表 9.7

方差来源	平方和	自由度	均方和	F 比
因素 A	S_A	$r-1$	$\overline{S}_A=\dfrac{S_A}{r-1}$	$F_A=\overline{S}_A/\overline{S}_E$
因素 B	S_B	$s-1$	$\overline{S}_B=\dfrac{S_B}{s-1}$	$F_B=\overline{S}_B/\overline{S}_E$
误差	S_E	$(r-1)(s-1)$	$\overline{S}_E=\dfrac{S_E}{(r-1)(s-1)}$	
总和	S_T	$rs-1$		

5. 判断

取显著性水平为 α，当 H_{01} 成立时，

$$F_A=\frac{(s-1)S_A}{S_E}\sim F(r-1,(r-1)(s-1)),$$

H_{01} 的拒绝域为

$$F_A\geqslant F_\alpha(r-1,(r-1)(s-1));$$

当 H_{02} 成立时，

$$F_B=\frac{(r-1)S_B}{S_E}\sim F(s-1,(r-1)(s-1)),$$

H_{02} 的拒绝域为

$$F_B\geqslant F_\alpha(s-1,(r-1)(s-1)).$$

六、正交试验设计

1. 正交表的特点

(1) 表中任一列，不同数字出现的次数相同；

(2) 表中任两列，其横向形成的有序数对出现的次数相同.

常用的正交表有 $L_9(3^4)$，$L_8(2^7)$，$L_{16}(4^5)$ 等，用正交表来安排试验的方法，称为**正交试验设计**. 在正交表 $L_p(n^m)$ 中，$p=m(n-1)+1$.

2. 试验结果的直观分析

1) 极差计算

以正交表 $L_9(3^4)$ 为例，定义 $T_{ij}(i=1,2,3;j=1,2,3,4)$ 为正交表的第 j 列中，与水平 i 对应的各次试验结果之和，T 为 9 次试验结果的总和，R_j 为第 j 列的 3 个 T_{ij} 中最大值与最小值之差，称为**极差**. 显然 $T=\sum\limits_{i=1}^{3}T_{ij}$，$j=1,2,3,4$. 此处，$T_{11}$ 大致反映了 A_1 对试验结果的影响，T_{21} 大致反映了 A_2 对试验结果的影响，T_{31} 大致反映了 A_3 对试验结果的影响，T_{12}，T_{22} 和 T_{32} 分别反映了 B_1，B_2，B_3 对试验结果的影响，T_{13}，T_{23} 和 T_{33} 分别反映了 C_1，C_2，C_3 对试验结果的影响，T_{14}，T_{24} 和 T_{34} 分别反映了 D_1，D_2，D_3 对试验结果的影响，R_j 反映了第 j 列因素的水平改变对试验结果的影响大小，R_j 越大反映第 j 列因素影响越大.

2) 极差分析

由极差大小顺序排出因素的主次顺序. 例如，

$$主 \to 次$$
$$B;A,D;C$$

这里,R_j 值相近的两因素间用“,”号隔开,而 R_j 值相差较大的两因素间用“;”号隔开.选择较好的因素水平搭配与所要求的指标有关.若要求指标越大越好,则应选取指标大的水平.反之,若希望指标越小越好,则应选取指标小的水平.

3. 方差分析

1) 变差计算

设有一试验,使用正交表 $L_p(n^m)$,试验的 p 个结果为 $y_1,y_2,\cdots,y_p$.记 $T=\sum_{i=1}^{p}y_i$,$\overline{y}=\frac{1}{p}\sum_{i=1}^{p}y_i=\frac{T}{p}$,则 $S_T=\sum_{i=1}^{p}(y_i-\overline{y})^2$ 为试验的 p 个结果的总变差.

$$S_j=r\sum_{i=1}^{n}\left(\frac{T_{ij}}{r}-\frac{T}{p}\right)^2=\frac{1}{r}\sum_{i=1}^{n}T_{ij}^2-\frac{T^2}{p}$$

为第 j 列上安排因素的变差平方和,其中 $r=p/n$.可证明

$$S_T=\sum_{j=1}^{m}S_j,$$

即总变差为各列变差平方和之和,且 S_T 的自由度为 $p-1$,S_j 的自由度为 $n-1$.当正交表的列没被排满因素,即有空列时,所有空列的 S_j 之和就是误差的变差平方和 S_e,这时 S_e 的自由度 f_e 也为这些空列自由度之和.当正交表的所有列都排有因素,即无空列时,取 S_j 中的最小值作为误差的变差平方和 S_e.

2) 统计量选取

在使用正交表 $L_p(n^m)$ 的正交试验方差分析中,对正交表所安排的因素选用的统计量为

$$F=\frac{S_j}{n-1}\bigg/\frac{S_e}{f_e}.$$

当因素作用不显著时,

$$F\sim F(n-1,f_e),$$

其中第 j 列安排的是被检因素.

在实际应用时,先求出各列的 $\frac{S_j}{n-1}$ 及 $\frac{S_e}{f_e}$,若某个 $\frac{S_j}{n-1}$ 比 $\frac{S_e}{f_e}$ 还小时,则第 j 列就可当作误差列并入 S_e 中去,这样使误差 S_e 的自由度增大,在做 F 检验时会更灵敏.将所有可当作误差列的 S_j 全并入 S_e 后得新的误差变差平方和,记为 S_{e^Δ},其相应的自由度为 f_{e^Δ},这时选用统计量

$$F=\frac{S_j}{n-1}\bigg/\frac{S_{e^\Delta}}{f_{e^\Delta}}\sim F(n-1,f_{e^\Delta}).$$

§9.2 经典例题解析

例 9.1 某地区酿酒公司下属有 A_1,A_2,A_3 和 A_4 共 4 个酒厂.公司总经理为提高酒的质量,开展质量评优活动,随机地从 4 个酒厂各抽取 3 瓶样酒,指定同一名品酒员按事先规定的色、香、味质量标准评分,评分结果的原始数据如表 9.8 所示.试问不同酒厂对酒的质量有无显

著影响(取 $\alpha=0.05$)?

表 9.8

试验序号	酒厂			
	A_1	A_2	A_3	A_4
1	5	8	7	11
2	6	9	8	10
3	6	8	6	12

解　提出待检假设 $H_0:\mu_1=\mu_2=\mu_3=\mu_4$;$H_1:\mu_1,\mu_2,\mu_3,\mu_4$ 不全相等. 易知 $r=4,m=3$, $n=12$,列方差计算表,结果如表 9.9 所示.

表 9.9

$T_{\cdot j}=\sum\limits_{i=1}^{m}x_{ij}$	17	25	21	33	$T_{\cdot\cdot}=\sum\limits_{j=1}^{r}T_{\cdot j}=96$
$T_{\cdot j}^2=\left(\sum\limits_{i=1}^{m}x_{ij}\right)^2$	289	625	441	1 089	$T^*=\sum\limits_{j=1}^{r}T_{\cdot j}^2=2\ 444$
$T_j^2=\sum\limits_{i=1}^{m}x_{ij}^2$	97	209	149	365	$T^2=\sum\limits_{j=1}^{r}T_j^2=820$

$$S_T=T^2-\frac{T_{\cdot\cdot}^2}{mr}=820-\frac{96^2}{12}=52,$$

$$S_A=\frac{T^*}{m}-\frac{T_{\cdot\cdot}^2}{mr}=\frac{2\ 444}{3}-\frac{96^2}{12}=46.67,$$

$$S_E=S_T-S_A=5.33.$$

选 F 统计量并求 F 的观察值和临界值:

$$F=\frac{12-4}{4-1}\cdot\frac{S_A}{S_E}=\frac{8S_A}{3S_E}\sim F(3,8),$$

则 $F_0=\dfrac{8\times 46.67}{3\times 5.33}=23.35$. 查 F 分布表得 $F_{0.05}(3,8)=4.07$,因为 $F_0=23.35\gg F_{0.05}(3,8)=4.07$,所以拒绝 H_0,即表示不同酒厂对酒的质量有显著影响. 这里 $F\gg F_\alpha$,可认为因素水平影响特别显著. 事实上,由原始数据可见,A_4 评分特别高,直观上已可判断有显著差异,说明分析的结论是符合实际情况的,也证明了方差分析的科学性.

§ 9.3　教材习题详解

1. 灯泡厂用 4 种不同的材料制成灯丝,检验灯丝材料这一因素对灯泡寿命的影响. 若灯泡寿命服从正态分布,不同材料的灯丝制成的灯泡,其寿命的方差相同,试根据表 9.10 中的试验结果记录,在显著性水平 0.05 下检验灯泡寿命是否因灯丝材料不同而有显著差异.

表 9.10

灯丝材料水平	试验批号							
	1	2	3	4	5	6	7	8
A_1	1 600	1 610	1 650	1 680	1 700	1 720	1 800	
A_2	1 580	1 640	1 640	1 700	1 750			
A_3	1 460	1 550	1 600	1 620	1 640	1 680	1 740	1 820
A_4	1 510	1 520	1 530	1 570	1 600	1 680		

解　已知 $r=4, n=\sum_{i=1}^{r} n_i = 26$，计算得

$$S_T = \sum_{i=1}^{4}\sum_{j=1}^{n_i} x_{ij}^2 - \frac{T_{\cdot\cdot}^2}{n} = 69\,962\,700 - 69\,765\,696.15 = 197\,003.85,$$

$$S_A = \sum_{i=1}^{4} \frac{1}{n_i} T_{i\cdot}^2 - \frac{T_{\cdot\cdot}^2}{n} = 69\,810\,049.17 - 69\,765\,696.15 = 44\,353.02,$$

$$S_E = S_T - S_A = 152\,650.13,$$

得方差分析表 9.11，则

$$F_0 = \frac{\overline{S}_A}{\overline{S}_E} = \frac{14\,784.34}{6\,938.64} = 2.13.$$

因 $F_{0.05}(3,22) = 3.05 > F_0 = 2.13$，故灯丝材料对灯泡寿命无显著影响.

表 9.11

方差来源	平方和	自由度	均方和	F 比
因素 A	44 353.02	3	14 784.34	2.13
误差	152 650.13	22	6 938.64	
总和	197 003.85	25		

2. 一个年级有 3 个小班，他们进行了一次数学考试，现从各个班级随机地抽取了一些学生，记录其成绩如表 9.12 所示. 试在显著性水平 0.05 下检验各班级的平均分数有无显著差异. 设各个总体服从正态分布，且方差相等.

表 9.12

Ⅰ		Ⅱ		Ⅲ	
73	66	88	77	68	41
89	60	78	31	79	59
82	45	48	78	56	68
43	93	91	62	91	53
80	36	51	76	71	79
73	77	85	96	71	15
		74	80	87	
		56			

解　已知 $r=3, n=\sum_{i=1}^{r} n_i = 40$，计算得

$$S_T = \sum_{i=1}^{3}\sum_{j=1}^{n_i} x_{ij}^2 - \frac{T_{\cdot\cdot}^2}{n} = 199\ 462 - 185\ 776.9 = 13\ 685.1,$$

$$S_A = \sum_{i=1}^{3} \frac{1}{n_i} T_{i\cdot}^2 - \frac{T_{\cdot\cdot}^2}{n} = 186\ 112.25 - 185\ 776.9 = 335.35,$$

$$S_E = S_T - S_A = 13\ 349.75,$$

得方差分析表 9.13,则

$$F_0 = \frac{\overline{S}_A}{\overline{S}_E} = \frac{167.68}{360.80} = 0.465.$$

因 $F_{0.05}(2,37) = 3.23 > F_0 = 0.465$,故各班平均分数无显著差异.

表 9.13

方差来源	平方和	自由度	均方和	F 比
因素	335.35	2	167.68	0.465
误差	13 349.75	37	360.80	
总和	13 685.1	39		

3. 表 9.14 记录了 3 位操作工分别在不同机器上操作 3 天的日产量. 取显著性水平 $\alpha = 0.05$,试分析操作工之间、机器之间以及两者交互作用有无显著差异?

表 9.14

机器	操作工		
	甲	乙	丙
A_1	15　15　17	19　19　16	16　18　21
A_2	17　17　17	15　15　15	19　22　22
A_3	15　17　16	18　17　16	18　18　18
A_4	18　20　22	15　16　17	17　17　17

解　已知 $r = 4, s = 3, t = 3, T_{\cdots}, T_{ij\cdot}, T_{i\cdot\cdot}, T_{\cdot j\cdot}$ 的计算如表 9.15 所示.

表 9.15

机器	操作工			$T_{i\cdot\cdot}$
	甲	乙	丙	
A_1	47	54	55	156
A_2	51	45	63	159
A_3	48	51	54	153
A_4	60	48	51	159
$T_{\cdot j\cdot}$	206	198	223	627

$$S_T = \sum_{i=1}^{r}\sum_{j=1}^{s}\sum_{k=1}^{t} x_{ijk}^2 - \frac{T_{\cdots}^2}{rst} = 11\ 065 - 10\ 920.25 = 144.75,$$

$$S_A = \frac{1}{st}\sum_{i=1}^{r} T_{i\cdot\cdot}^2 - \frac{T_{\cdots}^2}{rst} = 10\ 923 - 10\ 920.25 = 2.75,$$

$$S_B = \frac{1}{rt}\sum_{j=1}^{s} T_{\cdot j\cdot}^2 - \frac{T_{\cdots}^2}{rst} = 10\ 947.42 - 10\ 920.25 = 27.17,$$

$$S_{A\times B}=\frac{1}{t}\sum_{i=1}^{r}\sum_{j=1}^{s}T_{ij\cdot}^{2}-\frac{T_{\cdots}^{2}}{rst}-S_A-S_B=73.50,$$

$$S_E=S_T-S_A-S_B-S_{A\times B}=41.33,$$

得方差分析表 9.16.

表 9.16

方差来源	平方和	自由度	均方和	F 比
因素 A(机器)	2.75	3	0.92	$F_A=0.53$
因素 B(操作工)	27.17	2	13.59	$F_B=7.90$
交互作用 $A\times B$	73.50	6	12.25	$F_{A\times B}=7.12$
误差	41.33	24	1.72	
总和	144.75	35		

因为 $F_{0.05}(3,24)=3.01>F_A=0.53$,$F_{0.05}(2,24)=3.40<F_B=7.90$,$F_{0.05}(6,24)=2.51<F_{A\times B}=7.12$,所以认为机器之间无显著差异,操作工之间以及两者的交互作用有显著差异.

4. 为了解 3 种不同配比的饲料对仔猪生长影响的差异,对 3 种不同品种的猪各选 3 头进行试验,分别测得其 3 个月间体重增加量(单位:kg) 如表 9.17 所示.取显著性水平 $\alpha=0.05$,试分析不同饲料与不同品种对仔猪的生长有无显著影响.假定其体重增长量服从正态分布,且各种配比的方差相等.

表 9.17

因素 A(饲料)	因素 B(品种)		
	B_1	B_2	B_3
A_1	51	56	45
A_2	53	57	49
A_3	52	58	47

解　已知 $r=s=3$,经计算得 $\overline{x}=52$,$\overline{x}_{1\cdot}=50.67$,$\overline{x}_{2\cdot}=53$,$\overline{x}_{3\cdot}=52.33$,$\overline{x}_{\cdot1}=52$,$\overline{x}_{\cdot2}=57$,$\overline{x}_{\cdot3}=47$,则

$$S_T=\sum_{i=1}^{r}\sum_{j=1}^{s}(x_{ij}-\overline{x})^2=162,$$

$$S_A=s\sum_{i=1}^{r}(\overline{x}_{i\cdot}-\overline{x})^2=8.63,$$

$$S_B=r\sum_{j=1}^{s}(\overline{x}_{\cdot j}-\overline{x})^2=150,$$

$$S_E=S_T-S_A-S_B=3.37,$$

得方差分析表 9.18.

表 9.18

方差来源	平方和	自由度	均方和	F 比
因素 A(饲料)	8.63	2	4.32	5.14
因素 B(品种)	150	2	75	89.29
误差	3.37	4	0.84	
总和	162	8		

由于 $F_{0.05}(2,4)=6.94>F_A=5.14$，$F_{0.05}(2,4)<F_B=89.29$，因而认为不同饲料对仔猪体重增长无显著影响，仔猪的品种对仔猪体重增长有显著影响.

5. 研究氯乙醇胶在各种硫化系统下的性能（油体膨胀绝对值越小越好）需要考察补强剂(A)、防老剂(B)、硫化系统(C)3个因素（各取3个水平），根据专业理论经验，交互作用全忽略，选用 $L_9(3^4)$ 表做9次试验，试验结果如表9.19所示.

表 9.19

试验号	列号				试验结果
	A	B	C		
	1	2	3	4	
1	1	1	1	1	7.25
2	1	2	2	2	5.48
3	1	3	3	3	5.35
4	2	1	2	3	5.40
5	2	2	3	1	4.42
6	2	3	1	2	5.90
7	3	1	3	2	4.68
8	3	2	1	3	5.90
9	3	3	2	1	5.63

(1) 试做最优生产条件的直观分析，并对3因素排出主次关系；

(2) 给定 $\alpha=0.05$，做方差分析，与(1)比较.

解　(1) 对试验结果进行极差计算，得表9.20.

表 9.20

T_{1j}	18.08	17.33	19.05	17.30	$T=50.01$
T_{2j}	15.72	15.80	16.51	16.06	
T_{3j}	16.21	16.88	14.45	16.65	
R_j	2.36	1.53	4.6	1.24	

由于要求油体膨胀绝对值越小越好，因此根据极差 R_j 的大小顺序排出因素的主次顺序为主→次 B,A,C，最优生产条件为 $A_2B_2C_3$.

(2) 利用表9.20的结果及公式 $S_j=\frac{1}{r}\sum_{i=1}^{n}T_{ij}^2-\frac{T^2}{p}$，得表9.21.

表 9.21

	A	B	C		
	1	2	3	4	
S_j	1.034	0.412	3.539	0.256	$S_T=5.241$

表9.21中第4列为空列，因此 $S_e=S_4=0.256$，其中 $f_e=2$，所以 $\frac{S_e}{f_e}=0.128$. 方差分析如表9.22所示.

表 9.22

方差来源	S_j	f_j	S_j/f_j	$F=\dfrac{S_j}{f_j}\Big/\dfrac{S_e}{f_e}$
A	1.034	2	0.517	4.039
B	0.412	2	0.206	1.609
C	3.539	2	1.770	13.828
e	0.256	2	0.128	

由于 $F_{0.05}(2,2)=19.00$，故因素 C 作用较显著，A 次之，B 较次. 但由于要求油体膨胀绝对值越小越好，所以主次顺序为主 → 次 B,A,C，这与前面极差分析的结果是一致的.

6. 某农科站进行早稻品种试验(产量越高越好)，需考察品种(A)，施氮肥量(B)，氮、磷、钾肥比例(C) 和插植规格(D)4 个因素，根据专业理论和经验，交互作用全忽略，早稻试验方案及结果分析见表 9.23.

表 9.23

试验号	因素				试验指标产量
	A 品种	B 施氮肥量	C 氮、磷、钾肥比例	D 插植规格	
1	1(科 6 号)	1(20)	1(2∶2∶1)	1(5×6)	19.0
2	1	2(25)	2(3∶2∶3)	2(6×6)	20.0
3	2(科 5 号)	1	1	2	21.9
4	2	2	2	1	22.3
5	1	1	2	1	21.0
6	1	2	1	2	21.0
7	2	1	2	2	18.0
8	2	2	1	1	18.2

(1) 试做最优生产条件的直观分析，并对 4 因素排出主次关系；

(2) 给定 $\alpha=0.05$，做方差分析，与(1) 比较.

解 (1) 被考察因素有 4 个：A,B,C 和 D，每个因素有两个水平，所以选用正交表 $L_8(2^7)$，进行极差计算可得表 9.24.

表 9.24

试验号	列号							试验结果
		A		B	C	D		
	1	2	3	4	5	6	7	
1	1	1	1	1	1	1	1	19.0
2	1	1	1	2	2	2	2	20.0
3	1	2	2	1	1	2	2	21.9
4	1	2	2	2	2	1	1	22.3
5	2	1	2	1	2	1	2	21.0

续表

试验号	列号							试验结果
	A			B	C	D		
	1	2	3	4	5	6	7	
6	2	1	2	2	1	2	1	21.0
7	2	2	1	1	2	2	1	18.0
8	2	2	1	2	1	1	2	18.2
T_{1j}	83.2	81.0	75.2	79.9	80.1	80.5	80.3	$T=161.4$
T_{2j}	78.2	80.4	86.2	81.5	81.3	80.9	81.1	
R_j	5.0	0.6	11.0	1.6	1.2	0.4	0.8	

从表 9.24 的极差 R_j 的大小顺序排出因素的主次顺序为主 → 次 B,C,A,D，最优方案为 $A_1B_2C_2D_2$.

(2) 利用表 9.24 的结果及公式 $S_j=\frac{1}{r}\sum_{i=1}^{n}T_{ij}^2-\frac{T^2}{p}$ 得表 9.25.

表 9.25

		A		B	C	D		
	1	2	3	4	5	6	7	
S_j	3.125	0.045	15.125	0.320	0.180	0.020	0.080	$S_T=18.895$

表 9.25 中第 1,3,7 列为空列，因此 $S_e=S_1+S_3+S_7=18.330$，$f_e=3$，所以 $\frac{S_e}{f_e}=6.110$. 而在上表的其他列中 $\frac{S_j}{f_j}<\frac{S_e}{f_e}$，故将所有列均并入误差，可得 $S_{e^\Delta}=S_T=18.895$，$f_{e^\Delta}=7$. 整理得方差分析表 9.26.

表 9.26

方差来源	S_j	f_j	$\frac{S_j}{f_j}$	$F=\frac{S_j}{f_j}\Big/\frac{S_{e^\Delta}}{f_{e^\Delta}}$
A	0.045	1	0.045	0.017
B	0.320	1	0.320	0.119
C	0.180	1	0.180	0.067
D	0.020	1	0.020	0.007
e	18.330	3	6.110	
e^Δ	18.895	7	2.699	

由于 $F_{0.05}(1,7)=5.59$，故 4 因素的影响均不显著，但主次顺序为主 → 次 B,C,A,D，与(1) 中极差分析结果一致.

第十章　回 归 分 析

本章学习要点

(一) 理解一元线性回归和多元线性回归的概念.
(二) 掌握最小二乘法估计参数,熟悉公式求回归系数的参数.
(三) 掌握回归方程检验方法、预测与控制.

§10.1　知识点考点精要

一、一元线性回归分析

1. 回归模型

数学模型

$$y = a + bx + \varepsilon$$

称为**一元线性回归模型**,其中 x,y 为变量,误差项 $\varepsilon \sim N(0,\sigma^2)$,对于 x 的每一个值,都有 $y \sim N(a+bx,\sigma^2)$,未知参数 a,b,σ^2 不依赖于 x. 记 $\hat{a},\hat{b}$ 是用最小二乘法得到的估计,则对于给定的 x,方程

$$\hat{y} = \hat{a} + \hat{b}x$$

称为 y 关于 x 的**线性回归方程**或**回归方程**,其图形称为**回归直线**.

2. 参数估计

1) 最小二乘估计

对一组观察值 $(x_1,y_1),(x_2,y_2),\cdots,(x_n,y_n)$,使误差 $\varepsilon_i = y_i - (a+bx_i)$ 的平方和

$$Q(a,b) = \sum_{i=1}^{n}\varepsilon_i^2 = \sum_{i=1}^{n}[y_i - (a+bx_i)]^2$$

达到最小的 $\hat{a}$ 和 $\hat{b}$ 作为参数 a 和 b 的估计,称其为**最小二乘估计**.

2) 正规方程组及其求解

由

$$\begin{cases} \dfrac{\partial Q}{\partial a} = -2\sum\limits_{i=1}^{n}(y_i - a - bx_i) = 0, \\ \dfrac{\partial Q}{\partial b} = -2\sum\limits_{i=1}^{n}(y_i - a - bx_i)x_i = 0 \end{cases}$$

得到方程组

$$\begin{cases} na + \left(\sum_{i=1}^{n} x_i\right) b = \sum_{i=1}^{n} y_i, \\ \left(\sum_{i=1}^{n} x_i\right) a + \left(\sum_{i=1}^{n} x_i^2\right) b = \sum_{i=1}^{n} x_i y_i. \end{cases}$$

称该方程组为**正规方程组**. 由于 x_i 不全相同,因此正规方程组的系数行列式

$$\begin{vmatrix} n & \sum_{i=1}^{n} x_i \\ \sum_{i=1}^{n} x_i & \sum_{i=1}^{n} x_i^2 \end{vmatrix} = n\sum_{i=1}^{n} x_i^2 - \left(\sum_{i=1}^{n} x_i\right)^2 = n\sum_{i=1}^{n} (x_i - \overline{x})^2 \neq 0,$$

则方程组有唯一解

$$\begin{cases} \hat{b} = \dfrac{\sum_{i=1}^{n} (x_i - \overline{x})(y_i - \overline{y})}{\sum_{i=1}^{n} (x_i - \overline{x})^2}, \\ \hat{a} = \overline{y} - \hat{b}\,\overline{x}. \end{cases}$$

为了计算上的方便,引入下述记号:

$$\begin{cases} S_{xx} = \sum_{i=1}^{n} (x_i - \overline{x})^2 = \sum_{i=1}^{n} x_i^2 - \dfrac{1}{n}\left(\sum_{i=1}^{n} x_i\right)^2, \\ S_{yy} = \sum_{i=1}^{n} (y_i - \overline{y})^2 = \sum_{i=1}^{n} y_i^2 - \dfrac{1}{n}\left(\sum_{i=1}^{n} y_i\right)^2, \\ S_{xy} = \sum_{i=1}^{n} (x_i - \overline{x})(y_i - \overline{y}) = \sum_{i=1}^{n} x_i y_i - \dfrac{1}{n}\left(\sum_{i=1}^{n} x_i\right)\left(\sum_{i=1}^{n} y_i\right), \end{cases}$$

则有

$$\begin{cases} \hat{b} = \dfrac{S_{xy}}{S_{xx}}, \\ \hat{a} = \dfrac{1}{n}\sum_{i=1}^{n} y_i - \left(\dfrac{1}{n}\sum_{i=1}^{n} x_i\right)\hat{b}. \end{cases}$$

二、多元线性回归

1. 回归模型

数学模型

$$y = b_0 + b_1 x_1 + b_2 x_2 + \cdots + b_p x_p + \varepsilon$$

称为**多元线性回归模型**,其中 $x_1, x_2, \cdots, x_p (p > 1)$, y 为变量,误差项 $\varepsilon \sim N(0, \sigma^2)$,未知参数 $b_0, b_1, b_2, \cdots, b_p, \sigma^2$ 不依赖于 $x_1, x_2, \cdots, x_p$. 记 $\hat{b}_0, \hat{b}_1, \hat{b}_2, \cdots, \hat{b}_p$ 是用最小二乘法得到的估计,则对于给定的 $x_1, x_2, \cdots, x_p$,方程

$$\hat{y} = \hat{b}_0 + \hat{b}_1 x_1 + \hat{b}_2 x_2 + \cdots + \hat{b}_p x_p$$

称为**多元线性回归方程**或**回归方程**.

2. 参数估计

1）最小二乘估计

若$(x_{11},x_{12},\cdots,x_{1p},y_1),\cdots,(x_{n1},x_{n2},\cdots,x_{np},y_n)$为一样本，根据最小二乘法原理，多元线性回归中未知参数$b_0,b_1,b_2,\cdots,b_p$应满足

$$Q=\sum_{i=1}^{n}[y_i-(b_0+b_1x_{i1}+\cdots+b_px_{ip})]^2$$

达到最小.

2）正规方程组及其求解

对Q分别关于$b_0,b_1,b_2,\cdots,b_p$求偏导数，并令它们等于0，得

$$\begin{cases}\dfrac{\partial Q}{\partial b_0}=-2\sum\limits_{i=1}^{n}(y_i-b_0-b_1x_{i1}-\cdots-b_px_{ip})=0,\\ \dfrac{\partial Q}{\partial b_j}=-2\sum\limits_{i=1}^{n}(y_i-b_0-b_1x_{i1}-\cdots-b_px_{ip})x_{ij}=0\quad(j=1,2,\cdots,p),\end{cases}$$

即得方程组

$$\begin{cases}b_0n+b_1\sum\limits_{i=1}^{n}x_{i1}+b_2\sum\limits_{i=1}^{n}x_{i2}+\cdots+b_p\sum\limits_{i=1}^{n}x_{ip}=\sum\limits_{i=1}^{n}y_i,\\ b_0\sum\limits_{i=1}^{n}x_{i1}+b_1\sum\limits_{i=1}^{n}x_{i1}^2+b_2\sum\limits_{i=1}^{n}x_{i1}x_{i2}+\cdots+b_p\sum\limits_{i=1}^{n}x_{i1}x_{ip}=\sum\limits_{i=1}^{n}x_{i1}y_i,\\ \cdots\cdots\\ b_0\sum\limits_{i=1}^{n}x_{ip}+b_1\sum\limits_{i=1}^{n}x_{ip}x_{i1}+b_2\sum\limits_{i=1}^{n}x_{ip}x_{i2}+\cdots+b_p\sum\limits_{i=1}^{n}x_{ip}^2=\sum\limits_{i=1}^{n}x_{ip}y_i.\end{cases}$$

称该方程组为**正规方程组**.引入矩阵

$$\boldsymbol{X}=\begin{pmatrix}1 & x_{11} & x_{12} & \cdots & x_{1p}\\ 1 & x_{21} & x_{22} & \cdots & x_{2p}\\ \vdots & \vdots & \vdots & & \vdots\\ 1 & x_{n1} & x_{n2} & \cdots & x_{np}\end{pmatrix},\quad \boldsymbol{Y}=\begin{pmatrix}y_1\\ y_2\\ \vdots\\ y_n\end{pmatrix},\quad \boldsymbol{B}=\begin{pmatrix}b_0\\ b_1\\ \vdots\\ b_p\end{pmatrix},$$

则

$$\boldsymbol{X}^{\mathrm{T}}\boldsymbol{X}\boldsymbol{B}=\boldsymbol{X}^{\mathrm{T}}\boldsymbol{Y}.$$

若$(\boldsymbol{X}^{\mathrm{T}}\boldsymbol{X})^{-1}$存在，则有$\hat{\boldsymbol{B}}=(\boldsymbol{X}^{\mathrm{T}}\boldsymbol{X})^{-1}\boldsymbol{X}^{\mathrm{T}}\boldsymbol{Y}$，方程$\hat{y}=\hat{b}_0+\hat{b}_1x_1+\hat{b}_2x_2+\cdots+\hat{b}_px_p$为$p$元线性回归方程.

三、检验与预测

1. 一元线性回归的假设检验方法

1）方差分析法（F检验法）

提出假设检验

$$H_0:b=0;\quad H_1:b\neq 0.$$

选取检验统计量

$$F=\frac{Q_{回}}{1}\Big/\frac{Q_{剩}}{n-2}\overset{H_0\text{为真}}{\sim}F(1,n-2),$$

其中

$$Q_{剩}=\sum_{i=1}^{n}(y_i-\hat{y}_i)^2,\quad Q_{回}=\sum_{i=1}^{n}(\hat{y}_i-\overline{y})^2=\hat{b}^2\sum_{i=1}^{n}(x_i-\overline{x})^2=\hat{b}^2S_{xx}=\frac{S_{xy}^2}{S_{xx}}.$$

给定显著性水平 α，若 $F\geqslant F_\alpha(1,n-2)$，则拒绝假设 H_0，即认为 y 对 x 具有线性相关关系.

2) 相关系数法(t 检验法)

相关系数 r 的定义是 $r=\dfrac{S_{xy}}{\sqrt{S_{xx}S_{yy}}}$. 提出假设检验

$$H_0:r=0;\quad H_1:r\neq 0.$$

选取检验统计量

$$t=\frac{r}{\sqrt{1-r^2}}\sqrt{n-2}\overset{H_0\text{为真}}{\sim}t(n-2).$$

给定显著性水平 α，若 $t\geqslant t_{\frac{\alpha}{2}}(n-2)$，则拒绝假设 H_0，即认为两变量的线性相关性显著.

2. 多元线性回归的假设检验方法

提出假设检验

$$H_0:b_1=b_2=\cdots=b_p=0;\quad H_1:b_i\text{ 不全为 }0.$$

选取检验统计量

$$F=\frac{U}{p}\Big/\frac{Q}{n-p-1}\overset{H_0\text{为真}}{\sim}F(p,n-p-1),$$

其中

$$U=\boldsymbol{Y}^{\mathrm{T}}\boldsymbol{X}(\boldsymbol{X}^{\mathrm{T}}\boldsymbol{X})^{-1}\boldsymbol{X}^{\mathrm{T}}\boldsymbol{Y}-n\overline{y}^2,\quad Q=\boldsymbol{Y}^{\mathrm{T}}\boldsymbol{Y}-\boldsymbol{Y}^{\mathrm{T}}\boldsymbol{X}(\boldsymbol{X}^{\mathrm{T}}\boldsymbol{X})^{-1}\boldsymbol{X}^{\mathrm{T}}\boldsymbol{Y}.$$

给定显著性水平 α，若 $F\geqslant F_\alpha(p,n-p-1)$，则拒绝假设 H_0，即认为回归效果是显著的.

3. 一元线性回归的预测

对于任意给定的 $x=x_0$，y_0 的置信度为 $1-\alpha$ 的预测区间为

$$\left(\hat{a}+\hat{b}x_0\pm t_{\frac{\alpha}{2}}(n-2)\hat{\sigma}\sqrt{1+\frac{1}{n}+\frac{(x_0-\overline{x})^2}{S_{xx}}}\right).$$

§ 10.2　经典例题解析

例 10.1 设某种创汇商品在国际市场上的需求量为 q(单位:万件)，价格为 p(单位:万美元 / 件)，根据往年市场调查得到 q 与 p 之间的一组调查数据如表 10.1 所示.

表 10.1

价格 p_i	2	4	4	4.5	3	4.2	3.5	2.5	3.3	3
需求量 q_i	6	2	2	1	4	1.5	2.8	5.1	3.4	4.2

如果今年该商品预定价为 $p=4.6$，要求根据往年资料建立 q 对 p 的回归方程，检验线性相关性是否显著，并预测国际市场上今年的需求量大致为多少(取 $\alpha=0.05$)?

解　根据样本数据,用最小二乘法求 $\hat{a},\hat{b}$ 的值:

$$\hat{b}=\frac{\sum_{i=1}^{10}p_iq_i-10\overline{p}\,\overline{q}}{\sum_{i=1}^{10}p_i^2-10\overline{p}^2}=\frac{97.17-10\times3.4\times3.2}{121.28-10\times3.4^2}=-2.05,$$

$$\hat{a}=\overline{q}-\hat{b}\,\overline{p}=3.2-(-2.05)\times3.4=10.17.$$

将 $\hat{a},\hat{b}$ 的值代入得到所要求的需求量 q 对价格 p 的回归方程为

$$\hat{q}=10.17-2.05p.$$

下面对所建立的 q 对 p 的回归方程进行线性相关性显著检验.

提出待检假设 $H_0:r=0;H_1:r\neq0$,其中 $r=\frac{S_{pq}}{\sqrt{S_{pp}S_{qq}}}$. 选取检验统计量 $t=\frac{r}{\sqrt{1-r^2}}\sqrt{n-2}$,并利用回归计算的结果计算 $|r_0|$. 因为

$$s_{pp}=\sum_{i=1}^{10}p_i^2-10\overline{p}^2=5.68,\quad s_{pq}=\sum_{i=1}^{10}p_iq_i-10\overline{p}\,\overline{q}=-11.63,\quad s_{qq}=\sum_{i=1}^{10}q_i^2-10\overline{q}^2=23.9,$$

所以 $|r_0|=\left|\frac{-11.63}{\sqrt{5.68\times23.9}}\right|=0.998$,则 $t_0=\frac{|r_0|}{\sqrt{1-r_0^2}}\sqrt{n-2}=44.654$. 查 t 分布表得 $t_{\frac{\alpha}{2}}(n-2)=t_{0.025}(8)=2.3060$, $t_0>t_{0.025}(8)$,因此拒绝 H_0,即 q 对 p 的回归方程线性相关性显著. 经检验说明,回归方程 $\hat{q}=10.17-2.05p$ 有效,可以用于预测.

当 $p=4.6$ 时,国际市场上今年对该商品的需求量大致为 $10.17-2.05\times4.6=0.74$(万件).

§10.3　教材习题详解

1. 在硝酸钠($NaNO_3$)的溶解度试验中,测得在不同温度 x(单位:℃)下,溶解于 100 份水中的硝酸钠份数 y 的数据如表 10.2 所示,试求 y 关于 x 的线性回归方程.

表 10.2

x_i	0	4	10	15	21	29	36	51	68
y_i	66.7	71.0	76.3	80.6	85.7	92.9	99.4	113.6	125.1

解　经计算得

$$\sum_{i=1}^{9}x_i=234,\quad\sum_{i=1}^{9}y_i=811.3,\quad\sum_{i=1}^{9}x_i^2=10\,144,\quad\sum_{i=1}^{9}x_iy_i=24\,628.6,$$

则

$$s_{xx}=10\,144-\frac{1}{9}(234)^2=4\,060,$$

$$s_{xy}=24\,628.6-\frac{1}{9}\times234\times811.3=3\,534.8.$$

故 $\hat{b}=\frac{s_{xy}}{s_{xx}}=0.8706$, $\hat{a}=\frac{811.3}{9}-\hat{b}\times\frac{234}{9}=67.5088$,从而回归方程为 $\hat{y}=67.5088+0.8706x$.

2. 测量了 9 对父子的身高(单位:英寸,1 英寸 = 2.54 cm),所得数据如表 10.3 所示.

表 10.3

父亲身高 x_i	60	62	64	66	67	68	70	72	74
儿子身高 y_i	63.6	65.2	66	66.9	67.1	67.4	68.3	70.1	70

(1) 求儿子身高 y 关于父亲身高 x 的回归方程；

(2) 取 $\alpha=0.05$，检验儿子身高 y 与父亲身高 x 之间的线性相关关系是否显著；

(3) 若父亲身高 70 英寸，求其儿子的身高的置信度为 0.95 的预测区间.

解　经计算得

$$\sum_{i=1}^{9} x_i = 603,\quad \sum_{i=1}^{9} y_i = 604.6,\quad \sum_{i=1}^{9} x_i^2 = 40\,569,\quad \sum_{i=1}^{9} x_i y_i = 40\,584.9,\quad \sum_{i=1}^{9} y_i^2 = 40\,651.68,$$

则

$$s_{xx} = 40\,569 - \frac{1}{9}(603)^2 = 168,$$

$$s_{xy} = 40\,584.9 - \frac{1}{9}\times 603\times 604.6 = 76.7,$$

$$s_{yy} = 40\,651.68 - \frac{1}{9}(604.6)^2 = 35.995\,6.$$

(1) $\hat{b} = \frac{s_{xy}}{s_{xx}} = 0.456\,5$，$\hat{a} = \frac{1}{9}\sum_{i=1}^{9} y_i - \hat{b}\times\frac{1}{9}\sum_{i=1}^{9} x_i = 36.592\,3$，故回归方程为

$$\hat{y} = 36.592\,3 + 0.456\,5x.$$

(2) $Q_{回} = \frac{s_{xy}^2}{s_{xx}} = 35.017\,2$，$Q_{剩} = Q_{总} - Q_{回} = 35.995\,6 - 35.017\,2 = 0.978\,4$，

$$F_0 = \frac{Q_{回}}{Q_{剩}/(n-2)} = 250.531\,9 > F_{0.05}(1,7) = 5.59,$$

故认为两变量之间的线性相关关系是显著的.

(3) $\hat{y}_0 = 36.592\,3 + 0.456\,5\times 70 = 68.547\,3$，给定 $\alpha = 0.05$，$t_{0.025}(7) = 2.364\,6$，

$$\hat{\sigma} = \sqrt{\frac{Q_{剩}}{n-2}} = \sqrt{\frac{0.978\,4}{7}} = 0.373\,9,$$

$$\sqrt{1+\frac{1}{n}+\frac{(x_0-\overline{x})^2}{s_{xx}}} = \sqrt{1+\frac{1}{9}+\frac{\left(70-\frac{603}{9}\right)^2}{168}} = 1.079\,2,$$

故

$$t_{\alpha/2}(n-2)\,\hat{\sigma}\sqrt{1+\frac{1}{n}+\frac{(x_0-\overline{x})^2}{s_{xx}}} = 2.364\,6\times 0.373\,9\times 1.079\,2 = 0.954\,1,$$

从而儿子的身高的置信度为 0.95 的预测区间为

$$(68.547\,3 \pm 0.954\,1) = (67.593\,2, 69.501\,4).$$

3. 随机抽取了 10 个家庭，调查了他们的家庭月收入 x(单位：百元) 和月支出 y(单位：百元)，记录于表 10.4 中.

表 10.4

x	20	15	20	25	16	20	18	19	22	16
y	18	14	17	20	14	19	17	18	20	13

(1) 在直角坐标系下作 x 与 y 的散点图，判断 y 与 x 是否存在线性关系；

(2) 求 y 与 x 的一元线性回归方程；

(3) 对所得的回归方程做显著性检验(取 $\alpha = 0.025$).

解　(1) 散点图如图 10.1 所示,从图中可以看出,y 与 x 之间具有线性相关关系.

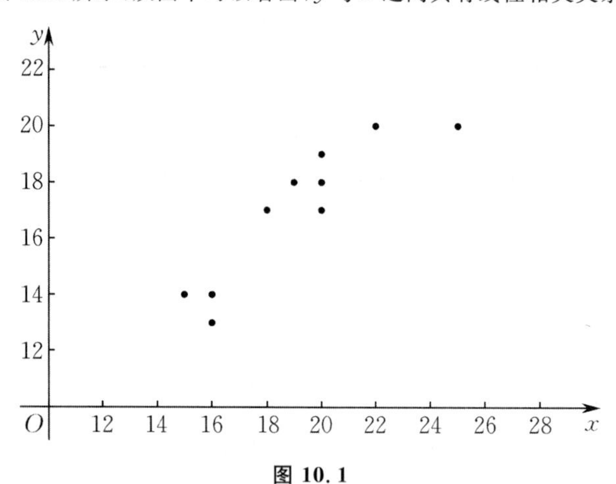

图 10.1

(2) 经计算可得

$$\sum_{i=1}^{10} x_i = 191,\quad \sum_{i=1}^{10} y_i = 170,\quad \sum_{i=1}^{10} x_i^2 = 3\,731,\quad \sum_{i=1}^{10} x_i y_i = 3\,310,\quad \sum_{i=1}^{10} y_i^2 = 2\,948,$$

则

$$s_{xx} = 82.9,\quad s_{xy} = 63,\quad s_{yy} = 58.$$

故

$$\hat{b} = \frac{s_{xy}}{s_{xx}} = 0.76,\quad \hat{a} = \frac{170}{10} - 0.76 \times \frac{191}{10} = 2.484,$$

从而所求一元线性回归方程为 $\hat{y} = 2.484 + 0.76x$.

(3) $Q_{回} = \frac{s_{xy}^2}{s_{xx}} = 47.877\,0$,$Q_{剩} = Q_{总} - Q_{回} = 58 - 47.877\,0 = 10.123\,0$,则

$$F_0 = \frac{Q_{回}}{Q_{剩}/(n-2)} = 37.836\,2 > F_{0.025}(1,8) = 7.57.$$

故认为两变量之间的线性相关关系是显著的.

4. 设 y 为树干的体积,x_1 为离地面一定高度的树干直径,x_2 为树干高度,一共测量了 31 棵树,数据列于表 10.5 中,作出 y 对 x_1,x_2 的二元线性回归方程,以便能用简单分法从 x_1 和 x_2 估计一棵树的体积,进而估计一片森林的木材储量.

表 10.5

x_1(直径)	x_2(高)	y(体积)	x_1(直径)	x_2(高)	y(体积)
8.3	70	10.3	11.0	75	15.6
8.6	65	10.3	11.1	80	18.2
8.8	63	10.2	11.2	75	22.6
10.5	72	10.4	11.3	79	19.9
10.7	81	16.8	11.4	76	24.2
10.8	83	18.8	11.4	76	21.0
11.0	66	19.7	11.7	69	21.4

续表

x_1(直径)	x_2(高)	y(体积)	x_1(直径)	x_2(高)	y(体积)
12.0	75	21.3	16.0	72	38.3
12.9	74	19.1	16.3	77	42.6
12.9	85	33.8	17.3	81	55.4
13.3	86	27.4	17.5	82	55.7
13.7	71	25.7	17.9	80	58.3
13.8	64	24.9	18.0	80	51.5
14.0	78	34.5	18.0	80	51.0
14.2	80	31.7	20.6	87	77.0
15.5	74	36.3			

解　根据表中数据,得正规方程组

$$\begin{cases} 31b_0 + 411.7b_1 + 2\,356b_2 = 923.9, \\ 411.7b_0 + 5\,766.55b_1 + 31\,598.7b_2 = 13\,798.85, \\ 2\,356b_0 + 31\,598.7b_1 + 180\,274b_2 = 72\,035.6. \end{cases}$$

解得 $\hat{b}_0 = -54.504\,1$, $\hat{b}_1 = 4.842\,4$, $\hat{b}_2 = 0.263\,1$,故回归方程为

$$\hat{y} = -54.504\,1 + 4.842\,4x_1 + 0.263\,1x_2.$$

5. 一家从事市场研究的公司,希望能预测每日出版的报纸在各种不同居民区内的周末发行量,两个独立变量,即总零售额和人口密度被选作自变量.由 $n = 25$ 个居民区组成的随机样本所给出的结果列于表10.6中,求日报周末发行量 y 关于总零售额 x_1 和人口密度 x_2 的线性回归方程.

表 10.6

居民区	日报周末发行量 $y_i/(10^4$ 份)	总零售额 $x_{i1}/(10^5$ 元)	人口密度 $x_{i2}/(0.001$ 人$/\mathrm{m}^2$)
1	3.0	21.7	47.8
2	3.3	24.1	51.3
3	4.7	37.4	76.8
4	3.9	29.4	66.2
5	3.2	22.6	51.9
6	4.1	32.0	65.3
7	3.6	26.4	57.4
8	4.3	31.6	66.8
9	4.7	35.5	76.4
10	3.5	25.1	53.0
11	4.0	30.8	66.9
12	3.5	25.8	55.9
13	4.0	30.3	66.5

续表

居民区	日报周末发行量 $y_i/(10^4$ 份)	总零售额 $x_{i1}/(10^5$ 元)	人口密度 $x_{i2}/(0.001$ 人 $/\mathrm{m}^2)$
14	3.0	22.2	45.3
15	4.5	35.7	73.6
16	4.1	30.9	65.1
17	4.8	35.5	75.2
18	3.4	24.2	54.6
19	4.3	33.4	68.7
20	4.0	30.0	64.8
21	4.6	35.1	74.7
22	3.9	29.4	62.7
23	4.3	32.5	67.6
24	3.1	24.0	51.3
25	4.4	33.9	70.8

解　根据表中数据，得正规方程组

$$\begin{cases}25b_0+739.5b_1+1\,576.6b_2=98.2,\\739.5b_0+22\,429.15b_1+47\,709.1b_2=2\,968.58,\\1\,576.6b_0+47\,709.1b_1+101\,568b_2=6\,317.95,\end{cases}$$

解得 $\hat{b}_0=0.382\,2,\hat{b}_1=0.067\,8,\hat{b}_2=0.024\,4$，故回归方程为

$$\hat{y}=0.382\,2+0.067\,8x_1+0.024\,4x_2.$$

6. 一种合金在某种添加剂的不同浓度之下，各做 3 次试验，得数据如表 10.7 所示.

表 10.7

浓度 x	10.0	15.0	20.0	25.0	30.0
抗压强度 y	25.2	29.8	31.2	31.7	29.4
	27.3	31.1	32.6	30.1	30.8
	28.7	27.8	29.7	32.3	32.8

(1) 作散点图.

(2) 以模型 $y=b_0+b_1x+b_2x^2+\varepsilon,\varepsilon\sim N(0,\sigma^2)$ 拟合数据，其中 b_0,b_1,b_2,σ^2 与 x 无关，求回归方程 $\hat{y}=\hat{b}_0+\hat{b}_1x+\hat{b}_2x^2$.

解　(1) 散点图如图 10.2 所示.

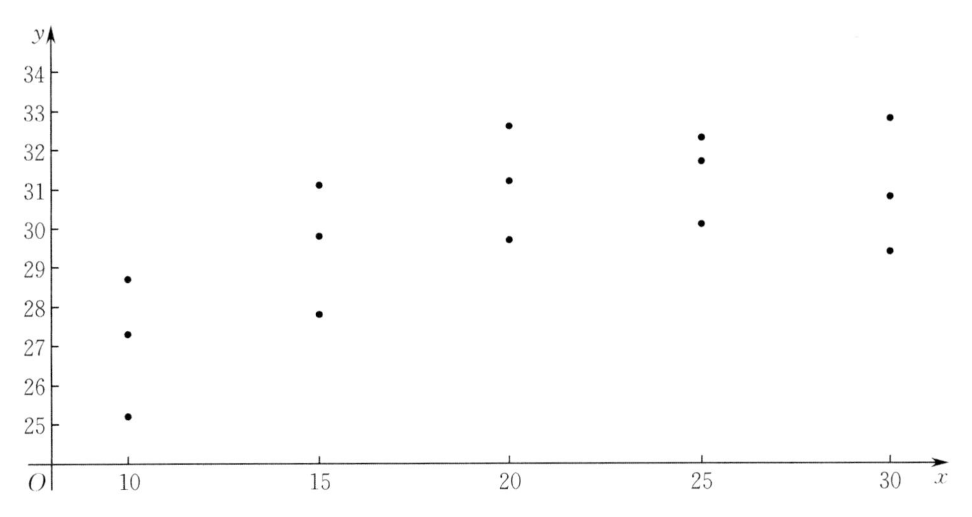

图 10.2

(2) 根据表 10.7 的数据可得表 10.8.

表 10.8

x	10	15	20	25	30
x^2	100	225	400	625	900
抗压强度 y	25.2	29.8	31.2	31.7	29.4
	27.3	31.1	32.6	30.1	30.8
	28.7	27.8	29.7	32.3	32.8

根据表 10.8 的数据可得正规方程组

$$\begin{cases} 15b_0 + 300b_1 + 6\,750b_2 = 450.5, \\ 300b_0 + 6\,750b_1 + 165\,000b_2 = 9\,155, \\ 6\,750b_0 + 165\,000b_1 + 4\,263\,750b_2 = 207\,990. \end{cases}$$

解得 $\hat{b}_0 = 19.033\,3$, $\hat{b}_1 = 1.008\,6$, $\hat{b}_2 = -0.020\,4$,故 y 关于 x 与 x^2 的回归方程为

$$\hat{y} = 19.033\,3 + 1.008\,6x - 0.020\,4x^2.$$

参 考 文 献

[1] 韩旭里，谢永钦. 概率论与数理统计[M]. 北京：北京大学出版社，2018.

[2] 孙毅，高彦伟，张静. 大学数学：随机数学[M]. 4 版. 北京：高等教育出版社，2021.

[3] 同济大学应用数学系. 工程数学：概率统计简明教程[M]. 北京：高等教育出版社，2003.

[4] 李贤平，沈崇圣，陈子毅. 概率论与数理统计[M]. 上海：复旦大学出版社，2003.

[5] 王志刚. 概率论与数理统计全程学习指导[M]. 合肥：中国科学技术大学出版社，2015.